泛函分析

黄振友　编著

东南大学出版社

·南京·

内 容 提 要

本书是泛函分析入门教材,以 Hilbert 空间为主线进行讲述.全书主要分成两个部分,第一部分有三章,其中,第一章讲 Hilbert 空间几何结构、正交投影定理、Riesz 表示定理等,第二章讲 Hilbert 空间上有界线性算子与谱的基础知识,第三章专门深入讲紧算子与两择一定理;第二部分也是三章,包括无界算子(闭算子、对称算子、对称算子的自伴延拓等),以及自伴算子谱分解和酉算子谱分解.第一部分是简单的基本内容,可以给数学系本科生或理工科研究生讲,三个学分差不多可以讲完;第二部分是 Hilbert 空间中深入的内容,可以给数学系研究生讲,也可根据其他有关课程需要选择内容进行教学.

在本书编写过程中,编者尽可能做到通俗化,注意讲述无穷维空间问题和概念的联系与区别,讲述经典分析方法在这里的作用,以便于读者自学.本书可以作为数学系本科生和研究生教材,也可作为其他理工科研究生教材或参考书.

图书在版编目(CIP)数据

泛函分析 / 黄振友编著. — 南京 : 东南大学出版社,2019.8
 ISBN 978 - 7 - 5641 - 8494 - 0

 Ⅰ. ①泛… Ⅱ. ①黄… Ⅲ. ①泛函分析
Ⅳ. ①O177

中国版本图书馆 CIP 数据核字(2019)第 156951 号

泛函分析 Fanhan Fenxi

编　　著	黄振友
出版发行	东南大学出版社
社　　址	南京市四牌楼 2 号(邮编:210096)
出 版 人	江建中
责任编辑	吉雄飞(025 - 83793169,597172750@qq.com)
经　　销	全国各地新华书店
印　　刷	虎彩印艺股份有限公司
开　　本	700mm×1000mm　1/16
印　　张	16
字　　数	314 千字
版　　次	2019 年 8 月第 1 版
印　　次	2019 年 8 月第 1 次印刷
书　　号	ISBN　978 - 7 - 5641 - 8494 - 0
定　　价	43.80 元

本社图书若有印装质量问题,请直接与营销部联系,电话:025 - 83791830。

序　言

泛函分析是 20 世纪数学发展的一个重大进展,它的产生与发展来自数学和物理两方面的推动,如位势理论、积分方程、函数论、发散级数等.

19 世纪末发展起来的积分方程理论引起了 Hilbert 的强烈兴趣. 1906 年前后,Hilbert 建立了积分方程所需要的无穷维空间结构(包括内积、正交基等). 他利用 Fourier 级数思想,把函数表示为序列,把积分方程看成无穷多方程的线性方程组,从而把线性代数有关理论推广过来. 为了纪念 Hilbert 的贡献,后来人们把完备的内积空间称为 Hilbert 空间,而 Hilbert 关于积分方程的工作也被不断推广.

Dieudonné([2])指出:"如果要用几个关键词来概述泛函分析复杂的发展历史,我认为应该是谱理论和对偶性这两个概念,两者都源于求解未知数函数的线性方程(或线性方程组)所遇到的具体问题."谱的概念的发展源于线性问题的适定性,因为无穷维空间中的线性问题的适定性与有限维有很大的不同,所以产生了谱的分类问题,对此,本书有较详细的论述. 而对偶性,其实就是"坐标系"思想. 笛卡儿坐标系的引入是数学史上一个重大事件,它使得几何问题能够代数化. 受此影响,人们将线性方程组放在线性空间框架下进行讨论,线性问题得到很好的解决,这种方案就是将代数问题几何化. Hilbert 进行的有关工作就是将这一思想方法朝着无穷维推广. 线性问题要放到一个无穷维空间去讨论,就会涉及"坐标化"的问题,其源头是 Fourier 级数思想,三角函数系起的作用就相当于无穷维空间的笛卡儿坐标系,它发展成为 Hilbert 空间的规范正交基的概念. 这种思想的进一步推广就得到弱拓扑概念.

1932 年,波兰数学家 Banach 发表第一本泛函分析专著,标志着这一学科本身成为了一门成熟的数学分支,此后它在许多学科,如微分方程、概率论、量子理论、控制论信号处理等得到广泛应用. 同时,诸多学科的发展也推动着泛函分析本身的发展,近百年来,泛函分析已经成为一个庞大的数学分支,并成为现代数学基础. 对于许多数学工作者和以数学作为工具的工程技术人员而言,泛函分析是他们必须掌握的知识.

尤其值得一提的是,量子力学的产生和发展为泛函分析的发展提供了巨大动力. 1906 年(刚好与 Hilbert 的有关工作同年),为解释黑体试验,Planck 提出了量子论,这标志着现代物理学的开始. 尔后,经若干年的积累——de Broglie 波的提出、Schrödinger 方程的建立、Born 关于波函数的理论等等,一系列划时代的工作爆发出来,在 1926 年量子力学诞生了. 此后两年,von Neumann 利用 Hilbert 空间这个工具为量子力学建立了公理化,从此以后物理发展大大刺激了泛函分析的发展. M. Reed 和 B. Simon 在《现代数学物理方法(Ⅰ)》一书的前言里写道:"自 1926 年以来,物理学的前沿已与日俱增的集中于量子力学,以及奠定于量子理论的分支——原子物理、核物理、固体物理、基本粒子物理等,而这些分支的中心数学框架就是泛函分析."

本书写作目标是作为泛函分析的入门教材,其内容不是泛函分析的完整理论基础,而是以 Hilbert 空间为主线讲述泛函分析,讲 Hilbert 空间的结构及其线性算子. 之所以这么写,是因为它有量子力学这样的背景,而且 Hilbert 空间是有限维空间的直接推广,更易于读者接受;同时,内容集中在一个领域,也便于将内容写得稍微深入一些. 在写作过程中,我也尽可能做到通俗化,注意讲述无穷维空间问题和概念的联系与区别,讲述经典分析方法在这里的作用.

全书主要分成两部分. 第一部分的三章是讲 Hilbert 空间几何理论和有界线性算子以及紧算子,这是基本内容,三个学分差不多可以讲完;第二部分也是三章,包括无界算子、自伴算子谱分解、酉算子谱分解,这是 Hilbert 空间中深入的内容,可以根据需要选择学习内容.

下面再交待一下本书成书过程和材料来源. 最早,我在内蒙古大学读研究生时学习了刘景麟教授给我们讲授的"Hilbert 空间算子谱论"(手稿),后来,我带研究生又多次讲授过这门课. 刘老师也写了一本《泛函分析》教材,但尚未出版,我读过他的手稿,从中深获教益,期待着先生能够出版这些著作,让更多人受益. 本书的部分例题以及有些内容参考了他的材料,例如对称算子的谱、谱族增长与谱的关系、自伴延拓的 Calkin 方法等等. 刘老师是我的恩师,他对我的教诲和对相关学术讨论班的无私帮助,不是一声"谢谢"就可以表达的. 其次,M. Reed 和 B. Simon 所著的《现代数学物理方法》([23],[24])一书对于我写作帮助很大,本书很多内容都取材于那里,例如对称算子与无界算子的一些内容. 除此之外,本书参考较多的书分别是 Helmberg[6],它是前三章的主要参考文献之一;以及 Weidmann[30] 和 Schmüdgen[26],这两本书也是本书无界算子部分的重要参考书,特别是 Schmüdgen 的书,是目前关于无界算子材料最丰富的一本著作;关于谱分解我用的是复分析方法,这部分内容取材于 Akhiezer 和 Glazman[1].

最后,江泽坚教授生前对本人帮助很大,我读过江泽坚教授的手稿《量子力学的数学基础》,从中获益匪浅,本书第 4.6 节的写作参考了那份讲义.

本书完成后,我的学生胡怡腾、徐新建、徐小川、张冉、姬杰、吕康、刘涛、柳代权、官声玉、王振富等帮助配备了一些习题并校正手稿,本人在此说声谢谢;南京理工大学教务处和研究生院多次为本课程的建设和本书出版提供资助,我在此深表感谢;另外,东南大学出版社吉雄飞编辑非常耐心细致而专业的工作使本书增色不少,作者也表示感谢!

我力求写一本容易读的书,但限于本人水平,一定有很多错误和不妥之处,引颈期盼读者和方家赐教! 我的 E-mail 地址:zyhuangh@njust. edu. cn.

编者

2019 年 6 月于南京

目　　录

第一部分

Hilbert 空间几何理论

与

有界线性算子

1 Hilbert 空间几何学

在线性代数中,在有限维线性空间这一几何框架之下,线性方程组问题以及二次问题(二次型)解以几何形式得到恰当的表述.而现代数学问题要求解的是变量(即函数),我们希望仿着线性代数的办法,把问题放在一个无穷维的线性空间中讨论.例如,微分方程往往是化为如下形式积分方程来研究的:

$$\lambda \varphi(x) - \int_a^b K(x,y)\varphi(y)\mathrm{d}y = \psi(x),$$

这种形式很像线性方程组的形式. 20 世纪初,瑞典数学家 Fredholm 最早研究这种积分方程,后来意大利数学家 Volterra 进一步研究了更多形式的积分方程;尔后,Hilbert 把函数看成"Fourier 系数"序列,积分核 K 看作无穷矩阵(二重级数的系数),积分方程放在一个序列空间上看,它就是一个无穷多变量的具有无穷多方程的"线性方程组",关于方程解的存在性及其形式,就有类似线性代数的一些结果([2],[12]).但是,无穷维空间与有限维有本质差异,问题远远比有限维复杂.例如,有限维空间中的线性运算都是有限运算,不必考虑收敛问题,而无穷维涉及无穷运算,须考虑收敛问题.为了考虑收敛性,就得引入向量的长度、两点距离等概念.在有限维空间中,我们通过内积来刻画向量长度和向量之间的角度等.本章,我们把内积的概念引入到一般的线性空间中来,并将欧式空间的一些几何性质也推广到无穷维空间中.

1.1　内积空间与 Hilbert 空间

这一节,我们讲内积的基本概念、内积的几何意义、平行四边形法则等,并给出一些重要的内积空间的例子.在引入内积之前,我们先给出范数(向量长)的概念.

1)赋范线性空间的概念

定义 1.1.1　设 X 为一个线性空间,若 X 上有一个非负实函数 $\|\cdot\|: X \to \mathbf{R}$ 满足:

(1)非负性,即

$$\|\varphi\| \geqslant 0 (\forall \varphi \in X) 且 \|\varphi\| = 0 \Leftrightarrow \varphi = 0;$$

(2)正齐性,即

$$\|\alpha\varphi\| = |\alpha| \|\varphi\|, \quad \forall \alpha \in \mathbf{C}, \forall \varphi \in X;$$

（3）三角不等式，即

$$\|\varphi + \psi\| \leqslant \|\varphi\| + \|\psi\|, \quad \forall \varphi, \psi \in X,$$

则称 $\|\cdot\|$ 为 X 上的范数，$(X, \|\cdot\|)$ 称为赋范线性空间.

设 $\{\varphi_n\} \subset (X, \|\cdot\|)$，若

$$\lim_{n \to \infty} \|\varphi_n - \varphi_0\| = 0,$$

则称 φ_n 收敛于 φ_0，记为

$$\lim_{n \to \infty} \varphi_n = \varphi_0,$$

或者 $\varphi_n \to \varphi_0, n \to \infty$.

注 收敛点列必有界.

定义 1.1.2 设 $(X, \|\cdot\|)$ 为一个赋范线性空间，若点列 $\{\varphi_n\} \subset (X, \|\cdot\|)$，并满足：

$$\|\varphi_n - \varphi_m\| \to 0, \quad n, m \to \infty,$$

则称它是一个 Cauchy 列. 如果 X 中每个 Cauchy 列 $\{\varphi_n\}$ 都在 X 中收敛，即存在 $\varphi_0 \in X$，使得 $\varphi_n \to \varphi_0$，则称 X 完备，或称 X 为 Banach 空间.

完备性是空间中许多问题解的存在性的基本保证. 有关 Banach 空间的重要结果本章不展开讨论，而留待以后另著讲述.

定义 1.1.3 设 $M \subset (X, \|\cdot\|)$，如果存在 $\{\varphi_n\} \subset M$ 使得 $\varphi_n \to \varphi$，则 $\varphi \in X$ 称为 M 的极限点. M 的全体极限点集记为 M'，集合 $\overline{M} = M \cup M'$ 称为 M 的闭包. 如果 $\overline{M} = X$，则称 M 在 X 中稠. 进一步，若 M 又是可数的，则称 X 可分.

对于一个可分空间，定义在其上连续函数可由该函数在空间的可数稠子集上的取值而决定，这时，从逻辑上来说，空间上每个连续函数都由一个序列完全决定，即连续函数可以借助可分性而得以序列化.

2）内积空间的概念

定义 1.1.4 设 H 是数域 $\mathbf{K}$ 上的线性空间，若二元函数 $(\cdot, \cdot): H \times H \to \mathbf{K}$ 满足：

（1）非负性，即

$$(\varphi, \varphi) \geqslant 0，且 (\varphi, \varphi) = 0 当且仅当 \varphi = 0;$$

（2）关于第一变元线性，即

$$(\alpha\varphi + \beta\psi, \zeta) = \alpha(\varphi, \zeta) + \beta(\psi, \zeta), \quad \forall \varphi, \psi, \zeta \in H, \forall \alpha, \beta \in \mathbf{K};$$

（3）$(\varphi, \psi) = \overline{(\psi, \varphi)}, \forall \varphi, \psi \in H,$

则称 (φ, ψ) 是 φ 与 ψ 的内积，定义了内积的线性空间 H 称为内积空间.

注 （1）由内积空间的定义可以推出内积关于第二变元共轭线性，即

$$(\varphi,\alpha\psi+\beta\zeta)=\bar{\alpha}(\varphi,\psi)+\bar{\beta}(\varphi,\zeta);$$

（2）当 **K** 取实数域时，H 称为实内积空间，此时

$$(\varphi,\psi)=(\psi,\varphi),\quad (\varphi,\alpha\psi+\beta\zeta)=\alpha(\varphi,\psi)+\beta(\varphi,\zeta);$$

（3）当 **K** 是复数域时，称 H 是复内积空间（以后除非特别说明，我们讨论的都是复空间）.

下面我们将证明内积空间必为赋范线性空间.

引理 1.1.1（Cauchy-Schwarz 不等式） 设 H 是内积空间，对任意的 $\varphi,\psi\in H$，有

$$|(\varphi,\psi)|\leqslant\sqrt{(\varphi,\varphi)(\psi,\psi)},$$

且等号成立当且仅当 φ 与 ψ 线性相关.

证明 对任意的 $\varphi,\psi\in H$，当 $\psi=0$ 时，不等式自然是成立的；当 $\psi\neq0$ 时，$\forall\lambda\in\mathbf{C}$，由非负性，

$$0\leqslant(\varphi+\lambda\psi,\varphi+\lambda\psi)=(\varphi,\varphi)+\lambda(\psi,\varphi)+\bar{\lambda}(\varphi,\psi)+|\lambda|^2(\psi,\psi),$$

特别，在上式中取

$$\lambda=-\frac{(\varphi,\psi)}{(\psi,\psi)},$$

则有

$$(\varphi,\varphi)-\frac{|(\varphi,\psi)|^2}{(\psi,\psi)}\geqslant0,$$

所以

$$|(\varphi,\psi)|^2\leqslant(\varphi,\varphi)(\psi,\psi).$$

等号部分的证明：

若 $\varphi=\lambda\psi$，等号显然成立.

反之，若等号成立，由上述证明，取 $\lambda=-\dfrac{(\varphi,\psi)}{(\psi,\psi)}$ 时，直接验证可得

$$(\varphi+\lambda\psi,\varphi+\lambda\psi)=0,$$

即 $\varphi=-\lambda\psi$. □

定理 1.1.1 内积空间 $(H,(\cdot,\cdot))$ 必为赋范线性空间.

证明 对任意的 $\varphi\in H$，令

$$\|\varphi\|=\sqrt{(\varphi,\varphi)}.$$

（1）非负性：$\|\varphi\|\geqslant0$，且 $\|\varphi\|=0$ 的充分必要条件是 $\varphi=0$；

（2）对任意的 $\alpha\in\mathbf{C},\varphi\in H$，

$$\|\alpha\varphi\|^2=(\alpha\varphi,\alpha\varphi)=|\alpha|^2(\varphi,\varphi),$$

所以 $\|\alpha\varphi\|=|\alpha|\|\varphi\|$；

（3）$\forall\varphi,\psi\in H$，

$$\|\varphi+\psi\|^2=(\varphi+\psi,\varphi+\psi)=(\varphi,\varphi)+(\varphi,\psi)+(\psi,\varphi)+(\psi,\psi)$$
$$\leqslant\|\varphi\|^2+2\|\varphi\|\|\psi\|+\|\psi\|^2=(\|\varphi\|+\|\psi\|)^2,$$

所以

$$\|\varphi+\psi\|\leqslant\|\varphi\|+\|\psi\|.$$

于是,$(H,\|\cdot\|)$ 为赋范线性空间. $\qquad\qquad\square$

在内积空间中,两个向量的内积反映了它们之间的"角度",而向量与自身的内积反映该向量的"长度".

推论 1.1.1 设 H 是内积空间,$\varphi_n\to\varphi_0,\psi_n\to\psi_0(n\to\infty)$,则

(1) $\|\varphi_n\|\to\|\varphi_0\|(n\to\infty)$;

(2) $\{\varphi_n\},\{\psi_n\}$ 都是有界的,即收敛列有界;

(3) $(\varphi_n,\psi_n)\to(\varphi_0,\psi_0)(n\to\infty)$;

(4) $\varphi_n+\psi_n\to\varphi_0+\psi_0(n\to\infty)$;

(5) 当 $\alpha_n,\alpha\in\mathbf{C}$ 且 $\alpha_n\to\alpha$ 时,

$$\alpha_n\varphi_n\to\alpha\varphi_0,\quad n\to\infty.$$

证明 (1)由定理 1.1.1 可知

$$\|\|\varphi_n\|-\|\varphi_0\|\|\leqslant\|\varphi_n-\varphi_0\|,$$

而当 $n\to\infty$ 时,$\varphi_n\to\varphi_0$,所以

$$\|\|\varphi_n\|-\|\varphi_0\|\|\to0,\quad n\to\infty.$$

(2) 直接由(1)可以得到.

(3) 因为

$$|(\varphi_n,\psi_n)-(\varphi_0,\psi_0)|\leqslant|(\varphi_n,\psi_n-\psi_0)|+|(\varphi_n-\varphi_0,\psi_0)|$$
$$\leqslant\|\varphi_n\|\|\psi_n-\psi_0\|+\|\varphi_n-\varphi_0\|\|\psi_0\|,$$

又因为 $\|\varphi_n\|$ 有界,所以

$$(\varphi_n,\psi_n)\to(\varphi_0,\psi_0),\quad n\to\infty.$$

(4) $\|(\varphi_n+\psi_n)-(\varphi_0+\psi_0)\|\leqslant\|\varphi_n-\varphi_0\|+\|\psi_n-\psi_0\|$
$$\to0,\quad n\to\infty.$$

(5) 因为

$$\|\alpha_n\varphi_n-\alpha\varphi_0\|\leqslant|\alpha_n|\|\varphi_n-\varphi_0\|+|\alpha_n-\alpha|\|\varphi_0\|,$$

而 $\alpha_n\to\alpha$,因此 $\{\alpha_n\}$ 有界,于是

$$\|\alpha_n\varphi_n-\alpha\varphi_0\|\to0,\quad n\to\infty.\qquad\square$$

推论 1.1.1 表明:范数运算、内积运算、加法运算和数乘运算保持连续性.

定义 1.1.5 设 H 是内积空间,若 H 按内积导出的范数是完备的(常常也简称按内积完备),则称 H 是 Hilbert 空间.

Hilbert 空间必为 Banach 空间. 最早,Hilbert 在研究积分方程时,考虑函数是按某个规范正交基展开的系数序列,而这些系数序列所构成的空间就是 l^2,也即

Hilbert 空间的最早形式. 为了纪念 Hilbert 这一重要思想,人们将完备内积空间称为 Hilbert 空间.

3)内积空间的初等几何性质

我们回到有限维空间中来看看内积刻画的是怎样的几何概念. 在 $\mathbf{R}^n$ 中,对任意的 $\varphi=(x_1,x_2,\cdots,x_n)$,$\psi=(y_1,y_2,\cdots,y_n)$,定义内积

$$(\varphi,\psi)=\sum_{i=1}^{n}x_iy_i,$$

则 $\mathbf{R}^n$ 成为内积空间,称此内积空间为 n 维欧氏空间,此空间上的范数就是通常的欧氏范数. 为了直观起见,我们来看平面情形,即 $n=2$,设两个向量 $\varphi=(x_1,x_2)$,$\psi=(y_1,y_2)\in\mathbf{R}^2$ 之间的夹角为 θ,则利用平面解析几何知识知道

$$(\varphi,\psi)=x_1y_1+x_2y_2=\parallel\varphi\parallel\parallel\psi\parallel\cos\theta,$$

所以 $\cos\theta=\dfrac{(\varphi,\psi)}{\parallel\varphi\parallel\parallel\psi\parallel}$. 也就是说,内积不仅可以刻画一个向量的长度(范数),而且可以刻画两个向量之间的夹角. 换句话说,一个向量与其自身作内积得到它的长度平方,而两个向量之间的内积描述它们之间夹角的余弦.

下面我们将看到有限维空间的欧氏几何的更多概念和性质都可推广到一般的内积空间中来.

定义 1.1.6 设 H 是一个内积空间,若 $(\varphi,\psi)=0$,称 H 中两个向量 φ,ψ 相互正交,记为 $\varphi\perp\psi$.

平面上那条致命的"勾股定理"在一般的内积空间中也成立:

定理 1.1.2 设 H 是一个内积空间,$\varphi,\psi\in H$ 且 $\varphi\perp\psi$,则

$$\parallel\varphi+\psi\parallel^2=\parallel\varphi\parallel^2+\parallel\psi\parallel^2.$$

证明 $\parallel\varphi+\psi\parallel^2=(\varphi+\psi,\varphi+\psi)=\parallel\varphi\parallel^2+\parallel\psi\parallel^2$. □

平面上平行四边形公式法则在内积空间也对:

定理 1.1.3 设 H 是一个内积空间,则对任意的 $\varphi,\psi\in H$,有

$$\parallel\varphi+\psi\parallel^2+\parallel\varphi-\psi\parallel^2=2(\parallel\varphi\parallel^2+\parallel\psi\parallel^2).$$

证明 对任意的 $\varphi,\psi\in H$,有

$$\begin{aligned}\parallel\varphi+\psi\parallel^2+\parallel\varphi-\psi\parallel^2&=(\varphi+\psi,\varphi+\psi)+(\varphi-\psi,\varphi-\psi)\\&=2(\varphi,\varphi)+2(\psi,\psi)\\&=2(\parallel\varphi\parallel^2+\parallel\psi\parallel^2).\end{aligned}$$

□

注 称定理 1.1.3 中所述公式为平行四边形公式,它表示以 φ,ψ 为边的平行四边形对角线长度平方和等于四条边平方和. 特别,如果 $\varphi\perp\psi$,平行四边形就是矩形,公式则变为勾股定理的形式.

定理 1.1.4（极化恒等式）   若 H 为一个实内积空间,则

$$(\varphi,\psi)=\frac{1}{4}(\parallel \varphi+\psi \parallel^2 - \parallel \varphi-\psi \parallel^2), \quad \forall \varphi,\psi \in H;$$

若 H 为一个复内积空间,则

$$(\varphi,\psi) = \frac{1}{4}\sum_{n=0}^{3} i^n \parallel \varphi+i^n\psi \parallel^2$$

$$=\frac{1}{4}\big[(\parallel \varphi+\psi \parallel^2 - \parallel \varphi-\psi \parallel^2)$$

$$+i(\parallel \varphi+i\psi \parallel^2 - \parallel \varphi-i\psi \parallel^2)\big], \quad \forall \varphi,\psi \in H.$$

证明   由内积的性质可直接得到.   □

由定理 1.1.1 知内积可导出范数,而由定理 1.1.4,如果空间上范数是内积导出的,那么我们也可用这个范数来表达相应的内积. 但是,空间上随便给一个范数不一定都可以定义内积. 范数只有满足平行四边形公式时才可导出内积.

定理 1.1.5   设 $(X,\parallel \cdot \parallel)$ 为一个赋范线性空间,则 X 上存在内积 $(\cdot,\cdot)$ 使得

$$\parallel \varphi \parallel = (\varphi,\varphi)^{\frac{1}{2}}, \quad \forall \varphi \in X$$

的充分且必要条件是 $\parallel \cdot \parallel$ 满足平行四边形法则.

证明 $(\Rightarrow)$ 定理 1.1.3 已给出证明.

$(\Leftarrow)$ 我们不妨设 X 是复线性空间,如果 X 上范数 $\parallel \cdot \parallel$ 满足平行四边形法则,我们设法用极化恒等式来定义内积,即对任意的 $\varphi,\psi \in X$,定义

$$(\varphi,\psi)=\frac{1}{4}\big[(\parallel \varphi+\psi \parallel^2 - \parallel \varphi-\psi \parallel^2)+i(\parallel \varphi+i\psi \parallel^2 - \parallel \varphi-i\psi \parallel^2)\big], \quad (\text{I})$$

下面证明它确实是 X 上内积,即证明我们这样定义的 X 上二元函数 $(\cdot,\cdot)$ 满足内积定义的全部条件.

(1) 非负性,即 $(\varphi,\varphi) \geqslant 0$,$\forall \varphi$,且 $(\varphi,\varphi)=0$ 的充要条件是 $\varphi=0$.

由（I）式的定义可直接验证.

(2) $(\cdot,\cdot)$ 关于第一变元线性.

首先,因为范数满足平行四边形法则,所以,对任意的 $\varphi_1,\varphi_2,\psi \in X$,

$$(\varphi_1,\psi)+(\varphi_2,\psi)$$

$$=\frac{1}{4}\big[(\parallel \varphi_1+\psi \parallel^2 - \parallel \varphi_1-\psi \parallel^2)+i(\parallel \varphi_1+i\psi \parallel^2 - \parallel \varphi_1-i\psi \parallel^2)\big]+$$

$$\frac{1}{4}\big[(\parallel \varphi_2+\psi \parallel^2 - \parallel \varphi_2-\psi \parallel^2)+i(\parallel \varphi_2+i\psi \parallel^2 - \parallel \varphi_2-i\psi \parallel^2)\big]$$

$$=\frac{1}{4}\big[(\parallel \varphi_1+\psi \parallel^2 + \parallel \varphi_2+\psi \parallel^2)-(\parallel \varphi_1-\psi \parallel^2 + \parallel \varphi_2-\psi \parallel^2)\big]+$$

$$\frac{1}{4}i\big[(\parallel \varphi_1+i\psi \parallel^2 + \parallel \varphi_2+i\psi \parallel^2)-(\parallel \varphi_1-i\psi \parallel^2 + \parallel \varphi_2-i\psi \parallel^2)\big]$$

$$\equiv\frac{1}{8}(2A_1-2A_2)+\frac{1}{8}i(2A_3-2A_4),$$

下面我们从几何上来看上述和式的各项都是些什么.

以 $2A_1$ 为例:如果以向量 $\varphi_1+\psi$ 和 $\varphi_2+\psi$ 为边作平行四边形,则 $2A_1$ 就是这个平行四边形的四边平方和,利用平行四边形法则,它应该为两对角线平方和,即

$$2A_1=\parallel\varphi_1+\varphi_2+2\psi\parallel^2+\parallel\varphi_1-\varphi_2\parallel^2,$$

同样道理,

$$2A_2=\parallel\varphi_1+\varphi_2-2\psi\parallel^2+\parallel\varphi_1-\varphi_2\parallel^2,$$

其他两项类似,于是

$$
\begin{aligned}
(\varphi_1,\psi)+(\varphi_2,\psi)=&\frac{1}{8}(\parallel\varphi_1+\varphi_2+2\psi\parallel^2-\parallel\varphi_1+\varphi_2-2\psi\parallel^2)\\
&+\frac{1}{8}\mathrm{i}(\parallel\varphi_1+\varphi_2+2\mathrm{i}\psi\parallel^2-\parallel\varphi_1+\varphi_2-2\mathrm{i}\psi\parallel^2)\\
=&\frac{1}{2}\left(\left\parallel\frac{\varphi_1+\varphi_2}{2}+\psi\right\parallel^2-\left\parallel\frac{\varphi_1+\varphi_2}{2}-\psi\right\parallel^2\right)\\
&+\frac{1}{2}\mathrm{i}\left(\left\parallel\frac{\varphi_1+\varphi_2}{2}+\mathrm{i}\psi\right\parallel^2-\left\parallel\frac{\varphi_1+\varphi_2}{2}-\mathrm{i}\psi\right\parallel^2\right)\\
=&2\left(\frac{\varphi_1+\varphi_2}{2},\psi\right). \qquad\qquad (\text{Ⅱ})
\end{aligned}
$$

由(Ⅰ)式,当 $\varphi=0$ 时,我们有

$$(0,\psi)=0,$$

若 $\varphi_2=0$,则(Ⅱ)式变为

$$(\varphi_1,\psi)=2\left(\frac{\varphi_1}{2},\psi\right),$$

再令 $\varphi=\frac{\varphi_1}{2}$,上式变为

$$(2\varphi,\psi)=2(\varphi,\psi). \qquad\qquad (\text{Ⅲ})$$

由 $\varphi_1,\psi\in X$ 的任意性,(Ⅲ)式对任意的 $\varphi,\psi\in X$ 都成立. 既然如此,那么在(Ⅲ)式中,如果 $\varphi=\frac{\varphi_1+\varphi_2}{2}$,我们又有

$$(\varphi_1+\varphi_2,\psi)=2\left(\frac{\varphi_1+\varphi_2}{2},\psi\right),$$

与(Ⅱ)式相比较,我们得到

$$(\varphi_1+\varphi_2,\psi)=(\varphi_1,\psi)+(\varphi_2,\psi). \qquad\qquad (\text{Ⅳ})$$

以下我们利用(Ⅳ)式来证明(Ⅰ)式所定义的二元函数关于第一变元具有线性性质. $\forall\varphi,\psi\in X$,定义函数

$$f(\alpha)=(\alpha\varphi,\psi), \quad \forall\alpha\in\mathbf{R},$$

则由范数关于变元的连续性,f 是连续函数. 如果能证明 f 为线性函数,即 $f(\alpha)=\alpha f(1)$,则所述二元函数对第一变元关于实数具有线性.

事实上，$f(0)=0$ 已由上述证明得到，从而，由（Ⅳ）式可得

$$(-\varphi,\psi)=-(\varphi,\psi),\quad\forall\,\varphi,\psi\in X,$$

即

$$f(-1)=-f(1).$$

如果将其中 φ 换成 $\alpha\varphi$，等式也成立，即

$$f(-\alpha)=-f(\alpha).$$

再由（Ⅳ）式可得 $f(2)=2f(1)$，于是利用归纳法易知

$$f(m)=mf(1),\quad\forall\,m\in\mathbf{N},$$

即

$$(m\varphi,\psi)=m(\varphi,\psi),$$

此式对于一切的 $\varphi,\psi\in X$ 都成立，那么如果把 φ 换成 $\dfrac{1}{m}\varphi$，它也应该成立，即

$$(\varphi,\psi)=\left(m\,\frac{1}{m}\varphi,\psi\right)=m\left(\frac{1}{m}\varphi,\psi\right),$$

所以

$$m\left(\frac{1}{m}\varphi,\psi\right)=(\varphi,\psi),$$

即

$$\left(\frac{1}{m}\varphi,\psi\right)=\frac{1}{m}(\varphi,\psi),$$

也就是说

$$f\left(\frac{1}{m}\right)=\frac{1}{m}f(1),$$

从而，对于正的有理数 $\alpha=\dfrac{n}{m}$，

$$f\left(\frac{n}{m}\right)=\frac{n}{m}f(1),$$

利用有理数的稠性及 f 的连续性，可得 $f(\alpha)=\alpha f(1)$. 据此，我们证明了

$$(\alpha\varphi,\psi)=\alpha(\varphi,\psi),\quad\forall\,\alpha\in\mathbf{R},\forall\,\varphi,\psi\in X.$$

再来看复数情形.

由（Ⅰ）式，$\forall\,\varphi,\psi\in X$，

$$(\mathrm{i}\varphi,\psi)=\frac{1}{4}\big[(\|\mathrm{i}\varphi+\psi\|^2-\|\mathrm{i}\varphi-\psi\|^2)+\mathrm{i}(\|\mathrm{i}\varphi+\mathrm{i}\psi\|^2-\|\mathrm{i}\varphi-\mathrm{i}\psi\|^2)\big]$$

$$=\frac{1}{4}\big[(\|\varphi-\mathrm{i}\psi\|^2-\|\varphi+\mathrm{i}\psi\|^2)+\mathrm{i}(\|\varphi+\psi\|^2-\|\varphi-\psi\|^2)\big]$$

$$=\mathrm{i}(\varphi,\psi),$$

于是，对于 $\alpha=\sigma+\mathrm{i}\tau\in\mathbf{C}$，

$$(\alpha\varphi,\psi)=((\sigma+i\tau)\varphi,\psi)=\sigma(\varphi,\psi)+\tau i(\varphi,\psi)=\alpha(\varphi,\psi),$$

即所定义的二元函数关于第一变元具有线性.

（3）共轭对称性.

由定义直接验证.　　　　　　　　　　　　　　　　　　　　　□

空间里有了内积,就有了正交性,因而成立勾股定理. 这是内积空间中的一条本质性的定理,它等价于平行四边形法则. 在线性空间中,向量之间有线性相关或线性无关的关系,即平行或不平行,进一步如果空间上有了范数的概念,平行四边形就有定义. 本定理说明,对于线性空间中给定的范数,如果平行四边形的边长与对角线长满足平行四边形法则,其范数就可以由内积导出,这样的空间就成立勾股定理. 实际上,从定理 1.1.5 的证明来看,其中的（Ⅱ）式表明平行四边形法则等价于内积关于第一变元的可加性,而由连续性进一步导出内积关于第一变元的线性. 这说明,在内积的定义中"关于第一变元的线性"可换成"关于第一变元可加性和连续性".

4）重要的例子

例 1. 1. 1　设 $H=\mathbf{C}^n$,定义
$$(\varphi,\psi)=\sum_{i=1}^{n}x_i\overline{y}_i,\quad \forall\varphi,\psi\in H,$$
其中 $\varphi=(x_1,\cdots,x_n),\psi=(y_1,\cdots,y_n)$,则（•,•）是 H 上一个内积,并且 H 按这个内积构成 Hilbert 空间（完备性在经典分析中已经讨论）.

例 1. 1. 2　平方可和数列空间 l^2.

设
$$l^2=\left\{\{\xi_n\}\,\Big|\,\sum_{n=1}^{\infty}|\xi_n|^2<+\infty\right\},$$
$\forall\varphi=\{\xi_n\},\psi=\{\eta_n\}\in l^2$,定义
$$\varphi+\psi=\{\xi_n+\eta_n\}\in l^2,\quad \lambda\varphi=\{\lambda\xi_n\}\in l^2,\quad \forall\lambda\in\mathbf{C}.$$
易证 l^2 关于上面运算构成线性空间,它是无穷维的. 对任意的
$$\varphi=\{\xi_n\}\in l^2,\quad \psi=\{\eta_n\}\in l^2,$$
定义
$$(\varphi,\psi)=\sum_{n=1}^{\infty}\xi_n\overline{\eta}_n,$$
则（•,•）是 l^2 上的内积,l^2 关于（•,•）是 Hilbert 空间.

证明　（1）内积定义的合理性.

$\forall\varphi=\{\xi_n\},\psi=\{\eta_n\}\in l^2$,定义
$$(\varphi,\psi)=\sum_{n=1}^{\infty}\xi_n\overline{\eta}_n,$$

又 $\forall N$,因为

$$\sum_{n=1}^{N}\mid\xi_n\bar{\eta}_n\mid\leqslant\Big(\sum_{n=1}^{N}\mid\xi_n\mid^2\Big)^{\frac{1}{2}}\Big(\sum_{n=1}^{N}\mid\eta_n\mid^2\Big)^{\frac{1}{2}}$$

$$\leqslant\Big(\sum_{n=1}^{\infty}\mid\xi_n\mid^2\Big)^{\frac{1}{2}}\Big(\sum_{n=1}^{\infty}\mid\eta_n\mid^2\Big)^{\frac{1}{2}}<+\infty,$$

所以 $\sum\limits_{n=1}^{\infty}\xi_n\bar{\eta}_n$ 绝对收敛,因而 (φ,ψ) 定义有意义.容易验证, $(\cdot,\cdot)$ 确为 l^2 上内积.

（2）完备性的证明.

设 $\{\varphi_n\}$ 为 l^2 中 Cauchy 列,

$$\varphi_n=(\xi_1^{(n)},\xi_2^{(n)},\cdots),$$

$\forall\varepsilon>0,\exists n_0,$ 使得 $\forall m,n>n_0$ 时,

$$\parallel\varphi_n-\varphi_m\parallel=\Big(\sum_{i=1}^{\infty}\mid\xi_i^{(n)}-\xi_i^{(m)}\mid^2\Big)^{\frac{1}{2}}<\varepsilon,$$

从而 $\forall i\in\mathbf{N}^*$,

$$\mid\xi_i^{(n)}-\xi_i^{(m)}\mid<\varepsilon,$$

即 $\{\xi_i^{(n)}\}_{n=1}^{\infty}$ 关于 n 为 Cauchy 数列,所以 $\exists\xi_i\in\mathbf{C},$ 使得

$$\xi_i^{(n)}\to\xi_i.$$

令 $\varphi=\{\xi_i\},$ 下证 $\varphi\in l^2$ 且 $\varphi_n\to\varphi.$

$\forall k\in\mathbf{N}^*,\forall m,n>n_0,$

$$\sum_{i=1}^{k}\mid\xi_i^{(n)}-\xi_i^{(m)}\mid^2\leqslant\parallel\varphi_n-\varphi_m\parallel^2\leqslant\varepsilon^2,$$

令 $m\to\infty$,则有

$$\sum_{i=1}^{k}\mid\xi_i^{(n)}-\xi_i\mid^2\leqslant\varepsilon^2,\quad\forall k,$$

所以

$$\sum_{i=1}^{\infty}\mid\xi_i^{(n)}-\xi_i\mid^2\leqslant\varepsilon^2.$$

从而 $\varphi_n-\varphi\in l^2$,于是 $\varphi\in l^2$,且当 $n\geqslant n_0$ 时,

$$\parallel\varphi_n-\varphi\parallel\leqslant\varepsilon,$$

即 $\varphi_n\to\varphi$,所以 l^2 完备.

例 1.1.3　设

$$H=L^2(\mathbf{R})=\Big\{\varphi\Big|\varphi\text{ 为 }\mathbf{R}\text{ 上可测函数},\int_{\mathbf{R}}\mid\varphi\mid^2\mathrm{d}m<+\infty\Big\},$$

定义

$$(\varphi,\psi)=\int_{\mathbf{R}}\varphi\bar{\psi}\mathrm{d}m,\quad\forall\varphi,\psi\in H,$$

则 $(\cdot,\cdot)$ 为 H 上的一个内积,且 H 按此内积构成一个 Hilbert 空间.

证明 (1)定义的合理性.

$\forall \varphi, \psi \in H$,

$$\int_{\mathbf{R}} |\varphi\psi| \, \mathrm{d}m \leqslant \frac{1}{2}\int_{\mathbf{R}} (|\varphi|^2 + |\psi|^2)\mathrm{d}m < +\infty,$$

所以 $\varphi\bar{\varphi}$ 绝对可积,因而可积,于是定义中的积分有意义.

内积定义的其他条件显然满足. 这个内积所导出的范数为

$$\|\varphi\| = \left(\int_{\mathbf{R}} |\varphi|^2 \mathrm{d}m\right)^{\frac{1}{2}}.$$

(2) 定义的完备性.

设 $\{\varphi_n\}$ 为 H 中的 Cauchy 列,即 $\forall \varepsilon > 0, \exists N \in \mathbf{N}^*$ 使得 $\forall m \geqslant n \geqslant N$ 有

$$\|\varphi_n - \varphi_m\| < \varepsilon. \tag{V}$$

① 找出 $\{\varphi_n\}$ 的一个子列 $\{\psi_k\}$ 几乎处处收敛于某函数 $\psi \in L^2(\mathbf{R})$.

由(V)式,$\forall k \in \mathbf{N}^*, \exists n_k < n_{k+1}$ 使得

$$\|\varphi_{n_{k+1}} - \varphi_{n_k}\| < \frac{1}{2^k}, \quad k = 1, 2, \cdots.$$

记 $\psi_k = \varphi_{n_k}, k = 1, 2, \cdots$,下证 ψ_k 在 $\mathbf{R}$ 上几乎处处收敛. 令

$$S_m(x) = \sum_{k=1}^{m} |\psi_{k+1}(x) - \psi_k(x)|,$$

则 $\{S_m\}$ 非负且关于 m 单调增. 设

$$\lim_{m\to\infty} S_m(x) = S(x) \quad (\geqslant 0),$$

由范数的三角不等式知

$$\|S_m\| \leqslant \sum_{k=1}^{m} \|\psi_{k+1} - \psi_k\| < \frac{1}{2} + \cdots + \frac{1}{2^m} < 1, \quad m = 1, 2, \cdots,$$

所以

$$\int_{\mathbf{R}} |S_m|^2 \, \mathrm{d}m \leqslant 1, \quad m = 1, 2, \cdots.$$

由 Lebesgue 单调收敛定理,

$$\int_{\mathbf{R}} S^2 \mathrm{d}m = \int_{\mathbf{R}} \lim_{m\to\infty} S_m^2 \mathrm{d}m \leqslant 1,$$

因而 $S \in L^2(\mathbf{R})$ 且在 $\mathbf{R}$ 上几乎处处有限,即函数项级数

$$\psi_1(x) + \sum_{k=1}^{\infty} (\psi_{k+1}(x) - \psi_k(x)) \tag{VI}$$

几乎处处绝对收敛,且

$$\sum_{k=1}^{\infty} |\psi_{k+1}(x) - \psi_k(x)| = S(x),$$

$S(x)$ 几乎处处取有限值,因而(VI)式本身几乎处处收敛,即存在可测函数 ψ 使得

$$\lim_{m\to\infty}\psi_m(x) = \lim_{m\to\infty}\Big(\psi_1(x) + \sum_{k=1}^{m-1}(\psi_{k+1}(x) - \psi_k(x))\Big) = \psi(x) \text{ a.e. },$$

且

$$|\psi(x)| \leqslant |\psi_1(x)| + S(x),$$

所以 $\psi \in L^2(\mathbf{R})$.

② 证 $\psi_k \xrightarrow{\|\cdot\|} \psi$ 且 $\varphi_n \xrightarrow{\|\cdot\|} \psi$.

由于 $\{\psi_k\}$ 是 $\{\varphi_n\}$ 的子列,因而 $\{\psi_k\}$ 也是 $L^2(\mathbf{R})$ 范数 Cauchy 列,故 $\forall \varepsilon > 0$,$\exists n_0 > 0$,$\forall n, m \geqslant n_0$ 有

$$\|\psi_n - \psi_m\|^2 = \int_{\mathbf{R}} |\psi_n - \psi_m|^2 \mathrm{d}m < \varepsilon^2.$$

令 $m \to \infty$,由 Fatou 引理,

$$\|\psi_n - \psi\|^2 = \int_{\mathbf{R}} |\psi_n - \psi|^2 \mathrm{d}m = \int_{\mathbf{R}} \lim_{m\to\infty} |\psi_n - \psi_m|^2 \mathrm{d}m$$
$$= \int_{\mathbf{R}} \underline{\lim_{m\to\infty}} |\psi_n - \psi_m|^2 \mathrm{d}m \leqslant \underline{\lim_{m\to\infty}} \int_{\mathbf{R}} |\psi_n - \psi_m|^2 \mathrm{d}m \leqslant \varepsilon^2,$$

即 $\psi_n \xrightarrow{\|\cdot\|} \psi$,所以 $\lim_{k\to\infty}\varphi_{n_k} \xrightarrow{\|\cdot\|} \psi$.

而当 n 及 n_k 充分大时

$$\|\varphi_n - \psi\| \leqslant \|\varphi_n - \varphi_{n_k}\| + \|\varphi_{n_k} - \psi\| < \frac{\varepsilon}{2} + \frac{\varepsilon}{2},$$

所以 $\varphi_n \xrightarrow{\|\cdot\|} \psi$.

(3) $\dim L^2(\mathbf{R}) = \infty$.

令

$$\varphi_n(x) = \begin{cases} x^n, & x \in [c,d] \subset \mathbf{R}, \\ 0, & x \notin [c,d], \end{cases}$$

则 $\{\varphi_n\}$ 线性无关,且 $\varphi_n \in L^2(\mathbf{R})$. 我们找到了无穷多个线性无关向量,$L^2(\mathbf{R})$ 自然就是无穷值的了.

注 $\mathbf{R}$ 可以换成可测集 E,而 Lebesgue 测度也可以换成其他测度.

5)可分性问题

定义 1.1.7 设 H 是一个内积空间,$A \subset H$,若 $\forall \varphi \in H$,存在点列 $\{\varphi_n\} \subset A$ 使得 $\varphi_n \to \varphi$,则称 A 在 H 中稠. 如果存在可数子集 $A \subset H$ 在 H 中稠,则称 H 是可分的.

(1) $\mathbf{C}^n$ 可分.

设

$$A = \{\varphi \mid \varphi = (r_1 + \mathrm{i}s_1, \cdots, r_n + \mathrm{i}s_n) \in \mathbf{C}^n, r_k, s_k \in \mathbf{Q}, k = 1, 2, \cdots, n\},$$

则 A 可数,且 A 在 $\mathbf{C}^n$ 中稠.

(2) l^2 可分.

设

$$A=\{\varphi\mid\varphi=(r_1+\mathrm{i}s_1,\cdots,r_n+\mathrm{i}s_n,0,0,\cdots),r_k,s_k\in\mathbf{Q},k=1,2,\cdots,n\},$$

则 A 可数,且 A 在 l^2 中稠.

事实上,$\forall\,\psi=(\eta_1,\eta_2,\cdots)\in l^2$,$\forall\,n\in\mathbf{N}^*$,存在 $N\in\mathbf{N}^*$ 使得

$$\|\,\psi-\psi_N\,\|^2=\sum_{k=N+1}^{\infty}|\eta_k|^2$$

$$<\frac{1}{(2n)^2},\quad\text{其中 }\psi_N=(\eta_1,\eta_2,\cdots,\eta_N,0,0,\cdots).$$

对于 ψ_N,由(1),存在 $\varphi_n=(\xi_1^{(n)},\cdots,\xi_N^{(n)},0,0,\cdots)\in A$ 使得

$$\|\,\varphi_n-\psi_N\,\|\leqslant\frac{1}{2n},$$

于是

$$\|\,\varphi_n-\psi\,\|\leqslant\|\,\varphi_n-\psi_N\,\|+\|\,\psi_N-\psi\,\|\leqslant\frac{1}{n},$$

从而 $\varphi_n\to\psi$.

(3) $L^2(\mathbf{R})$ 可分.

设

$$A=\bigcup_{N=1}^{\infty}\left\{P\Big|_{[-N,N]}\Big|\,P\text{ 为复系数多项式,且系数的实部和虚部都是有理数}\right\},$$

则 A 可数,且 A 在 $L^2(\mathbf{R})$ 中稠.

事实上,A 显然可数.对于任意的 $\varphi\in L^2(\mathbf{R})$ 及任意的 $n\in\mathbf{N}^*$,存在 $N\in\mathbf{N}^*$ 及函数

$$\varphi_N(x)=\begin{cases}\varphi(x),&|x|\leqslant N,\\0,&|x|>N,\end{cases}$$

使得

$$\|\,\varphi-\varphi_N\,\|<\frac{1}{4n}\quad\text{(即用具有紧支柱的函数 }\varphi_N\text{ 去逼近 }\varphi).$$

对于 φ_N,存在有界可测函数 $\tilde{\varphi}_N$(设 $|\tilde{\varphi}_N(x)|\leqslant M,\forall\,x\in\mathbf{R}$),使得

$$\tilde{\varphi}_N(x)=0,\quad|x|>N,$$

$$\|\,\varphi_N-\tilde{\varphi}_N\,\|<\frac{1}{4n},$$

由鲁津定理可知,存在 $\mathbf{R}$ 上连续函数 $\hat{\varphi}_N$ 使得

$$|\hat{\varphi}_N(x)|\leqslant M,\quad\forall\,x\in\mathbf{R},$$

$$\hat{\varphi}_N(x)=0,\quad|x|>N,$$

$$m(\{x \mid \hat{\varphi}_N(x) \neq \tilde{\varphi}_N(x)\}) < \frac{1}{4M^2 n}.$$

对于 $[-N, N]$ 上连续函数 $\hat{\varphi}_N$，由 Stone-Weierstrass 定理，存在 $[-N, N]$ 上多项式（即 A 中元素）P_n 使得

$$\|\hat{\varphi}_N - P_n\|_\infty \leqslant \frac{1}{8nN},$$

于是

$$\|\varphi - P_n\| \leqslant \|\varphi - \varphi_N\| + \|\varphi_N - \tilde{\varphi}_N\| + \|\tilde{\varphi}_N - \hat{\varphi}_N\| + \|\hat{\varphi}_N - P_n\|$$
$$\leqslant \frac{1}{4n} + \frac{1}{4n} + \frac{1}{4n} + 2N\|\hat{\varphi}_N - P_n\|_\infty \leqslant \frac{1}{n},$$

从而 A 在 $L^2(\mathbf{R})$ 中稠.

类似可证 $L^2(a, b)$ 可分.

1.2 规范正交基与可分 Hilbert 空间表示

笛卡儿坐标系的引入是一个历史性的事件，用现代语言来说，对于空间引入坐标系就是对空间"数字化"，这样，一切几何量以及相应的物理量的描述的数学处理得以进行，由此产生了微积分和经典物理学. 后来，坐标系思想在线性代数理论中得到进一步发扬. 有限维空间中的所谓基底事实上就是一种坐标系，特别，正交基底便是有限维空间的笛卡儿坐标系. 笛卡儿坐标系思想还可推广到无穷维空间中来，其源头就是函数的 Fourier 展开，即按三角函数系展开. 也就是说，在空间中引入规范正交基（三角函数系其实就是一类规范正交基），则向量可以按规范正交基展开，即广义 Fourier 展开.

1）规范正交集

定义 1.2.1 设 H 为一个内积空间，$A = \{e_\alpha\}_{\alpha \in \Lambda} \subset H$ 称为 H 的一个规范正交集，如果

$$(e_\alpha, e_\beta) = \delta_{\alpha\beta}, \quad \forall e_\alpha, e_\beta \in A.$$

H 的规范正交集 A 称为极大的，若 $\forall \varphi \in H$，只要

$$(\varphi, e_\alpha) = 0, \quad \forall e_\alpha \in A,$$

就必有 $\varphi = 0$. H 的极大规范正交集通常称为规范正交基，规范正交基又称为完备的或完全的规范正交集.

注 （1）按笛卡儿坐标系思想，我们可以把规范正交集中 A 的每个元素看作一个坐标向量，如果 A 是规范正交基，那么空间中一个 φ 和 A 所表示的坐标系统中每个坐标方向垂直时就意味 $\varphi = 0$，这说明该坐标系统是完全的或完备的（即不可再扩充）. 下面我们将证明同有限维空间一样，每个向量都可以按规范正交基

表出.

（2）规范正交集必是线性无关集（请读者自行证明）.

例 1.2.1 对于 $\mathbf{C}^n$,任意 n 个相互正交的单位向量构成空间的一个规范正交基.

事实上,设 $A=\{e_1,\cdots,e_n\}$ 为 n 个相互正交的单位向量构成的集合,由线性代数知识,这是空间的一组基,若 $\varphi\in\mathbf{C}^n$ 满足

$$(\varphi,e_k)=0,\quad k=1,2,\cdots,n,$$

则 $\varphi\perp\mathbf{C}^n$,所以 $\varphi=0$,即 A 为规范正交基.

类似地,我们有

例 1.2.2 设 $H=l^2$,则 $A=\{e_n\mid n=1,2,\cdots\}$ 为一个规范正交基,其中

$$e_n=(0,\cdots,0,1,0,\cdots),$$

即第 n 项为 1,其余各项为 0 的序列,$n=1,2,\cdots$.

例 1.2.3 设 $H=L^2[-\pi,\pi]$,则三角函数系

$$A=\left\{\frac{1}{\sqrt{2\pi}},\frac{1}{\sqrt{\pi}}\cos nx,\frac{1}{\sqrt{\pi}}\sin nx\,\middle|\,n=1,2,\cdots\right\}$$

构成 H 的规范正交基.

首先,直接验证可知 A 为规范正交集.其次,设 $\varphi\in H$ 且 $\varphi\perp A$,利用鲁津定理可以证明 $\forall n\in\mathbf{N}^*$,存在 $\psi_n\in C[-\pi,\pi]$ 使得

$$\|\varphi-\psi_n\|\leqslant\frac{1}{3n},$$

而对于 ψ_n 利用附录 4 中定理 1,存在 $\tilde{\psi}_n$ 使得 $\tilde{\psi}_n\in C[-\pi,\pi]$,$\tilde{\psi}_n(-\pi)=\tilde{\psi}_n(\pi)$,

$$\|\tilde{\psi}_n-\psi_n\|\leqslant\frac{1}{3n},$$

又由 Stone-Weierstrass 定理,有三角多项式序列 $\{T_n(x)\}$ 使得

$$\|T_n-\tilde{\psi}_n\|_\infty=\max_{t\in[-\pi,\pi]}|T_n(t)-\tilde{\psi}_n(t)|\leqslant\frac{1}{6n\pi},$$

所以

$$\|T_n-\tilde{\psi}_n\|\leqslant2\pi\|T_n-\tilde{\psi}_n\|_\infty\leqslant\frac{1}{3n},$$

从而

$$\|\varphi-T_n\|\leqslant\frac{1}{n}.$$

即按 H 中范数有 $T_n\to\varphi$,于是

$$(\varphi,\varphi)=\lim_{n\to\infty}(T_n,\varphi)=0,$$

所以 $\varphi=0$,即 A 为 H 的规范正交基.

2）规范正交基的存在性

利用 Zorn 引理,我们可以证明每个 Hilbert 空间都存在规范正交基,但规范正交基未必可数. 如果一个空间存在可数的规范正交基,后面我们将证明每个向量可以按规范正交基表示,表示系数构成一个数列,这样一个向量对应一个数列,向量就可以序列化,而能够序列化是非常重要的性质! 下面利用 Gram-Schmidt 正交化法证明可分空间存在可数的规范正交基,我们不仅证明其存在性,而且给出构造方法(方法与线性代数中相关定理一模一样). 之后,本书都讨论有可数规范正交基的 Hilbert 空间.

定理 1.2.1 设 $A=\{\varphi_n \mid n=1,2,\cdots\}$ 为 Hilbert 空间 H 中至多可数个线性无关向量的集合,span A 在 H 中稠,则 H 中存在规范正交基 $B=\{\psi_n \mid n=1,2,\cdots\}$,使得 $\forall n \in \mathbf{N}^*$,

$$\text{span}\{\varphi_1,\cdots,\varphi_n\}=\text{span}\{\psi_1,\cdots,\psi_n\}. \tag{I}$$

证明 不妨设 A 为可数集(有限情形同样证明),用归纳法.

对于 φ_1,令 $\psi_1=\dfrac{\varphi_1}{\|\varphi_1\|}$,则（I）式成立；

设 $\psi_1,\cdots,\psi_n$ 满足（I）式,对于 φ_{n+1},令

$$\tilde{\psi}_{n+1} = \varphi_{n+1} - \sum_{l=1}^{n} (\varphi_{n+1},\psi_l)\psi_l,$$

则

$$(\tilde{\psi}_{n+1},\psi_l)=(\varphi_{n+1},\psi_l)-(\varphi_{n+1},\psi_l)=0, \quad l=1,\cdots,n,$$

令 $\psi_{n+1}=\dfrac{\tilde{\psi}_{n+1}}{\|\tilde{\psi}_{n+1}\|}$,则 $\{\psi_1,\cdots,\psi_{n+1}\}$ 为规范正交集,且

$$\text{span}\{\varphi_1,\cdots,\varphi_{n+1}\}=\text{span}\{\psi_1,\cdots,\psi_{n+1}\},$$

于是,我们得到规范正交集 $B=\{\psi_n \mid n=1,2,\cdots\}$.

下证 B 是完全的.

设 $\varphi \perp B$,则 $\varphi \perp \text{span}B$,而由（I）式易知 $\text{span}B=\text{span}A$,但 $\text{span}A$ 在 H 中稠,从而 $\text{span}B$ 也稠,于是 $\varphi=0$,即 B 完全,从而它是规范正交基. □

推论 1.2.1 设 H 是一个可分的 Hilbert 空间,则 H 存在可数个向量构成规范正交基.

证明 设 $M=\{\psi_n \mid n=1,2,\cdots\}$ 为 H 的可数稠子集,不妨设 $\psi_n \neq 0(\forall n \in \mathbf{N}^*)$,记

$$\varphi_1=\psi_1;$$

若 ψ_2 与 $\varphi_1=\psi_1$ 线性无关,则取

$$\varphi_2=\psi_2,$$

否则,取 $\varphi_2 = \psi_k, k = \min\{n | \psi_n 与 \psi_1 线性无关\}$;

$$\vdots$$

这样得到

$$A = \{\varphi_n | n = 1, 2, \cdots\} \subset M,$$

A 中任意有限个向量都线性无关,且

$$\mathrm{span}A = \mathrm{span}M,$$

所以 $\mathrm{span}A$ 在 H 中稠,由定理 1.2.1 知结论成立. □

3) 空间向量在规范正交基下的表示

首先,我们给出 Bessel 不等式:

定理 1.2.2(Bessel 不等式) 设 $\{e_n\}_{n=1}^N$(N 为某正整数或 ∞)为内积空间 H 的规范正交集,则 $\forall \varphi \in H$,

$$\sum_{n=1}^N |(\varphi, e_n)|^2 \leqslant \|\varphi\|^2.$$

证明 不妨设 $N = \infty$,有限情形证明是一样的. $\forall n \in \mathbf{N}^*$,记

$$\varphi_n = \sum_{k=1}^n (\varphi, e_k) e_k,$$

则 $\varphi - \varphi_n \perp e_k, k = 1, 2, \cdots, n.$

事实上,

$$\begin{aligned}
(\varphi - \varphi_n, e_k) &= (\varphi, e_k) - \Big(\sum_{j=1}^n (\varphi, e_j) e_j, e_k\Big) \\
&= (\varphi, e_k) - (\varphi, e_k) = 0, \quad k = 1, 2, \cdots, n,
\end{aligned}$$

所以,由定理 1.1.3,$\forall n \in \mathbf{N}^*$,

$$\begin{aligned}
\|\varphi\|^2 &= \|\varphi_n\|^2 + \|\varphi - \varphi_n\|^2 = (\varphi_n, \varphi_n) + \|\varphi - \varphi_n\|^2 \\
&= \Big(\sum_{j=1}^n (\varphi, e_j) e_j, \sum_{k=1}^n (\varphi, e_k) e_k\Big) + \|\varphi - \varphi_n\|^2 \\
&= \sum_{k=1}^n |(\varphi, e_k)|^2 + \|\varphi - \varphi_n\|^2 \\
&\geqslant \sum_{k=1}^n |(\varphi, e_k)|^2,
\end{aligned}$$

从而级数 $\sum_{n=1}^{\infty} |(\varphi, e_n)|^2$ 收敛且不等式成立. □

注 我们来看看 Bessel 不等式的几何含义. 在有限维空间中,众所皆知,向量长的平方等于各坐标分量的平方和,所以部分坐标的平方和自然小于向量长的平方. Bessel 不等式就是这个常识在无穷维空间的表现. 我们把规范正交集看成 H 的"坐标"系统,它也许不完全,所以向量关于规范正交集坐标分量平方和小于或等

于向量长的平方. 下面我们将证明如果规范正交集完全(即它是规范正交基),那么 Bessel 不等式中的等号成立.

接下来,我们介绍 Fourier 展开与 Parseval 等式.

定理 1.2.3 设 $\{e_n \mid n=1,2,\cdots\}$ 为 Hilbert 空间 H 的规范正交集,则以下各条等价:

(1) $\{e_n \mid n=1,2,\cdots\}$ 为 Hilbert 空间 H 的规范正交基.

(2) (Fourier 展开) $\forall \varphi \in H$ 有

$$\varphi = \sum_{n=1}^{\infty} (\varphi, e_n) e_n,$$

级数按范数收敛(即级数的部分和序列按空间范数收敛),其中 $\{(\varphi, e_n) \mid n=1,2,\cdots\}$ 称为 φ 的 Fourier 系数集.

(3) Parseval 等式成立,即 $\forall \varphi, \psi \in H$ 有

$$(\varphi, \psi) = \sum_{n=1}^{\infty} (\varphi, e_n) \overline{(\psi, e_n)};$$

特别,$\forall \varphi \in H$ 有

$$\|\varphi\|^2 = \sum_{n=1}^{\infty} |(\varphi, e_n)|^2.$$

证明 (1)$\Rightarrow$(2)

设(1)成立,由 Bessel 不等式,$\forall \varphi$,级数 $\sum_{n=1}^{\infty} |(\varphi, e_n)|^2$ 收敛,而

$$\Big\| \sum_{k=n}^{m} (\varphi, e_k) e_k \Big\|^2 = \Big(\sum_{k=n}^{m} (\varphi, e_k) e_k, \sum_{k=n}^{m} (\varphi, e_k) e_k \Big)$$

$$= \sum_{k=n}^{m} |(\varphi, e_k)|^2, \quad \forall m > n,$$

所以,由 Cauchy 准则,向量值级数 $\sum_{n=1}^{\infty} (\varphi, e_n) e_n$ 按范数收敛. 下证其和就是 φ.

记

$$\psi = \varphi - \sum_{n=1}^{\infty} (\varphi, e_n) e_n,$$

则

$$(\psi, e_k) = (\varphi, e_k) - \sum_{n=1}^{\infty} (\varphi, e_n)(e_n, e_k) = (\varphi, e_k) - (\varphi, e_k) = 0, \quad \forall k \in \mathbf{N}^*,$$

由(1),$\psi = 0$,即

$$\varphi = \sum_{n=1}^{\infty} (\varphi, e_n) e_n.$$

(2)$\Rightarrow$(3)

设 $\varphi, \psi \in H$,则由(2),它们有如下形式的表示:

$$\varphi = \sum_{n=1}^{\infty}(\varphi,e_n)e_n, \quad \psi = \sum_{m=1}^{\infty}(\psi,e_m)e_m,$$

于是

$$(\varphi,\psi) = \Big(\sum_{n=1}^{\infty}(\varphi,e_n)e_n, \sum_{m=1}^{\infty}(\psi,e_m)e_m\Big)$$

$$= \sum_{n=1}^{\infty}\sum_{m=1}^{\infty}(\varphi,e_n)\overline{(\psi,e_m)}(e_n,e_m)$$

$$= \sum_{n=1}^{\infty}(\varphi,e_n)\overline{(\psi,e_n)},$$

当 $\varphi=\psi$ 时,得到第二个等式.

（3）$\Rightarrow$（1）

若 Parseval 等式成立,设

$$\varphi_0 \perp e_n, \quad n=1,2,\cdots,$$

则

$$\|\varphi_0\|^2 = \sum_{n=1}^{\infty}|(\varphi_0,e_n)|^2 = 0,$$

即 $\varphi_0=0$,所以 $\{e_n\,|\,n=1,2,\cdots\}$ 为 Hilbert 空间 H 的规范正交基. □

推论 1.2.2 若 $\{e_n\,|\,n=1,2,\cdots\}$ 为 Hilbert 空间 H 的规范正交集,则它为规范正交基的充要条件是 $\mathrm{span}\{e_n\,|\,n=1,2,\cdots\}$ 在 H 中稠.

证明 （$\Rightarrow$）定理 1.2.3(2).

（$\Leftarrow$）若 $V=\mathrm{span}\{e_n\,|\,n=1,2,\cdots\}$ 在 H 中稠,设 $\varphi\perp e_n, n=1,2,\cdots$,则 $\varphi\perp V$. 既然 V 在 H 中稠,就有 $\varphi_k\in V, k=1,2,\cdots$ 使得 $\varphi_k\to\varphi$,于是

$$\|\varphi\|^2 = (\varphi,\varphi) = \lim_{k\to\infty}(\varphi,\varphi_k)=0,$$

即 $\varphi=0$. 所以 $\{e_n\,|\,n=1,2,\cdots\}$ 为 Hilbert 空间 H 的规范正交基. □

4）可分 Hilbert 空间的表示

定义 1.2.2（等距同构映射） 设 H_1 和 H_2 为两个内积空间,如果存在既单且满的映射 $T: H_1\to H_2$ 使得

（1）$\forall\varphi,\psi\in H_1, \forall\alpha,\beta\in\mathbf{C}$,有 $T(\alpha\varphi+\beta\psi)=\alpha T\varphi+\beta T\psi$;

（2）$\|T\varphi\| = \|\varphi\|, \forall\varphi\in H_1$,

则称 H_1 和 H_2 等距同构,记为 $H_1\cong H_2$.

注 如果 H_1, H_2 为两个等距同构的内积空间,则 H_1 完备的充要条件是 H_2 完备.

推论 1.2.3 设 H 为可分的 Hilbert 空间,$\{e_n\,|\,n=1,2,\cdots\}$ 为 Hilbert 空间 H 的规范正交基,则

$$H = \left\{ \varphi \,\middle|\, \varphi = \sum_{n=1}^{\infty} \alpha_n e_n, \alpha_n \in \mathbf{C}, n \in \mathbf{N}^*, \sum_{n=1}^{\infty} |\alpha_n|^2 < +\infty \right\}.$$

即 $\forall \varphi \in H$，存在唯一的 $\tilde{\varphi} = (\alpha_1, \alpha_2, \cdots) \in l^2$，使得

$$\varphi = \sum_{n=1}^{\infty} \alpha_n e_n, \quad \|\varphi\| = \|\tilde{\varphi}\|.$$

反之亦真. 也就是说，H 与 l^2 等距同构.

5）常见 Hilbert 空间的规范正交基之下向量的表示

例 1.2.4 对于有限维空间 $\mathbf{C}^n$，设 $e_k = (0, \cdots, 0, 1, 0, \cdots, 0)$（第 k 个坐标为 1，其余为 0），$k = 1, 2, \cdots, n$，则 $\{e_1, \cdots, e_n\}$ 为规范正交基. $\forall \varphi = (x_1, \cdots, x_n)$，有

$$x_k = (\varphi, e_k), \quad k = 1, 2, \cdots, n,$$

$$\varphi = \sum_{k=1}^{n} x_k e_k.$$

例 1.2.5 对于 l^2，设 $e_n = (0, \cdots, 0, 1, 0, \cdots, 0)$（第 n 项为 1，其余为 0），$n = 1, 2, \cdots$，则 $\{e_1, e_2, \cdots\}$ 为规范正交基. $\forall \varphi = (\xi_1, \xi_2, \cdots)$，有

$$\xi_n = (\varphi, e_n), \quad n = 1, 2, \cdots,$$

$$\varphi = \sum_{n=1}^{\infty} \xi_n e_n.$$

1.3 投影问题

这一节，我们讨论向量在一个闭子空间上的投影问题. 也就是在子空间中找一个向量使之"最为接近"给定向量，解决所谓最佳逼近问题.

1）集合之间的正交

定义 1.3.1 设 A, B 为内积空间 H 的两个子集，如果

$$(\varphi, \psi) = 0, \quad \forall \varphi \in A, \psi \in B,$$

则称 A 与 B 正交，记为 $A \perp B$. 进一步，如果 A, B 都是子空间，则称它们是相互正交子空间.

集合

$$\{\varphi \,|\, \varphi \in H, \varphi \perp A\}$$

称为 A 的正交补，记为 $A^\perp$. 当 A 为 H 的线性子空间时，称 $A^\perp$ 为 A 的正交补空间.

定理 1.3.1 设 H 为 Hilbert 空间，$\forall A, B \subset H$.

（1）$A^\perp$ 总是 H 的闭子空间；

（2）若 A 为线性子空间，则 $A \cap A^\perp = \{0\}$；

(3) 若 $A \subset B$，则 $B^{\perp} \subset A^{\perp}$；

(4) $(\mathrm{span} A)^{\perp} = A^{\perp}$.

证明 这里仅证明(1)，其余证明留作练习.

设 $\varphi_n \in A^{\perp}, n = 1, 2, \cdots$，且 $\varphi_n \to \varphi$，则 $\forall \psi \in A$，

$$(\varphi, \psi) = \lim_{n \to \infty} (\varphi_n, \psi) = 0,$$

所以 $\varphi \in A^{\perp}$，即 $A^{\perp}$ 闭.　　　　　　　　□

2）投影定理

定理 1.3.2 设 M 为 Hilbert 空间 H 的一个闭子空间，$\varphi \in H$，

$$\delta_{\varphi} = \inf \{\| \varphi - \psi \| | \psi \in M\}.$$

(1) 存在唯一一个向量 $P_M \varphi \in M$（称为 φ 在 M 上的投影），使得

$$\| \varphi - P_M \varphi \| = \delta_{\varphi};$$

(2) $\varphi - P_M \varphi \perp M$.

证明 （1）先证 $P_M \varphi$ 的存在性.

由下确界定义，存在 $\{\psi_n\} \subset M$ 使得

$$\lim_{n \to \infty} \| \varphi - \psi_n \| = \delta_{\varphi},$$

下证序列 $\{\psi_n\}$ 本身也收敛.

给定 $m, n \in \mathbf{N}^*$，对于向量 $\varphi - \psi_m$ 及 $\varphi - \psi_n$ 使用平行四边形法则，有

$$\| 2\varphi - (\psi_m + \psi_n) \|^2 + \| \psi_m - \psi_n \|^2 = 2 \| \varphi - \psi_m \|^2 + 2 \| \varphi - \psi_n \|^2,$$

所以

$$\| \psi_m - \psi_n \|^2 = 2 \| \varphi - \psi_m \|^2 + 2 \| \varphi - \psi_n \|^2 - 4 \left\| \varphi - \frac{\psi_m + \psi_n}{2} \right\|^2$$

$$\leqslant 2 \| \varphi - \psi_m \|^2 + 2 \| \varphi - \psi_n \|^2 - 4\delta_{\varphi}^2 \to 0, \quad m, n \to \infty,$$

从而 $\{\psi_n\}$ 为 Cauchy 列. 记

$$\lim_{n \to \infty} \psi_n = P_M \varphi,$$

因为 M 为闭子空间，所以 $P_M \varphi \in M$，于是

$$\| \varphi - P_M \varphi \| = \lim_{n \to \infty} \| \varphi - \psi_n \| = \delta_{\varphi}.$$

再证 $P_M \varphi$ 的唯一性.

如果存在 $\psi_1, \psi_2 \in M$ 使得

$$\| \varphi - \psi_1 \| = \| \varphi - \psi_2 \| = \delta_{\varphi},$$

对于 $\varphi - \psi_1$ 与 $\varphi - \psi_2$ 使用平行四边形法则有

$$\| 2\varphi - (\psi_1 + \psi_2) \|^2 + \| \psi_1 - \psi_2 \|^2 = 2 \| \varphi - \psi_1 \|^2 + 2 \| \varphi - \psi_2 \|^2 = 4\delta_{\varphi}^2,$$

所以

$$\| \psi_1 - \psi_2 \|^2 = 4\delta_{\varphi}^2 - 4 \left\| \varphi - \frac{\psi_1 + \psi_2}{2} \right\|^2 \leqslant 0$$

$\left(\text{因为 } \dfrac{\psi_1+\psi_2}{2}\in M,\text{所以 } \left\|\varphi-\dfrac{\psi_1+\psi_2}{2}\right\|\geqslant\delta_\varphi\right)$，于是 $\psi_1=\psi_2$.

（2）记 $\varphi_0=\varphi-P_M\varphi$，则 $\|\varphi_0\|=\delta_\varphi$. $\forall\psi\in M$，$\forall\alpha\in\mathbf{C}$，$P_M\varphi+\alpha\psi\in M$，所以

$$
\begin{aligned}
\delta_\varphi^2 &= \|\varphi_0\|^2\\
&\leqslant \|\varphi-(P_M\varphi+\alpha\psi)\|^2=\|\varphi_0-\alpha\psi\|^2\\
&= \|\varphi_0\|^2-\alpha(\psi,\varphi_0)-\bar\alpha(\varphi_0,\psi)+|\alpha|^2\|\psi\|^2,
\end{aligned}
$$

从而

$$-\alpha(\psi,\varphi_0)-\bar\alpha(\varphi_0,\psi)+|\alpha|^2\|\psi\|^2\geqslant0,\quad\forall\alpha\in\mathbf{C},$$

特别，取 $\alpha=\dfrac{(\varphi_0,\psi)}{\|\psi\|^2}$ 代入上式，则有

$$-\dfrac{|(\varphi_0,\psi)|}{\|\psi\|^2}\geqslant0,$$

从而 $(\varphi_0,\psi)=0$. □

注 $P_M\varphi$ 又称为 φ 在 M 内的最佳逼近元.

例 1.3.1 设 H 为一个可分的 Hilbert 空间，$\{e_n\mid n=1,2,\cdots\}$ 为其规范正交基，$M_N=\mathrm{span}\{e_1,\cdots,e_N\}$，$\varphi\in H$，则由定理 1.3.2，$\varphi$ 在 M_N 中有最佳逼近元 $P_{M_N}\varphi$，那么 $P_{M_N}\varphi$ 的表达式是什么呢？即若设

$$P_{M_N}\varphi=\sum_{k=1}^N\alpha_k e_k,$$

那么 α_k 的表达式是什么？

因为 $\varphi-P_{M_N}\varphi\perp M_N$，所以

$$\alpha_k=(\varphi,e_k),\quad k=1,\cdots,N,$$

于是

$$P_{M_N}\varphi=\sum_{k=1}^N(\varphi,e_k)e_k,$$

即 $P_{M_N}\varphi$ 正是 φ 的 Fourier 展开的前 N 项部分和.

特别，设 $H=L^2[-\pi,\pi]$，取

$$A=\left\{\frac{1}{\sqrt{2\pi}},\frac{1}{\sqrt\pi}\cos nx,\frac{1}{\sqrt\pi}\sin nx\ \middle|\ n=1,2,\cdots\right\}$$

为其规范正交基，若 $\varphi\in H$，要找一个 N 阶三角多项式

$$T_N(x)=\frac{\alpha_0}{2}+\sum_{k=1}^N(\alpha_k\cos kx+\beta_k\sin kx)$$

来逼近 φ，则三角多项式的系数必为 Fourier 系数，即

$$\alpha_k=a_k,\ k=0,1,2,\cdots,N;\quad\beta_k=b_k,\ k=1,2,\cdots,N.$$

也就是说 $T_N(x)$ 必为 φ 的 Fourier 级数的前 $2N+1$ 项部分和，即

$$T_N(x)=\frac{a_0}{2}+\sum_{k=1}^N(a_k\cos kx+b_k\sin kx),$$

T_N 就是 φ 在 H 的 $2N+1$ 子空间

$$M_N = \operatorname{span}\left\{\frac{1}{\sqrt{2\pi}}, \frac{1}{\sqrt{\pi}}\cos nx, \frac{1}{\sqrt{\pi}}\sin nx \,\middle|\, n=1,2,\cdots,N\right\}$$

中的投影 $P_{M_N}\varphi$.

3) 空间的正交直和

定义 1.3.2 设 H 为一个 Hilbert 空间，M_1 和 M_2 为它的两个线性子空间，如果 $M_1 \bigcap M_2 = \{0\}$，则称线性子空间

$$M_1 + M_2 = \{\varphi_1 + \varphi_2 \mid \varphi_1 \in M_1, \varphi_2 \in M_2\}$$

为 M_1 与 M_2 的直和，如果 $M_1 \perp M_2$，则称 $M_1 + M_2$ 为正交直和，记为

$$M_1 \oplus M_2.$$

推论 1.3.1 设 H 为一个 Hilbert 空间，M 为 H 的一个闭子空间，则

$$H = M \oplus M^{\perp},$$

即 $\forall \varphi \in H$，存在唯一一组向量 $\varphi_1 \in M, \varphi_2 \in M^{\perp}$ 使得

$$\varphi = \varphi_1 + \varphi_2.$$

推论 1.3.2 设 H 为一个 Hilbert 空间，M 为 H 的一个子空间，则

$$\overline{M} = M^{\perp\perp}.$$

我们还可以定义一列子空间的直和，这个概念以后有用，先将定义写在这里.

定义 1.3.3 设 H 为一个 Hilbert 空间，$\{M_n\}$ 为其一列闭子空间，如果 $M_n \perp M_m, m \neq n, m, n = 1, 2, \cdots$，子空间

$$\bigoplus_{n=1}^{\infty} M_n = \left\{\sum_{n=1}^{\infty} \varphi_n \,\middle|\, \varphi_n \in M_n, n=1,2,\cdots; \sum_{n=1}^{\infty} \|\varphi_n\|^2 < +\infty\right\}$$

称为 $\{M_n\}$ 的一个直和. 如果

$$H = \bigoplus_{n=1}^{\infty} M_n,$$

则称 H 具有一个可列的直和分解.

注 如果

$$H = \bigoplus_{n=1}^{\infty} M_n$$

是 H 的一个可列的直和分解，则 $\forall \varphi \in H$，存在唯一一列向量 $\varphi_n \in M_n$ 使得

$$\varphi = \sum_{n=1}^{\infty} \varphi_n.$$

1.4 L^2 空间中的规范正交基

这一节，我们给出 L^2 空间上的常用规范正交基.

1）三角函数系

设 $H=L^2[-\pi,\pi]$,

$$A=\left\{\frac{1}{\sqrt{2\pi}},\frac{1}{\sqrt{\pi}}\cos nx,\frac{1}{\sqrt{\pi}}\sin nx\,\middle|\,n=1,2,\cdots\right\},$$

例 1.2.3 已经证明 A 为 H 的规范正交基.

（1）函数的 Fourier 展开.

$\forall\varphi\in L^2[-\pi,\pi]$,在 L^2 范数意义（即平方积分平均意义）下

$$\varphi=\frac{a_0}{2}+\sum_{n=1}^{\infty}(a_n\cos nx+b_n\sin nx),$$

其中

$$a_0=\frac{1}{\pi}\int_{-\pi}^{\pi}\varphi(x)\mathrm{d}x,\quad a_n=\frac{1}{\pi}\int_{-\pi}^{\pi}\varphi(x)\cos nx\,\mathrm{d}x,\quad b_n=\frac{1}{\pi}\int_{-\pi}^{\pi}\varphi(x)\sin nx\,\mathrm{d}x.$$

数学家们为了讨论 Fourier 级数的收敛性作出了不懈的努力,取得了许多辉煌的成就. 函数连续概念及积分概念的确切定义、Lebesgue 积分的引入等等,都源自于对 Fourier 级数收敛性的研究,Fourier 分析也是整个数学分析学的理论和应用的根源之一. 早期,人们想找到 Fourier 级数收敛的条件,给出了许多形式. 最终,在 Hilbert 空间意义下,收敛性算是"解决"了:只要函数 $\varphi\in L^2[-\pi,\pi]$,其 Fourier 级数就按范数收敛. 但这个收敛是整体的,仍无法据此知道逐点的收敛情况.

（2）Parseval 等式.

由于 A 是 $L^2[-\pi,\pi]$ 的一个规范正交基,所以 $\forall\varphi\in L^2[-\pi,\pi]$,

$$\frac{1}{\pi}\int_{-\pi}^{\pi}|\varphi(x)|^2\mathrm{d}x=\frac{a_0^2}{2}+\sum_{n=1}^{\infty}(a_n^2+b_n^2).$$

（3）$B=\left\{\frac{1}{\sqrt{2\pi}}\mathrm{e}^{inx}\,\middle|\,n\in\mathbf{Z}\right\}$ 也是 H 的规范正交基,$\forall\varphi\in L^2[-\pi,\pi]$,相应的 Fourier 展开形式为

$$\varphi(x)=\sum_{n\in\mathbf{Z}}c_n\mathrm{e}^{inx},$$

其中 $c_0=\frac{1}{2\pi}\int_{-\pi}^{\pi}\varphi(x)\mathrm{d}x,c_n=\frac{1}{\sqrt{2\pi}}(\varphi,\mathrm{e}^{in\cdot})$. （见习题 1 中第 18 题）

2）$L^2[-1,1]$ 中的多项式构成的规范正交基

这个空间上除了有三角函数系所组成的规范正交基外,还有多项式所组成的规范正交基.

$\{x^n\,|\,n=0,1,2,\cdots\}$ 是 $L^2[-1,1]$ 的线性无关函数列,由 Stone-Weierstrass 定

理可知,每个连续函数在 $[-1,1]$ 上可用多项式一致逼近,所以

$$\overline{\operatorname{span}\{x^n \mid n=0,1,2,\cdots\}}=L^2[-1,1],$$

类比于有限维空间,这相当于说 $\{x^n \mid n=0,1,2,\cdots\}$ 是空间一组"基"(需要注意的是,有限维空间的基是 Hamel 基,即整个空间是其线性扩张,而这里需要闭包,它不是 Hamel 基),把它规范正交化得到规范正交基,即所谓的 Legendre 函数系.

定理 1.4.1 Legendre 多项式函数系

$$\{P_n \mid n=0,1,2,\cdots\}$$

是 $L^2[-1,1]$ 的一个规范正交基,其中

$$P_n(x)=\frac{1}{a_n}\frac{\mathrm{d}^n}{\mathrm{d}x^n}((x+1)(x-1))^n,$$

而 $a_n>0$ 为使得 $\|P_n\|=1$ 的常数,称为归一化常数,$n=0,1,2,\cdots$.

证明 我们要证明 $\{P_n \mid n=0,1,2,\cdots\}$ 为由 $\{x^n \mid n=0,1,2,\cdots\}$ 规范正交化得到的函数系.

(1) $\forall n \in \mathbf{N}^*$,$\{1,x,\cdots,x^n\}$ 到 $\{P_0,P_1,\cdots,P_n\}$ 的变换矩阵为非奇异的下三角矩阵,所以

$$\operatorname{span}\{x^k \mid k=0,1,2,\cdots,n\}=\operatorname{span}\{P_k(x) \mid k=0,1,2,\cdots,n\}.$$

这样,只要再能证明 $\{P_n \mid n=0,1,2,\cdots\}$ 两两正交,由 Gram-Schmidt 正交化法,它就是 $\{x^n \mid n=0,1,2,\cdots\}$ 的规范正交化函数系.

(2) $\{P_n \mid n=0,1,2,\cdots\}$ 两两正交.

只要证明 $P_n \perp x^m$,$m=0,1,2,\cdots,n-1$,由(1),则有 $P_n \perp P_m$,$m=0,1,2,\cdots,n-1$,所以它们两两正交.

若 $m=0$,

$$(1,P_n)=\int_{-1}^{1}\frac{1}{a_n}\frac{\mathrm{d}^n}{\mathrm{d}x^n}((x+1)(x-1))^n \mathrm{d}x=0;$$

当 $0<m<n$ 时,分部积分,则有

$$a_n(x^m,P_n)=\int_{-1}^{1}x^m\frac{\mathrm{d}^n}{\mathrm{d}x^n}((x+1)(x-1))^n \mathrm{d}x$$

$$=(-1)^m\frac{\mathrm{d}^{n-m-1}}{\mathrm{d}x^{n-m-1}}((x+1)(x-1))^n \Big|_{-1}^{1}=0,$$

从而 $P_n \perp x^m$,$m=0,1,2,\cdots,n-1$. □

3) $L^2(\mathbf{R})$ 的规范正交基

定理 1.4.2 $\forall n \in \mathbf{N}$,令

$$h_n(x)=\mathrm{e}^{\frac{1}{2}x^2}\frac{\mathrm{d}^n}{\mathrm{d}x^n}\mathrm{e}^{-x^2}, \qquad H_n(x)=h_n(x)\mathrm{e}^{\frac{1}{2}x^2},$$

则

$$\left\{\frac{h_n(x)}{\|h_n\|}\,\Big|\,n=0,1,\cdots\right\}=\left\{\frac{1}{\|h_n\|}H_n(x)\mathrm{e}^{-\frac{1}{2}x^2}\,\Big|\,n=0,1,\cdots\right\}$$

为 $L^2(\mathbf{R})$ 的规范正交基. $\{h_n\,|\,n=0,1,\cdots\}$ 称为 Hermite 函数系,$H_n(x)$ 称为 n 阶 Hermite 多项式,$n=0,1,2,\cdots$.

证明 (1) 证明 $\{x^n\mathrm{e}^{-\frac{1}{2}x^2}\,|\,n=0,1,2,\cdots\}$ 线性无关且 $V\equiv\mathrm{span}\{x^n\mathrm{e}^{-\frac{1}{2}x^2}\,|\,n=0,$ $1,2,\cdots\}$ 在 $L^2(\mathbf{R})$ 中稠.(类比于有限维空间,这相当于说 $\{x^n\mathrm{e}^{-\frac{1}{2}x^2}\,|\,n=0,1,2,\cdots\}$ 是空间一组"基")

易证 $\{x^n\mathrm{e}^{-\frac{1}{2}x^2}\,|\,n=0,1,2,\cdots\}$ 线性无关.下证 V 在 $L^2(\mathbf{R})$ 中稠.

$\forall\varphi\in L^2(\mathbf{R})$,如果 $\varphi\perp x^n\mathrm{e}^{-\frac{1}{2}x^2}$,其中 $n=0,1,2,\cdots$,要证 $\varphi=0$,而这只需要证明 $\varphi(x)\mathrm{e}^{-\frac{1}{2}x^2}=0$.为此,只要证明

$$\int_{-\infty}^{+\infty}\varphi(x)\mathrm{e}^{-\frac{1}{2}x^2}\mathrm{e}^{-\mathrm{i}\eta x}\,\mathrm{d}x=0,$$

即 $\varphi(x)\mathrm{e}^{-\frac{x^2}{2}}$ 的 Fourier 变换为 0.

事实上,

$$\int_{-\infty}^{+\infty}\varphi(x)\mathrm{e}^{-\frac{1}{2}x^2}\mathrm{e}^{-\mathrm{i}\eta x}\,\mathrm{d}x=\int_{-\infty}^{+\infty}\sum_{n=0}^{\infty}\frac{(-\mathrm{i}\eta x)^n}{n!}\varphi(x)\mathrm{e}^{-\frac{1}{2}x^2}\,\mathrm{d}x, \qquad (\mathrm{I})$$

如果上式中积分和求和可以交换顺序,则由假设可得整个积分为 0,问题解得到决.

下面验证保证换序成立的 Beppo-Levi 定理的条件:

设 $l(x)=x^n\mathrm{e}^{-\frac{1}{4}x^2}$,$x\in\mathbf{R}$,若

$$l'(x)=nx^{n-1}\mathrm{e}^{-\frac{1}{4}x^2}-\frac{1}{2}x^{n+1}\mathrm{e}^{-\frac{1}{4}x^2}=0,$$

则 $x=\pm\sqrt{2n}$ 或 $x=0(n>2)$,所以 $|l(x)|$ 在 $x=\pm\sqrt{2n}$ 处取得最大值 $(2n)^{\frac{n}{2}}\mathrm{e}^{-\frac{n}{2}}$. 又正项级数

$$\sum_{n=0}^{\infty}\frac{\lfloor\eta\rfloor^n(2n)^{\frac{n}{2}}\mathrm{e}^{-\frac{n}{2}}}{n!}$$

收敛（利用不等式 $\left(\dfrac{n}{\mathrm{e}}\right)^n\leqslant n!\leqslant\left(\dfrac{n}{2}\right)^n$）,所以

$$\sum_{n=0}^{\infty}\int_{-\infty}^{+\infty}\left|\frac{(-\mathrm{i}\eta x)^n}{n!}\varphi(x)\mathrm{e}^{-\frac{1}{2}x^2}\right|\,\mathrm{d}x\leqslant\sum_{n=0}^{\infty}\frac{\lfloor\eta\rfloor^n(2n)^{\frac{n}{2}}\mathrm{e}^{-\frac{n}{2}}}{n!}\int_{-\infty}^{+\infty}\left|\varphi(x)\mathrm{e}^{-\frac{1}{4}x^2}\right|\,\mathrm{d}x$$
$$<+\infty,$$

于是,利用 Beppo-Levi 定理,

$$(\mathrm{I})\text{式}=\sum_{n=0}^{\infty}\int_{-\infty}^{+\infty}\frac{(-\mathrm{i}\eta x)^n}{n!}\varphi(x)\mathrm{e}^{-\frac{1}{2}x^2}\,\mathrm{d}x=0,$$

因此 $\varphi=0$,即 V 在 $L^2(\mathbf{R})$ 中稠.

(2) 证明 $\{x^n\mathrm{e}^{-\frac{1}{2}x^2}\,|\,n=0,1,2,\cdots\}$ 的规范正交化函数系为

$$\left\{ \frac{1}{\parallel h_n \parallel} H_n(x) e^{-\frac{1}{2}x^2} \, \middle| \, n=0,1,\cdots \right\}.$$

$\forall n, H_n(x)$ 是 n 阶多项式,同前一部分方法可证

$$\text{span}\{x^k \mid k=0,1,2,\cdots,n\} = \text{span}\{H_k(x) \mid k=0,1,2,\cdots,n\}.$$

要证 $\left\{ \dfrac{1}{\parallel h_n \parallel} H_n(x) e^{-\frac{1}{2}x^2} \, \middle| \, n=0,1,\cdots \right\}$ 是规范正交基,只要证它们两两正交,而这只要证 $\forall m < n, H_n(x) e^{-\frac{1}{2}x^2} \perp x^m e^{-\frac{1}{2}x^2}$.

事实上,分部积分可得

$$(x^m e^{-\frac{1}{2}x^2}, h_n(x)) = \int_{-\infty}^{+\infty} x^m e^{-\frac{1}{2}x^2} e^{\frac{1}{2}x^2} \frac{d^n}{dx^n} e^{-x^2} \, dx = 0. \qquad \square$$

4) $L^2[0,\infty)$ 的规范正交基

定理 1.4.3 $\forall n \in \mathbf{N}$,令

$$L_n(x) = e^x \frac{d^n}{dx^n}(x^n e^{-x}),$$

则 L_n 为 n 阶多项式,称为 Laguerre 多项式. 再令

$$l_n(x) = L_n(x) e^{-\frac{1}{2}x},$$

称之为 Laguerre 函数系,则

$$\left\{ \frac{l_n}{\parallel l_n \parallel} \, \middle| \, n=0,1,2,\cdots \right\} = \left\{ \frac{L_n(x)}{\parallel l_n \parallel} e^{-\frac{1}{2}x} \, \middle| \, n=0,1,2,\cdots \right\}$$

为 $L^2[0,\infty)$ 的规范正交基. 这时,

$$l_n(x) = e^{\frac{1}{2}x} \frac{d^n}{dx^n}(x^n e^{-x}), \qquad L_n(x) = e^x \frac{d^n}{dx^n}(x^n e^{-x}) = l_n(x) e^{\frac{1}{2}x}.$$

本定理证明留作练习.

1.5   线性泛函数及其 Riesz 表示、弱收敛

本节,我们首先讨论 Hilbert 空间上的连续线性泛函的概念,并把连续线性泛函表示为空间上的向量;然后,把线性泛函空间作为无穷维空间的"坐标系",讨论在这样的"坐标收敛"(即所谓的弱收敛)下有界列有弱收敛子列,也即在弱意义下有 Weierstrass 致密性定理. 在范数意义下,有界列是不一定存在收敛子列的.

1) 基本概念

定义 1.5.1   设 H 为一个 Hilbert 空间,映射 $f: H \to \mathbf{C}$(或 $\mathbf{R}$)称为线性泛函,如果 $\forall \varphi, \psi \in H, \forall \alpha, \beta \in \mathbf{C}$,有

$$f(\alpha\varphi + \beta\psi) = \alpha f(\varphi) + \beta f(\psi).$$

如果对于 H 中任意收敛序列 $\varphi_n \to \varphi$,有

$$f(\varphi_n) \to f(\varphi),$$

则称 f 为 H 上连续线性泛函. H 上全体连续线性泛函集合记为 H',它是一个线性空间,称为 H 的对偶空间.

注 设 f 为 H 上线性泛函,则 f 连续的充要条件是 f 在 0 点连续. 即线性泛函 f 连续的充要条件是 $\forall \{\varphi_n\} \subset H, \varphi_n \to 0$,有 $f(\varphi_n) \to 0$.

f 在一点连续能导出整体连续,这是线性性质的一个重要特征.

2)线性泛函连续与有界

定理 1.5.1 Hilbert 空间 H 上线性泛函 f 连续的充要条件是存在 $M>0$,使得

$$|f(\varphi)| \leqslant M \| \varphi \|, \quad \forall \varphi \in H.$$

满足这个条件的线性泛函称为有界线性泛函,所以连续线性泛函又称为有界线性泛函.

证明 ($\Leftarrow$)显然.

($\Rightarrow$)否则,$\forall n \in \mathbf{N}^*$,存在 $\varphi_n \in H$ 使得

$$|f(\varphi_n)| > n \| \varphi_n \|.$$

令

$$\psi_n = \frac{\varphi_n}{n \| \varphi_n \|},$$

则 $\| \psi_n \| = \dfrac{1}{n} \to 0 (n \to \infty)$,但 $|f(\psi_n)| \geqslant 1$,即 $f(\psi_n) \nrightarrow 0$,而这是不可能的. $\square$

定义 1.5.2 设 $f \in H'$,记

$$\| f \| = \sup_{\varphi \in H, \varphi \neq 0} \frac{|f(\varphi)|}{\| \varphi \|},$$

称为 f 的范数.

注 (1)定义有意义,这是因为根据定理 1.5.1 的条件,存在 $M>0$ 使得

$$\frac{|f(\varphi)|}{\| \varphi \|} \leqslant M, \quad \forall \varphi \in H, \varphi \neq 0,$$

所以上确界存在、有限. 这时,$(H', \| \cdot \|)$ 构成一个赋范线性空间.

(2) $\| f \|$ 有如下等价定义(证明作为练习):

$$\| f \| = \sup_{\| \varphi \| \leqslant 1, \varphi \neq 0} \frac{|f(\varphi)|}{\| \varphi \|} = \sup_{\| \varphi \| = 1} |f(\varphi)|.$$

例 1.5.1 设 $H = \mathbf{R}^n, \forall a \in \mathbf{R}^n, a = (a_1, \cdots, a_n)$,定义

$$f_a(\varphi) = \sum_{k=1}^{n} x_k a_k, \quad \forall \varphi = (x_1, \cdots, x_n) \in H,$$

易证 $f_a \in (\mathbf{R}^n)'$ 且

$$\| f_a \| = \| a \| = \Big(\sum_{k=1}^{n} | a_k |^2 \Big)^{\frac{1}{2}}.$$

为直观地看清楚这个泛函的几何本质,我们回到 3 维欧氏空间 $\mathbf{R}^3$ 中来. 这时

$$H_c = \{ \varphi = (x_1, x_2, x_3) \mid f_a(\varphi) = c \}, \quad c \in \mathbf{R}$$

为 f_a 的全体等值面,它是空间中一族平行平面,而 a 正是这一族平面的法向量. 即给定向量 a,可以确定一个连续线性泛函 f_a,a 恰为该泛函等值面的法向量.

反过来,给定 H 上一个线性泛函 f,设 $\{e_1, e_2, e_3\}$ 为空间 $\mathbf{R}^3$ 的一个规范正交基,令

$$a = (a_1, a_2, a_3) \equiv (f(e_1), f(e_2), f(e_3)),$$

则 $\forall \varphi = x_1 e_1 + x_2 e_2 + x_3 e_3 \in \mathbf{R}^3$,有

$$f(\varphi) = \sum_{k=1}^{3} x_k f(e_k) = \sum_{k=1}^{3} x_k a_k,$$

即存在 $a \in \mathbf{R}^3$ 使得 $f = f_a$. 这样

$$(\mathbf{R}^3)' \cong \mathbf{R}^3.$$

这个结果不仅对 $\mathbf{R}^n$ 和 $\mathbf{C}^n$ 成立,对一般的 Hilbert 空间也成立,即下面的 Riesz 表示定理.

3) 线性泛函的表示——Riesz 表示定理

定理 1.5.2 设 H 为一个 Hilbert 空间,H' 为其全体连续线性泛函所组成的线性空间,其上范数为线性泛函的范数,则 $\forall f \in H'$,存在唯一的 $\psi_f \in H$ 使得

(1) $f(\varphi) = (\varphi, \psi_f)$,$\forall \varphi \in H$;

(2) $\| \psi_f \| = \| f \|$.

反之,$\forall \psi \in H$,令

$$f(\varphi) = (\varphi, \psi), \quad \forall \varphi \in H,$$

则 $f \in H'$,且 $\| f \| = \| \psi \|$.

证明 $(\Rightarrow)$ 设 $f \in H'$,令

$$H_f = \{ \varphi \mid \varphi \in H, \ f(\varphi) = 0 \}$$

(即 f 的零空间),则 H_f 为 H 的闭线性子空间.

事实上,若 $\{\varphi_n\} \subset H_f$,$\varphi_n \to \varphi$,则

$$f(\varphi) = \lim_{n \to \infty} f(\varphi_n) = 0,$$

所以 $\varphi \in H_f$,即 H_f 闭.

如果 $H_f = H$,则 $f = 0$,取 $\psi_f = 0$ 即可. 如果 $H_f \neq H$,则由正交投影定理,

$$H = H_f \oplus H_f^{\perp}, \quad H_f^{\perp} \neq \{0\},$$

取 $\psi_0 \in H_f^{\perp}$ 且 $\psi_0 \neq 0$,则 $\forall \varphi \in H$ 有

$$f(f(\psi_0)\varphi - f(\varphi)\psi_0) = 0,$$

所以 $f(\psi_0)\varphi - f(\varphi)\psi_0 \in H_f$, 于是

$$(f(\psi_0)\varphi - f(\varphi)\psi_0, \psi_0) = 0,$$

即

$$(\varphi, \overline{f(\psi_0)}\psi_0) - f(\varphi)\parallel \psi_0 \parallel^2 = 0.$$

令 $\psi_f = \dfrac{\overline{f(\psi_0)}}{\parallel \psi_0 \parallel^2}\psi_0$, 则上式变为

$$f(\varphi) = (\varphi, \psi_f), \quad \forall \varphi \in H,$$

且

$$|f(\varphi)| \leqslant \parallel \psi_f \parallel \parallel \varphi \parallel, \quad \forall \varphi \in H,$$

即 $\parallel f \parallel \leqslant \parallel \psi_f \parallel$.

另一方面,取 $\varphi = \varphi_0 = \dfrac{\psi_f}{\parallel \psi_f \parallel}$, 则 $\parallel \varphi_0 \parallel = 1$,

$$\parallel f \parallel \geqslant |f(\varphi_0)| = \parallel \psi_f \parallel,$$

于是 $\parallel f \parallel = \parallel \psi_f \parallel$.

再证唯一性.

否则,存在 $\tilde{\psi}_f \in H$ 也满足上述要求,则

$$f(\varphi) = (\varphi, \psi_f) = (\varphi, \tilde{\psi}_f), \quad \forall \varphi \in H,$$

即

$$(\psi_f - \tilde{\psi}_f, \varphi) = 0, \quad \forall \varphi \in H,$$

特别,取 $\varphi = \psi_f - \tilde{\psi}_f$, 则得到 $\parallel \psi_f - \tilde{\psi}_f \parallel^2 = 0$, 即 $\psi_f = \tilde{\psi}_f$.

($\Leftarrow$) $\forall \psi \in H$, 令

$$f(\varphi) = (\varphi, \psi), \quad \forall \varphi \in H,$$

则 f 为 H 上线性泛函,且

$$|f(\varphi)| \leqslant \parallel \psi \parallel \parallel \varphi \parallel, \quad \forall \varphi \in H,$$

所以 $\parallel f \parallel \leqslant \parallel \psi \parallel$, 即 $f \in H'$. 同上一段证明可得 $\parallel f \parallel = \parallel \psi \parallel$. □

注 在上面证明过程中可以看到,给定一个连续线性泛函 f, 我们得到 H 的一个子空间 H_f(f 的零空间),$\forall \varphi \in H$ 有

$$f(\psi_0)\varphi - f(\varphi)\psi_0 \in H_f,$$

其中 $\psi_0 \perp H_f$. 记

$$\psi = f(\psi_0)\varphi - f(\varphi)\psi_0 \quad (\in H_f),$$

则

$$\varphi = \frac{1}{f(\psi_0)}\psi + \frac{f(\varphi)}{f(\psi_0)}\psi_0,$$

这说明

$$H = H_f \oplus \mathrm{span}\{\psi_0\}.$$

也就是说，H_f 与 H 只差 1 维子空间，H_f 称为由 f 决定的一个超平面，f 对应于 H_f 上正交向量 ψ_0，给定序列

$$\{\varphi_n = \alpha_n \psi_0 + \psi_n\} \subset H = H_f \oplus \mathrm{span}\{\psi_0\}$$

和

$$\varphi = \alpha \psi_0 + \psi \in H = H_f \oplus \mathrm{span}\{\psi_0\},$$

若 $f(\varphi_n) \to f(\varphi)$，则

$$\alpha_n \to \alpha.$$

换句话说，如果把 f 看作由 ψ_0 决定的坐标方向，$f(\varphi_n)$ 的收敛就是 φ_n 沿 f 所确定的"坐标"方向 ψ_0 上的收敛，而与 ψ_n 是否收敛于 ψ 无关. 因此，Riesz 定理表明，每个连续线性泛函就是一个"坐标轴".

推论 1.5.1 设 H 为一个 Hilbert 空间，H' 为其对偶空间，$\forall \psi \in H$，定义

$$T: \psi \to f,$$

其中 $f \in H'$ 使得

$$f(\varphi) = (\varphi, \psi), \quad \forall \varphi \in H,$$

则 T 为 $H \to H'$ 的共轭等距同构映射，即

$$T(\alpha \varphi + \beta \psi) = \bar{\alpha} T\varphi + \bar{\beta} T\psi, \quad \forall \alpha, \beta \in \mathbf{C}, \forall \varphi, \psi \in H,$$

且 $\|Tf\| = \|f\|$.

这个映射 T 称为自然映射. 这样，H 与 H' 共轭等距同构，通常我们记 $H = H'$. 连续线性泛函与向量之间一一对应！

这样，空间上存在足够多的坐标，我们自然希望选择尽可能少的坐标来刻画要讨论的问题，首先是要求"按坐标收敛"具有极限唯一性，即坐标系统的完全性. 在可分空间中，规范正交基就是这样的一个选择.

例 1.5.2 $(l^2)' = l^2$.

$\forall \eta \in l^2$，η 对应于连续线性泛函 f_η，

$$f_\eta(\xi) = \sum_{n=1}^{\infty} \xi_n \bar{\eta}_n, \quad \forall \xi \in l^2.$$

例 1.5.3 $(L^2)' = L^2$.

$\forall \psi \in L^2$，ψ 对应于连续线性泛函 f_ψ，

$$f_\psi(\varphi) = (\varphi, \psi), \quad \forall \varphi \in L^2.$$

4）H 中的弱收敛性

我们看到，同有限维空间一样，如果把连续线性泛函看作坐标方向，那么坐标可选择余地与空间本身的规模是一样的，即 $H' = H$. 在有限维空间中点列收敛性等价于坐标收敛，即设

$$\varphi_m = (x_1^{(m)}, \cdots, x_n^{(m)}) \in \mathbf{C}^n, \quad m = 1, 2, \cdots,$$

则

$$\varphi_m \xrightarrow{\|\cdot\|} 0, m \to \infty \iff x_k^{(m)} \to 0, \ k = 1, 2, \cdots, n,$$

或者 $\forall \psi \in (\mathbf{C}^n)' = \mathbf{C}^n$,

$$(\varphi_m, \psi) \to 0.$$

注 有限维空间基底就是一个完全的坐标系统,它包含有限个方向,因此坐标也是有限个.

那么,在无穷维空间怎么样呢? 首先,有限维空间中有一条反映空间完备性的本质的定理——Weierstrass 致密性定理(有界列必有收敛子列)在无穷维空间中不成立.

例 1.5.4 设 H 是一个可分的 Hilbert 空间,$\{e_n \mid n = 1, 2, \cdots\}$ 是 H 的规范正交基,则它是 H 中有界点列,但它无收敛子列.

事实上,$\forall m, n \in \mathbf{N}^*$,若 $m \neq n$,则

$$\|e_m - e_n\|^2 = \|e_m\|^2 + \|e_n\|^2 = 2,$$

即点列中点点之间距离是一个常数,自然就没有范数收敛子列.

致密性定理非常重要,它事关空间的完备性,因而事关许多问题解的存在性.上面例子说明,在无穷维空间中范数(拓扑)意义下致密定理不成立,因此一些存在性问题在范数收敛意义下得不到解决.那么就得引入新的收敛性(其实就是对空间引入新拓扑),这就是下面的所谓弱收敛.

定义 1.5.3 设 $\{\varphi_n\}$ 为 Hilbert 空间 H 中一个点列,称 $\{\varphi_n\}$ 弱收敛于 $\varphi \in H$,如果

$$(\varphi_n, \psi) \to (\varphi, \psi), \quad \forall \psi \in H,$$

记为

$$\varphi_n \xrightarrow{\text{w}} \varphi,$$

或 $\text{w-}\lim\limits_{n \to \infty} \varphi_n = \varphi$.

如果把上述 ψ 看作线性泛函并进一步从几何上把它看作坐标方向,那么弱收敛其实就是按坐标收敛. 我们来看空间 H 中范数收敛与弱收敛的关系.

设 $\varphi_m \in H$,如果 $\varphi_m \xrightarrow{\|\cdot\|} 0$,当然会有 $\varphi_m \xrightarrow{\text{w}} 0$. 但反之不真! 比如 $\{\varphi_m\}$ 为例 1.5.4 中的 $\{e_n\}$,由 Parseval 等式

$$\|\psi\|^2 = \sum_{n=1}^{\infty} |(\psi, e_n)|^2,$$

也就是说这个级数收敛,自然有 $|(\psi, e_n)| \to 0$ 或 $(e_n, \psi) \to 0$,即

$$e_n \xrightarrow{\text{w}} 0.$$

但例 1.5.4 已经表明它在范数意义下不收敛. 这就看出了无穷维与有限维空间的本质差异——无穷维空间中范数收敛与按坐标收敛不等价!

然而, 下面的定理 1.5.3 表明, 在弱收敛意义下 Weierstrass 致密性定理成立, 即有界列有弱收敛子列. 这样, 从理论上来说, 有限维空间中用致密性定理证明的结果在无穷维弱收敛意义下有一个相应的形式, 这在微分方程理论中是重要的.

定理 1.5.3 Hilbert 空间 H 中有界点列必有弱收敛子列.

证明 设 $\{\varphi_n\}$ 为 H 中有界点列, 即存在 $M>0$ 使得

$$\|\varphi_n\| \leqslant M, \quad \forall n=1,2,\cdots,$$

要证它有收敛子列.

(1) H 可分情形.

设 $A=\{\psi_m \mid m=1,2,\cdots\}$ 为 H 的可数稠子集, 我们先设法找 $\{\varphi_n\}$ 的一个关于 $\{\psi_m \mid m=1,2,\cdots\}$ 收敛的子列, 再利用 A 的稠性证明该子列在全空间上收敛.

对于 $m=1$, $\{(\varphi_n, \psi_1)\}$ 关于 n 为有界数列, 所以 $\{\varphi_n\}$ 有子列 $\{\varphi_{n_k^1}\}$ 使得 $\{(\varphi_{n_k^1}, \psi_1)\}$ 收敛, 设

$$(\varphi_{n_k^1}, \psi_1) \to a_1, \quad k \to \infty;$$

对于 $m=2$, $\{(\varphi_{n_k^1}, \psi_2)\}$ 关于 k 为有界数列, 所以 $\{\varphi_{n_k^1}\}$ 有子列 $\{\varphi_{n_k^2}\}$ 使得 $\{(\varphi_{n_k^2}, \psi_2)\}$ 收敛, 设

$$(\varphi_{n_k^2}, \psi_2) \to a_2, \quad k \to \infty;$$

$$\vdots$$

对于 m, $\{(\varphi_{n_k^{m-1}}, \psi_m)\}$ 关于 k 为有界数列, 所以 $\{\varphi_{n_k^{m-1}}\}$ 有子列 $\{\varphi_{n_k^m}\}$ 使得 $\{(\varphi_{n_k^m}, \psi_m)\}$ 收敛, 设

$$(\varphi_{n_k^m}, \psi_m) \to a_m, \quad k \to \infty;$$

$$\vdots$$

在上述过程中, 我们得到 $\{\varphi_n\}$ 的一系列子列 $\{\varphi_{n_k^m}\}$ (关于 k), $m=1,2,\cdots$, $\{\varphi_{n_k^m}\} \subset \{\varphi_{n_k^{m-1}}\}$, $m=1,2,\cdots$. 我们按对角线方式在每个子列中取一个元素构成点列 $\{\varphi_{n_k^k}\}$, 则这个点列是上述每个子列的子列, 于是, $\forall \psi_m$,

$$(\varphi_{n_k^k}, \psi_m) \to a_m, \quad k \to \infty,$$

即 $\{\varphi_{n_k^k}\}$ 在 A 上收敛. 而 A 在 H 中稠, 所以 $\forall \psi \in H$, 有 A 的子列 $\{\psi_{m_j}\}$ 使得

$$\psi_{m_j} \to \psi,$$

于是, $\forall \varepsilon>0$, 存在 j_0 使得

$$\|\psi_{m_{j_0}} - \psi\| < \frac{\varepsilon}{4M},$$

而 $\{(\varphi_{n_k^k}, \psi_{m_{j_0}})\}$ 关于 k 收敛, 所以, 当 k, l 充分大时,

$$|(\varphi_{n_k^k} - \varphi_{n_l^l}, \psi_{m_{j_0}})| < \frac{\varepsilon}{2},$$

这时

$$|(\varphi_{n_k^k} - \varphi_{n_l^l}, \psi)| \leqslant \| \varphi_{n_k^k} - \varphi_{n_l^l} \| \| \psi - \psi_{m_{j_0}} \| + |(\varphi_{n_k^k} - \varphi_{n_l^l}, \psi_{m_{j_0}})|$$

$$\leqslant 2M \frac{\varepsilon}{4M} + \frac{\varepsilon}{2},$$

即 $\{(\varphi_{n_k^k}, \psi)\}$ 为 Cauchy 列,因而收敛. 记

$$(\varphi_{n_k^k}, \psi) \rightarrow a(\psi), \quad k \rightarrow \infty, \forall \psi \in H, \qquad (\text{I})$$

则 $\overline{a(\psi)}$ 关于 ψ 为线性泛函,且

$$|\overline{a(\psi)}| \leqslant M \| \psi \|,$$

所以 $\bar{a} \in H'$,由 Riesz 定理,存在 $\varphi \in H$ 使得

$$\overline{a(\psi)} = (\psi, \varphi), \quad \forall \psi \in H,$$

由(I)式,

$$(\varphi_{n_k^k}, \psi) \rightarrow (\varphi, \psi), \quad k \rightarrow \infty, \forall \psi \in H,$$

即 $\{\varphi_{n_k^k}\}$ 在 H 上弱收敛于 φ.

(2) H 不可分情形.

记

$$Y = \overline{\text{span}\{\varphi_n \,|\, n = 1, 2, \cdots\}},$$

则 Y 为 H 的可分子空间,由(1),$\{\varphi_n\}$ 在 Y 上有弱收敛子列,即它有子列 $\{\varphi_{n_k}\}$ 及 $\varphi \in Y$,使得

$$(\varphi_{n_k}, \psi) \rightarrow (\varphi, \psi), \quad k \rightarrow \infty, \forall \psi \in Y.$$

下证这个子列在整个空间 H 上也是弱收敛的.

$\forall h \in H$,由投影定理,它有如下形式的分解:

$$h = \psi + h_1, \quad \psi \in Y, h_1 \in Y^\perp,$$

于是

$$(\varphi_{n_k}, h) = (\varphi_{n_k}, \psi) + (\varphi_{n_k}, h_1) = (\varphi_{n_k}, \psi)$$

$$\rightarrow (\varphi, \psi) = (\varphi, \psi) + (\varphi, h_1)$$

$$= (\varphi, h) \quad (\text{因为 } \varphi \in Y, \text{所以}(\varphi, h_1) = 0),$$

所以 $\{\varphi_{n_k}\}$ 在 H 上是弱收敛. $\qquad\square$

注 这条定理是微分方程在所谓 Sobolev 空间上存在弱解的理论依据.

在无穷维空间中,如果选定规范正交基作为"基底"(注意:这里的"基底"与有限维有所不同,空间中并不是所有的向量都是其有限线性组合),弱收敛就是关于 Fourier 系数"坐标"收敛. 而从下面的一条推论,我们可以看到这里的弱收敛(按坐标收敛)是有限维空间按坐标收敛的一个形式类似的推广.

推论 1.5.2 设 H 是一个 Hilbert 空间,$\{e_\alpha\}_{\alpha \in \Lambda}$ 为其规范正交基,则向量列 $\{\varphi_n\}$ 弱收敛于 φ 的充要条件是

$$(\varphi_n, e_\alpha) \rightarrow (\varphi, e_\alpha), \quad n \rightarrow \infty, \forall \alpha \in \Lambda.$$

证明 (⟹)显然.

(⟸)易证 $\forall \psi \in \mathrm{span}\{e_a\}_{a\in\Lambda}$,

$$(\varphi_n - \varphi, \psi) \to 0,$$

而 $\mathrm{span}\{e_a\}_{a\in\Lambda}$ 在 H 中稠,所以,由定理 1.5.3 的证明可以看到

$$(\varphi_n - \varphi, \psi) \to 0, \quad \forall \psi \in H. \qquad \square$$

由于 $H \cong H'$,所以我们这里实际讨论的是 H 中有界点列关于 H' 中点有弱收敛子列的问题. 在进一步的学习研究中,我们还会讨论空间 H 中点列关于比 H' "大"或者"小"的空间收敛性问题,从而产生了局部凸空间理论及其关于广义函数、广义特征展开问题的应用等等.

习题 1

1. 设

$$C[a,b] = \{f \mid f \text{ 为 } [a,b] \text{ 上的连续函数}\},$$

则 $C[a,b]$ 按通常的函数加法和数乘构成线性空间. $\forall f \in C[a,b]$,定义

$$\|f\|_\infty = \max_{x\in[a,b]} |f(x)|.$$

(1) 证明:$\|\cdot\|_\infty$ 为 $C[a,b]$ 上的一个范数(我们称之为最大模范数);

(2) 设 $\{f_n\} \subset C[a,b]$,证明:

$$f_n \xrightarrow{\ \|\cdot\|_\infty\ } f \Leftrightarrow f_n \rightrightarrows f;$$

(3) 证明:$(C[a,b], \|\cdot\|_\infty)$ 为 Banach 空间;

(4) 证明:$\|\cdot\|_\infty$ 不可由内积导出(即举例说明它不满足平行四边形法则);

(5) 若在 $C[a,b]$ 上引入内积

$$(f,g) = \int_a^b f(x)\overline{g(x)}\,\mathrm{d}x, \quad \forall f,g \in C[a,b],$$

证明:$C[a,b]$ 按此内积不完备.

2. 设 $p \geqslant 1$,

$$l^p = \left\{\varphi = \{\xi_j\} \,\Big|\, \sum_{j=1}^\infty |\xi_j|^p < +\infty, \xi_j \in \mathbf{C}, j = 1,2,\cdots\right\},$$

$\forall \varphi \in l^p$,定义

$$\|\varphi\|_p = \left(\sum_{j=1}^\infty |\xi_j|^p\right)^{\frac{1}{p}}.$$

(1) $\forall \alpha,\beta \geqslant 0, p,q \geqslant 1$,且 $\dfrac{1}{p} + \dfrac{1}{q} = 1$,利用积分几何意义证明积分不等式:

$$\alpha\beta \leqslant \int_0^\alpha t^{p-1}\,\mathrm{d}t + \int_0^\beta u^{q-1}\,\mathrm{d}u = \frac{\alpha^p}{p} + \frac{\beta^q}{q},$$

其中 $u=t^{p-1}, t=u^{q-1}$,它们互为反函数.

(2) $\forall \varphi=\{\xi_j\}\in l^p, \psi=\{\eta_j\}\in l^q, p,q\geqslant 1$,且 $\dfrac{1}{p}+\dfrac{1}{q}=1$,证明 Hölder 不等式:

$$\sum_{j=1}^{\infty}|\xi_j\eta_j|\leqslant\left(\sum_{j=1}^{\infty}|\xi_j|^p\right)^{\frac{1}{p}}\left(\sum_{j=1}^{\infty}|\eta_j|^q\right)^{\frac{1}{q}}.$$

(提示:令

$$\xi_j'=\frac{\xi_j}{\left(\sum\limits_{i=1}^{\infty}|\xi_i|^p\right)^{\frac{1}{p}}},\quad \eta_j'=\frac{\eta_j}{\left(\sum\limits_{i=1}^{\infty}|\eta_i|^q\right)^{\frac{1}{q}}},$$

在(1)中取 $\alpha=\xi_j',\beta=\eta_j'$,利用那里的不等式并对 j 求和)

(3) 证明 Minkowski 不等式:$\forall \varphi=\{\xi_j\},\psi=\{\eta_j\}\in l^p (p\geqslant 1)$,有
$$\|\varphi+\psi\|_p\leqslant\|\varphi\|_p+\|\psi\|_p,$$
从而 $\|\cdot\|_p$ 是范数且 l^p 是赋范线性空间.

(提示:$\forall N\in \mathbf{N}^*$,有

$$\sum_{j=1}^{N}|\xi_j+\eta_j|^p\leqslant\sum_{j=1}^{N}|\xi_j||\xi_j+\eta_j|^{p-1}+\sum_{j=1}^{N}|\eta_j||\xi_j+\eta_j|^{p-1},$$

对后两个和式分别使用 Hölder 不等式)

(4) 证明:l^p 是 Banach 空间.

(5) 若 $1\leqslant p_1\leqslant p_2$,证明:$l^{p_1}\subset l^{p_2}$.

(6) 设 $\varphi\in l^1$,证明:$\lim\limits_{p\to+\infty}\|\varphi\|_p=\|\varphi\|_\infty$.

3. 设 $E\subset\mathbf{R}$ 为一个可测集,$p\geqslant 1$,

$$L^p(E)=\left\{f\,\Big|\,f \text{ 为 } E \text{ 上可测函数,且} \int_E|f|^p\mathrm{d}m<+\infty\right\},$$

定义

$$\|\varphi\|_p=\left(\int_E|\varphi|^p\mathrm{d}m\right)^{\frac{1}{p}}.$$

(1) 类比于第 2 题,将序列换成函数,求和换成积分,证明 Hölder 不等式:

$$\int_E|\varphi\psi|\,\mathrm{d}m\leqslant\|\varphi\|_p\|\psi\|_q,\quad \forall\varphi\in L^p(E),\psi\in L^q(E),p,q\geqslant 1,\frac{1}{p}+\frac{1}{q}=1,$$

及 Minkowski 不等式:

$$\|\varphi+\psi\|_p\leqslant\|\varphi\|_p+\|\psi\|_p,\quad \forall\varphi,\psi\in L^p(E),$$

从而证明:$L^p(E)$ 为线性空间且 $\|\cdot\|_p$ 为其上范数.

(2) 证明:$(L^p(E),\|\cdot\|_p)$ 为 Banach 空间.

(3) 若 $m(E)<+\infty,1\leqslant p_1\leqslant p_2$,证明:$L^{p_2}(E)\subset L^{p_1}(E)$;若 $m(E)=+\infty$,举例说明两者互不包含.

(4) 设 $m(E)<+\infty,\varphi\in L^\infty(E)$,证明:$\lim\limits_{p\to+\infty}\|\varphi\|_p=\|\varphi\|_\infty$.

4. 设 H 为一个 Hilbert 空间，$H \neq \{0\}$，证明：
$$\|\varphi\| = \sup_{\psi \in H, \|\psi\|=1} (\varphi, \psi), \quad \forall \varphi \in H.$$

5. 设 H 为一个 Hilbert 空间，$\varphi, \psi \in H$，证明：
$$\|\varphi + \psi\| = \|\varphi\| + \|\psi\| \Leftrightarrow \psi = 0 \ \text{或} \ \exists \lambda \geqslant 0 \ \text{使得} \ \varphi = \lambda \psi.$$

6. 设 H 为一个 Hilbert 空间，$\varphi, \psi \in H$，$\|\varphi\| = \|\psi\| = 1$，且 $\varphi \perp \psi$，证明：
$$\|\varphi + \psi\| = \sqrt{2}.$$

7. 设 H 为一个 Hilbert 空间，$\varphi_n, \varphi \in H$，$n = 1, 2, \cdots$，且 $\lim_{n \to \infty} \varphi_n = \varphi$. 证明：
$$\lim_{n \to \infty} \|\varphi_n\| = \|\varphi\|.$$

8. 设 H 为一个 Hilbert 空间，M 为其有限维子空间，证明：M 为闭子空间.

9. 设 H 是内积空间，M 和 N 是 H 的子集，证明：当 $M \perp N$ 时，
$$M \subset N^\perp \quad \text{且} \quad N \subset M^\perp.$$

10. 设 H 是内积空间，M 和 N 是 H 的非空子集，且 $M \subset N$，试证：

(1) $M^\perp \supset N^\perp$；

(2) $M^\perp = ((M^\perp)^\perp)^\perp$.

11. 设 H 是内积空间，$M, N \subset H$，若 L 是由 M 和 N 张成的子空间，证明：
$$L^\perp = M^\perp \bigcap N^\perp.$$

12. 设 M 是 Hilbert 空间 H 中的非空子集，证明：$(M^\perp)^\perp$ 是 H 中包含 M 的最小闭子空间.

13. 设 M 和 N 是 Hilbert 空间 H 中的两个正交的闭子空间，证明：$M \oplus N$ 也是 H 的闭子空间.

14. 设 $C[-1, 1]$ 是实值连续函数空间，定义内积
$$(f, g) = \int_{-1}^{1} f(t) g(t) \mathrm{d}t, \quad f, g \in C[-1, 1].$$
若记 M 为 $C[-1, 1]$ 中奇函数的全体，N 为 $C[-1, 1]$ 中偶函数的全体，证明：
$$M \oplus N = C[-1, 1] \quad \text{且} \quad M = N^\perp.$$

15. 设 H 为内积空间，$\{e_1, e_2, \cdots, e_n\}$ 是 H 中的规范正交集，$\varphi \in H$，记
$$\varphi_0 = \sum_{k=1}^{n} (\varphi, e_k) e_k,$$
试证：任取 $\alpha_i \in \mathbf{C}, i = 1, 2, \cdots, n$，有
$$\|\varphi - \varphi_0\| \leqslant \left\|\varphi - \sum_{i=1}^{n} \alpha_i e_i\right\|.$$

16. 设 $\{e_i\}_{i=1}^{\infty}$ 是内积空间 H 中的规范正交集，试证：
$$\sum_{k=1}^{\infty} |(\varphi, e_k)(\psi, e_k)| \leqslant \|\varphi\| \cdot \|\psi\|, \quad \forall \varphi, \psi \in H.$$

17. 设 $\{e_n\}_{n=1}^{\infty}$ 是 Hilbert 空间 H 中的规范正交基，如果

$$\varphi = \sum_{i=1}^{\infty} \alpha_i e_i \in H, \quad \psi = \sum_{i=1}^{\infty} \beta_i e_i \in H,$$

试证：$(\varphi,\psi) = \sum_{i=1}^{\infty} \alpha_i \bar{\beta}_i$，且 $\sum_{i=1}^{\infty} \alpha_i \bar{\beta}_i$ 绝对收敛.

18. 设 $F = \left\{ \dfrac{1}{\sqrt{2\pi}} \mathrm{e}^{\mathrm{i}nt} \,\middle|\, n = 0, \pm 1, \pm 2, \cdots \right\}$，证明：

（1）F 是 $L^2[-\pi,\pi]$ 中的规范正交基；

（2）对任意 $\varphi \in L^2[-\pi,\pi]$，在 $L^2[-\pi,\pi]$ 中范数收敛意义下有

$$\varphi = \sum_{n=-\infty}^{+\infty} c_n \mathrm{e}^{\mathrm{i}nt}.$$

19. 设 $\{e_n\}_{n=1}^{\infty}$，$\{f_n\}_{n=1}^{\infty}$ 是 Hilbert 空间 H 中的两个规范正交集，满足

$$\sum_{n=1}^{\infty} \| e_n - f_n \|^2 < 1,$$

证明：$\{e_n\}$ 和 $\{f_n\}$ 两者中一个是规范正交基蕴含着另一个也是规范正交基.

20. $\forall n \in \mathbf{N}$，令

$$L_n(x) = \mathrm{e}^x \frac{\mathrm{d}^n}{\mathrm{d}x^n}(x^n \mathrm{e}^{-x}), \quad l_n(x) = L_n(x) \mathrm{e}^{-\frac{1}{2}x}.$$

（1）利用函数乘积求导的 Leibniz 公式

$$\frac{\mathrm{d}^n}{\mathrm{d}x^n}(fg) = \sum_{k=0}^{n} \binom{n}{k} \frac{\mathrm{d}^k f}{\mathrm{d}x^k} \frac{\mathrm{d}^{n-k}g}{\mathrm{d}x^{n-k}},$$

证明：

$$L_n(x) = \sum_{k=0}^{n} \binom{n}{k} \frac{n!}{(n-k)!}(-x)^{n-k};$$

（2）分部积分证明：

$$(x^n \mathrm{e}^{-\frac{x}{2}}, l_n) = (-1)^n (n!)^2,$$

$$(x^{n+1} \mathrm{e}^{-\frac{x}{2}}, l_n) = (-1)^n ((n+1)!)^2,$$

$$\| l_n \|^2 = (l_n, l_n) = (n!)^2;$$

（3）证明：Laguerre 多项式系 $L_n(x)$ 满足

$$L_{n+1}(x) + x L_n(x) = (2n+1) L_n(x) - n^2 L_{n-1}(x),$$

从而得到递推公式

$$L_{n+1}(x) = (2n+1-x) L_n(x) - n^2 L_{n-1}(x), \quad n = 0,1,\cdots \text{且} L_{-1} = 0;$$

（4）设

$$F(z) = \frac{1}{1-z} \mathrm{e}^{-x\frac{z}{1-z}}, \quad x \in \mathbf{R}, z \in \mathbf{C} \text{且} |z| < 1,$$

证明：

$$(1-z)^2 F'(z) = (1-x-z) F(z),$$

从而利用 Leibniz 公式得到

$$(1-z)^2 F^{(n+1)}(z) - 2n(1-z)F^{(n)}(z) + n(n-1)F^{(n-1)}(z)$$
$$= (1-x-z)F^{(n)}(z) - nF^{(n-1)}(z),$$

于是

$$F^{(n+1)}(0) = (2n+1-x)F^{(n)}(0) - n^2 F^{(n-1)}(0), \quad n=1,2,\cdots,$$

也就是说，作为 x 的函数 $F^{(n)}(0)$ 满足与 L_n 同样的递推公式，所以

$$F^{(n)}(0) = L_n, \quad n=0,1,2,\cdots,$$

这样，我们得到 $F(z)$ 的 Taylor 展开式

$$F(z) = \sum_{n=0}^{\infty} \frac{1}{n!} L_n(x) z^n, \quad |z| < 1;$$

(5) 证明：

$$e^{-mx-\frac{x}{2}} = \sum_{n=0}^{\infty} \frac{1}{n!} \frac{m^n}{(m+1)^{n+1}} l_n(x);$$

$\left(\text{提示：由(4)有 } F\left(\dfrac{m}{m+1}\right) = (m+1)e^{-mx}, \text{再利用其中的 Taylor 展开式}\right)$

(6) 证明：$\forall f \in L^2[0,\infty), \forall \varepsilon > 0$，存在关于 e^{-x} 的多项式

$$p(e^{-x}) = \sum_{m=0}^{n} \alpha_m e^{-mx},$$

使得

$$\| f - e^{-\frac{x}{2}} p(e^{-x}) \|_{L^2[0,\infty)} < \varepsilon;$$

$\left(\text{提示：} f \in L^2[0,\infty) \Leftrightarrow f_1(y) = \dfrac{1}{y^{\frac{1}{2}}} f\left(\ln \dfrac{1}{y}\right) \in L^2(0,1)), \text{对于 } f_1(y), \text{存在多}\right.$

项式 $p(y) = \sum\limits_{m=0}^{n} \alpha_m y^m$ 使得 $\| f_1 - p \|_{L^2(0,1)} < \varepsilon \Big)$

(7) 利用(5)和(6)证明：Laguerre 函数系

$$\left\{ \frac{l_n}{\| l_n \|} \,\middle|\, n=0,1,2,\cdots \right\} = \left\{ \frac{L_n(x)}{\| l_n \|} e^{-\frac{1}{2}x} \,\middle|\, n=0,1,2,\cdots \right\}$$

是 $L^2[0,\infty)$ 的规范正交基.

21. 设 H 为一个 Hilbert 空间，$\mathcal{U} = \{A \mid A \text{ 是 } H \text{ 的规范正交集}\}$，则 $\mathcal{U}$ 按包含关系"$\subset$"构成偏序集.

(1) 用 Zorn 引理证明：$\mathcal{U}$ 有极大元，即 H 存在规范正交基.

(2) 设 $A = \{e_a\}_{a\in\Lambda}$ 是 H 的一个规范正交基，$\forall \varphi \in H$，证明：

$$B = \{e_a \mid e_a \in A, (\varphi, e_a) \neq 0\}$$

至多可数. 设 $B = \{e_n\}_{n=1}^{\infty}$，则

$$\varphi = \sum_{a\in\Lambda} (\varphi, e_a) e_a = \sum_{n=1}^{\infty} (\varphi, e_n) e_n.$$

22. 设 H_1，H_2 为两个 Hilbert 空间，并且两个空间之间可以作张量积运算，即 $\forall \varphi \in H_1$，$\psi \in H_2$，它们之间有张量积 $\varphi \otimes \psi$，

$$\mathcal{E} = \operatorname{span}\{\varphi \otimes \psi \mid \varphi \in H_1, \psi \in H_2\},$$

$$\forall \lambda = \sum_{j=1}^{M_1} \sum_{l=1}^{M_2} c_{jl} \varphi_j \otimes \psi_l, \eta = \sum_{k=1}^{M_3} \sum_{m=1}^{M_4} d_{km} \eta_k \otimes \mu_m \in \mathcal{E}, \text{定义}$$

$$(\lambda, \eta) = \sum_{j=1}^{M_1} \sum_{l=1}^{M_2} \sum_{k=1}^{M_3} \sum_{m=1}^{M_4} c_{jl} \overline{d}_{km} (\varphi_j, \eta_k)(\psi_l, \mu_m).$$

(1) 证明：$(\cdot, \cdot)$ 是 $\mathcal{E}$ 上的一个内积；

（提示：$\mathcal{E}$ 按这个内积的完备化空间（即包含这个空间的最小完备空间）记为 $H_1 \otimes H_2$，称为 H_1 与 H_2 的张量积空间）

(2) 设 $\{\varphi_k\}$ 和 $\{\psi_l\}$ 分别为 H_1 与 H_2 的规范正交基，证明：$\{\varphi_k \otimes \psi_l\}$ 为 $H_1 \otimes H_2$ 的规范正交基.

23. 设 $H_1 = H_2 = L^2[0, 2\pi]$，$\forall \varphi, \psi \in L^2[0, 2\pi]$，定义

$$\varphi \otimes \psi(x, y) = \varphi(x)\overline{\psi(y)}, \quad (x, y) \in [0, 2\pi] \times [0, 2\pi].$$

(1) 证明：$H_1 \otimes H_2 = L^2[0, 2\pi] \times [0, 2\pi]$；

(2) 证明：$\left\{\dfrac{1}{2\pi} e^{imx} e^{iny} \mid m, n = 0, \pm 1, \pm 2, \cdots\right\}$ 是 $L^2[0, 2\pi] \times [0, 2\pi]$ 的规范正交基.

24. 设

$$H^2 = \{\varphi \in C^1[a, b] \mid \varphi' \text{ 绝对连续，且 } \varphi'' \in L^2[a, b]\},$$

$\varphi, \psi \in H^2$，定义

$$(\varphi, \psi) = \int_a^b \varphi \overline{\psi} \, dx + \int_a^b \varphi' \overline{\psi}' dx + \int_a^b \varphi'' \overline{\psi}'' dx,$$

证明：H^2 是一个 Hilbert 空间.

2 有界线性算子

在有限维空间中,为了研究线性方程组、二次型等问题,教科书中讨论了线性变换的概念.而在无穷维空间中我们也会遇到类似的问题,比如讨论积分方程时会涉及积分变换,讨论微分方程时会涉及函数的求导运算,讨论发散级数理论时会涉及数列的无穷矩阵变换,如此等等,我们需要讨论这类变换(线性算子)的一般理论,以应用于具体问题的研究.由此可见,线性算子理论是泛函分析理论的核心内容之一.

这一章,我们首先给出有界线性算子的基本概念和性质,引入线性算子序列的几种收敛的概念并证明一条重要的定理(共鸣定理);第 2.3 节讨论线性算子谱的概念以及豫解式的性质;第 2.4 节讨论有界自伴算子的谱特征;第 2.5 节讨论酉算子及其谱特征,并讨论 L^2 函数的 Fourier 变换的古典意义.

2.1 连续线性算子

本节讨论线性算子的基本概念,以及有界线性算子列的范数收敛性意义.

1)基本概念

定义 2.1.1 设 H_1,H_2 为两个内积空间,$\mathscr{D}(A)$ 为 H_1 的一个子空间,$A:\mathscr{D}(A)\to H_2$ 为一个映射,A 称为线性算子,如果

$$A(\alpha\varphi+\beta\psi)=\alpha A\varphi+\beta A\psi, \quad \forall\,\varphi,\psi\in\mathscr{D}(A),$$

$\mathscr{D}(A)$ 称为 A 的定义域.A 称为稠定的,如果 $\mathscr{D}(A)$ 在 H_1 中稠.A 称为连续线性算子,如果 $\mathscr{D}(A)=H_1$ 且 A 连续,即对于 H_1 中任意收敛序列 $\{\varphi_n\}$,若 $\varphi_n\to\varphi$,则有

$$A\varphi_n\to A\varphi.$$

H_1 到 H_2 的全体连续线性算子集合记为 $B(H_1,H_2)$,它是一个线性空间.如果 $H_1=H_2=H$,则记 $B(H)=B(H_1,H_2)$.

注 设 $A:H_1\to H_2$ 为一个线性算子,同线性泛函一样:

(1)A 连续的充要条件是 A 在 0 点连续.

(2)A 连续的充要条件是 A 有界,即存在 $M>0$ 使得

$$\|A\varphi\|\leqslant M\|\varphi\|, \quad \forall\varphi\in H_1.$$

(证明作为练习)

（3）若 $A\in B(H_1,H_2),B\in B(H_2,H_3)$，则复合映射 $BA\in B(H_1,H_3)$. 特别，若 $H_1=H_2=H_3=H$，则 $AB,BA\in B(H)$，但一般 $AB\neq BA$（这一点很明显，在有限维空间中，矩阵可以定义线性变换，而两个矩阵就不一定可交换，因此更不用说无穷维空间了）.

定义 2.1.2 设 $A\in B(H_1,H_2)$，记

$$\|A\|=\sup_{\varphi\in H_1,\varphi\neq 0}\frac{\|A\varphi\|}{\|\varphi\|},$$

称为 A 的范数.

注 （1）定义有意义，这是因为根据定义 2.1.1 的注（2），存在 $M>0$ 使得

$$\frac{\|A\varphi\|}{\|\varphi\|}\leqslant M,\quad \forall\varphi\in H_1,$$

所以上确界存在、有限. 这时，易证定义 2.1.2 所定义的范数确为 $B(H_1,H_2)$ 中范数，所以 $(B(H_1,H_2),\|\cdot\|)$ 构成一个赋范线性空间.

（2）$\|A\|$ 有如下等价定义：

$$\|A\|=\sup_{\|\varphi\|\leqslant 1,\varphi\neq 0}\frac{\|A\varphi\|}{\|\varphi\|}=\sup_{\|\varphi\|=1}\|A\varphi\|$$
$$=\sup_{\|\varphi\|,\|\psi\|=1}|(A\varphi,\psi)|.$$

（证明作为练习）

2）一些典型的例子

例 2.1.1 设 $H=\mathbf{C}^n$，A 为一个 $n\times n$ 矩阵，$\forall\varphi=\begin{bmatrix}x_1\\\vdots\\x_n\end{bmatrix}\in H$，令

$$A\varphi=\begin{bmatrix}a_{11}&\cdots&a_{1n}\\\vdots&&\vdots\\a_{n1}&\cdots&a_{nn}\end{bmatrix}\begin{bmatrix}x_1\\\vdots\\x_n\end{bmatrix},$$

则 A 定义了 H 上一个有界线性算子.

事实上，A 显然是 H 上线性算子，$\forall\varphi=\begin{bmatrix}x_1\\\vdots\\x_n\end{bmatrix}\in H$，

$$\|A\varphi\|^2=\sum_{i=1}^n\left|\sum_{j=1}^n a_{ij}x_j\right|^2\leqslant\left(\sum_{i,j=1}^n|a_{ij}|^2\right)\|\varphi\|^2,$$

所以 A 为有界线性算子.

注 有限维空间的线性变换自然就是线性算子，基底给定后，线性变换就可表示为矩阵，而矩阵变换是有界的，所以有限维空间上一切线性算子都是有界的.

例 2.1.2 l^2 上的一些典型线性算子.

(1) 左移算子.

设

$$L\varphi = (\xi_2, \xi_3, \cdots), \quad \forall \varphi = (\xi_1, \xi_2, \cdots) \in l^2,$$

则 L 是 l^2 上的有界线性算子,且 $\|L\| = 1$.

不难证明 L 是线性算子. 因为

$$\|L\varphi\|^2 = \sum_{n=2}^{\infty} |\xi_n|^2 \leqslant \sum_{n=1}^{\infty} |\xi_n|^2 = \|\varphi\|^2,$$

所以 $\|L\| \leqslant 1$.

另一方面,取 $\varphi = e_2 = (0, 1, 0, 0, \cdots)$,则 $\|e_2\| = 1$,

$$\|Le_2\| = 1,$$

即 $\|L\| \geqslant 1$,所以 $\|L\| = 1$.

(2) 右移算子.

设

$$R\varphi = (0, \xi_1, \xi_2, \cdots), \quad \forall \varphi = (\xi_1, \xi_2, \cdots) \in l^2,$$

则类似证明可知 R 也是 l^2 上的有界线性算子,且 $\|R\| = 1$.

(3) 乘法算子.

设

$$\mathscr{D}(A) = \left\{ \varphi = (\xi_1, \xi_2, \cdots) \in l^2 \ \middle|\ \sum_{n=1}^{\infty} n^2 |\xi_n|^2 < +\infty \right\},$$

定义

$$A\varphi = (\xi_1, 2\xi_2, \cdots, n\xi_n, \cdots), \quad \forall \varphi \in \mathscr{D}(A),$$

则 $A : \mathscr{D}(A) \to l^2$ 为线性算子,但 A 是无界算子.

事实上,取 $e_n \in \mathscr{D}(A) \subset l^2$,则 $\|e_n\| = 1$,但

$$Ae_n = ne_n, \quad \|Ae_n\| = n \to \infty,$$

所以 A 是无界算子.

(4) 设 $A = (a_{ij})$ 为一个无穷矩阵,满足 $\sum_{i,j=1}^{\infty} |a_{ij}|^2 < +\infty$,则

$$A\varphi = \begin{bmatrix} a_{11} & a_{12} & \cdots \\ a_{21} & a_{22} & \cdots \\ \vdots & \vdots & \ddots \end{bmatrix} \begin{bmatrix} \xi_1 \\ \xi_2 \\ \vdots \end{bmatrix}, \quad \forall \varphi = (\xi_1, \xi_2, \cdots) \in l^2,$$

定义了 l^2 上的有界线性算子.(证明类似于例 2.1.1)

例 2.1.3 L^2 上的线性算子.

(1) $H = L^2(a, b)$ 上的积分算子.

设 $K(\cdot,\cdot)\in L^2[a,b]\times[a,b]$,定义

$$(K\varphi)(x)=\int_a^b K(x,y)\varphi(y)\mathrm{d}y, \quad \forall \varphi\in H,$$

则 K 是 H 上的一个线性算子,且

$$\|K\varphi\|^2\leqslant\int_a^b\left|\int_a^b K(x,y)\varphi(y)\mathrm{d}y\right|^2\mathrm{d}x$$

$$\leqslant\int_a^b\int_a^b|K(x,y)|^2\mathrm{d}x\mathrm{d}y\|\varphi\|^2$$

$$=\|K\|_{L^2}^2\|\varphi\|^2,$$

所以 K 是有界线性算子.

注 后面还可利用 Hilbert-Schmidt 理论证明该算子范数就是 $\|K\|_{L^2}$.

(2) 定义

$$(A\varphi)(x)=x\varphi(x), \quad x\in(a,b),\forall\varphi\in L^2(a,b),$$

则 A 是 $H=L^2(a,b)$ 上的一个线性算子. 而 $\forall\varphi\in L^2(a,b)$,

$$\|A\varphi\|^2=\int_a^b x^2|\varphi(x)|^2\mathrm{d}x\leqslant\max\{|a|^2,|b|^2\}\|\varphi\|^2,$$

所以 A 是有界算子.

如果 a,b 中,$a=-\infty$,或 $b=+\infty$,或 $a=-\infty$ 且 $b=+\infty$,例如 $b=+\infty$ 时,上述乘法算子的定义域为

$$\mathscr{D}(A)=\left\{\varphi\in L^2(a,+\infty)\left|\int_a^{+\infty}x^2|\varphi(x)|^2\mathrm{d}x<+\infty\right.\right\},$$

这时,算子 A 是无界的.

事实上,设 $\varphi_n(x)=\chi_{[n,n+1]}(x)$,则 $\|\varphi_n\|=1$,

$$\|A\varphi_n\|^2=\int_n^{n+1}x^2\mathrm{d}x=\frac{1}{3}[(n+1)^3-n^3]=\frac{1}{3}(3n^2+3n+1)\to+\infty,$$

所以 A 无界.

(3) 微分算子.

设 $\mathscr{D}(D)=C^1[0,1]\subset L^2[0,1]$,

$$(D\varphi)(x)=\varphi'(x), \quad \forall\varphi\in\mathscr{D}(D),$$

则 D 是无界的线性算子.

事实上,令

$$\varphi_n(x)=\sqrt{2}\sin n\pi x, \quad \forall n\in\mathbf{N}^*,$$

则 $\|\varphi_n\|=1$,且

$$\|D\varphi_n\|^2=n^2\pi^2\to+\infty,$$

所以 D 无界.

但是,如在 $\mathscr{D}(D)$ 上引入如下内积:

$$(\varphi,\psi)_1=(\varphi,\psi)+(\varphi',\psi'),$$

记该内积所导出的范数为 $\|\cdot\|_1$，$H_1=(\mathscr{D}(D),\|\cdot\|_1)$，则 D 为 $H_1{\rightarrow}L^2[0,1]$ 的有界线性算子. 这说明一个线性算子是不是有界与空间范数有关. 对于一个给定线性空间，赋予怎样的范数能够使得所研究的算子具有连续性非常重要.

例 2.1.4 投影算子.

设 H 为一个 Hilbert 空间，$M{\subset}H$ 为 H 的一个闭子空间，$\varphi{\in}H$，定义

$$P_M:\varphi{\rightarrow}P_M\varphi,$$

其中 $P_M\varphi$ 是 φ 在 M 上的投影，则 P_M 是 H 到 M 的有界线性算子，满足：

(1) $\|P_M\|=1$；

(2) $P_M\varphi=\varphi,\forall\varphi{\in}M$，

称 P_M 为 M 上的投影算子.

事实上，$H=M{\oplus}M^{\perp}$，所以，$\forall\varphi{\in}H$，

$$\varphi=P_M\varphi+P_{M^{\perp}}\varphi,$$

其中 $P_M\varphi,P_{M^{\perp}}\varphi$ 分别为 φ 在 M 和 $M^{\perp}$ 上的投影，于是

$$\|\varphi\|^2=\|P_M\varphi\|^2+\|P_{M^{\perp}}\varphi\|^2,$$

所以

$$\|P_M\varphi\|{\leqslant}\|\varphi\|,\quad\forall\varphi{\in}H,$$

即 $\|P_M\|{\leqslant}1$.

另一方面，若 $\varphi{\in}M$，则有

$$\|\varphi\|=\|P_M\varphi\|,$$

所以 $\|P_M\|{\geqslant}1$，从而 $\|P_M\|=1$.

例 2.1.5 等距同构映射是有界线性算子.

设 H_1,H_2 为两个 Hilbert 空间，$T:H_1{\rightarrow}H_2$ 为等距同构映射，则 T 是有界线性算子，且 $\|T\|=1$.

注 由等距同构映射的定义直接可得.

3) $B(H_1,H_2)$ 的完备性

定理 2.1.1 若 H_2 为一个 Hilbert 空间，则 $B(H_1,H_2)$ 按算子范数构成 Banach 空间.

证明 设 $\{A_n\}{\subset}B(H_1,H_2)$ 为算子值 Cauchy 列，所以，$\forall\varepsilon>0$，存在 N 使得

$$\|A_m-A_n\|{\leqslant}\varepsilon,\quad\forall m,n{\geqslant}N.$$

所以存在 $M>0$ 使得

$$\|A_n\|{\leqslant}M,\quad n=1,2,\cdots,$$

$\forall\varphi{\in}H_1,\{A_n\varphi\}{\subset}H_2$ 为 H_2 中向量值 Cauchy 列. 而 H_2 完备，故存在 $\psi{\in}H_2$ 使得

$$\lim_{n\to\infty}A_n\varphi=\psi\equiv A\varphi,$$

这样定义的映射 $A:\varphi\to\psi$ 显然是线性算子,且

$$\|A\varphi\|=\lim_{n\to\infty}\|A_n\varphi\|\leqslant M\|\varphi\|.$$

再证 $A_n\to A$. 对任意 $\varphi\in H_1$,

$$\|A_n\varphi-A\varphi\|=\lim_{m\to\infty}\|(A_n-A_m)\varphi\|\leqslant\varepsilon\|\varphi\|,\quad\forall n>N,$$

所以当 $n>N$ 时,

$$\|A_n-A\|\leqslant\varepsilon,$$

即 $\lim\limits_{n\to\infty}A_n=A$,所以 $B(H_1,H_2)$ 是 Banach 空间.　　□

注　算子范数是算子在空间单位球上的上确界,所以算子列按范数收敛其实就是算子列在空间单位球上一致收敛,这种收敛性等价于算子在空间中有界集上一致收敛.

设 S_1 为 Hilbert 空间 H_1 的闭单位球,记

$$C(S_1,H_2)=\{T\,|\,T:S_1\to H_2\text{ 为连续映射}\},$$

由定理 2.1.1,$B(H_1,H_2)$ 可以理解为 $C(S_1,H_2)$ 的闭子空间.

推论 2.1.1　设 H 为一个 Hilbert 空间,则 H' 是完备的.

4）算子的延拓

定理 2.1.2　设 A 是 Hilbert 空间 H_1 到 H_2 的稠定线性算子,即 $\mathscr{D}(A)$ 在 H_1 中稠,若

$$\|A\|=\sup_{\varphi\in\mathscr{D}(A),\,\|\varphi\|=1}\|A\varphi\|<+\infty,$$

则 A 可以延拓为 H_1 到 H_2 的某有界线性算子 $\overline{A}$,且

$$\|\overline{A}\|=\sup_{\varphi\in H_1,\,\|\varphi\|=1}\|\overline{A}\varphi\|=\|A\|.$$

证明　(1) 延拓的存在性.

$\forall\varphi\in H_1$,存在 $\varphi_n\in\mathscr{D}(A)$,$n=1,2,\cdots$,使得 $\varphi_n\to\varphi$,这时

$$\|A(\varphi_m-\varphi_n)\|\leqslant\|A\|\|\varphi_m-\varphi_n\|,\quad\forall m,n\in\mathbf{N}^*,$$

所以 $\{A\varphi_n\}$ 是 H_2 中 Cauchy 列,定义

$$\overline{A}\varphi=\lim_{n\to\infty}A\varphi_n,$$

则 $\overline{A}$ 定义有意义.

事实上,若 $\{\tilde{\varphi}_n\}\subset\mathscr{D}(A)$ 为另一个收敛于 φ 的点列,则

$$\|A(\varphi_n-\tilde{\varphi}_n)\|\leqslant\|A\|\|\varphi_n-\tilde{\varphi}_n\|\to 0,$$

从而

$$\lim_{n\to\infty}A\varphi_n=\lim_{n\to\infty}A\tilde{\varphi}_n.$$

(2) $\overline{A}$ 显然是线性算子,下证它有界.

$\forall\varphi\in H_1$,设 $\varphi_n\in\mathscr{D}(A)$,$n=1,2,\cdots$,使得 $\varphi_n\to\varphi$,则

$$\| \overline{A}\varphi \| =\lim_{n\to\infty} \| A\varphi_n \| \leqslant \| A \| \| \varphi \|,$$

所以 $\| \overline{A} \| \leqslant \| A \|$.

另一方面，$\| \overline{A} \| \geqslant \| A \|$ 显然成立，所以 $\| \overline{A} \| = \| A \|$.　　　　□

2.2　一致有界原理与几种收敛列的有界性

本节主要分成两部分，一部分是讨论 $B(H_1,H_2)$ 上几种收敛性概念；另一部分是证明泛函分析学中的一条基本定理——一致有界原理，它可以被认为是经典的 Osgood 定理的一个变形推广. 据此，证明弱收敛列的有界性.

1）$B(H_1,H_2)$ 上的收敛性

定义 2.2.1　设 H_1,H_2 为两个 Hilbert 空间，若 $\{A_n\}$ 为 $B(H_1,H_2)$ 中的点列，即 $H_1\to H_2$ 的有界线性算子列，$A\in B(H_1,H_2)$.

(1) 若 $\lim\limits_{n\to\infty}\| A_n-A \| =0$，则称算子列 $\{A_n\}$ 按范数收敛于 A，记为

$$\lim_{n\to\infty}A_n=A,$$

或 $A_n \xrightarrow{\ \| \cdot \| \ } A$；

(2) 若

$$\lim_{n\to\infty}\| A_n\varphi-A\varphi \| =0, \quad \forall\varphi\in H_1,$$

则称算子列 $\{A_n\}$ 强收敛于 A，记为

$$\text{s-}\lim_{n\to\infty}A_n=A,$$

或 $A_n \xrightarrow{\ \text{s}\ } A$；

(3) 若 $\forall\varphi\in H_1,\forall\psi\in H_2$，有

$$\lim_{n\to\infty}(A_n\varphi,\psi)=(A\varphi,\psi),$$

则称算子列 $\{A_n\}$ 弱收敛于 A，记为

$$\text{w-}\lim_{n\to\infty}A_n=A,$$

或 $A_n \xrightarrow{\ \text{w}\ } A$.

算子列 $\{A_n\}$ 按算子范数收敛于 A，其实就是 $\{A_n\}$ 在 H_1 的单位球上一致收敛于 A；$\{A_n\}$ 强收敛于 A，意味着 $\{A_n\}$ 在 H_1 上点点收敛于 A；而 $\{A_n\}$ 弱收敛于 A，意味着 $\forall\varphi\in H_1$，如果把 $\{A_n\varphi\}$ 看作 H_2 中线性泛函列，它在 H_2 中点点收敛.

2）三种收敛性的关系

定理 2.2.1　设 $\{A_n\}$ 为 $B(H_1,H_2)$ 中的点列，$A\in B(H_1,H_2)$，则

(1) $A_n \xrightarrow{\|\cdot\|} A \Rightarrow A_n \xrightarrow{s} A$；

(2) $A_n \xrightarrow{s} A \Rightarrow A_n \xrightarrow{w} A$.

证明是显然的.

例 2.2.1（定理 2.2.1 的逆都不对） 设 $H_1 = H_2 = l^2$.

(1) $\forall \varphi = (\xi_1, \xi_2, \cdots) \in l^2$，定义

$$S_n \varphi = (0, \cdots, 0, \xi_{n+1}, \xi_{n+2}, \cdots),$$

则 $\|S_n\| = 1, S_n \xrightarrow{s} 0$，但 $S_n \xrightarrow{\|\cdot\|} 0$.

(2) $\forall \varphi = (\xi_1, \xi_2, \cdots) \in l^2$，定义

$$W_n \varphi = (0, \cdots, 0, \xi_1, \xi_2, \cdots),$$

则 $\|W_n\| = 1, W_n \xrightarrow{w} 0$，但 $\|W_n \varphi\| = \|\varphi\| \nrightarrow 0$，即 $W_n \xrightarrow{s} 0$.

3）一致有界原理

在数学分析中，我们牢牢记得收敛列必然有界，这在 Hilbert 空间中范数意义下仍然对，那么，弱收敛列和强收敛列是不是还是有界呢？结论也是对的，不过要用到下面非常重要的 Banach-Steinhaus 定理，又称为一致有界原理或共鸣定理. 首先，我们来看经典分析中的一条很有趣的定理——Osgood 定理：

定理 2.2.2 设 $\{f_n\}$ 为区间 (a,b) 上一列连续函数，且在 (a,b) 上点点有界，即 $\forall x \in (a,b)$，存在 M_x 使得

$$|f_n(x)| \leqslant M_x, \quad n = 1, 2, \cdots,$$

则函数列必在区间内某点附近一致有界，即 $\exists x_0 \in (a,b), M > 0$ 以及 $\delta > 0$ 使得

$$|f_n(x)| \leqslant M, \quad \forall x \in (x_0 - \delta, x_0 + \delta), n = 1, 2, \cdots.$$

该定理的证明很简单，用一下区间套定理就行了. 而区间套定理是可以推广成 Hilbert 空间或者是 Banach 空间甚至是 Frèchet 空间中的闭球套定理，自然，在这类空间的单位球（代替一维的区间 (a,b)）上，抽象连续函数（泛函或算子，或许是非线性的）列（族）的 Osgood 定理也成立，证明如法炮制. 也就是说，"函数"列（族）也会在单位球的某点的某邻域内一致有界，如果"函数"列（族）都是线性的，在某点的邻域上一致有界与在 0 的同样半径的邻域上一致有界是等价的，而既然在 0 的某邻域一致有界，自然就在单位球上一致有界，也就是这一列（族）"函数"（线性算子或泛函）的范数一致有界. 这就是"一致有界原理"！

定理 2.2.3（Banach-Steinhaus） 设 H_1, H_2 为两个 Hilbert 空间，$\{A_\alpha \mid \alpha \in \Lambda\}$ 为 $H_1 \to H_2$ 的一族有界线性算子，如果算子族点点有界，即 $\forall \varphi \in H_1$，存在 $M_\varphi > 0$ 使得

$$\|A_\alpha \varphi\| \leqslant M_\varphi \|\varphi\|, \quad \forall \alpha \in \Lambda, \tag{I}$$

那么,存在 $M>0$ 使得

$$\|A_\alpha\| \leqslant M, \quad \forall \alpha \in \Lambda.\qquad\qquad(\text{II})$$

证明 （I）式的意思是算子族 $\{A_\alpha | \alpha \in \Lambda\}$ 在 H_1 的闭单位球 B 上是点点有界的,而（II）式的意思是它在 B 上一致有界,要证（I）式$\Rightarrow$（II）式.

（1）同 Osgood 定理一样,我们先证明 $\{A_\alpha | \alpha \in \Lambda\}$ 在 B 内某点附近一致有界,即存在 $\psi \in B, \delta>0, M>0$,使得 $B(\psi,\delta) \subset B$,

$$\|A_\alpha \varphi\| \leqslant M, \quad \forall \alpha \in \Lambda, \forall \varphi \in B(\psi,\delta).$$

否则,$\{A_\alpha | \alpha \in \Lambda\}$ 在 B 内任意点附近都不是一致有界的,在单位球 B 上当然也不是一致有界的,则 $\exists \varphi_1 \in B$(不妨设它是 B 的内点)以及 $\alpha_1 \in \Lambda$ 使得

$$\|A_{\alpha_1} \varphi_1\| > 1,$$

而 A_{α_1} 是有界线性算子,所以存在 $\delta_1 < \frac{1}{2}$,使得 $B(\varphi_1,\delta_1) \subset B$,

$$\|A_{\alpha_1} \varphi\| > 1, \quad \forall \varphi \in B(\varphi_1,\delta_1);$$

又由假设,$\{A_\alpha | \alpha \in \Lambda\}$ 在 $B(\varphi_1,\delta_1)$ 上不是一致有界的,所以 $\exists \varphi_2 \in B(\varphi_1,\delta_1)$ 以及 $\alpha_2 \in \Lambda$ 使得

$$\|A_{\alpha_2} \varphi_2\| > 2,$$

而 A_{α_2} 是有界算子,所以存在 $\delta_1 < \frac{1}{2^2}$,使得 $\overline{B(\varphi_2,\delta_2)} \subset B(\varphi_1,\delta_1)$,

$$\|A_{\alpha_2} \varphi\| > 2, \quad \forall \varphi \in \overline{B(\varphi_2,\delta_2)};$$

$$\vdots$$

这样,我们得到 $\{A_{\alpha_n}\} \subset \{A_\alpha | \alpha \in \Lambda\}, \overline{B(\varphi_n,\delta_n)} \subset \overline{B(\varphi_{n-1},\delta_{n-1})}, \delta_n \to 0$,

$$\|A_{\alpha_n} \varphi\| > n, \quad \forall \varphi \in \overline{B(\varphi_n,\delta_n)};$$

$$\vdots$$

$\overline{\{B(\varphi_n,\delta_n)\}}$ 为一个收缩的闭球套,由 H_1 的完备性,存在唯一的 $\varphi_0 \in B$ 使得

$$\bigcap_{n=1}^{\infty} \overline{B(\varphi_n,\delta_n)} = \{\varphi_0\},$$

由假设

$$\|A_{\alpha_n} \varphi_0\| \geqslant n, \quad n=1,2,\cdots,$$

从而

$$+\infty = \sup_n \|A_{\alpha_n} \varphi_0\| \leqslant \sup_{\alpha \in \Lambda} \|A_\alpha \varphi_0\| < +\infty,$$

这不可能!

（2）由第(1)步证明,存在 $\delta>0, \psi \in B$ 以及 $M_1>0$ 使得 $B(\psi,\delta) \subset B$,

$$\|A_\alpha \varphi\| \leqslant M_1, \quad \forall \alpha \in \Lambda, \forall \varphi \in B(\psi,\delta),$$

所以,$\forall \varphi \in B(0,\delta)$(从而 $\varphi+\psi \in B(\psi,\delta)$),$\alpha \in \Lambda$,

$$\|A_\alpha \varphi\| \leqslant \|A_\alpha(\varphi+\psi)\| + \|A_\alpha \psi\| \leqslant M_1 + M_\psi \equiv M_2,$$

其中 M_ψ 是由（Ⅰ）式所决定的 $\{\|A_\alpha\psi\|\}$ 的上界. 于是

$$\|A_\alpha\varphi\| \leqslant \frac{1}{\delta}M_2 \equiv M, \quad \forall \varphi \in B, \forall \alpha \in \Lambda.$$

即

$$\|A_\alpha\| \leqslant M, \quad \forall \alpha \in \Lambda. \qquad \square$$

推论 2.2.1 设 H 为一个 Hilbert 空间，$\{f_\alpha | \alpha \in \Lambda\}$ 为 H 上一族有界线性泛函，即 $\forall \varphi \in H$，存在 $M_\varphi > 0$ 使得

$$|f_\alpha(\varphi)| \leqslant M_\varphi\|\varphi\|, \quad \forall \alpha \in \Lambda,$$

那么，存在 $M > 0$ 使得

$$\|f_\alpha\| \leqslant M, \quad \forall \alpha \in \Lambda.$$

推论 2.2.2 Hilbert 空间上弱收敛线性泛函列或线性算子列、强收敛线性算子列都是有界的.

2.3 线性算子谱的概念

这一节，我们将讨论线性算子谱的概念，内容包括谱点的分类、分类的意义以及谱集的范围有多大；讨论算子豫解式的性质、豫解式的 Laurent 展开等.

1）问题的背景

我们先来看有限维空间线性方程组的问题. 设 A 为 $n \times n$ 矩阵，考虑如下一对线性方程组：

$$(\lambda I - A)\varphi = \psi, \qquad\qquad （Ⅰ）$$

$$(\lambda I - A)\varphi = 0, \qquad\qquad （Ⅰ'）$$

从泛函分析角度来看：

（1）矩阵 A 作为线性算子定义域总是全空间.

（2）作为线性算子，A 总是连续的.

（3）方程组（Ⅰ）与（Ⅰ'）的两个等价描述（称为两择一定理，即以下二者有且仅有一种情况成立）：

① $\forall \psi \in \mathbf{C}^n$，方程组（Ⅰ）有唯一解；

② 方程组（Ⅰ'）有非零解.

用算子语言表述如下（二者有且仅有一种情况成立）：

① λ 为矩阵 A 的正则值，$\mathrm{Ran}(\lambda I - A) = \mathbf{C}^n$ 且 $(\lambda I - A)^{-1}$ 存在；

② $(\lambda I - A)^{-1}$ 不存在，即 λ 为矩阵 A 的特征值.

保证这两个等价命题成立的是所谓维数公式：

$$\dim \mathbf{C}^n = n = \dim \ker(\lambda I - A) + \dim \operatorname{Ran}(\lambda I - A).$$

如果在无穷维空间 H 中讨论问题（Ⅰ）和（Ⅰ'），相应于上述（1）（2）（3），我们将会遇到如下问题：

（1）并非每个算子 A 都在全空间上有定义.

（2）即使 A 在全空间上有定义也未必都连续.

（3）其表述在无穷维空间所出现的问题：

① 即使 $(\lambda I - A)^{-1}$ 存在，$\operatorname{Ran}(\lambda I - A)$ 也未必是全空间 H；同时，即使 $(\lambda I - A)^{-1}$ 存在，也未必连续.

② $(\lambda I - A)^{-1}$ 不存在，即 λ 为 A 的特征值.

二者未必有且仅有一种情况成立，即两择一定理未必成立. 如果用方程语言来说，当方程（Ⅰ'）没有非零解时，方程（Ⅰ）未必关于全空间每个向量 ψ 都有解，即使有解也未必稳定，即唯一性不能决定存在性和稳定性. 原因是维数公式在无穷维空间不成立！

如果 $(\lambda I - A)^{-1}$ 存在，表示线性问题解唯一（这时，如果方程（Ⅰ）的解存在，则为 $\varphi = (\lambda I - A)^{-1} \psi$），它的连续性（即关于算子值域内的 ψ 连续）表示解的稳定性；如果线性问题的解关于算子值域内的 ψ 连续存在且稳定，则称问题适定. **如果关于每个 $\psi \in H$，方程（Ⅰ）存在唯一稳定的解，则称方程（Ⅰ）完全适定.** 用算子语言刻画方程（Ⅰ）可解性的各种可能就是下面的谱的分类.

围绕这些问题的讨论，产生了泛函分析的各种分支，例如，研究在怎样的条件下两择一定理成立，得到紧算子理论、Fredholm 理论等等. 对于这些内容，我们将在以后的讨论中给予细致的解释.

2）谱集与豫解集

设 $\mathscr{D}(A) \subset H, A: \mathscr{D}(A) \to H$ 为一个线性算子，$B: \operatorname{Ran}(A) \to H$ 为另一线性算子，若 $AB = I_{\operatorname{Ran}(A)}$ 且 $BA = I_{\mathscr{D}(A)}$，则称 B 为 A 的逆算子，记为 $B = A^{-1}$. 这里 $I_{\operatorname{Ran}(A)}$ 与 $I_{\mathscr{D}(A)}$ 分别为 $\operatorname{Ran}(A)$ 与 $\mathscr{D}(A)$ 上单位映射.

定义 2.3.1 设 $A: \mathscr{D}(A)(\subset H) \to H$ 为一个线性算子，$\lambda \in \mathbf{C}$，如果

（1）$(\lambda I - A)^{-1}$ 存在；

（2）$(\lambda I - A)^{-1} \in B(H)$，

则称 λ 为 A 的正则点. A 的全体正则点的集合称为 A 的正则集或豫解集，记为 $\rho(A)$.

设 $\lambda \in \rho(A)$，记 $R(\lambda, A) = (\lambda I - A)^{-1}$，称为 A 的豫解式；$\sigma(A) = \mathbf{C} \backslash \rho(A)$ 称为 A 的谱集.

谱点有如下分类：

（1）如果存在 $\psi \in H(\psi \neq 0)$，使得

$$A\psi=\lambda\psi,$$

则称 λ 为 A 的特征值. 全体特征值的集合称为 A 的点谱集, 记为 $\sigma_p(A)$.

（2）若 $\lambda\in\mathbf{C}$, $(\lambda I-A)^{-1}$ 虽然存在, 其定义域

$$\mathscr{D}((\lambda I-A)^{-1})=\mathrm{Ran}(\lambda I-A)$$

在 H 中稠, 但是 $(\lambda I-A)^{-1}$ 无界, 则称 λ 为 A 的连续谱点. 全体连续谱点集记为 $\sigma_c(A)$, 称为 A 的连续谱集.

（3）$\lambda\in\mathbf{C}$ 称为 A 的剩余谱点, 若 $(\lambda I-A)^{-1}$ 存在, 但其定义域

$$\mathscr{D}((\lambda I-A)^{-1})=\mathrm{Ran}(\lambda I-A)$$

在 H 中不稠. 全体剩余谱点集记为 $\sigma_r(A)$, 称为 A 的剩余谱.

这样,

$$\sigma(A)=\sigma_p(A)\bigcup\sigma_c(A)\bigcup\sigma_r(A),$$

$\sigma(A)$ 分解成了三个互不相交集合的并. 即当 $\lambda\in\mathbf{C}$ 时, 关于 A 有四种可能（"四择一", 见表 2-1）: 当 $\lambda\in\sigma_p(A)$ 时, 线性问题的解即使存在也不具有唯一性; 当 $\lambda\in\sigma_c(A)$ 时, 线性问题的解虽然关于 H 的稠子集存在, 但没有稳定性; 当 $\lambda\in\sigma_r(A)$ 时, 线性问题的解只关于 H 的一个非稠子空间存在; 只有当 $\lambda\in\rho(A)$ 时, 线性问题 $(\lambda I-A)\varphi=\psi$ 才关于所有 $\psi\in H$ 都适定, 即完全适定.

表 2-1　$\lambda I-A$ 逆的存在性与值域的各种可能性

λ 的可能性分类	$(\lambda I-A)^{-1}$	$\mathrm{Ran}(\lambda I-A)$	$(\lambda I-A)^{-1}$ 的有界性
$\sigma_p(A)$	不存在	—	—
$\sigma_c(A)$	存在	稠	无界
$\sigma_r(A)$	存在	不稠	—
$\rho(A)$	存在	稠	有界

有限维空间线性问题是"两择一", 而无穷维空间一般是"四择一". 以后我们会看到, 在无穷维空间中, 关于紧算子, 当 $\lambda\neq0$ 时同有限维情形一样, 相应的线性问题的适定性还是"两择一"的.

注　在有限维空间中 $\sigma_c(A)=\sigma_r(A)=\varnothing$, 但在无穷维空间中三种谱都有可能出现.

例 2.3.1（点谱有可能出现）　设线性算子 $A:l^2\to l^2$ 定义为

$$A\varphi=(\xi_2,\xi_3,\cdots),\quad\forall\varphi=(\xi_1,\xi_2,\cdots)\in l^2,$$

即 A 为左移算子, 则 $\|A\|=1$, 且

$$\{\lambda\mid|\lambda|<1\}\subset\sigma_p(A).$$

事实上, 若 $|\lambda|<1$, 则 $\varphi_\lambda=(1,\lambda,\lambda^2,\cdots)\in l^2$, 且 $A\varphi_\lambda=\lambda\varphi_\lambda$, 即 $\lambda\in\sigma_p(A)$.

例 2.3.2（连续谱有可能出现）　设 $H=L^2[0,1]$, 且

$$(A\varphi)(x)=x\varphi(x),\quad\forall x\in[0,1],\forall\varphi\in H,$$

则 $A \in B(H), \sigma(A) = \sigma_c(A) = [0, 1]$.

证明 A 为有界算子前面已证.

(1) $\sigma_p(A) = \varnothing$.

否则, $\exists \lambda \in \sigma_p(A)$, 则有 $\varphi \in H$ 使得 $\varphi \neq 0, A\varphi = \lambda\varphi$, 即

$$(\lambda - t)\varphi(t) = 0, \quad t \in [0, 1] \text{ a.e.},$$

所以, $\varphi = 0$ a.e. 与 $\varphi \neq 0$ a.e. 矛盾, 于是 $\sigma_p(A) = \varnothing$.

(2) $\forall \lambda \notin [0, 1]$, 有 $\delta \equiv \inf\limits_{t \in [0, 1]} |\lambda - t| > 0$, 且

$$((\lambda I - A)^{-1}\varphi)(t) = \frac{1}{\lambda - t}\varphi(t), \quad \forall \varphi \in H,$$

所以

$$\|(\lambda I - A)^{-1}\varphi\| \leqslant \frac{1}{\delta}\|\varphi\|, \quad \forall \varphi \in H,$$

即 $(\lambda I - A)^{-1}$ 有界, 所以 $\lambda \in \rho(A)$, 于是 $\sigma(A) \subset [0, 1]$.

$\forall \lambda \in [0, 1]$, 由 (1) 可知 $(\lambda I - A)^{-1}$ 存在. 取 $\varphi_0(t) \equiv 1$, 则 $\varphi_0 \notin \mathrm{Ran}(\lambda I - A)$, 所以 $\mathrm{Ran}(\lambda I - A) \neq H$, 但 $\overline{\mathrm{Ran}(\lambda I - A)} = H$, 且 $(\lambda I - A)^{-1}$ 无界.

事实上, 我们不妨设 $\lambda \in (0, 1), \forall \delta > 0$ 使得 $I_\delta = \left(\lambda - \dfrac{\delta}{2}, \lambda + \dfrac{\delta}{2}\right) \subset (0, 1)$, $\forall \varphi \in H$, 记

$$\varphi_\delta(t) = (\lambda - t)^{-1} \chi_{\left[0, \lambda - \frac{\delta}{2}\right] \cup \left[\lambda + \frac{\delta}{2}, 1\right]}(t)\varphi(t),$$

则 $\varphi_\delta \in H$,

$$((\lambda I - A)\varphi_\delta)(t) = \chi_{\left[0, \lambda - \frac{\delta}{2}\right] \cup \left[\lambda + \frac{\delta}{2}, 1\right]}(t)\varphi(t),$$

即 $\chi_{\left[0, \lambda - \frac{\delta}{2}\right] \cup \left[\lambda + \frac{\delta}{2}, 1\right]}(t)\varphi \in \mathrm{Ran}(\lambda I - A)$ 且

$$\chi_{\left[0, \lambda - \frac{\delta}{2}\right] \cup \left[\lambda + \frac{\delta}{2}, 1\right]}(t)\varphi \to \varphi, \quad \delta \to 0^+.$$

下面再证明 $(\lambda I - A)^{-1}$ 无界:

令 $\psi_\delta = \dfrac{1}{\sqrt{1 - \delta}} \chi_{\left[0, \lambda - \frac{\delta}{2}\right] \cup \left[\lambda + \frac{\delta}{2}, 1\right]}$, 则 $\|\psi_\delta\| = 1$, 而

$$\|(\lambda I - A)^{-1}\psi_\delta\|^2 = \frac{1}{1 - \delta}\left(\int_0^{\lambda - \frac{\delta}{2}} \frac{1}{(\lambda - t)^2}\mathrm{d}t + \int_{\lambda + \frac{\delta}{2}}^1 \frac{1}{(\lambda - t)^2}\mathrm{d}t\right)$$
$$\to +\infty, \quad \delta \to 0^+,$$

所以 $(\lambda I - A)^{-1}$ 无界. 这样, $\lambda \in \sigma_c(A)$.

例 2.3.3(剩余谱有可能出现) 设线性算子 $S: l^2 \to l^2$ 定义为

$$S\varphi = (0, \xi_1, \xi_2, \cdots), \quad \forall \varphi = (\xi_1, \xi_2, \cdots) \in l^2,$$

则 $\|S\| = 1, \overline{\mathrm{Ran}(S)} \neq H$, 所以 $0 \in \sigma(S)$.

命题 2.3.1 设 H 是一个 Hilbert 空间, $A \in B(H), \lambda \in \mathbf{C}$, 若 $\overline{\mathrm{Ran}(\lambda I - A)} =$

H, $(\lambda I-A)^{-1}$存在且在 $\mathrm{Ran}(\lambda I-A)$ 上有界,则 $\mathrm{Ran}(\lambda I-A)=H$ 且 $(\lambda I-A)^{-1}$在 H 上有界,即 $\lambda\in\rho(A)$.

证明 首先,利用有界算子延拓定理可将$(\lambda I-A)^{-1}$延拓为 H 上的有界线性算子;其次,证 $\mathrm{Ran}(\lambda I-A)=H$.

由于$\overline{\mathrm{Ran}(\lambda I-A)}=H$,所以 $\forall\varphi\in H$,存在$\{\psi_n\}\subset H$,使得

$$\varphi_n=(\lambda I-A)\psi_n\to\varphi,\quad n\to\infty.$$

而$(\lambda I-A)^{-1}$在 $\mathrm{Ran}(\lambda I-A)$ 上有界,所以存在 M 使得

$$\|\psi_m-\psi_n\|=\|(\lambda I-A)^{-1}(\varphi_m-\varphi_n)\|$$
$$\leqslant M\|\varphi_m-\varphi_n\|\to 0,\quad m,n\to\infty,$$

从而,存在 $\psi\in H$ 使得 $\psi_n\to\psi$,于是

$$(\lambda I-A)\psi_n\to(\lambda I-A)\psi,\quad n\to\infty.$$

由极限的唯一性,

$$\varphi=(\lambda I-A)\psi,$$

即 $\varphi\in\mathrm{Ran}(\lambda I-A)$,从而 $\mathrm{Ran}(\lambda I-A)=H$. $\square$

我们看到,只要知道$(\lambda I-A)^{-1}$在其定义域 $\mathrm{Ran}(\lambda I-A)$ 有界且 $\mathrm{Ran}(\lambda I-A)$ 稠,就能推得 $\mathrm{Ran}(\lambda I-A)=H$,即 $\lambda\in\rho(A)$.

3) 有界线性算子谱的范围确定及谱集的拓扑性质

为了进一步讨论算子的谱,我们需要交待一些基本概念. 设 $A,B\in B(H)$,则 $AB,BA\in B(H)$,且 $\|AB\|\leqslant\|A\|\|B\|$,但一般 $AB\neq BA$.

给定 $A\in B(H)$,我们也可以定义算子的幂级数 $\sum\limits_{n=0}^{\infty}a_nA^n$,其中 $a_n\in\mathbf{C},n=0,1,2,\cdots$. 同通常幂级数一样,其和定义为部分和序列按算子范数意义下的极限.

在数学分析中我们知道,如果 $|x|<1$,则 $(1-x)^{-1}=\sum\limits_{n=0}^{\infty}x^n$. 类比于此,关于算子 A,我们有形式类似的结果:

定理 2.3.1(von Neumann) 设 $A\in B(H)$,如果 $\|A\|<1$,则 $1\in\rho(A)$,即 $(I-A)^{-1}$ 存在,$(I-A)^{-1}\in B(H)$,且

$$(I-A)^{-1}=\sum_{n=0}^{\infty}A^n,$$
$$\|(I-A)^{-1}\|\leqslant\frac{1}{1-\|A\|}.$$

证明 (1)证明级数的收敛性.
$\forall n,p\in\mathbf{N}^*$,

$$\left\|\sum_{k=n}^{n+p}A^k\right\|\leqslant\sum_{k=n}^{n+p}\|A\|^k=\|A\|^n\frac{1-\|A\|^{p+1}}{1-\|A\|}\to 0,\quad n\to\infty,$$

即级数的部分和序列满足 Cauchy 准则,因而收敛.

（2）令 $B = \sum_{n=0}^{\infty} A^n$,由(1),它是有界线性算子,直接验证可知它是 $I-A$ 的逆算子,即 $(I-A)B = B(I-A) = I$.

（3）$\| (I-A)^{-1} \| = \left\| \sum_{n=0}^{\infty} A^n \right\| \leqslant \sum_{n=0}^{\infty} \| A \|^n = \dfrac{1}{1 - \| A \|}$. $\qquad\square$

注 （1）定理中,条件 "$\| A \| < 1$" 可改为 "存在 $m \in \mathbf{N}^*$ 使得 $\| A^m \| < 1$". 这一条件常常是可以满足的,例如在微分方程理论中常遇到的积分算子就具有这个性质.

（2）当我们用算子语言讨论线性问题 $(\lambda I - A)\varphi = \psi$ 的适定性时,若 $\| A \| < 1$,当 $\lambda = 1$ 时,问题适定,级数给出了解的一种迭代形式,即问题的解为

$$\varphi = (I-A)^{-1}\psi = \sum_{n=0}^{\infty} A^n \psi.$$

例 2.3.4 设 $q, g \in L^2[0,1]$,考虑如下形式的微分方程初值问题:

$$\begin{cases} y''(t) - q(t)y(t) = g(t), & t \in (0,1); \\ y(0) = c_0, \ y'(0) = c_1, & c_0, c_1 \in \mathbf{C}. \end{cases} \qquad (\mathrm{II})$$

为了求解这个 Cauchy 问题,我们先对上述微分方程两端关于 t 积分两次,把 Cauchy 问题转化为积分方程

$$y(t) - \int_0^t \int_0^\tau q(s)y(s)\,\mathrm{d}s\mathrm{d}\tau = c_1 t + c_0 + \int_0^t \int_0^\tau g(s)\,\mathrm{d}s\mathrm{d}\tau, \qquad (\mathrm{III})$$

令

$$G(t) = c_1 t + c_0 + \int_0^t \int_0^\tau g(s)\,\mathrm{d}s\mathrm{d}\tau,$$

则 G 显然是 $L^2[0,1]$ 中的一个已知函数,再令

$$(Ay)(t) = \int_0^t (t-\tau)q(\tau)y(\tau)\,\mathrm{d}\tau,$$

则 A 在 $L^2[0,1]$ 全空间上有定义且为有界线性算子.

这样,上述积分方程（III）是否有解,关键要看 $L^2[0,1]$ 上如下形式的算子形式的方程是否有解:

$$(I-A)y = G, \qquad (\mathrm{IV})$$

而该方程是否有解,要看是否存在 m 使得 $\| A^m \| < 1$. 下面我们来讨论 A^n 的范数.

设 $y \in L^2[0,1]$,

$$|(Ay)(t)| = \left| \int_0^t \int_0^\tau q(s)y(s)\,\mathrm{d}s\mathrm{d}\tau \right| \leqslant \int_0^t \| q \| \| y \| \,\mathrm{d}\tau = t \| q \| \| y \|,$$

所以

$$\| A \| \leqslant \frac{1}{\sqrt{3}} \| q \|;$$

$$|(A^2 y)(t)| \leqslant \int_0^t \int_0^\tau |q(s)| |(Ay)(s)| \, ds d\tau$$

$$\leqslant \|q\| \|y\| \int_0^t \int_0^\tau |q(s)| s \, ds d\tau$$

$$\leqslant \frac{1}{\sqrt{3}} \frac{2}{5} \|q\|^2 \|y\| t^{\frac{5}{2}},$$

$$\|A^2\| \leqslant \frac{1}{\sqrt{3}} \frac{2}{5} \frac{1}{\sqrt{6}} \|q\|^2;$$

逐次计算可得

$$|(A^n y)(t)| \leqslant \frac{1}{\sqrt{3^{n-1}(n-1)!}} \frac{2^{n-1}}{5 \cdot 8 \cdot 11 \cdots (3(n-1)+2)} \|q\|^n \|y\| t^{\frac{3(n-1)+2}{2}}$$

$$\leqslant \frac{1}{\sqrt{3^{n-1}(n-1)!}} \frac{2^{n-1}}{3^{n-1}(n-1)!} \|q\|^n \|y\| t^{\frac{3(n-1)+2}{2}},$$

$$\|A^n\| \leqslant \frac{1}{\sqrt{3^{n-1}(n-1)!}} \frac{2^n}{3^n n!} \|q\|^n.$$

这样,虽然 $\|A\| < 1$ 未必成立,但一定存在 m 使得 $\|A^m\| < 1$,于是 $(I-A)^{-1}$ 存在且

$$(I-A)^{-1} = \sum_{n=0}^\infty A^n,$$

方程(Ⅳ)的解为

$$y = (I-A)^{-1} G = \sum_{n=0}^\infty A^n G,$$

同时,它也是(Ⅲ)或(Ⅱ)的形式解.不难验证,上述级数一致收敛.如果 g 或 G 适当光滑,逐项求导而得的级数也一致收敛,从而可以验证它就是方程(Ⅱ)的解.这就是 Cauchy 问题求解的一个泛函分析陈述.

推论 2.3.1 $\forall A \in B(H)$,若 $|\lambda| > \|A\|$,则 $\lambda \in \rho(A)$,即 $(\lambda I - A)^{-1}$ 在 H 上有界,且

$$R(\lambda, A) = \sum_{n=0}^\infty \frac{A^n}{\lambda^{n+1}},$$

$$\|R(\lambda, A)\| \leqslant \frac{1}{|\lambda| - \|A\|}.$$

证明 若 $|\lambda| > \|A\|$,则 $\left\| \dfrac{A}{\lambda} \right\| < 1$,由定理 2.3.1,

$$\left(I - \frac{A}{\lambda} \right)^{-1} = \sum_{n=0}^\infty \left(\frac{A}{\lambda} \right)^n \in B(H),$$

于是

$$(\lambda I - A)^{-1} = \frac{1}{\lambda} \left(I - \frac{A}{\lambda} \right)^{-1} = \sum_{n=0}^\infty \frac{A^n}{\lambda^{n+1}},$$

且

$$\| R(\lambda,A) \| = \frac{1}{|\lambda|} \left\| \left(I - \frac{A}{\lambda}\right)^{-1} \right\|$$

$$\leqslant \frac{1}{|\lambda|} \frac{1}{1 - \left\|\frac{A}{\lambda}\right\|} = \frac{1}{|\lambda| - \|A\|}.$$ □

注 $R(\lambda,A)$ 关于 λ 可展成 Laurent 级数.

推论 2.3.2 设 $A \in B(H)$, $\lambda_0 \in \rho(A)$, 若

$$|\lambda - \lambda_0| < \frac{1}{\|R(\lambda_0,A)\|},$$

则 $\lambda \in \rho(A)$, 且

$$R(\lambda,A) = R(\lambda_0,A) \sum_{n=0}^{\infty} [(\lambda_0 - \lambda)R(\lambda_0,A)]^n.$$

证明 因为 $\|(\lambda - \lambda_0)R(\lambda_0,A)\| < 1$, 故级数 $\sum_{n=0}^{\infty} [(\lambda_0 - \lambda)R(\lambda_0,A)]^n$ 在 $B(H)$ 中收敛. 设

$$S = R(\lambda_0,A) \sum_{n=0}^{\infty} [(\lambda_0 - \lambda)R(\lambda_0,A)]^n,$$

$$S_n = R(\lambda_0,A) \sum_{k=0}^{n} [(\lambda_0 - \lambda)R(\lambda_0,A)]^k,$$

则

$$(\lambda I - A)S_n = [(\lambda_0 I - A) - (\lambda_0 - \lambda)I] \sum_{k=0}^{n} (\lambda_0 - \lambda)^k [R(\lambda_0,A)]^{k+1}$$

$$= \sum_{k=0}^{n} [(\lambda_0 - \lambda)R(\lambda_0,A)]^k - \sum_{k=0}^{n} [(\lambda_0 - \lambda)R(\lambda_0,A)]^{k+1}$$

$$= I - [(\lambda_0 - \lambda)R(\lambda_0,A)]^{n+1} \to I, \quad n \to \infty,$$

即 $(\lambda I - A)S = I$. 同理, $S(\lambda I - A) = I$. 于是

$$R(\lambda,A) = R(\lambda_0,A) \sum_{n=0}^{\infty} [(\lambda_0 - \lambda)R(\lambda_0,A)]^n.$$ □

注 (1) 推论表明, $\rho(A)$ 是复平面上开集, 豫解式可以在 λ_0 附近展成幂级数.

(2) 从线性问题适定性的角度来看, 这个推论的意义是这样的: 如果线性问题 $(\lambda I - A)\varphi = \psi$ 在复平面上点 λ_0 处适定, 则它在 λ_0 附近点 λ 处也适定, 而且在点 λ 处的解可用点 λ_0 处的解作为初始值进行迭代.

定理 2.3.2 设 $A \in B(H)$, 则 $\rho(A)$ 是复平面上开集, 而 $\sigma(A)$ 是有界闭集且

$$\sigma(A) \subset \{\lambda \mid |\lambda| \leqslant \|A\|\}.$$

证明 由推论 2.3.2, $\rho(A)$ 是开集, 从而 $\sigma(A)$ 是闭集. 再由推论 2.3.1,

$$\sigma(A) \subset \{\lambda \mid |\lambda| \leqslant \|A\|\}.$$ □

4）豫解式的解析性质与谱不空定理

设 $G \subset \mathbf{C}$ 为复平面的一个区域，$A: G \to B(H)$ 为复变量算子值函数，$\lambda_0 \in G$，若按算子范数有

$$\lim_{h \to 0} \frac{A(\lambda_0 + h) - A(\lambda_0)}{h} \xlongequal{\text{存在}} A'(\lambda_0),$$

则称 $A(\lambda)$ 在 λ_0 处可导. 如果 $A(\lambda)$ 在 λ_0 附近都可导，则称它在 λ_0 处解析；如果在 G 内处处可导，则称它在 G 内解析.

引理 2.3.1 设 H 是复 Hilbert 空间，$A \in B(H)$.

（1）若 $\lambda, \mu \in \rho(A)$，则有下面豫解式公式

$$R(\lambda, A) - R(\mu, A) = (\mu - \lambda) R(\lambda, A) R(\mu, A),$$

这一等式称为豫解方程；

（2）$R(\lambda, A)$ 在 $\rho(A)$ 内是算子值解析函数且

$$\frac{\mathrm{d}}{\mathrm{d}\lambda} R(\lambda, A) = -[R(\lambda, A)]^2.$$

证明 （1）$R(\lambda, A) - R(\mu, A) = R(\lambda, A)(\mu I - A)R(\mu, A) - R(\lambda, A)(\lambda I - A)R(\mu, A)$
$$= R(\lambda, A)(\mu - \lambda)R(\mu, A) = (\mu - \lambda)R(\lambda, A)R(\mu, A).$$

（2）先证明 $R(\lambda, A)$ 是连续的.

任取 $\lambda_0 \in \rho(A)$，当 $|\lambda - \lambda_0| < (2\|R(\lambda_0, A)\|)^{-1}$ 时，即

$$|\lambda - \lambda_0| \, \|R(\lambda_0, A)\| \leqslant \frac{1}{2},$$

由定理 2.3.1（将 $(\lambda - \lambda_0)R(\lambda_0, A)$ 看成那里的 $(-A)$），我们有

$$\|R(\lambda, A)\| \leqslant \|R(\lambda_0, A)\| \, \|(I + (\lambda - \lambda_0)R(\lambda_0, A))^{-1}\| \leqslant 2\|R(\lambda_0, A)\|,$$

于是由（1）得

$$\|R(\lambda, A) - R(\lambda_0, A)\| \leqslant |\lambda - \lambda_0| \, \|R(\lambda, A)\| \, \|R(\lambda_0, A)\|$$
$$\leqslant 2\|R(\lambda_0, A)\|^2 \, |\lambda - \lambda_0| \to 0, \quad \lambda \to \lambda_0,$$

所以 $R(\lambda, A)$ 关于 λ 连续.

再由（1）及 $R(\lambda, A)$ 的连续性可得 $R(\lambda, A)$ 可导，且

$$\frac{\mathrm{d}R(\lambda, A)}{\mathrm{d}\lambda}\bigg|_{\lambda = \lambda_0} = \lim_{\lambda \to \lambda_0} \frac{R(\lambda, A) - R(\lambda_0, A)}{\lambda - \lambda_0}$$
$$= -\lim_{\lambda \to \lambda_0} R(\lambda, A)R(\lambda_0, A) = -[R(\lambda_0, A)]^2. \qquad \square$$

推论 2.3.3 $\dfrac{\mathrm{d}^n}{\mathrm{d}\lambda^n} R(\lambda, A) = (-1)^n n! \, [R(\lambda, A)]^{n+1}.$

定理 2.3.3（谱不空定理） 设 H 是复 Hilbert 空间，$A \in B(H)$，则 $\sigma(A) \neq \varnothing$.

证明 否则，我们设 $\sigma(A) = \varnothing$，即 $\rho(A) = \mathbf{C}$，那么 $R(\lambda, A)$ 在 $\mathbf{C}$ 上解析，由推论2.3.1，当 $|\lambda| \geqslant \|A\| + 1$ 时，有

$$R(\lambda, A) = \sum_{n=0}^{\infty} \frac{1}{\lambda^{n+1}} A^n,$$

且

$$\| R(\lambda, A) \| \leqslant \frac{1}{|\lambda| - \|A\|} \leqslant 1.$$

而在圆域 $\{\lambda \mid |\lambda| \leqslant \|A\| + 1\}$ 内，$\|R(\lambda, A)\|$ 连续，因而有界，所以 $\|R(\lambda, A)\|$ 在复平面上有界. 从而，对于任意的 $\varphi, \psi \in H$，复值函数

$$u_{\varphi, \psi}(\lambda) = (R(\lambda, A)\varphi, \psi)$$

为 **C** 上通常意义下的有界整函数，由上面的讨论知它有界，又由 Liouville 定理，它必为与 λ 无关的常函数，设 $u_{\varphi, \psi}(\lambda) \equiv c$. 由此可得 $R(\lambda, A)$ 为常值算子函数.

事实上，

$$0 = u_{\varphi, \psi}(\lambda_1) - u_{\varphi, \psi}(\lambda_2)$$
$$= ((R(\lambda_1, A) - R(\lambda_2, A))\varphi, \psi), \quad \forall \varphi, \psi \in H, \forall \lambda_1, \lambda_2 \in \mathbf{C},$$

所以 $R(\lambda_1, A) = R(\lambda_2, A)$. 但由引理 2.3.1，这是不可能的，从而 $\sigma(A) \neq \varnothing$. $\qquad \square$

注 （1）在实空间中谱不空定理不成立. 例如，在 $\mathbf{R}^2$ 中，A 为旋转 $\frac{\pi}{4}$ 的旋转变换，则 A 没有特征值，即 A 没有谱点.

（2）前面我们已经证明了给定 $A \in B(H)$，$\sigma(A) \subset \{\lambda \mid |\lambda| \leqslant \|A\|\}$；Gelfand 则进一步证明了

$$\sigma(A) \subset \{\lambda \mid |\lambda| \leqslant r_\sigma(A)\},$$

其中 $r_\sigma(A) = \lim\limits_{n \to \infty} \sqrt[n]{\|A^n\|}$. 确定 A 谱位置是泛函分析的一个非常重要的课题，我们能够多大程度上确定一个具体算子的谱有赖于具体算子性质.

（3）以上三条定理及推论在 Banach 空间也是对的.

2.4 有界自伴算子及其特征

在有限维空间中矩阵对角化问题是一个重要课题，这种理论推广到无穷维空间也是重要的，量子力学理论就用到类似于矩阵对角化理论的方案，而能够适用"可对角化"的算子就是自伴算子. 这一节，我们给出有界自伴算子，并讨论有界自伴算子的谱结构.

为此，我们先定义共轭算子.

1）共轭算子

定义 2.4.1 设 H_1, H_2 是 Hilbert 空间，$A \in B(H_1, H_2)$，如果

$$(A\varphi, \psi)_{H_2} = (\varphi, A^*\psi)_{H_1}, \quad \forall \varphi \in H_1, \psi \in H_2,$$

称算子 $A^* \in B(H_2, H_1)$ 为 A 的共轭算子或伴随算子.

共轭算子有如下性质：

定理 2.4.1 (1) $\forall A \in B(H_1, H_2)$，$A$ 的共轭算子 A^* 存在且唯一，进一步，有
$$\|A^*\| = \|A\|;$$

(2) $\forall A, B \in B(H_1, H_2)$，$\forall \alpha, \beta \in \mathbf{C}$，
$$(\alpha A + \beta B)^* = \bar{\alpha} A^* + \bar{\beta} B^*;$$

(3) $(A^*)^* = A$；

(4) $(AB)^* = B^* A^*$，$\forall A \in B(H_2, H_3)$，$B \in B(H_1, H_2)$；

(5) 若 $A \in B(H_1, H_2)$ 可逆，且 $A^{-1} \in B(H_2, H_1)$，则
$$(A^*)^{-1} = (A^{-1})^* \in B(H_1, H_2);$$

(6) $\|A^*A\| = \|AA^*\| = \|A\|^2$.

证明 (1) 给定 $\psi \in H_2$，令
$$f_\psi(\varphi) = (A\varphi, \psi), \quad \forall \varphi \in H_1,$$
则 f_ψ 是 H_1 上的有界线性泛函，由 Riesz 表示定理，存在唯一 h_ψ，使得
$$f_\psi(\varphi) = (\varphi, h_\psi)_{H_1}, \quad \forall \varphi \in H_1.$$
作映射 $A^*: H_2 \to H_1$，使得
$$A^*\psi = h_\psi, \quad \forall \psi \in H_2,$$
则 A^* 满足
$$(A\varphi, \psi) = f_\psi(\varphi) = (\varphi, h_\psi) = (\varphi, A^*\psi), \quad \forall \psi \in H_2, \varphi \in H_1.$$

再证 A^* 是线性算子.

对任意的 $\psi_1, \psi_2 \in H_2, \alpha, \beta \in \mathbf{C}$，
$$(\varphi, A^*(\alpha\psi_1 + \beta\psi_2)) = (A\varphi, \alpha\psi_1 + \beta\psi_2) = \bar{\alpha}(\varphi, A^*\psi_1) + \bar{\beta}(\varphi, A^*\psi_2)$$
$$= (\varphi, \alpha A^*\psi_1 + \beta A^*\psi_2), \quad \forall \varphi \in H_1,$$
所以
$$A^*(\alpha\psi_1 + \beta\psi_2) = \alpha A^*\psi_1 + \beta A^*\psi_2,$$
因此 A^* 是线性的.

接着证明 A^* 的唯一性.

若存在 $S: H_2 \to H_1$，满足
$$(A\varphi, \psi) = (\varphi, S\psi), \quad \forall \varphi \in H_1, \forall \psi \in H_2,$$
则
$$(\varphi, A^*\psi - S\psi) = 0, \quad \forall \varphi \in H_1, \forall \psi \in H_2,$$
所以
$$A^*\psi - S\psi = 0, \quad \forall \psi \in H_2,$$
即 $A^* = S$.

最后来求 $\|A^*\|$.

因为

$$|(\varphi,A^*\psi)|=|(A\varphi,\psi)|\leqslant\|A\|\|\varphi\|\|\psi\|,$$

取 $\varphi=A^*\psi$,则

$$\|A^*\psi\|^2\leqslant\|A\|\|A^*\psi\|\|\psi\|,\quad\forall\psi\in H_2,$$

从而

$$\|A^*\psi\|\leqslant\|A\|\|\psi\|,$$

所以 $A^*\in B(H_2,H_1)$ 且 $\|A^*\|\leqslant\|A\|$.

另一方面,

$$|(A\varphi,\psi)|=|(\varphi,A^*\psi)|\leqslant\|\varphi\|\|A^*\|\|\psi\|,$$

取 $\psi=A\varphi$,则

$$\|A\varphi\|^2\leqslant\|\varphi\|\|A^*\|\|A\varphi\|,\quad\forall\varphi\in H_1,$$

于是

$$\|A\varphi\|\leqslant\|A^*\|\|\varphi\|,$$

故 $\|A\|\leqslant\|A^*\|$,因而有

$$\|A^*\|=\|A\|.$$

(2)(3)(4)由共轭算子的定义直接可得.

(5) 由于

$$(AA^{-1})^*=I_{H_2}^*=I_{H_2},\quad(A^{-1}A)^*=I_{H_1}^*=I_{H_1},$$

即

$$(A^*)(A^{-1})^*=I_{H_1},\quad(A^{-1})^*(A^*)=I_{H_2},$$

所以 $(A^{-1})^*$ 是 A^* 的逆算子且 $(A^*)^{-1}=(A^{-1})^*\in B(H_1,H_2)$.

(6) 由于

$$\|A^*A\varphi\|\leqslant\|A^*\|\|A\|\|\varphi\|,$$

所以

$$\|A^*A\|\leqslant\|A^*\|\|A\|=\|A\|^2.$$

另一方面,

$$\|A\varphi\|^2=(A\varphi,A\varphi)=(\varphi,A^*A\varphi)\leqslant\|A^*A\|\|\varphi\|^2,$$

所以

$$\|A\varphi\|\leqslant\|A^*A\|^{\frac{1}{2}}\|\varphi\|,$$

于是

$$\|A\|\leqslant\|A^*A\|^{\frac{1}{2}},$$

故 $\|A\|^2\leqslant\|A^*A\|$,因而有

$$\|A^*A\|=\|A\|^2.$$

类似可证 $\|AA^*\|=\|A\|^2$. $\Box$

例 2.4.1 设 $A: \mathbf{C}^n \to \mathbf{C}^n$ 是线性算子,在取定基下 A 的矩阵为 $A = (a_{ij})_{n \times n}$. 这样,线性算子的作用方式是对任意 $x = (x_1, x_2, \cdots, x_n)^{\mathrm{T}}$,有 $y = (y_1, y_2, \cdots, y_n)^{\mathrm{T}}$ 使得

$$y = Ax = \begin{bmatrix} a_{11} & a_{12} & \cdots & a_{1n} \\ a_{21} & a_{22} & \cdots & a_{2n} \\ \vdots & \vdots & & \vdots \\ a_{n1} & a_{n2} & \cdots & a_{nn} \end{bmatrix} \begin{bmatrix} x_1 \\ x_2 \\ \vdots \\ x_n \end{bmatrix} = \begin{bmatrix} y_1 \\ y_2 \\ \vdots \\ y_n \end{bmatrix}.$$

设 A^* 是 A 的共轭算子,A^* 对应矩阵仍记为 A^*,由于

$$(Ax, y) = (Ax)^{\mathrm{T}} \bar{y} = x^{\mathrm{T}} A^{\mathrm{T}} \bar{y}, \quad (x, A^* y) = x^{\mathrm{T}} (\bar{A})^* \bar{y},$$

因而 $A^* y = (\bar{A})^{\mathrm{T}} y$,所以共轭算子 A^* 的矩阵是 A 的共轭转置矩阵. 这就是说,一般的共轭算子可以看作是有限维共轭转置矩阵的推广.

2) 自伴算子的定义及其性质

定义 2.4.2 设 H 是一个 Hilbert 空间,算子 $A \in B(H)$,若 $A = A^*$,即对任意的 $\varphi, \psi \in H$,

$$(A\varphi, \psi) = (\varphi, A\psi),$$

则称 A 是 H 上的自伴算子(自共轭算子).

由例 2.4.1 我们知道,在有限维空间,自伴算子所对应的矩阵是共轭对称的.

定理 2.4.2 设 H 是一个复 Hilbert 空间,$A \in B(H)$,则 A 为自伴算子的充要条件是对任意的 $\varphi \in H$,$(A\varphi, \varphi)$ 为实数.

证明 ($\Rightarrow$)设 A 自伴,则对任意的 $\varphi \in H$,

$$(A\varphi, \varphi) = (\varphi, A\varphi) = \overline{(A\varphi, \varphi)},$$

所以 $(A\varphi, \varphi)$ 是实的.

($\Leftarrow$)由极化恒等式,对任意 $\varphi, \psi \in H$,

$$(A\varphi, \psi) = \frac{1}{4} \sum_{k=0}^{3} \mathrm{i}^k (A(\varphi + \mathrm{i}^k \psi), \varphi + \mathrm{i}^k \psi),$$

$$(\varphi, A\psi) = \frac{1}{4} \sum_{k=0}^{3} \mathrm{i}^k (\varphi + \mathrm{i}^k \psi, A(\varphi + \mathrm{i}^k \psi)),$$

因为 $\forall \varphi \in H$,$(A\varphi, \varphi)$ 为实数,所以

$$(A\varphi, \varphi) = (\varphi, A\varphi), \quad \forall \varphi \in H.$$

因而 $(A\varphi, \psi) = (\varphi, A\psi)$,所以 A 是自伴算子. $\qquad\square$

若 A 是复 Hilbert 空间上有界算子,$\forall \varphi \in H$,利用 Riesz 定理,$A\varphi$ 作为向量的范数和作为线性泛函的范数一致,所以

$$\|A\varphi\| = \sup_{\|\psi\| = 1} |(\psi, A\varphi)| = \sup_{\|\psi\| = 1} |(A\varphi, \psi)|,$$

从而

$$\|A\| = \sup_{\|\varphi\|=1} \|A\varphi\| = \sup_{\|\varphi\|=\|\psi\|=1} |(A\varphi,\psi)|.$$

进一步,如果 A 自伴,则其范数可以如下刻画:

定理 2.4.3 若 A 是复 Hilbert 空间上有界自伴算子,则
$$\|A\| = \sup\{|(A\varphi,\varphi)| \mid \|\varphi\|=1\}.$$

证明 令

$$\alpha = \sup\{|(A\varphi,\varphi)| \mid \|\varphi\|=1\},$$

则

$$\|A\| = \sup_{\|\varphi\|=\|\psi\|=1} |(A\varphi,\psi)| \geqslant \alpha.$$

另一方面,由极化恒等式,

$$|\mathrm{Re}(A\varphi,\psi)| = \frac{1}{4}\big|[(A(\varphi+\psi),\varphi+\psi) - (A(\varphi-\psi),\varphi-\psi)]\big|$$

$$\leqslant \frac{\alpha}{4}(\|\varphi+\psi\|^2 + \|\varphi-\psi\|^2)$$

$$= \frac{\alpha}{2}(\|\varphi\|^2 + \|\psi\|^2),$$

因而

$$\sup_{\|\varphi\|=\|\psi\|=1} |\mathrm{Re}(A\varphi,\psi)| \leqslant \alpha.$$

而对任意的 $\varphi,\psi \in H$,$\|\varphi\| = \|\psi\| = 1$,$(A\varphi,\psi)$ 是一个复数,设它有如下形式的指数表示:

$$(A\varphi,\psi) = |(A\varphi,\psi)|\mathrm{e}^{-\mathrm{i}\vartheta},$$

其中 θ 为复数 $(A\varphi,\psi)$ 的辐角,则

$$|(A\varphi,\psi)| = \mathrm{e}^{\mathrm{i}\vartheta}(A\varphi,\psi) = (A\mathrm{e}^{\mathrm{i}\vartheta}\varphi,\psi) = |\mathrm{Re}(A\mathrm{e}^{\mathrm{i}\vartheta}\varphi,\psi)| \leqslant \alpha,$$

从而 $\|A\| \leqslant \alpha$.

于是 $\|A\| = \alpha$. □

自伴算子的范数极限是自伴算子:

定理 2.4.4 设 $\{A_n\}$ 是自伴算子列,且 $\|A_n - A\| \to 0 (n \to \infty)$,则 A 是自伴算子.

证明 由于
$$\|A_n^* - A^*\| = \|(A_n - A)^*\| = \|A_n - A\| \to 0, \quad n \to \infty,$$

所以
$$\|A^* - A\| \leqslant \|A^* - A_n^*\| + \|A_n - A\| \to 0, \quad n \to \infty,$$

从而 $A = A^*$. □

注 设 $\alpha \in \mathbf{R}$,A,B 为 H 上有界自伴算子,则 $A+B$,αA 都是自伴算子. 而
$$AB \text{ 自伴} \Leftrightarrow AB = BA,$$

即 A,B 可交换时,AB 才是自伴的.

3）自伴算子谱的特征

为讨论自伴算子的谱特征，我们先给出如下 3 条引理.

引理 2.4.1 设 H 为 Hilbert 空间，A 为 H 上有界自伴算子，$\lambda=\sigma+i\tau\in\mathbf{C}$，则
$$\|(\lambda I-A)\varphi\|\geqslant|\tau|\|\varphi\|，\quad\forall\varphi\in H.$$

证明 因为
$$\|(\lambda I-A)\varphi\|^2$$
$$=((\lambda I-A)\varphi,(\lambda I-A)\varphi)$$
$$=((\sigma I-A)\varphi+i\tau\varphi,(\sigma I-A)\varphi+i\tau\varphi)$$
$$=\|(\sigma I-A)\varphi\|^2+i\tau(\varphi,(\sigma I-A)\varphi))-i\tau((\sigma I-A)\varphi,\varphi)+\tau^2\|\varphi\|^2$$
$$=\|(\sigma I-A)\varphi\|^2+\tau^2\|\varphi\|^2，\quad\forall\varphi\in H,$$
所以
$$\|(\lambda I-A)\varphi\|\geqslant|\tau|\|\varphi\|，\quad\forall\varphi\in H.\qquad\square$$

引理 2.4.1 说明，对于自伴算子来说，如果 λ 是一个复数，$\psi\in\mathrm{Ran}(\lambda I-A)$，那么线性方程 $(\lambda I-A)\varphi=\psi$ 的解存在唯一，且在 $\mathrm{Ran}(\lambda I-A)$ 关于 ψ 稳定. 如果再能证明 $\mathrm{Ran}(\lambda I-A)=H$，就可判断 λ 是正则点. 所以，下面我们来讨论值域.

引理 2.4.2 设 $S\in B(H)$，则
$$H=\overline{\mathrm{Ran}S}\oplus\ker S^*.$$
本引理的证明作为练习.

注 这相当于有限维空间维数公式在无穷维空间的一个表现形式. 在无穷维空间中不方便谈维数加减，所以必须直接给出空间关于算子的值域和零空间的分解.

引理 2.4.3 设 A 为 H 上有界自伴算子，则
$$\ker(\lambda I-A)\oplus\overline{\mathrm{Ran}(\lambda I-A)}=H.$$

证明 由引理 2.4.2 知
$$\overline{\mathrm{Ran}S}\oplus\ker S^*=H，\quad\forall S\in B(H).$$
（1）若 $\mathrm{Im}\,\lambda=0$，则 $(\lambda I-A)^*=\lambda I-A$，所以
$$\ker(\lambda I-A)\oplus\overline{\mathrm{Ran}(\lambda I-A)}=\ker(\lambda I-A)^*\oplus\overline{\mathrm{Ran}(\lambda I-A)}=H.$$
（2）若 $\mathrm{Im}\lambda\neq0$，由引理 2.4.1 知 $\ker(\lambda I-A)=\ker(\bar\lambda I-A)=\{0\}$，所以
$$H=\overline{\mathrm{Ran}(\lambda I-A)}.\qquad\square$$
我们先来看 λ 为正则点时算子 $\lambda I-A$ 的特征.

定理 2.4.5 设 A 为 H 上有界自伴算子，则 $\lambda\in\rho(A)$ 的充要条件是存在 $m>0$，使得
$$\|(\lambda I-A)\varphi\|\geqslant m\|\varphi\|，\quad\forall\varphi\in H.$$

证明 $(\Rightarrow)$ 设 $\lambda\in\rho(A)$，则对任意的 $\varphi\in H$，有

$$\|\varphi\| = \|(\lambda I-A)^{-1}(\lambda I-A)\varphi\| \leqslant \|(\lambda I-A)^{-1}\|\|(\lambda I-A)\varphi\|,$$

令 $m = \dfrac{1}{\|(\lambda I-A)^{-1}\|}$，则原不等式成立.

（$\Leftarrow$）设

$$\|(\lambda I-A)\varphi\| \geqslant m\|\varphi\|, \quad \forall \varphi \in H,$$

则 $\ker(\lambda I-A) = \{0\}$，即 $(\lambda I-A)^{-1}$ 存在，且在其定义域上 $\mathrm{Ran}(\lambda I-A)$ 有界.

下证 $\mathrm{Ran}(\lambda I-A) = H$.

首先证明值域 $\mathrm{Ran}(\lambda I-A)$ 是闭的.

事实上，对任意 $\psi \in \overline{\mathrm{Ran}(\lambda I-A)}$，若 $(\lambda I-A)\varphi_n \to \psi$，则由条件假设可知 $\{\varphi_n\}$ 为 Cauchy 列. 设 $\varphi_n \to \varphi, n \to \infty$，则

$$\psi = (\lambda I-A)\varphi \in \mathrm{Ran}(\lambda I-A),$$

从而 $\mathrm{Ran}(\lambda I-A)$ 闭.

其次证明值域 $\mathrm{Ran}(\lambda I-A) = H$.

由引理 2.4.3 知

$$H = \overline{\mathrm{Ran}(\lambda I-A)} = \mathrm{Ran}(\lambda I-A),$$

所以 $(\lambda I-A)^{-1}$ 在 H 上有界，即 $\lambda \in \rho(A)$. $\qquad\square$

下面我们来了解一下定理 2.4.5 的意义. 给定 λ，对于 $\psi \in \mathrm{Ran}(\lambda I-A)$，方程 $(\lambda I-A)\varphi = \psi$ 的解当然存在，如果还有定理 2.4.5 的不等式成立，即方程的解是唯一的而且在 $\mathrm{Ran}(\lambda I-A)$ 中稳定，在自伴条件下就可以导出这个值域为全空间，即方程完全适定. 也就是不会出现这种情况：虽然 $(\lambda I-A)^{-1}$ 在 $\mathrm{Ran}(\lambda I-A)$ 连续，但这个值域不是全空间或不在 H 中稠. 而这就是说自伴算子没有剩余谱（即下面的定理 2.4.6）.

在有限维空间中，我们知道共轭对称矩阵的特征值都是实的，而且不同特征值对应的特征向量正交. 这个结论在无穷维空间是类似的（下面的定理 2.4.6）：自伴算子的谱是实的，不同特征值对应的特征向量正交. 与有限维不同的是，谱未必都是特征值，所以对于连续谱，$\lambda I-A$ 在空间 H 内没有"特征向量"对应. 但在进一步研究中数学家们发现，如果在 Hilbert 空间架构下，还是可以得到类似有限维的东西，即每个谱点会对应广义特征向量，相互之间有"正交性"（见 I. M. Gelfand, N. Y. Vilenkin 所著 *Generalized Functions* 一书第 4 卷）.

定理 2.4.6 设 A 为有界自伴算子，则

（1）$\sigma(A) \subset \mathbf{R}$；

（2）A 的对应于不同特征值的特征向量正交；

（3）$\sigma_r(A) = \varnothing$.

证明 （1）设 $\lambda \in \mathbf{C} \backslash \mathbf{R}$，由引理 2.4.1 可知 $\ker(\lambda I-A) = \{0\}$，即 $(\lambda I-A)^{-1}$ 存在，且

$$\| (\lambda I - A)^{-1}\psi \| \leqslant \frac{1}{|\operatorname{Im}\lambda|}\| \psi \|, \quad \forall \psi \in D((\lambda I - A)^{-1}) = \operatorname{Ran}(\lambda I - A),$$

即 $(\lambda I - A)^{-1}$ 在其定义域上 $\operatorname{Ran}(\lambda I - A)$ 有界. 由引理 2.4.2 知 $\overline{\operatorname{Ran}(\lambda I - A)} = H$, 因而 $(\lambda I - A)^{-1}$ 可延拓为 H 上有界算子, 即 $\lambda \in \rho(A)$. 从而 $\sigma(A) \subset \mathbf{R}$.

(2) 设 $A\varphi_1 = \lambda_1\varphi_1, A\varphi_2 = \lambda_2\varphi_2$, 且 $\lambda_1 \neq \lambda_2$, 因为 $\lambda_1, \lambda_2 \in \sigma_p(A) \subset \mathbf{R}$, 所以

$$(\lambda_1\varphi_1, \varphi_2) = (A\varphi_1, \varphi_2) = (\varphi_1, A\varphi_2) = (\varphi_1, \lambda_2\varphi_2) = \lambda_2(\varphi_1, \varphi_2),$$

即

$$(\lambda_2 - \lambda_2)(\varphi_1, \varphi_2) = 0,$$

因而 $(\varphi_1, \varphi_2) = 0$.

(3) 否则, $\sigma_r(A) \neq \varnothing$, 则存在 $\lambda_0 \in \sigma_r(A)$, 由 (1) 可知 $\lambda_0 \in \mathbf{R}$. 由于

$$\overline{\operatorname{Ran}(\lambda_0 I - A)} \neq H,$$

则由引理 2.4.3 知

$$\ker(\lambda_0 I - A) = (\overline{\operatorname{Ran}(\lambda_0 I - A)})^{\perp} \neq \{0\}.$$

即存在 $\varphi \neq 0$, 使得 $\varphi \in \ker(\lambda_0 I - A)$, 从而 $\lambda_0 \in \sigma_p(A)$, 不可能! 所以 $\sigma_r(A) = \varnothing$. □

由以上讨论, 对于自伴算子 A,

$$\sigma(A) = \sigma_p(A) \bigcup \sigma_c(A).$$

对于自伴算子的连续谱 λ, 在 Hilbert 空间 H 内没有"特征向量"与之对应, 但可以找到相应的所谓"近似特征向量列".

定理 2.4.7 $\lambda \in \sigma(A)$ 的充要条件是存在 $\{\varphi_n\}$, 使得 $\| \varphi_n \| = 1, \lim\limits_{n \to \infty}(\lambda I - A)\varphi_n = 0$, 即 λ 为近似点谱, 其中 $\{\varphi_n\}$ 称为 Weyl 序列.

证明 若 $\lambda \in \sigma_p(A)$, 结论显然成立.

利用定理 2.4.5, 可得 $\lambda \in \sigma(A)$ 的充要条件是对任意 n, 存在 φ_n, 使得

$$\| (\lambda I - A)\varphi_n \| \leqslant \frac{1}{n}\| \varphi_n \|,$$

或者存在 $\{\varphi_n\}$ 使得 $\| \varphi_n \| = 1$, 而 $\| (\lambda I - A)\varphi_n \| \leqslant \frac{1}{n}$, 即 λ 为近似点谱. □

注 对于有限维空间, 近似点谱就是点谱.

若 $(\lambda I - A)\varphi_n \to 0$, 且 $\| \varphi_n \| = 1$, 则 $\{\varphi_n\}$ 有收敛子列 φ_{n_k}, 且 $\varphi_{n_k} \to \varphi_0 (k \to \infty)$, 因而 $(\lambda I - A)\varphi_0 = 0$, 从而 $\lambda \in \sigma_p(A)$.

下面, 我们来讨论自伴算子谱的范围有多大.

引理 2.4.4 设 A 为有界自伴算子, 若

$$(A\varphi, \varphi) \geqslant 0, \quad \forall \varphi \in H,$$

则我们有如下形式的 Schwarz 不等式:

$$|(A\varphi, \psi)|^2 \leqslant (A\varphi, \varphi)(A\psi, \psi).$$

证明 令 $(\varphi,\psi)_A=(A\varphi,\psi)$，只要在内积的 Schwarz 不等式的证明过程中将内积 $(\cdot,\cdot)$ 换成 $(\cdot,\cdot)_A$，其他完全一样. □

定理 2.4.8 设 $m=\inf\limits_{\|\varphi\|=1}(A\varphi,\varphi)$，$M=\sup\limits_{\|\varphi\|=1}(A\varphi,\varphi)$，则

(1) $-\|A\|\leqslant m\leqslant M\leqslant\|A\|$；

(2) $\sigma(A)\subset[m,M]$，且 $m,M\in\sigma(A)$；

(3) $\|A\|=\max\{|m|,|M|\}$.

证明 因为 A 为有界自伴算子，所以 $(A\varphi,\varphi)$ 为实数，且 $(A\varphi,\varphi)$ 关于 $\|\varphi\|=1$ 有界，所以 m,M 为有限数.

(1) 由下面结论(2)和(3)自然得到，这里省略.

(2) 先证 $\sigma(A)\subset[m,M]$.

设 $\lambda>M$，则

$$|((\lambda I-A)\varphi,\varphi)|\leqslant\|(\lambda I-A)\varphi\|\|\varphi\|,\quad\forall\varphi\in H,$$

而

$$((\lambda I-A)\varphi,\varphi)=\lambda\|\varphi\|^2-(A\varphi,\varphi)$$
$$=\left(\lambda-\left(A\frac{\varphi}{\|\varphi\|},\frac{\varphi}{\|\varphi\|}\right)\right)\|\varphi\|^2$$
$$\geqslant(\lambda-M)\|\varphi\|^2,$$

从而

$$\|(\lambda I-A)\varphi\|\geqslant(\lambda-M)\|\varphi\|,\quad\forall\varphi\in H,$$

由定理 2.4.5 知 $\lambda\in\rho(A)$.

同理，当 $\lambda<m$ 时，$\lambda\in\rho(A)$.

再证 $m,M\in\sigma(A)$.

因为 $M=\sup\limits_{\|\varphi\|=1}(A\varphi,\varphi)$，所以存在 $\{\varphi_n\}$，$\|\varphi_n\|=1$，使得

$$\lim_{n\to\infty}(A\varphi_n,\varphi_n)=M=\lim_{n\to\infty}(M\varphi_n,\varphi_n),$$

所以

$$\lim_{n\to\infty}((MI-A)\varphi_n,\varphi_n)=0.$$

下证 M 为 A 的谱点.

显然，

$$((MI-A)\varphi,\varphi)\geqslant0,\quad\forall\varphi\in H,$$

所以，由引理 2.4.4，

$$\|(MI-A)\varphi_n\|^4=((MI-A)\varphi_n,(MI-A)\varphi_n)^2$$
$$\leqslant((MI-A)\varphi_n,\varphi_n)((MI-A)^2\varphi_n,(MI-A)\varphi_n)$$
$$=((MI-A)\varphi_n,\varphi_n)((MI-A)((MI-A)\varphi_n),(MI-A)\varphi_n)$$
$$\leqslant((MI-A)\varphi_n,\varphi_n)\|MI-A\|^3\to0,\quad n\to\infty,$$

即 $\lim\limits_{n\to\infty}(MI-A)\varphi_n=0$，因而 $M\in\sigma(A)$.

同理，$m\in\sigma(A)$.

（3）由定理 2.4.3 可得. ◻

2.5　酉算子与 Fourier 变换

酉算子在量子理论中是一个重要的工具，状态的演化算符是酉算子，不同参照系之间的联系也是酉算子.

这一节，我们给出酉算子的基本概念；讨论酉算子的谱特征；作为应用，我们还讨论平方可积函数 Fourier 变换的古典意义.

定义 2.5.1　若 $U\in B(H)$ 是满射且满足
$$(U\varphi,U\psi)=(\varphi,\psi),\quad\forall\varphi,\psi\in H,$$
则称 U 是 H 上的酉算子或酉变换.

定理 2.5.1　设 $U\in B(H)$，则以下各条等价：

（1）U 是酉算子；

（2）U 是单射且 $U^*=U^{-1}$；

（3）U 保范且为满射.

证明　（1）$\Rightarrow$（2）　如果 U 是酉算子，则
$$(\varphi,U^*U\psi)=(U\varphi,U\psi)=(\varphi,\psi),\quad\forall\varphi,\psi\in H,$$
所以 $U^*U=I$，且 $\|U\varphi\|^2=\|\varphi\|^2$，所以 U 是单射，因而 $U^{-1}:H\to H$ 存在，且
$$U^*=U^*UU^{-1}=IU^{-1}=U^{-1}.$$

（2）$\Rightarrow$（1）　若 $U^*=U^{-1}$，由于 U^* 是全空间上定义的有界算子，所以 U^{-1} 的定义域也是全空间，而 U^{-1} 的定义域就是 U 的值域，所以 U 是满射，且
$$(U\varphi,U\psi)=(\varphi,U^*U\psi)=(\varphi,\psi),$$
所以 U 是酉算子.

（1）$\Rightarrow$（3）　显然.

（3）$\Rightarrow$（1）　如果 U 是保范满射，即
$$\|U\varphi\|^2=\|\varphi\|^2,\quad\forall\varphi\in H.$$
由极化恒等式，当 H 是实空间时，
$$(U\varphi,U\psi)=\frac{1}{4}(\|U(\varphi+\psi)\|^2-\|U(\varphi-\psi)\|)^2$$
$$=\frac{1}{4}(\|\varphi+\psi\|^2-\|\varphi-\psi\|^2)=(\varphi,\psi),\quad\forall\varphi,\psi\in H;$$
当 H 是复空间时，
$$(U\varphi,U\psi)=\frac{1}{4}\sum_{k=0}^{3}i^k\|U(\varphi+i^k\psi)\|^2$$

$$= \frac{1}{4} \sum_{k=0}^{3} i^k \parallel \varphi + i^k \psi \parallel^2 = (\varphi, \psi), \quad \forall \varphi, \psi \in H.$$

所以 U 是酉算子. $\square$

定理 2.5.2 设 U, V 是 H 上的酉算子,则

(1) 当 $H \neq \{0\}$ 时, $\parallel U \parallel = 1$;

(2) U^{-1} 是酉算子;

(3) UV 是酉算子.

证明 (1) 此为定理 2.5.1 及其证明的明显推论.

(2) 由于 $U^{-1} = U^* \in B(H)$,所以

$$(U^{-1}\varphi, U^{-1}\psi) = (UU^{-1}\varphi, UU^{-1}\psi) = (\varphi, \psi), \quad \forall \varphi, \psi \in H,$$

即 U^{-1} 是酉算子.

(3) 由于 $UV \in B(H)$,显然 UV 是满射,且

$$(UV\varphi, UV\psi) = (V\varphi, V\psi) = (\varphi, \psi), \quad \forall \varphi, \psi \in H,$$

所以 UV 是酉算子. $\square$

例 2.5.1 设 $U: l^2 \to l^2, U(\xi_1, \xi_2, \cdots) = (0, \xi_1, \xi_2, \cdots)$,则 U 是一个等距算子,但 U 不是酉算子.

例 2.5.2 给定 $\alpha \in \mathbf{R}$,设 $U: L^2(-\infty, +\infty) \to L^2(-\infty, +\infty)$,

$$(U\varphi)(t) = \varphi(t+\alpha),$$

则 U 是一个酉算子.

定理 2.5.3 设 $U: H \to H$ 是酉算子,则

$$\sigma(U) \subset \{\lambda \mid \lambda \in \mathbf{C} \text{ 且 } |\lambda| = 1\},$$

即酉算子的谱都位于单位圆周上.

证明 因为 $\parallel U \parallel = 1$,所以

$$\sigma(U) \subset \{\lambda \mid |\lambda| \leqslant 1\}.$$

又因 $U^{-1} = U^* \in B(H)$,所以 $0 \in \rho(U)$,由算子的 von Neumann 级数展开可知,当

$$|\lambda - 0| < \frac{1}{\parallel R(0, U) \parallel} = \frac{1}{\parallel (0I - U)^{-1} \parallel} = 1$$

时, $\lambda \in \rho(U)$,故 $\{\lambda \mid |\lambda| < 1\} \subset \rho(U)$. 所以 $\sigma(U) \subset \{\lambda \mid |\lambda| = 1\}$. $\square$

下面我们讨论 $L^2(\mathbf{R})$ 空间中函数的 Fourier 变换的古典意义.

如果函数 $f \in L^1(\mathbf{R})$,其 Fourier 变换

$$\hat{f}(\lambda) = (\mathscr{F}f)(\lambda) = \frac{1}{\sqrt{2\pi}} \int_{-\infty}^{+\infty} e^{-i\lambda x} f(x) \mathrm{d}x$$

关于每个 $\lambda \in \mathbf{R}$ 有意义,可以证明 $\hat{f}$ 在 $\mathbf{R}$ 上连续,且 $\lim\limits_{|\lambda| \to +\infty} f(\lambda) = 0$.

那么,若 $f \in L^2(\mathbf{R})$,其 Fourier 变换确切古典含义是什么?即 $\hat{f}(\lambda)$ 如何取值?

在第 1 章,我们已经证明了 Hermite 函数系构成 $L^2(\mathbf{R})$ 的一个规范正交基,因而,其线性扩张构成 $L^2(\mathbf{R})$ 的一个稠子空间. 我们先来看 Fourier 变换在这个稠

子空间上的意义,然后将它延拓到整个空间.

引理 2.5.1 对于 Hermite 函数系

$$h_n(x) = e^{\frac{x^2}{2}} \frac{d^n}{dx^n} e^{-x^2} = H_n(x) e^{-\frac{x^2}{2}},$$

其中 H_n 为 Hermite 多项式,$n=0,1,2,\cdots$,有

$$\frac{1}{\sqrt{2\pi}} \int_{-\infty}^{+\infty} e^{-i\lambda x} h_n(x) dx = (-i)^n h_n(\lambda),$$

$$\frac{1}{\sqrt{2\pi}} \int_{-\infty}^{+\infty} e^{i\lambda x} h_n(x) dx = i^n h_n(\lambda)$$

$\forall \lambda \in \mathbf{R}$ 成立,$n=0,1,2,\cdots$.

证明 注意到

$$\frac{d^k}{dx^k} e^{-x^2} = q_k(x) e^{-x^2},$$

$$\frac{\partial^k}{\partial x^k} e^{-i\lambda x + \frac{1}{2}x^2} = r_k(x,\lambda) e^{-i\lambda x + x^2},$$

其中 q_k 和 r_k 分别为 x 和 x,λ 的 k 阶多项式,所以

$$\lim_{|x| \to +\infty} \frac{\partial^k}{\partial x^k} e^{-i\lambda x + \frac{1}{2}x^2} \frac{d^{n-k-1}}{dx^{n-k-1}} e^{-x^2} = 0, \quad \forall \lambda \in \mathbf{R},$$

于是,经 n 次分部积分计算有

$$\frac{1}{\sqrt{2\pi}} \int_{-\infty}^{+\infty} e^{-i\lambda x + \frac{1}{2}x^2} \frac{d^n}{dx^n} e^{-x^2} dx$$

$$= \frac{(-1)^n}{\sqrt{2\pi}} \int_{-\infty}^{+\infty} e^{-x^2} \frac{\partial^n}{\partial x^n} e^{-i\lambda x + \frac{1}{2}x^2} dx$$

$$= \frac{(-1)^n}{\sqrt{2\pi}} e^{\frac{\lambda^2}{2}} \int_{-\infty}^{+\infty} e^{-x^2} \frac{\partial^n}{\partial x^n} e^{\frac{1}{2}(x-i\lambda)^2} dx$$

$$= \frac{(-i)^n}{\sqrt{2\pi}} e^{\frac{\lambda^2}{2}} \int_{-\infty}^{+\infty} \frac{\partial^n}{\partial \lambda^n} e^{\frac{1}{2}(x-i\lambda)^2 - x^2} dx$$

$$= \frac{(-i)^n}{\sqrt{2\pi}} e^{\frac{\lambda^2}{2}} \int_{-\infty}^{+\infty} \frac{\partial^n}{\partial \lambda^n} (e^{-\lambda^2} e^{-\frac{1}{2}(x+i\lambda)^2}) dx$$

$$= \frac{(-i)^n}{\sqrt{2\pi}} e^{\frac{\lambda^2}{2}} \frac{d^n}{d\lambda^n} \left(e^{-\lambda^2} \int_{-\infty}^{+\infty} e^{-\frac{1}{2}(x+i\lambda)^2} dx \right) \quad (\text{利用一致收敛性})$$

$$= (-i)^n e^{\frac{\lambda^2}{2}} \frac{d^n}{d\lambda^n} e^{-\lambda^2} = (-i)^n h_n(\lambda) \quad (\text{选择积分路径并利用概率积分}).$$

同理可证另一等式. □

引理 2.5.2 设

$$M = \mathrm{span}\{h_n\}_{n=0}^{\infty},$$

则 M 是 $L^2(\mathbf{R})$ 的一个稠子空间,$\forall \varphi \in M$,其 Fourier 变换

$$\hat{\varphi}(\lambda) = (\mathscr{F}\varphi)(\lambda) = \frac{1}{\sqrt{2\pi}}\int_{-\infty}^{+\infty} \mathrm{e}^{-\mathrm{i}\lambda x}\varphi(x)\mathrm{d}x$$

和逆变换

$$\check{\varphi}(\lambda) = (\mathscr{F}^{-1}\varphi)(\lambda) = \frac{1}{\sqrt{2\pi}}\int_{-\infty}^{+\infty} \mathrm{e}^{\mathrm{i}\lambda x}\varphi(x)\mathrm{d}x$$

关于每个 $\lambda \in \mathbf{R}$ 都有意义. $\mathscr{F}$ 和 $\mathscr{F}^{-1}$ 为 M 上等距同构算子.

证明 由引理 2.5.1, $\forall \varphi = \sum_{n=0}^{m} \alpha_n h_n \in M$,

$$(\mathscr{F}\varphi)(\lambda) = \frac{1}{\sqrt{2\pi}}\int_{-\infty}^{+\infty} \mathrm{e}^{-\mathrm{i}\lambda x}\varphi(x)\mathrm{d}x = \sum_{n=0}^{m}\alpha_n(-\mathrm{i})^n h_n(\lambda) \in M.$$

$\forall \varphi = \sum_{n=0}^{m}\alpha_n h_n \in M, \psi = \sum_{n=0}^{m}\beta_n h_n \in M$(不妨设 φ, ψ 关于 h_n 的线性组合指标都是 0 到 m),有

$$(\mathscr{F}\varphi, \mathscr{F}\psi) = \left(\sum_{n=0}^{m}\alpha_n(-\mathrm{i})^n h_n, \sum_{j=0}^{m}\beta_j(-\mathrm{i})^j h_j\right) = \sum_{n=0}^{m}\alpha_n\bar{\beta}_n \|h_n\|^2 = (\varphi, \psi)$$

(注意: 若 $n \neq j, h_n$ 与 h_j 正交). 所以 $\|\mathscr{F}\varphi\| = \|\varphi\|$, 即 $\mathscr{F}$ 是等距算子, 因而是单射.

$\forall \varphi = \sum_{n=0}^{m}\alpha_n h_n \in M$, 令 $\psi = \sum_{n=0}^{m}\mathrm{i}^n\alpha_n h_n$, 则 $\mathscr{F}\psi = \varphi$, 所以 $\mathscr{F}$ 又是满射, 从而它是 M 上等距同构算子.

同理, $\mathscr{F}^{-1}$ 也是 M 上等距同构算子. □

定理 2.5.4 $\mathscr{F}$ 和 $\mathscr{F}^{-1}$ 可延拓为 $L^2(\mathbf{R})$ 上等距同构算子, 分别称为 Fourier-Plancherel 算子和逆算子. 同时, $\mathscr{F}^* = \mathscr{F}^{-1}$, 所以 $\mathscr{F}$ 为 $L^2(\mathbf{R})$ 上酉算子.

证明 因为 $\mathscr{F}$ 和 $\mathscr{F}^{-1}$ 是 M 上等距同构算子, M 是 $L^2(\mathbf{R})$ 的一个稠子空间, 所以它们自然可以延拓为 $L^2(\mathbf{R})$ 上等距同构算子.

$\forall \varphi, \psi \in L^2(\mathbf{R})$, 若 $\varphi_n, \psi_n \in M$,

$$\varphi_n \to \varphi, \quad \psi_n \to \psi,$$

则

$$(\mathscr{F}^*\mathscr{F}\varphi, \psi) = \lim_{n \to \infty}(\mathscr{F}^*\mathscr{F}\varphi_n, \psi_n) = \lim_{n \to \infty}(\mathscr{F}\varphi_n, \mathscr{F}\psi_n)$$
$$= \lim_{n \to \infty}(\varphi_n, \psi_n) = (\varphi, \psi),$$

即 $\mathscr{F}^*\mathscr{F} = I$. 同理, $\mathscr{F}\mathscr{F}^* = I$, 所以 $\mathscr{F}^* = \mathscr{F}^{-1}$, 即 $\mathscr{F}$ 是酉算子. □

该定理告诉我们, Fourier 变换 $\mathscr{F}$ 是 $L^2(\mathbf{R})$ 上酉算子. 下面我们讨论一个 $L^2(\mathbf{R})$ 函数经 Fourier 变换后, 其古典意义是什么, 也就是它在 $\mathbf{R}$ 上取值含义是什么.

定理 2.5.5 设 $\mathscr{F}$ 和 $\mathscr{F}^{-1}$ 分别为 $L^2(\mathbf{R})$ 上 Fourier 变换算子和逆变换算子, 则 $\forall \varphi \in L^2(\mathbf{R})$,

$$(\mathscr{F}\varphi)(\lambda) = \hat{\varphi}(\lambda) = \frac{1}{\sqrt{2\pi}}\frac{\mathrm{d}}{\mathrm{d}\lambda}\int_{-\infty}^{+\infty}\frac{\mathrm{e}^{-\mathrm{i}\lambda x} - 1}{-\mathrm{i}x}\varphi(x)\mathrm{d}x, \quad \lambda \in \mathbf{R} \text{ a.e.},$$

$$(\mathscr{F}^{-1}\varphi)(\lambda) = \check{\varphi}(\lambda) = \frac{1}{\sqrt{2\pi}}\frac{\mathrm{d}}{\mathrm{d}\lambda}\int_{-\infty}^{+\infty}\frac{\mathrm{e}^{\mathrm{i}\lambda x}-1}{\mathrm{i}x}\varphi(x)\mathrm{d}x, \quad \lambda \in \mathbf{R} \text{ a.e.}.$$

特别,如果还有 $\varphi \in L^1(\mathbf{R})$,即 $\varphi \in L^2(\mathbf{R})\bigcap L^1(\mathbf{R})$,则

$$\hat{\varphi}(\lambda) = \frac{1}{\sqrt{2\pi}}\int_{-\infty}^{+\infty}\mathrm{e}^{-\mathrm{i}\lambda x}\varphi(x)\mathrm{d}x, \quad \check{\varphi}(\lambda) = \frac{1}{\sqrt{2\pi}}\int_{-\infty}^{+\infty}\mathrm{e}^{\mathrm{i}\lambda x}\varphi(x)\mathrm{d}x,$$

其中 $\lambda \in \mathbf{R}$ a.e..

证明 令

$$\chi_\tau(\lambda) = \begin{cases} 1, & \lambda \in [0,\tau](\text{若 } \tau > 0) \text{ 或 } \lambda \in [\tau,0](\text{若 } \tau < 0), \\ 0, & \lambda \text{ 为别的点}, \end{cases}$$

$\forall \varphi \in L^2(\mathbf{R})$,设 $\varphi_n \in M$,$\varphi_n \to \varphi$. 又 $\varphi \in L^2(\mathbf{R})$,则 $\hat{\varphi} \in L^2(\mathbf{R})$,所以在每个有限区间上,$\hat{\varphi}$ 是 Lebesgue 可积的,且

$$\int_0^\tau \hat{\varphi}(\lambda)\mathrm{d}\lambda = (\hat{\varphi},\chi_\tau) = \lim_{n\to\infty}(\hat{\varphi}_n,\chi_\tau)$$

$$= \lim_{n\to\infty}\int_0^\tau \frac{1}{\sqrt{2\pi}}\int_{-\infty}^{+\infty}\mathrm{e}^{-\mathrm{i}\lambda x}\varphi_n(x)\mathrm{d}x\mathrm{d}\lambda$$

$$= \lim_{n\to\infty}\frac{1}{\sqrt{2\pi}}\int_{-\infty}^{+\infty}\frac{\mathrm{e}^{-\mathrm{i}\tau x}-1}{-\mathrm{i}x}\varphi_n(x)\mathrm{d}x \quad (\text{Fubini 定理})$$

$$= \lim_{n\to\infty}\left(\frac{\mathrm{e}^{-\mathrm{i}\tau x}-1}{-\mathrm{i}x},\varphi_n(x)\right)$$

$$\left(\text{注意:}\frac{\mathrm{e}^{-\mathrm{i}\tau x}-1}{-\mathrm{i}x}\text{ 关于 }x\text{ 是 }L^2(\mathbf{R})\text{ 函数,}0\text{ 不是积分奇点}\right)$$

$$= \frac{1}{\sqrt{2\pi}}\int_{-\infty}^{+\infty}\frac{\mathrm{e}^{-\mathrm{i}\tau x}-1}{-\mathrm{i}x}\varphi(x)\mathrm{d}x \quad (\text{由内积连续性}). \tag{I}$$

因而其变上限积分函数绝对连续,从而导数几乎处处存在,即对上式两边求导可得

$$(\mathscr{F}\varphi)(\lambda) = \hat{\varphi}(\lambda) = \frac{1}{\sqrt{2\pi}}\frac{\mathrm{d}}{\mathrm{d}\lambda}\int_{-\infty}^{+\infty}\frac{\mathrm{e}^{-\mathrm{i}\lambda x}-1}{-\mathrm{i}x}\varphi(x)\mathrm{d}x, \quad \lambda \in \mathbf{R} \text{ a.e.} \tag{II}$$

(注意:右边的导数不一定能拿到积分里面去). 同理,

$$(\mathscr{F}^{-1}\varphi)(\lambda) = \check{\varphi}(\lambda) = \frac{1}{\sqrt{2\pi}}\frac{\mathrm{d}}{\mathrm{d}\lambda}\int_{-\infty}^{+\infty}\frac{\mathrm{e}^{\mathrm{i}\lambda x}-1}{\mathrm{i}x}\varphi(x)\mathrm{d}x, \quad \lambda \in \mathbf{R} \text{ a.e.}. \tag{II$'$}$$

当 $\varphi \in L^2(\mathbf{R})\bigcap L^1(\mathbf{R})$ 时,对(II)式或(II$'$)式的右边利用 Lebesgue 控制收敛定理,将导数拿进积分号下,则得到

$$\hat{\varphi}(\lambda) = \frac{1}{\sqrt{2\pi}}\int_{-\infty}^{+\infty}\mathrm{e}^{-\mathrm{i}\lambda x}\varphi(x)\mathrm{d}x, \quad \check{\varphi}(\lambda) = \frac{1}{\sqrt{2\pi}}\int_{-\infty}^{+\infty}\mathrm{e}^{\mathrm{i}\lambda x}\varphi(x)\mathrm{d}x,$$

其中 $\lambda \in \mathbf{R}$ a.e.. □

注 当 $\varphi \in L^2(\mathbf{R})\bigcap L^1(\mathbf{R})$ 时,φ 的 Fourier 变换或逆变换有两种定义方式:一种是(II)或(II$'$)的左式,通过 L^2 的极限函数的变上限积分再求导定义的;另一种是用上述表达式右端含参数积分定义的,其关于参数 λ 在 $\mathbf{R}$ 上处处有意义而且连

续. 函数关于两种方式定义的 Fourier 变换或逆变换几乎处处相等.

习题 2

1. 设 H_1, H_2 为内积空间,证明线性算子 $A: H_1 \to H_2$ 有界当且仅当 A 将 H_1 中的有界集映成 H_2 中的有界集.

2. 设 $\varphi = \{\xi_n\} \in l^2$,定义算子 $A: l^2 \to l^2$,$A\varphi = \psi = (\eta_n)$,$\eta_n = \xi_n/n$,$n = 1, 2, \cdots$,证明:$A$ 是连续线性算子.

3. 设 A 是内积空间 H_1 到 H_2 的满的有界线性算子,且存在 $b > 0$ 满足
$$\|A\varphi\| \geqslant b \|\varphi\|, \quad \forall \varphi \in H_1,$$
证明 $A^{-1}: H_2 \to H_1$ 存在且有界.

4. 试举例说明即使 $A: H_1 \to H_2$ 是线性连续双射,它的逆可能是不连续的.

5. 试举例说明 $A^{-1}: H_2 \to H_1$ 是有界线性算子,而 $A: H_1 \to H_2$ 不是有界的.

6. 证明:Hilbert 空间 H 上的不连续线性泛函的零空间在 H 中稠密.

7. 设 H 是 Hilbert 空间,f 是 H 上的非零有界线性泛函,证明:
$$E = \{\varphi \in H \mid f(\varphi) = \|f\|\}$$
是 H 中的非空闭凸子集且 $\inf\{\|\varphi\| \mid \varphi \in E\} = 1$.

8. 设 H 是 Hilbert 空间,证明:在 H 中 $\varphi_n \to \varphi$ 的充分必要条件是

(1) $\|\varphi_n\| \to \|\varphi\|$;

(2) $\varphi_n \overset{\text{w}}{\longrightarrow} \varphi$.

9. 若在 Hilbert 空间 H 中,$\varphi_n \overset{\text{w}}{\longrightarrow} \varphi$,证明:$\varliminf_{n \to \infty} \|\varphi_n\| \geqslant \|\varphi\|$.

10. 设 H 是 Hilbert 空间,$\{e_n\}$ 为 H 上的规范正交基,证明:在 H 中 $\varphi_n \overset{\text{w}}{\longrightarrow} \varphi$ 的充分必要条件是

(1) $\{\|\varphi_n\|\}$ 有界;

(2) $(\varphi_n, e_k) \to (\varphi, e_k)$,$\forall e_k \in \{e_n\}$.

11. 设 H 是一个 Hilbert 空间,$\mathcal{O} = \{A \mid A^{-1} \in B(H)\}$,证明:$\mathcal{O}$ 是 $B(H)$ 中的开集.

12. 证明:l^2 上的左移算子 A 的谱为
$$\sigma_p(A) = \{\lambda \in \mathbf{C} \mid |\lambda| < 1\}, \quad \sigma_c(A) = \{\lambda \in \mathbf{C} \mid |\lambda| = 1\}, \quad \sigma_r(A) = \varnothing.$$

13. 证明:l^2 上的右移算子 S 的谱为
$$\sigma_p(S) = \varnothing, \quad \sigma_c(S) = \{\lambda \in \mathbf{C} \mid |\lambda| = 1\}, \quad \sigma_r(S) = \{\lambda \in \mathbf{C} \mid |\lambda| < 1\}.$$

14. 设 H_1, H_2 为 Hilbert 空间,$A: H_1 \to H_2$ 为连续线性算子,证明:
$$\text{Ran}(A^*) \subset \ker(A)^\perp, \quad \ker(A) = \text{Ran}(A^*)^\perp.$$

15. 设 H 为 Hilbert 空间,$A \in B(H)$,若 A 为非零自伴的,证明:$\forall n \in \mathbf{N}^*$,$A^n$ 也为非零自伴的.

16. 设 H 为 Hilbert 空间，A 为 H 上的自伴算子，证明：$\forall \varphi \in H,(A\varphi,\varphi)=0$ 当且仅当 $A=0$.

17. 设 H 为 Hilbert 空间，证明：

(1) H 上的有界自伴算子集是 $B(H)$ 上的闭子空间；

(2) 若 A,B 为有界自伴算子，则 AB 自伴当且仅当 $AB=BA$；

(3) 若 A,B 为有界自伴算子，则 $AB=0$ 当且仅当 A 的值域与 B 的值域正交.

18. 设 A,B 是 Hilbert 空间 H 上的有界自伴算子，证明：

(1) A^2 为非负算子；

(2) 若 B 也为正的且 $AB=BA$，则 A^2B 为非负的.

19. 设 A 是 Hilbert 空间 H 上的有界自伴正算子，证明：$I+A$ 在 $B(H)$ 中可逆；再由此推出：若 $A \in B(H)$，则 $I+A^*A$ 在 $B(H)$ 中可逆.

20. 设 $k(s,t) \in L^2([0,1] \times [0,1])$，若 $\varphi \in L^2[0,1]$，令

$$(A\varphi)(s) = \int_0^1 k(s,t)\varphi(t)\mathrm{d}t, \quad \forall s \in [0,1].$$

(1) 证明：A 是 $L^2[0,1]$ 上的有界线性算子；

(2) 若 $k(s,t)=\overline{k(t,s)},\forall (s,t) \in [0,1] \times [0,1]$，证明 A 自伴并求出 A^*.

21. 设 H 为可分的 Hilbert 空间，$\{u_n\}$ 为 H 上的规范正交基，$\{k_n\}$ 为有界实数列，证明

$$A\varphi = \sum_{n=1}^{\infty} k_n(\varphi,u_n)u_n, \quad \forall \varphi \in H$$

定义了 H 上的自伴算子，并求 A 的特征值和谱.

22. 举例说明 Hilbert 空间上的酉算子不一定有特征值.

23. 设 H 是可分的 Hilbert 空间，$\{u_n\}$ 是 H 的一组无穷规范正交基. 若 $A \in B(H)$，定义为 $Au_n=u_{n+1},n \geq 1$，证明：

(1) $A^*u_1=0,A^*u_n=u_{n-1},n=2,3,\cdots$；

(2) $A^*A=I \neq AA^*$，其中 I 是单位算子.

24. 设 H 是 Hilbert 空间，$A \in B(H)$，证明：λ 是 A 的近似点谱当且仅当存在 H 上的有界算子列 $\{B_n\}$ 使得 $\|B_n\|=1$，且此时 $\|(A-\lambda I)B_n\| \to 0,n \to \infty$.

25. 设 $\{a_n\}$ 为有界数列，定义 $A \in B(l^2),A\varphi=(a_1x_1,a_2x_2,\cdots),\forall \varphi=(x_1,x_2,\cdots)$. 求对于怎样的数列 $\{a_n\}$，算子 A 有如下性质：

(1) $A=A^*$；

(2) $A \geq 0$；

(3) $A \geq I$；

(4) $AA^*=A^*A=I$.

26. 设 A 是 Hilbert 空间上的有界自伴算子且可逆，证明：A^{-1} 自伴.

27. 设 H 是 Hilbert 空间,A 是 H 上非负有界自伴算子,证明:

(1) $|(A\varphi,\psi)|^2 \leqslant (A\varphi,\varphi)(A\psi,\psi),\ \forall\ \varphi,\psi\in H$;

(2) $\|A\varphi\|^2 \leqslant \|A\|(A\varphi,\varphi),\ \forall\ \varphi\in H$.

28. 设 H 是 Hilbert 空间,$\{e_n\}$ 是其上一组规范正交基,$\tau:\mathbf{N}^* \to \mathbf{N}^*$ 是双射,证明算子 A:

$$A\varphi = A\Big(\sum_{k=1}^{\infty}x_k e_k\Big) = \sum_{k=1}^{\infty}x_k e_{\tau(k)},\quad \forall\ \varphi=(x_1,x_2,\cdots)$$

是酉算子.

29. 定义空间 l^2 中的算子 A 满足

$$A\varphi=\{x_n/n\},\quad \forall\ \varphi=\{x_n\}\in l^2,$$

求 A 的特征值和特征向量,并说明虽然 A 是可逆的但 0 不是 A 的特征值.

30. 定义 $L^2[-1,1]$ 上的算子 A 满足

$$(A\varphi)(t) = \chi_{[0,1]}(t)\varphi(t),$$

求 A 的特征值和特征函数.

31. 证明:$\mathbf{C}$ 上任意一个非空紧集都是某个算子的谱集.

32. 设 A 是 Hilbert 空间上的可逆有界线性算子,证明:

$$\sigma(A^{-1})=\{\lambda^{-1}\,|\,\lambda\in\sigma(A)\}.$$

33. 定义 $L^2(\mathbf{R})$ 上的算子 A 如下:

$$(A\varphi)(t)=\varphi(t+s),$$

其中 $s\in\mathbf{R}$,证明:$\sigma(A)=\{\lambda\in\mathbf{C}\,|\,|\lambda|=1\}$.

34. 设 $\{e_n\}$ 是 $L^2(0,1)$ 上一组规范正交基,$\varphi\in L^2(0,1)$,证明:

(1) $\sum_{n=1}^{\infty}\Big|\int_0^t \varphi(s)e_n(s)\mathrm{d}s\Big|^2 \leqslant \int_0^t |\varphi(t)|^2\mathrm{d}t$;

(2) $\sum_{n=1}^{\infty}\int_0^1\Big|\int_0^t \varphi(s)e_n(s)\mathrm{d}s\Big|^2\mathrm{d}t \leqslant \int_0^1 |\varphi(t)|^2(1-t)\mathrm{d}t$.

35. 设 Hilbert 空间上的有界双射线性算子列 $\{A_n\}$ 及算子 A 满足 A_n 强收敛于 A,证明:A_n^{-1} 强收敛于 A^{-1},但把"有界"条件去掉,则命题不成立.

36. 举例说明:存在 Hilbert 空间上的有界算子列 $\{A_n\}$,$\{B_n\}$,使得 $\{A_n\}$ 与 $\{B_n\}$ 均弱收敛,而 $\{A_nB_n\}$ 不弱收敛.

37. 设 H 是 Hilbert 空间,如果存在常数 $\beta>0$ 使得对所有的 $\varphi\in H$ 有

$$\beta\|\varphi\| \leqslant \|A\varphi\|,$$

称 $A\in B(H)$ 下有界.证明:A 下有界当且仅当 A^* 是满射.

3 紧算子的谱特征

在无穷维 Hilbert 空间 H 中,对于给定的有界线性算子 A,前面我们已经指出,给定 $\lambda \in \mathbf{C}$,线性方程

$$(\lambda I - A)\varphi = \psi$$

的适定性未必能像有限维那样有"两择一"定理,即唯一性决定完全适定性. 那么问题是,在无穷维空间中怎样的算子 A 能够有"两择一"定理呢? 紧算子就有这样的性质.

早在 1900 年,Fredhlom 把 Volterra 所研究的积分方程写成

$$u(x) = f(x) + \lambda \int_a^b K(x, y) u(y) \mathrm{d}y$$

的形式,证明了"两择一"定理([12]). 他的方法是线性代数方法,即将区间 $[a, b]$ 进行分割,把问题化为线性方程组求解再取极限. 这项工作引起 Hilbert 的兴趣,从 1904 年到 1910 年间,Hilbert 发表了 6 篇文章讨论积分方程问题. Hilbert 的一项重要工作是将函数按其 Fourier 展开并表示为系数序列,这样积分方程化为无穷多自变量的一列线性方程构成的线性方程组,积分核按二元 Fourier 展开系数看作无穷矩阵,把问题放在用我们今天的观点来看是 l^2 的线性空间上进行研究,引入了内积的概念. 所以,后来人们为了纪念 Hilbert 的伟大工作,把完备的内积空间称作 Hilbert 空间. 在讨论这类问题时,Hilbert 引入了全连续算子(进一步推广就是紧算子)的概念,不过,他要求其具有共轭对称性,在我们今天看来就是紧自伴性. 在此框架下,他得到一系列结果. 后来 Hilbert 的工作被他的学生 Schmidt 所简化,关于积分方程和全连续算子的结果又被 Riesz 和 Schauder 推广到 Banach 空间,全连续算子推广成紧算子.

有意思的是,1906 年 Hilbert 引入了完备正交基的概念以及函数在这种正交基下展开,这标志着 Hilbert 空间概念的形成,也即标志着泛函分析的一项源头性的工作完成;与此同时,Planck 在这一年给出了黑体试验的解释,建立了量子论,这标志着现代物理学诞生. 20 年后的 1926 年,爱因斯坦关于光电效应的解释、德布罗意波理论的产生、Schrödinger 方程的建立、海森堡方程的提出,以及 Born 关于波函数的解释,标志着量子理论基础的确立. 到了 1928 年,von Neumann 利用 Hilbert 空间理论为量子力学建立了公理化. 现代分析学与现代物理学一同产生,一同发展,从而开启了数学和物理学两个领域的新时代,也开启了科学的新时代!

本章讲紧算子的概念、紧算子的谱理论及紧自伴算子 Hilbert-Schmidt 理论.

3.1 紧算子的概念及基本性质

这一节,我们给出紧算子的概念并讨论紧算子的基本性质.

定义 3.1.1 设 H 是一个 Hilbert 空间,全空间 H 上有定义的线性算子 A 称为紧算子,如果对 H 中任意有界点列 $\{\varphi_n\}$,相应的点列 $\{A\varphi_n\}$ 都有在 H 中收敛的子列 $\{A\varphi_{n_k}\}$.

紧算子必为有界算子.下面这条定理讨论紧算子集合在 $B(H)$ 中的代数结构和拓扑结构(闭性).

定理 3.1.1 记 $C(H)=\{A \mid A$ 为 H 上的紧算子$\}$,则

(1) $C(H) \subset B(H)$,且 $C(H)$ 按算子范数构成 Banach 空间;

(2) $\forall C \in B(H), \forall A \in C(H), AC, CA \in C(H)$,即 $C(H)$ 构成 $B(H)$ 的一个理想.

证明 (1) 第一步:证紧算子有界.

设 B 为 H 的闭单位球,只要证

$$AB=\{A\varphi \mid \varphi \in B\}$$

为 H 中的有界集即可.

否则,存在 $\varphi_n \in B, n=1,2,\cdots$,使得 $\|A\varphi_n\| \to \infty$,但 $\|\varphi_n\| \leqslant 1$,而 $\{A\varphi_n\}$ 不可能有收敛子列,矛盾!

第二步:证明 $C(H)$ 为线性空间.

$\forall \alpha \in \mathbf{C}, \forall A \in C(H)$,显然有 $\alpha A \in C(H)$.

$\forall A_1, A_2 \in C(H)$,若 $\{\varphi_n\} \subset H$ 为有界点列,因 A_1 为紧算子,故存在 $\{\varphi_{n_k}\} \subset \{\varphi_n\}$ 使得 $\{A_1 \varphi_{n_k}\}$ 为收敛点列;而 $\{\varphi_{n_k}\}$ 仍是有界列,A_2 是紧算子,所以有子列 $\{\varphi_{n_{k_j}}\}$ 使得 $\{A_2 \varphi_{n_{k_j}}\}$ 为收敛列.于是 $\{(A_1+A_2)\varphi_{n_{k_j}}\}$ 收敛,从而 A_1+A_2 为紧算子,即

$$A_1+A_2 \in C(H).$$

第三步:证明 $C(H)$ 完备.

设 $\{A_n\} \subset C(H)$,若 $A_n \xrightarrow{\|\cdot\|} A$,证 $A \in C(H)$.

设 $\{\varphi_m\} \subset H$ 为有界点列,$\|\varphi_m\| \leqslant M$,只要证明 $\{A\varphi_m\}$ 有收敛子列.我们利用惯用的对角线法来证明.

由于 A_1 是紧算子,所以 $\{A_1 \varphi_m\}$ 有收敛子列 $\{A_1 \varphi_{m_k^1}\}$;

由于 A_2 是紧算子,所以 $\{A_2 \varphi_{m_k^1}\}$ 有收敛子列 $\{A_1 \varphi_{m_k^2}\}$;

$$\vdots$$

取 $\{\varphi_{m_k^k}\}$,则它是上述所涉及的任意点列 $\{\varphi_{m_k^n}\}$ 的子列,所以 $\forall A_n, \{A_n \varphi_{m_k^k}\}$ 关于

k 为收敛列, 下证 $\{A\varphi_{m_k^k}\}$ 关于 k 为收敛列.

事实上, 因为 $A_n \xrightarrow{\|\cdot\|} A$, 所以 $\forall \varepsilon > 0, \exists N$, 使得 $\forall n \geqslant N$,

$$\|A_n - A\| < \frac{\varepsilon}{3M},$$

对于 A_N, 因为 $\{A_N\varphi_{m_k^k}\}$ 关于 k 为收敛列, 所以对上述 $\varepsilon > 0, \exists K, \forall k, l \geqslant K$,

$$\|A_N(\varphi_{m_l^l} - \varphi_{m_k^k})\| < \frac{\varepsilon}{3},$$

于是

$$\|A(\varphi_{m_l^l} - \varphi_{m_k^k})\| \leqslant \|(A - A_N)\varphi_{m_l^l}\| + \|A_N(\varphi_{m_l^l} - \varphi_{m_k^k})\| + \|(A - A_N)\varphi_{m_k^k}\|$$
$$< \frac{\varepsilon}{3} + \frac{\varepsilon}{3} + \frac{\varepsilon}{3}.$$

即 $\{A\varphi_{m_k^k}\}$ 关于 k 也是收敛列, 所以 A 是紧算子.

（2）显然. □

紧算子把弱收敛列变为强收敛列.

定理 3.1.2 Hilbert 空间 H 上有界线性算子 A 为紧算子的充分必要条件是, 若 $\{\varphi_n\} \subset H$, $\varphi_n \xrightarrow{w} \varphi$, 则必有

$$A\varphi_n \to A\varphi.$$

证明 $(\Rightarrow)$（1）设 A 为紧算子, 若 $\{\varphi_n\} \subset H$, $\varphi_n \xrightarrow{w} \varphi$, 先证 $A\varphi_n \xrightarrow{w} A\varphi$.

这时, $\forall \psi \in H$, 有

$$(A(\varphi_n - \varphi), \psi) = (\varphi_n - \varphi, A^*\psi) \to 0,$$

即 $A\varphi_n \xrightarrow{w} A\varphi$.

（2）再证 $A\varphi_n \to A\varphi$.

否则, 若 $A\varphi_n$ 不收敛于 $A\varphi$, 则存在 $\varepsilon_0 > 0$, 及 $\{A\varphi_n\}$ 的子列 $\{A\varphi_{n_k}\}$ 使得

$$\|A\varphi_{n_k} - A\varphi\| \geqslant \varepsilon_0,$$

而 $\{\varphi_n\}$ 是弱收敛列, 由共鸣定理可知它有界, A 又是紧算子, 所以 $\{A\varphi_{n_k}\}$ 有收敛子列 $\{A\varphi_{n_{k_j}}\}$, 设它的极限为 $\psi \in H$, 则由上式可得

$$\|\psi - A\varphi\| \geqslant \varepsilon_0.$$

但另一方面 $A\varphi_{n_{k_j}} \xrightarrow{w} A\varphi$, 由弱极限的唯一性, $A\varphi = \psi$, 不可能！

$(\Leftarrow)$ 设 $\{\varphi_n\}$ 为 H 中有界点列, 由定理 1.5.3, $\{\varphi_n\}$ 必有弱收敛子列 $\{\varphi_{n_k}\}$, 从而由假设, $\{A\varphi_{n_k}\}$ 收敛, 所以 A 是紧算子. □

注 把弱收敛列变为强收敛列的线性算子又称为全连续算子. 在 Hilbert 空间, 算子 A 紧的充要条件是 A 全连续; 但在 Banach 空间, 紧算子全连续, 但全连续未必紧, 除非空间自反.

推论 3.1.1 H 上有界算子 A 是紧算子的充分必要条件是其共轭算子 A^* 为

紧算子.

证明 (⇒)设$\{\varphi_n\}$为H中弱收敛点列,由共鸣定理知它有界,即存在$M>0$使得

$$\|\varphi_n\|\leqslant M,\quad n=1,2,\cdots,$$

这时

$$\begin{aligned}\|A^*(\varphi_m-\varphi_n)\|^2&=(A^*(\varphi_m-\varphi_n),A^*(\varphi_m-\varphi_n))\\&=(AA^*(\varphi_m-\varphi_n),\varphi_m-\varphi_n)\\&\leqslant\|AA^*(\varphi_m-\varphi_n)\|\|\varphi_m-\varphi_n\|\\&\leqslant 2M\|AA^*(\varphi_m-\varphi_n)\|.\end{aligned}$$

而A为紧算子,所以AA^*是紧算子.对于弱收敛列$\{\varphi_n\}$,由定理3.1.2知$\{AA^*\varphi_n\}$收敛,从而$\{A^*\varphi_n\}$收敛,即A^*为紧算子.

(⇐)若A^*是紧算子,则$A=(A^*)^*$是紧算子. □

例3.1.1(有限秩算子) 设H为一个Hilbert空间,$A\in B(H)$,若

$$\dim\mathrm{Ran}(A)=n<\infty,$$

则称A为有限秩算子.这时存在H中有限个向量$\{e_1,\cdots,e_n\}$及H上有界线性泛函$a_1,\cdots,a_n$使得

$$A\varphi=\sum_{k=1}^{n}a_k(\varphi)e_k,\quad\forall\varphi\in H.$$

有限秩算子必为紧算子.

事实上,对于H中任意有界点列$\{\varphi_m\}$,

$$\{(a_1(\varphi_m),\cdots,a_n(\varphi_m))|m=1,2,\cdots\}$$

为$\mathbf{C}^n$中有界点列,所以存在$\{\varphi_{m_k}\}$使得

$$\{(a_1(\varphi_{m_k}),\cdots,a_n(\varphi_{m_k}))|k=1,2,\cdots\}$$

为$\mathbf{C}^n$中收敛点列,从而$\{A\varphi_{m_k}\}$为H中收敛点列,因而A为紧算子.

例3.1.2 设$H=l^2$,$a_{ij}\in\mathbf{C}$,$i,j=1,2,\cdots$,

$$\sum_{i,j=1}^{\infty}|a_{ij}|^2<+\infty,$$

定义

$$A\varphi=\begin{bmatrix}a_{11}&a_{12}&\cdots\\a_{21}&a_{22}&\cdots\\\vdots&\vdots&\ddots\end{bmatrix}\begin{bmatrix}\xi_1\\\xi_2\\\vdots\end{bmatrix},\quad\forall\varphi=(\xi_1,\xi_2,\cdots)\in H,$$

则A为H上紧算子:

令A_n为如下定义的线性算子:

$$A_n\varphi = \begin{bmatrix} a_{11} & \cdots & a_{1n} & 0 & \cdots \\ \vdots & \ddots & \vdots & \vdots & \\ a_{n1} & \cdots & a_{nn} & 0 & \cdots \\ 0 & \cdots & 0 & 0 & \cdots \\ \vdots & & \vdots & \vdots & \ddots \end{bmatrix} \begin{bmatrix} \xi_1 \\ \vdots \\ \xi_n \\ \xi_{n+1} \\ \vdots \end{bmatrix}$$

$$= \Big(\sum_{j=1}^{n} a_{1j}\xi_j, \cdots, \sum_{j=1}^{n} a_{nj}\xi_j, 0, \cdots \Big), \quad \forall \varphi = (\xi_1, \xi_2, \cdots) \in H,$$

则 A_n 显然是有限秩算子,所以是紧算子. 由于

$$\| (A - A_n)\varphi \|^2 = \sum_{i=n+1}^{\infty} \Big| \sum_{j=n+1}^{\infty} a_{ij}\xi_j \Big|^2$$

$$\leqslant \sum_{i=n+1}^{\infty} \sum_{j=n+1}^{\infty} |a_{ij}|^2 \sum_{j=n+1}^{\infty} |\xi_j|^2$$

$$\leqslant \sum_{i=n+1}^{\infty} \sum_{j=n+1}^{\infty} |a_{ij}|^2 \| \varphi \|^2,$$

即

$$\| A - A_n \| \leqslant \Big(\sum_{i,j=n+1}^{\infty} |a_{ij}|^2 \Big)^{\frac{1}{2}} \to 0, \quad n \to \infty,$$

A 是紧算子列的范数极限,所以 A 是紧算子.

例 3.1.3 设 $(a,b) \subset \mathbf{R}(a$ 可为 $-\infty, b$ 可为 $+\infty)$,

$$H = L^2(a,b), \quad k \in L^2(a,b) \times (a,b),$$

定义积分算子

$$(A\varphi)(t) = \int_{(a,b)} k(s,t)\varphi(s)\mathrm{d}s, \quad \forall \varphi \in H,$$

则 A 为紧算子.

事实上,设 $\{e_n\}_{n=1}^{\infty}$ 是 $L^2(a,b)$ 的一个规范正交基(它是存在的),则其张量积全体 $\{e_m(s)e_n(t)\}_{m,n=1}^{\infty}$ 是 $L^2(a,b) \times (a,b)$ 的规范正交基,这时, $k(\cdot,\cdot)$ 具有如下形式的 Fourier 展开:

$$k(s,t) = \sum_{m,n=1}^{\infty} k_{mn} e_m(s) e_n(t),$$

级数按 $L^2(a,b) \times (a,b)$ 范数收敛,并且 Parseval 等式也成立,即

$$\| k \|^2 = \sum_{m,n=1}^{\infty} |k_{mn}|^2.$$

这样定义的积分算子 A 是紧算子.

为此,我们证明其共轭算子 A^* 是紧算子.

上述积分算子 A 的共轭算子 A^* 的表达形式如下:

$$(A^*\psi)(s) = \int_{(a,b)} \overline{k(s,t)}\psi(t)\mathrm{d}t, \quad \forall \psi \in H.$$

事实上，$\forall \varphi, \psi \in L^2(a,b)$，

$$(\varphi, A^*\psi) = (A\varphi, \psi) = \int_{(a,b)} \int_{(a,b)} k(s,t)\varphi(s)\,\mathrm{d}s\,\overline{\psi(t)}\,\mathrm{d}t,$$

由 Fubini 定理，

$$\text{上式} = \int_{(a,b)} \varphi(s) \overline{\int_{(a,b)} \overline{k(s,t)}\psi(t)\,\mathrm{d}t}\,\mathrm{d}s,$$

即

$$(A^*\psi)(s) = \int_{(a,b)} \overline{k(s,t)}\psi(t)\,\mathrm{d}t$$

$$= \int_{(a,b)} \sum_{m,n=1}^{\infty} \overline{k_{mn}e_m(s)e_n(t)}\psi(t)\,\mathrm{d}t$$

$$= \sum_{m,n=1}^{\infty} \overline{k_{mn}e_m(s)} \int_{(a,b)} \overline{e_n(t)}\psi(t)\,\mathrm{d}t$$

$$= \sum_{m,n=1}^{\infty} \overline{k}_{mn}\psi_n \overline{e_m(s)},$$

其中 $\{\psi_n\}$ 为 ψ 的 Fourier 系数. 令

$$A_N^*\psi = \sum_{m,n=1}^{N} \overline{k}_{mn}\psi_n \overline{e_m(s)},$$

则 A_N^* 是有限秩算子，且按算子范数有 $A_N^* \to A^*$，所以 A^* 是紧算子，从而 A 是紧算子.

3.2 紧算子的谱特征——Fredholm 两择一定理

1）紧算子的非 0 谱点都是特征值，至多可数，而且都是有限重的

设 A 为 H 上的紧算子，$\lambda \in \mathbb{C}$ 为 A 的特征值，称 $\dim \ker(\lambda I - A)$ 为 A 关于 λ 的重数. 下面我们将证明紧算子的每个非零特征值都是有限重的（这与有限维情况类似）.

引理 3.2.1 设 A 为 Hilbert 空间 H 上的紧算子，$\{\varphi_n\}_{n=1}^{\infty}$ 为 H 中一列规范正交向量，则

$$\lim_{n\to\infty}(A\varphi_n, \varphi_n) = 0.$$

证明 由 Bessel 不等式可知 $\{\varphi_n\}_{n=1}^{\infty}$ 为弱收敛于 0 的点列，而 A 为紧算子，所以由定理 3.1.2，$\|A\varphi_n\| \to 0$. 从而

$$|(A\varphi_n, \varphi_n)| \leqslant \|A\varphi_n\| \to 0. \qquad \square$$

定理 3.2.1 设 A 为 Hilbert 空间 H 上的紧算子，$\{\varphi_n\}_{n=1}^{\infty}$ 为 A 的一列线性无关的特征向量，相应的特征值序列为 $\{\lambda_n\}$，$\forall r > 0$，记

$$J_r = \{n \mid |\lambda_n| \geq r\},$$

则 J_r 为有限集.

证明 否则,有 $n_k \in \mathbf{N}^*, k=1,2,\cdots$,使得 $\{\varphi_{n_k}\}_{k=1}^\infty$ 为 A 的线性无关的特征向量列,相应的特征值序列 $\{\lambda_{n_k}\}$ 满足

$$|\lambda_{n_k}| \geq r, \quad k=1,2,\cdots.$$

设 $\{e_k\}_{k=1}^\infty$ 为 $\{\varphi_{n_k}\}_{k=1}^\infty$ 经 Gram-Schmidt 正交化所得规范正交向量列,则 $\forall m \in \mathbf{N}^*$,$e_m$ 有如下形式的表示:

$$e_m = \sum_{k=1}^{m} \alpha_{m,k}\varphi_{n_k}, \quad \alpha_{m,k} \in \mathbf{C}, k=1,\cdots,m.$$

于是

$$(\lambda_{n_m}I - A)e_m = (\lambda_{n_m}I - A)\sum_{k=1}^{m}\alpha_{m,k}\varphi_{n_k} = \sum_{k=1}^{m-1}\alpha_{m,k}(\lambda_{n_m} - \lambda_{n_k})\varphi_{n_k}$$

$$\equiv g_m \in \operatorname{span}\{\varphi_{n_1},\cdots,\varphi_{n_{m-1}}\},$$

由 Gram-Schmidt 正交化步骤,

$$\operatorname{span}\{\varphi_{n_1},\cdots,\varphi_{n_{m-1}}\} = \operatorname{span}\{e_1,\cdots,e_{m-1}\},$$

所以 $e_m \perp g_m$,由引理 3.2.1,

$$(Ae_m, e_m) = (\lambda_{n_m}e_m - g_m, e_m) = \lambda_{n_m} \to 0, \quad m \to \infty,$$

与 $|\lambda_{n_k}| \geq r, k=1,2,\cdots$ 矛盾! $\square$

推论 3.2.1 设 A 是 Hilbert 空间 H 上的紧算子,$\lambda \in \sigma_p(A)$ 且 $\lambda \neq 0$,则 λ 的重数有限,即

$$\dim \ker(\lambda I - A) < +\infty.$$

证明 否则,我们将有无穷多个线性无关的特征向量 $\{\varphi_n\}_{n=1}^\infty$ 对应特征值

$$\lambda_n = \lambda, \quad n=1,2,\cdots,$$

即

$$|\lambda_n| = |\lambda| > 0, \quad n=1,2,\cdots,$$

与定理 3.2.1 矛盾! $\square$

推论 3.2.2 设 A 是 Hilbert 空间 H 上的紧算子,A 的特征值集合的唯一可能极限点是 0,即若有 $\{\lambda_n\} \subset \sigma_p(A)$ 使得 $\lambda_n \to \lambda_0$,则 $\lambda_0 = 0$.

证明 否则,若有 $\{\lambda_n\} \subset \sigma_p(A)$ 使得 $\lambda_n \to \lambda_0$,但 $\lambda_0 \neq 0$,则 $\exists N, \forall n \geq N$,有

$$|\lambda_n| > \frac{|\lambda_0|}{2},$$

与定理 3.2.1 矛盾! $\square$

推论 3.2.3 设 A 是 Hilbert 空间 H 上的紧算子,则 $\sigma_p(A)$ 至多可数;并且当 $\sigma_p(A)$ 为可数集 $\{\lambda_n\}$ 时,$\lim_{n\to\infty}\lambda_n = 0$.

注 (1) 以上结果在 Banach 空间上也是对的.

(2) 若 $\dim H = +\infty$，A 为紧算子，则 $0 \in \sigma(A)$. 即在无穷维空间中，0 总是紧算子 A 的谱点.

事实上，若 $0 \in \rho(A)$，则 $AA^{-1} = I$，而 A 是紧算子，所以单位算子 I 为紧算子，从而 H 中任意有界列都有收敛子列，这与 $\dim H = +\infty$ 矛盾！

但 0 可以是 A 的特征值，可以是连续谱，也可以为剩余谱. 这表明，当 $\lambda = 0$ 时，线性问题 $(\lambda I - A)\varphi = \psi$ 的适定性难以确定.

例 3.2.1 设 $H = L^2[0, \pi]$，$\eta, \psi \in H$，令

$$(A\varphi)(t) = \left(\int_0^\pi \varphi(s) \overline{\eta(s)} \mathrm{d}s \right) \psi(t) = (\varphi, \eta) \psi(t),$$

则 $\mathrm{Ran}(A) = \mathrm{span}\{\psi\}$，即

$$\dim \mathrm{Ran}(A) = 1,$$

所以 A 为秩 1 的紧算子，$\forall \varphi \perp \eta$，有

$$A\varphi = 0,$$

即 φ 为 A 的特征向量，相应的特征值为 0，所以 $0 \in \sigma_p(A)$.

例 3.2.2 设 H 为一个 Hilbert 空间，$\{e_n\}$ 为一组规范正交基，定义算子

$$A\varphi = \sum_{n=1}^\infty \frac{1}{n} a_n e_{n+1}, \quad \forall \varphi = \sum_{n=1}^\infty a_n e_n \in H,$$

则 A 为紧算子.

事实上，设

$$A_N \varphi = \sum_{n=1}^N \frac{1}{n} a_n e_{n+1}, \quad \forall \varphi = \sum_{n=1}^\infty a_n e_n \in H,$$

则 A_N 为有限秩算子，$\forall \varphi = \sum_{n=1}^\infty a_n e_n$，

$$\| (A - A_N)\varphi \|^2 = \sum_{n=N+1}^\infty \frac{1}{n^2} |a_n|^2 \leqslant \frac{1}{(N+1)^2} \| \varphi \|^2,$$

所以 $A_N \to A$（关于算子范数），即 A 是紧算子. 显然

$$e_1 \in (\mathrm{Ran}(A))^\perp = (\overline{\mathrm{Ran}(A)})^\perp,$$

即 $\overline{\mathrm{Ran}(A)} \neq H$.

另一方面，若 $A\varphi = 0$，则 $\varphi = 0$，即 A^{-1} 存在，于是 $0 \in \sigma_r(A)$.

例 3.2.3 设 $H = L^2[0, 1]$，定义

$$(A\varphi)(t) = \int_0^t \varphi(s) \mathrm{d}s, \quad \varphi \in H.$$

因为 $L^2[0, 1] \subset L^1[0, 1]$，所以 A 的定义有意义，且

$$(A\varphi)(t) = \int_0^1 \chi_{[0, t]}(s) \varphi(s) \mathrm{d}s, \quad \varphi \in H.$$

而 $k(s, t) \equiv \chi_{[0, t]}(s) \in L^2[0, 1] \times [0, 1]$，所以由例 3.1.3，$A$ 是紧算子.

因为 $\dim H = +\infty$，所以 $0 \in \sigma(A)$. 若 $A\varphi = 0$，即

$$\int_0^t \varphi(s)\mathrm{d}s \equiv 0, \quad \forall t \in [0,1],$$

则 $\varphi(t) = 0$ a.e.，所以 $0 \notin \sigma_p(A)$.

记

$$X = \{\psi \mid \psi \in C^1[0,1], \psi(0) = 0\},$$

则 X 包含 $[0,1]$ 上所有连续函数的变上限积分函数，且 $\{\sin n\pi x\} \subset X$，所以 X 在 H 中稠，于是 $\mathrm{Ran}(A)$ 在 H 中稠，从而 $0 \notin \sigma_r(A)$，从而 $0 \in \sigma_c(A)$.

2）紧算子的谱集——Fredholm 两择一定理

由前一段我们看到，若 $\dim H = +\infty$，对于紧算子 A 来说，0 一定是谱点，非零特征值至多可数，而且都是有限重的. 那么，除了 0 和特征值外，A 是否有别的形式的谱呢? 答案是否定的，我们将证明 $\sigma(A) = \sigma_p(A) \bigcup \{0\}$.

设 A 为 Hilbert 空间 H 上的紧算子，$\forall \lambda \neq 0$，$\forall \psi \in \mathrm{Ran}(\lambda I - A)$，$H$ 上线性方程

$$(\lambda I - A)\varphi = \psi \tag{I}$$

有解 φ，则有类似于有限维的线性方程组的结果：如果 φ_0 为它的一个特解，解 φ 可表示为

$$\varphi = \varphi_0 - h$$

的形式，其中 h 为齐次方程 $(\lambda I - A)h = 0$ 的解；或者说方程（I）的全部解的集合为

$$S_\lambda(\psi) = \{\varphi \mid \varphi = \varphi_0 - h, h \in \ker(\lambda I - A)\}.$$

也就是说，如果 λ 是 A 的特征值，线性问题（I）的解不唯一. 但是下面的引理告诉我们，如果 $\psi \in \mathrm{Ran}(\lambda I - A)$，方程（I）有唯一稳定的"极小解".

引理 3.2.2 设 A 为 Hilbert 空间 H 上的紧算子，则

$$\forall \lambda \neq 0, \quad \forall \psi \in \mathrm{Ran}(\lambda I - A),$$

存在唯一的 $\varphi(\psi) \in S_\lambda(\psi)$：

（1）使得

$$\begin{aligned}
\|\varphi(\psi)\| &= \min\{\|\varphi - h\| \mid h \in \ker(\lambda I - A)\} \\
&= \min\{\|\varphi'\| \mid (\lambda I - A)\varphi' = \psi\} \\
&= \min\{\|\varphi\| \mid \varphi \in S_\lambda(\psi)\};
\end{aligned}$$

（2）使得 $\varphi(\psi)$ 满足方程 $(\lambda I - A)\varphi(\psi) = \psi$，我们称 $\varphi(\psi)$ 为方程 $(\lambda I - A)\varphi = \psi$ 的极小解；

（3）存在 $M(\lambda) > 0$ 使得 $\|\varphi(\psi)\| \leqslant M(\lambda)\|\psi\|$，即方程的极小解是稳定的.

证明 先证极小解的存在性.

$\forall \lambda$,记

$$\ker(\lambda I - A) = \{\varphi \mid (\lambda I - A)\varphi = 0\},$$

即 $\lambda I - A$ 的零空间,如果 $\ker(\lambda I - A) \neq \{0\}$,则 $\lambda \in \sigma_p(A)$. $\ker(\lambda I - A)$ 总是闭的,所以,由正交投影定理,存在投影算子 $P_\lambda : H \to \ker(\lambda I - A)$. $\forall \psi \in \mathrm{Ran}(\lambda I - A)$,设 $\varphi \in S_\lambda(\psi)$,记

$$\varphi(\psi) = \varphi - P_\lambda \varphi,$$

则由投影算子的定义,有

$$\begin{aligned}
\|\varphi(\psi)\| &= \|\varphi - P_\lambda \varphi\| \\
&= \min\{\|\varphi - h\| \mid h \in \ker(\lambda I - A)\} \\
&= \min\{\|\varphi'\| \mid (\lambda I - A)\varphi' = \psi\},
\end{aligned}$$

且 $\varphi(\psi)$ 显然满足方程

$$(\lambda I - A)\varphi(\psi) = \psi.$$

再证唯一性.

对于 $\psi \in \mathrm{Ran}(\lambda I - A)$,设 $\varphi_1, \varphi_2 \in H$ 满足

$$(\lambda I - A)\varphi_1 = (\lambda I - A)\varphi_2 = \psi,$$

即 $\varphi_1, \varphi_2 \in S_\lambda(\psi)$,所以存在 $h_1, h_2 \in \ker(\lambda I - A)$ 使得

$$\varphi_1 = \varphi_0 - h_1, \quad \varphi_2 = \varphi_0 - h_2,$$

所以

$$\varphi_1(\psi) = \varphi_1 - P_\lambda \varphi_1 = \varphi_0 - P_\lambda \varphi_0 = \varphi_2 - P_\lambda \varphi_2 = \varphi_2(\psi).$$

最后证明极小解的稳定性.

即证明存在 $M(\lambda) > 0$ 使得

$$\|\varphi(\psi)\| \leqslant M(\lambda)\|\psi\|, \quad \forall \psi \in \mathrm{Ran}(\lambda I - A).$$

否则

$$\sup\left\{ \frac{\|\varphi(\psi)\|}{\|\psi\|} \,\Big|\, \psi \neq 0, \psi \in \mathrm{Ran}(\lambda I - A) \right\} = +\infty,$$

则存在 $\{\psi_n\} \subset \mathrm{Ran}(\lambda I - A)$ 使得 $\psi_n \neq 0$,

$$\frac{\|\varphi(\psi_n)\|}{\|\psi_n\|} \to +\infty.$$

记 $\varphi_n' = \dfrac{\varphi(\psi_n)}{\|\varphi(\psi_n)\|}$,$\psi_n' = \dfrac{\psi_n}{\|\varphi(\psi_n)\|}$,则有

$$(\lambda I - A)\varphi_n' = \psi_n',$$

$$1 = \|\varphi_n'\| = \min\{\|\varphi'\| \mid (\lambda I - A)\varphi' = \psi_n'\}, \tag{II}$$

$$\lim_{n \to \infty} \psi_n' = 0.$$

这样,$\{\varphi_n'\}$ 为有界点列,而 A 是紧算子,因而 $\{A\varphi_n'\}$ 有收敛子列 $\{A\varphi_{n_k}'\}$. 设

$$\lim_{k \to \infty} A\varphi_{n_k}' = h,$$

则由 $(\lambda I - A)\varphi'_{n_k} = \psi'_{n_k}$ 得

$$\lambda\varphi'_{n_k} = A\varphi'_{n_k} + \psi'_{n_k},$$

从而 $\{\varphi'_{n_k}\}$ 也收敛,且

$$\lim_{k\to\infty}\varphi'_{n_k} = \lim_{k\to\infty}\frac{1}{\lambda}A\varphi'_{n_k} + \lim_{k\to\infty}\psi'_{n_k} = \frac{1}{\lambda}h.$$

这样

$$(\lambda I - A)\frac{1}{\lambda}h = \lim_{k\to\infty}(\lambda I - A)\varphi'_{n_k} = \lim_{k\to\infty}\psi'_{n_k} = 0,$$

即 $\frac{1}{\lambda}h \in \ker(\lambda I - A)$,所以

$$(\lambda I - A)\left(\varphi'_n - \frac{1}{\lambda}h\right) = \psi'_n.$$

但

$$\lim_{k\to\infty}\left\|\varphi'_{n_k} - \frac{1}{\lambda}h\right\| = 0,$$

即 k 充分大时,$\left\|\varphi'_{n_k} - \frac{1}{\lambda}h\right\| < 1$,但由(Ⅱ)式

$$\min\{\|\varphi'\| \mid (\lambda I - A)\varphi' = \psi'_n\} = \|\varphi'_n\| = 1,$$

矛盾! □

注 讨论线性问题 $(\lambda I - A)\varphi = \psi$ 的适定性有如下 3 层涵义:

(1) 解 φ 的存在性;

(2) 解的唯一性;

(3) 解关于 ψ 的稳定性.

引理 3.2.2 说明,对于紧算子 A 来说,若 $\psi \in \mathrm{Ran}(\lambda I - A)$,上述线性问题的解存在,且极小解关于 $\psi \in \mathrm{Ran}(\lambda I - A)$ 具有稳定性.

如果 $(\lambda I - A)^{-1}$ 存在(线性问题解关于 ψ 存在唯一),则它在 $\mathrm{Ran}(\lambda I - A)$ 上有界,线性问题的极小解 $\varphi(\psi)$ 在算子意义下的表达形式为

$$\varphi(\psi) = (\lambda I - A)^{-1}\psi.$$

但此时 λ 是否是 A 的正则点,要看 $\mathrm{Ran}(\lambda I - A)$ 是否是全空间 H. 给定 $\lambda \in \mathbf{C}$,相应的线性问题是否适定还需要进一步讨论.

引理 3.2.3 设 A 为 Hilbert 空间 H 上的紧算子,$\lambda \in \mathbf{C}$ 且 $\lambda \neq 0$,则 $\mathrm{Ran}(\lambda I - A)$ 为 H 的闭子空间.

证明 设 $\{\psi_n\} \subset \mathrm{Ran}(\lambda I - A)$,$\psi_n \to \psi$,要证 $\psi \in \mathrm{Ran}(\lambda I - A)$.

由引理 3.2.2 知,存在 $M(\lambda) > 0$ 及 $\{\varphi(\psi_n)\}$ 使得

$$(\lambda I - A)\varphi(\psi_n) = \psi_n, \tag{Ⅲ}$$

$$\|\varphi(\psi_n)\| \leqslant M(\lambda)\|\psi_n\|. \tag{Ⅳ}$$

因为 $\{\psi_n\}$ 收敛，所以它有界，从而由（Ⅳ）式得 $\{\varphi(\psi_n)\}$ 有界. 而 A 为紧算子，所以 $\{A\varphi(\psi_n)\}$ 有收敛子列 $\{A\varphi(\psi_{n_k})\}$，由上述表达式（Ⅲ）知

$$\varphi(\psi_{n_k}) = \frac{1}{\lambda}(A\varphi(\psi_{n_k}) + \psi_{n_k}),$$

所以存在 φ_0 使得

$$\lim_{k \to \infty} \varphi(\psi_{n_k}) = \varphi_0.$$

再利用（Ⅰ）式有

$$(\lambda I - A)\varphi_0 = \lim_{k \to \infty}(\lambda I - A)\varphi(\psi_{n_k}) = \lim_{k \to \infty} \psi_{n_k} = \psi,$$

即 $\psi \in \mathrm{Ran}(\lambda I - A)$. □

在有限维空间 X 中，关于线性算子 A 有如下形式的维数公式：

$$\dim \mathrm{Ran}(\lambda I - A) + \dim \ker(\lambda I - A) = \dim X.$$

如果 $\dim \mathrm{Ran}(\lambda I - A) = \dim X$，则 $\dim \ker(\lambda I - A) = \{0\}$，即 $(\lambda I - A)^{-1}$ 存在，或者说 $\lambda I - A$ 满的充要条件是它为单射. 在无穷维空间中，对于紧算子 A 成立类似性质，而一般的线性算子不具有这个性质.

引理 3.2.4 设 A 为 Hilbert 空间 H 上的紧算子，$\lambda \in \mathbb{C}$ 且 $\lambda \neq 0$，则

$$\lambda \in \rho(A) \Longleftrightarrow \mathrm{Ran}(\lambda I - A) = H.$$

证明 （$\Rightarrow$）显然（由正则点的定义）.

（$\Leftarrow$）设 $\mathrm{Ran}(\lambda I - A) = H$.

（1）$(\lambda I - A)^{-1}$ 存在. 否则，$\lambda \in \sigma_p(A)$，即存在 φ_1 使得

$$A\varphi_1 = \lambda\varphi_1.$$

而 $\mathrm{Ran}(\lambda I - A) = H$，所以存在 φ_2 使得

$$(\lambda I - A)\varphi_2 = \varphi_1, \quad \cdots, \quad (\lambda I - A)\varphi_n = \varphi_{n-1}, \quad \cdots,$$

这样，我们得到点列 $\{\varphi_n\}$. 下面我们用数学归纳法来证明它是一个线性无关列.

当 $n = 1$ 时，$\varphi_1 \neq 0$，自然线性无关；假若对于 $n-1$，$\varphi_1, \cdots, \varphi_{n-1}$ 线性无关，下证 $\varphi_1, \cdots, \varphi_n$ 线性无关：设存在 $\alpha_1, \cdots, \alpha_n$ 使得

$$\sum_{k=1}^{n} \alpha_k \varphi_k = 0,$$

则

$$0 = (\lambda I - A)\sum_{k=1}^{n} \alpha_k \varphi_k = \sum_{k=2}^{n} \alpha_k \varphi_{k-1},$$

由归纳假设，$\alpha_2 = \cdots = \alpha_n = 0$，而 $\varphi_1 \neq 0$，所以 $\alpha_1 = 0$，从而 $\varphi_1, \cdots, \varphi_n$ 线性无关.

设 $\{e_n\}$ 是对 $\{\varphi_n\}$ 进行 Gram-Schmidt 正交化而得到规范正交向量列，则 $\forall n$，存在 α_k，$k = 1, \cdots, n$，使得

$$e_n = \sum_{k=1}^{n} \alpha_k \varphi_k,$$

$$(\lambda I - A)e_n = (\lambda I - A)\sum_{k=1}^{n}\alpha_k\varphi_k = \sum_{k=2}^{n}\alpha_k\varphi_{k-1}$$
$$\equiv \psi_n \in \mathrm{span}\{\varphi_1, \cdots, \varphi_{n-1}\}.$$

所以 $e_n \perp \psi_n$, 于是

$$(Ae_n, e_n) = (\lambda e_n - \psi_n, e_n) = \lambda(e_n, e_n) = \lambda \neq 0, \quad \forall n \in \mathbf{N}^*,$$

与引理 3.2.1 矛盾, 于是 $(\lambda I - A)^{-1}$ 存在.

(2) 由引理 3.2.2, $\forall \psi \in \mathrm{Ran}(\lambda I - A)$, 存在 $\varphi(\psi)$ 使得

$$(\lambda I - A)\varphi(\psi) = \psi,$$
$$\|\varphi(\psi)\| \leqslant M(\lambda)\|\psi\|.$$

这时 $\varphi(\psi) = (\lambda I - A)^{-1}\psi$, 而 $\mathrm{Ran}(\lambda I - A) = H$, 所以

$$\|(\lambda I - A)^{-1}\psi\| \leqslant M(\lambda)\|\psi\|, \quad \forall \psi \in H,$$

即 $\lambda \in \rho(A)$.

A 与 A^* 的特征值有如下关系:

引理 3.2.5 设 A 为 Hilbert 空间 H 上的紧算子, $\lambda \in \mathbf{C}$ 且 $\lambda \neq 0$, 则

$$\lambda \in \sigma_p(A) \Leftrightarrow \bar{\lambda} \in \sigma_p(A^*).$$

证明 若 A 是紧算子, 则 A^* 也是紧算子. 设 $\bar{\lambda} \in \sigma_p(A^*)$, 由引理 3.2.4,

$$\mathrm{Ran}(\bar{\lambda}I - A^*) \subsetneqq H.$$

$\forall \varphi \perp \mathrm{Ran}(\bar{\lambda}I - A^*)$, 有

$$(\varphi, (\bar{\lambda}I - A^*)\psi) = 0, \quad \forall \psi \in H,$$

即

$$((\lambda I - A)\varphi, \psi) = 0, \quad \forall \psi \in H,$$

所以 $(\lambda I - A)\varphi = 0$, 即 $\lambda \in \sigma_p(A)$.

反之, 若 $\lambda \in \sigma_p(A)$, 同样可得 $\bar{\lambda} \in \sigma_p(A^*)$.

紧算子的非零谱点都是特征值:

定理 3.2.2 设 A 为 Hilbert 空间 H 上的紧算子, $\lambda \in \mathbf{C}$ 且 $\lambda \neq 0$, 则 λ 或为 A 的正则点, 或为 A 的特征值.

证明 若 $\lambda \in \mathbf{C}, \lambda \neq 0$, 且不是 A 的正则点, 由引理 3.2.4, $\mathrm{Ran}(\lambda I - A) \subsetneqq H$, 又由引理 3.2.5, $\bar{\lambda} \in \sigma_p(A^*)$, 进而 $\lambda \in \sigma_p(A)$.

定理 3.2.3 设 A 为 Hilbert 空间 H 上的紧算子, 则

$$\sigma(A) = \sigma_p(A) \bigcup \{0\},$$

其中 $\sigma_p(A)$ 由至多可数元素 (特征值) 构成, 每个特征值都是有限重的, 且 $\sigma_p(A)$ 的唯一可能极限点是 0.

注 当 $\dim H = +\infty$ 时, 0 虽然是谱点, 但未必是特征值, 即便是特征值也不一定是有限重的. 但 0 是近似特征值, 即存在规范正交向量列 $\{e_n\}$ 使得 $Ae_n \to 0$.

3）线性问题的适定性——Fredholm 两择一定理

下面,我们把关于紧算子谱的结论应用于相应的线性问题适定性讨论.

定理 3.2.4 设 A 为 Hilbert 空间 H 上的紧算子,$\lambda \in \mathbf{C}$ 且 $\lambda \neq 0$,对于如下线性问题

$$(\lambda I - A)\varphi = \psi \tag{V}$$

与相应的齐次方程

$$(\lambda I - A)\varphi = 0, \tag{V$'$}$$

以下两条中有且仅有一条成立:

(1) $\forall \psi \in H$,线性方程（V）有唯一解,且关于 $\psi \in H$ 是稳定的,即方程（V）在 H 上完全适定;

(2) 齐次方程（V$'$）有非零解.

证明 若(2)不成立,即 $\lambda \notin \sigma_p(A)$,则由定理 3.2.3,$\lambda \in \rho(A)$,所以 $\forall \psi \in H$,方程（V）有唯一解

$$\varphi = (\lambda I - A)^{-1}\psi.$$

而 $\lambda \in \rho(A)$,所以 φ 关于 ψ 连续,即解是稳定的.

若(2)成立,(1)显然不成立. □

注 这里的结果与有限维一致,这就是紧算子的特征,即唯一性决定适定性,对一般的算子不能成立.

下面我们讨论当 $\lambda \in \sigma_p(A)$ 时方程 $(\lambda I - A)\varphi = \psi$ 的可解性. 自然,$\forall \psi \in \mathrm{Ran}(\lambda I - A)$,方程

$$(\lambda I - A)\varphi = \psi$$

有解 φ. 这时,对这个方程可解性阐述有两层意思:一是 $\lambda \in \sigma_p(A)$ 时 $\mathrm{Ran}(\lambda I - A)$ 的特征;二是解 φ 的形式.

定理 3.2.5 设 A 为 Hilbert 空间 H 上的紧算子,$\lambda \in \sigma_p(A)$ 且 $\lambda \neq 0$,则方程

$$(\lambda I - A)\varphi = \psi \tag{VI}$$

有解的充要条件是 $\psi \in \mathrm{ker}(\bar{\lambda} I - A^*)^\perp$.

这时,若 $\varphi_1, \cdots, \varphi_n$ 为 $\mathrm{ker}(\lambda I - A)$（它一定是有限维的）的基底,即方程 $(\lambda I - A)\varphi = 0$ 的基础解系,φ_0 为方程（VI）的一个特解,则方程（VI）的通解形式为

$$\varphi = \varphi_0 + \alpha_1 \varphi_1 + \cdots + \alpha_n \varphi_n, \quad \alpha_k \in \mathbf{C}, k = 1, 2, \cdots, n.$$

证明 （$\Rightarrow$）若对于 $\psi \in H$,方程（VI）有解 φ,则 $\forall \eta \in \mathrm{ker}(\bar{\lambda} I - A^*)$,

$$0 = (\varphi, (\bar{\lambda} I - A^*)\eta) = ((\lambda I - A)\varphi, \eta) = (\psi, \eta),$$

即 $\psi \in \mathrm{ker}(\bar{\lambda} I - A^*)^\perp$. 而 φ 的表达形式是显然的.

（$\Leftarrow$）设 $\psi \in H$,若 $\forall \eta \in \mathrm{ker}(\bar{\lambda} I - A^*)$ 有

$$(\psi, \eta) = 0,$$

由于 Ran($\lambda I - A$)闭,所以

$$H = \overline{\text{Ran}(\lambda I - A)} \oplus \ker(\lambda I - A^*) = \text{Ran}(\lambda I - A) \oplus \ker(\bar{\lambda} I - A^*),$$

于是 $\psi \in \text{Ran}(\lambda I - A)$,即 $\exists \varphi$ 使得

$$(\lambda I - A)\varphi = \psi.$$

□

注 关于 A^* 有类似的结论.

3.3 Hilbert-Schmidt 理论——紧自伴算子的特征展开

1) 线性变换的表示与矩阵对角化

设 H 为 n 维欧氏空间,A 为其上线性变换,如果取定空间基底,则线性变换在取定基底下表示成为一个矩阵.矩阵的形式是否简单有赖于基底的选择,如果线性变换具有一组可以构成空间基底的特征向量,在这样的基底之下,线性变换所表示成的矩阵最为简单——对角矩阵.相应地,如果 A 是对角矩阵,对应的线性问题 $AX = B$ 的解是可以直接写出来的.那么怎样的线性变换可以对角化呢? 线性代数理论告诉我们,共轭对称变换的矩阵总是可以对角化的,即 A 具有 n 个特征向量 $e_1, \cdots, e_n$ 构成空间的规范正交基,$\lambda_1, \cdots, \lambda_n$(都是实的且未必互不相同)为相应的特征值,线性变换 A 满足

$$Ae_j = \lambda_j e_j, \quad j = 1, 2, \cdots, n.$$

$\forall x \in \mathbf{C}^n, x = \sum_{j=1}^{n} (x, e_j) e_j$,则

$$Ax = \sum_{j=1}^{n} \lambda_j (x, e_j) e_j,$$

即 $A = \sum_{j=1}^{n} \lambda_j (\cdot, e_j) e_j$.

本节,我们在无穷维空间对于紧自伴算子得到上述类似的结果,并给出线性问题解的形式——Schmidt 公式.

2) 紧自伴算子的谱特征

设 A 为 Hilbert 空间 H 上的紧自伴算子,由前面关于紧算子和自伴算子的讨论我们知道,若 $\dim H = +\infty$,则

(1) $\sigma(A) = \sigma_p(A) \cup \{0\} \subset \mathbf{R}$,即 A 的谱点都是实的,非零谱点都是特征值;

(2) $\sigma_p(A)$ 是至多可数的,0 是唯一可能的极限点;

(3) 每个非零特征值都是有限重的,即

$$\dim \ker(\lambda I - A) < +\infty, \quad \forall \lambda \in \sigma_p(A), \lambda \neq 0;$$

（4）对应于不同特征值的特征向量正交.

下面一条定理将进一步刻画紧自伴算子的特征值的分布以及特征值的理论和相应线性问题的求解方式.

定理 3.3.1 设 A 为 Hilbert 空间 H 上的非零的紧自伴算子.

（1）A 的非零特征值全体为一个实数列 $\{\lambda_n\}$,可以按如下方式排列:

$$\|A\| = |\lambda_1| \geqslant |\lambda_2| \geqslant \cdots,$$

即 $\{\lambda_n\}$ 按绝对值从大到小排列,绝对值相等符号相反的,负的排在前面,正的排在后面,相等的特征值有几重算几个连排在一起. 在这个排列中,非零特征值每出现一次对应一个特征向量,且这些特征向量 $\{\psi_n\}$ 相互正交,满足

$$|\lambda_n| = |(A\psi_n, \psi_n)| = \max_{\{\varphi | \|\varphi\| = 1, \varphi \perp (\psi_1, \cdots, \psi_{n-1})\}} |(A\varphi, \varphi)|,$$

规定 $(A\psi_n, \psi_n) = \lambda_n$,则 λ_n 就是特征值,ψ_n 就是相应的特征向量.

（2）如果 $\sigma_p(A)$ 不是有限集,而是可数的,则

$$\lim_{n \to \infty} \lambda_n = 0.$$

注 这里所说的特征值的"重数"指的是特征子空间的维数.

证明 第一步:由关于自伴算子的定理 2.4.3,

$$\sup_{\{\varphi \in H | \|\varphi\| = 1\}} |(A\varphi, \varphi)| = \|A\| > 0,$$

取 $\{\varphi_{1n} | \|\varphi_{1n}\| = 1, n = 1, 2, \cdots\}$ 使得

$$\lim_{n \to \infty} |(A\varphi_{1n}, \varphi_{1n})| = \sup_{\{\varphi \in H | \|\varphi\| = 1\}} |(A\varphi, \varphi)| = \|A\|,$$

则 $\{(A\varphi_{1n}, \varphi_{1n})\}$ 是有界实数列,因而有收敛子列,不妨设就是其自身,即

$$\lim_{n \to \infty} (A\varphi_{1n}, \varphi_{1n}) \xrightarrow{\text{存在并记为}} \lambda_1,$$

则 $\lambda_1 = \|A\|$ 或 $-\|A\|$. 下面证明它就是要找的绝对值最大的特征值,并求出相应的特征向量.

由于 A 为紧算子,$\{\varphi_{1n}\}$ 在单位球面上,所以 $\{A\varphi_{1n}\}$ 有收敛子列,不妨设就是其自身,即

$$\lim_{n \to \infty} A\varphi_{1n} \xrightarrow{\text{存在并记为}} \varphi_1, \qquad （\text{I}）$$

下证 $\psi_1 = \dfrac{1}{\lambda_1} \varphi_1$ 就是 A 的相应于 λ_1 的特征向量.

事实上,由于

$$\|A\varphi_{1n} - \lambda_1 \varphi_{1n}\|^2 = (A\varphi_{1n} - \lambda_1 \varphi_{1n}, A\varphi_{1n} - \lambda_1 \varphi_{1n})$$
$$= \|A\varphi_{1n}\|^2 - 2\lambda_1 (A\varphi_{1n}, \varphi_{1n}) + \lambda_1^2,$$

所以,从上式看 $\lim_{n \to \infty} \|A\varphi_{1n} - \lambda_1 \varphi_{1n}\|^2$ 是存在的,而由（I）式,

$$\|\varphi_1\| \leqslant \|A\| = |\lambda_1|,$$

于是

$$0 \leqslant \lim_{n \to \infty} \| A\varphi_{1n} - \lambda_1 \varphi_{1n} \|^2 = \| \varphi_1 \|^2 - 2\lambda_1^2 + \lambda_1^2$$

$$= \| \varphi_1 \|^2 - \lambda_1^2 = \| \varphi_1 \|^2 - \| A \|^2 \leqslant 0,$$

从而

$$\lim_{n \to \infty} \lambda_1 \varphi_{1n} \xrightarrow{\text{存在}} \lim_{n \to \infty} A\varphi_{1n} = \varphi_1,$$

即

$$\lim_{n \to \infty} \varphi_{1n} = \frac{1}{\lambda_1} \varphi_1 = \psi_1,$$

$\| \psi_1 \| = 1$，且

$$(A - \lambda_1 I)\psi_1 = (A - \lambda_1 I)\frac{1}{\lambda_1}\varphi_1 = \lim_{n \to \infty}(A - \lambda_1 I)\varphi_{1n} = 0,$$

所以 λ_1 为 A 的特征值，ψ_1 为相应的特征向量，

$$\lim_{n \to \infty} |(A\varphi_{1n}, \varphi_{1n})| = |\lambda_1| = \| A \|.$$

第二步：由第一步，显然

$$\alpha_2 \equiv \sup_{\{\varphi \in H | \|\varphi\| = 1, \varphi \perp \psi_1\}} |(A\varphi, \varphi)| \leqslant \| A \| = |\lambda_1|,$$

如果 $\alpha_2 > 0$，则存在 $\{\varphi_{2n} \in H | \varphi_{2n} \perp \psi_1, \| \varphi_{2n} \| = 1, n = 1, 2, \cdots\}$ 使得

$$\lim_{n \to \infty} |(A\varphi_{2n}, \varphi_{2n})| = \alpha_2 > 0.$$

类似于第一步，$\{(A\varphi_{2n}, \varphi_{2n})\}$ 是有界实数列，因而有收敛子列，我们不妨设就是其自身，即

$$\lim_{n \to \infty}(A\varphi_{2n}, \varphi_{2n}) \xrightarrow{\text{存在并记为}} \lambda_2,$$

由于 A 为紧算子，$\{\varphi_{2n}\}$ 仍在单位球面上，所以 $\{A\varphi_{2n}\}$ 有收敛子列，不妨设就是其自身，即

$$\lim_{n \to \infty} A\varphi_{2n} \xrightarrow{\text{存在并记为}} \varphi_2,$$

同第一步一样，我们可以证明 $\psi_2 = \frac{1}{\lambda_2}\varphi_2$ 就是 A 的相应于 λ_2 的特征向量.

事实上，由于

$$\| A\varphi_{2n} - \lambda_2\varphi_{2n} \|^2 = (A\varphi_{2n} - \lambda_2\varphi_{2n}, A\varphi_{2n} - \lambda_2\varphi_{2n})$$

$$= \| A\varphi_{2n} \|^2 - 2\lambda_2(A\varphi_{2n}, \varphi_{2n}) + \lambda_2^2,$$

所以，从上式看 $\lim_{n \to \infty} \| A\varphi_{2n} - \lambda_2\varphi_{2n} \|^2$ 是存在的，而

$$\| \varphi_2 \| \leqslant \alpha_2 = |\lambda_2|,$$

于是

$$0 \leqslant \lim_{n \to \infty} \| A\varphi_{2n} - \lambda_2\varphi_{2n} \|^2 = \| \varphi_2 \|^2 - 2\lambda_2^2 + \lambda_2^2$$

$$= \| \varphi_2 \|^2 - \lambda_2^2 = \| \varphi_2 \|^2 - \alpha_2^2 \leqslant 0,$$

从而

$$\lim_{n\to\infty}\lambda_2\varphi_{2n}\xlongequal{存在}\lim_{n\to\infty}A\varphi_{2n}=\varphi_2,$$

即

$$\lim_{n\to\infty}\varphi_{2n}=\frac{1}{\lambda_2}\varphi_2=\psi_2,$$

$\|\psi_2\|=1,\psi_2\perp\psi_1$,且

$$(A-\lambda_2 I)\psi_2=(A-\lambda_2 I)\frac{1}{\lambda_2}\varphi_2=\lim_{n\to\infty}(A-\lambda_2 I)\varphi_{2n}=0,$$

所以 λ_2 为 A 的特征值,ψ_2 为相应的特征向量,

$$\lim_{n\to\infty}|(A\varphi_{2n},\varphi_{2n})|=|\lambda_2|=\alpha_2.$$

如此下去,到第 m 步:如果

$$\alpha_m\equiv\sup_{\{\varphi\in H|\,\|\varphi\|=1,\varphi\perp\{\psi_1,\cdots,\psi_{m-1}\}\}}|(A\varphi,\varphi)|>0,$$

其中 $\psi_1,\cdots,\psi_{m-1}$ 分别为 A 的相应于 $\lambda_1,\cdots,\lambda_{m-1}$ 的规范化特征向量,则存在

$$\{\varphi_{mn}\in H|\varphi_{mn}\perp\{\psi_1,\cdots,\psi_{m-1}\},\ \|\varphi_{mn}\|=1,n=1,2,\cdots\}$$

使得

$$\lim_{n\to\infty}|(A\varphi_{mn},\varphi_{mn})|=\alpha_m>0.$$

类似于前两步,$\{(A\varphi_{mn},\varphi_{mn})\}$ 是有界实数列,因而有收敛子列,我们不妨设就是其自身,即

$$\lim_{n\to\infty}(A\varphi_{mn},\varphi_{mn})\xlongequal{存在并记为}\lambda_m,$$

由于 A 为紧算子,$\{\varphi_{mn}\}$ 仍在单位球内,所以 $\{A\varphi_{mn}\}$ 有收敛子列,不妨设就是其自身,即

$$\lim_{n\to\infty}A\varphi_{mn}\xlongequal{存在并记为}\varphi_m,$$

同第二步完全一样,我们可以证明 $\psi_m=\dfrac{1}{\lambda_m}\varphi_m$ 就是 A 的相应于 λ_m 的特征向量,

$$\alpha_m=|\lambda_m|,\quad \|\psi_m\|=1,\quad \psi_m\perp\{\psi_1,\cdots,\psi_{m-1}\}.$$

不难证明,如果 A 的非零特征值只有有限个:$\lambda_1,\cdots,\lambda_n$(计重数,即有几重,在这个排列中就排几次),我们按上述方法进行有限步就可以求得全部的特征值及相应的规范正交的特征向量 $\{\psi_1,\cdots,\psi_n\}$,并且

$$\sup_{\{\varphi\in H|\,\|\varphi\|=1,\varphi\perp\{\psi_1,\cdots,\psi_n\}\}}|(A\varphi,\varphi)|=0,$$

即上述步骤进行 n 步后终止.

如果 $\sigma_p(A)$ 是可数的,上述步骤可以持续进行.也就是说,通过上述步骤,我们可以求得一列按绝对值从大到小排列的非零特征值 $\{\lambda_n\}$(不妨设绝对值相同的特征值已按定理要求排列)及其相应的规范化特征向量列 $\{\psi_n\}$,则

① $\lim\limits_{n\to\infty}\lambda_n=0$;

②$\{\lambda_n\}$就是 A 的全部非零特征值.

事实上,由于每个特征值至多有限重,而紧算子特征值没有非零极限点,所以自然有$\lim_{n\to\infty}\lambda_n=0$.

如果上面所求的特征值数列$\{\lambda_n\}$不是 A 的全部非零特征值,则存在 $\lambda_0\in\sigma_p(A)$ 且 $\lambda_0\neq0$,相应的特征向量为 $\psi_0(\|\psi_0\|=1)$,但 $\forall n\in\mathbf{N}^*$,$\lambda_n\neq\lambda_0$,$\psi_0\perp\psi_n$,于是

$$0<|\lambda_0|=|(A\psi_0,\psi_0)|\leqslant\sup_{\{\varphi\in H|\|\varphi\|=1,\varphi\perp\{\psi_1,\cdots,\psi_n\}\}}|(A\varphi,\varphi)|=|\lambda_n|\to 0,$$

不可能! 所以,$\{\lambda_n\}$就是 A 的全部非零特征值. □

推论 3.3.1 如果 A 是紧自伴算子且是非负的,即

$$(A\varphi,\varphi)\geqslant0,\quad\forall\varphi\in H,$$

则 A 的全部非零特征值$\{\lambda_n\}$(按定理 3.3.1 所述方式排列)具有如下表达形式:

$$\lambda_1=\max_{\{\varphi\in H|\|\varphi\|=1\}}(A\varphi,\varphi),$$

即 λ_1 是上述变分的最大值,并且存在 $\psi_1\in H$,$\|\psi_1\|=1$ 使得

$$\lambda_1=(A\psi_1,\psi_1),$$

即变分在向量 ψ_1 处达到最大值,且该向量是 A 的相应于 λ_1 的特征向量;$\forall n\in\mathbf{N}^*$,

$$\lambda_n=\max_{\{\varphi\in H|\|\varphi\perp\{\psi_1,\cdots,\psi_{n-1}\},\|\varphi\|=1\}}(A\varphi,\varphi),$$

其中 $\psi_1,\cdots,\psi_{n-1}$ 分别为 A 的相应于 $\lambda_1,\cdots,\lambda_{n-1}$ 的规范化特征向量,且存在 $\psi_n\in H$,$\|\psi_n\|=1$ 使得

$$\lambda_n=(A\psi_n,\psi_n),$$

即变分在向量 ψ_n 处达到最大值,而且该向量是 A 的相应于 λ_n 的特征向量.

3) 紧自伴算子的特征展开

定理 3.3.2(Hilbert-Schmidt) 设 A 为 Hilbert 空间 H 上的紧自伴算子,$\{\lambda_n\}$ 是 A 的全部非零特征值(计重数,有几重算几个,并按定理 3.3.1 所述方式排列),$\{\psi_n\}$ 为相应的规范正交特征向量列,记

$$H_1=\overline{\mathrm{span}\{\psi_n\}},\quad H_0=H_1^\perp.$$

(1) $H=H_0\oplus H_1$,$H_0=\ker(A)$,即如果 $H_0\neq\{0\}$,则 $0\in\sigma_p(A)$ 且 H_0 就是相应的特征子空间.

(2) 显然,$\{\psi_n\}$是空间 H_1 的规范正交基,如果$\{\varphi_\tau\}$为 H_0 的规范正交基,那么$\{\varphi_\tau\}\bigcup\{\psi_n\}$是 H 的规范正交基. $\forall\varphi\in H$,

$$\varphi=\sum_\tau(\varphi,\varphi_\tau)\varphi_\tau+\sum_{n=1}^\infty(\varphi,\psi_n)\psi_n,$$

$$A\varphi=\sum_{n=1}^\infty\lambda_n(\varphi,\psi_n)\psi_n.$$

如果我们用投影算子语言来表述,即记 P_0 为 H 到 H_0 的投影算子,P_n 为 H 到一

维空间 $\mathrm{span}\psi_n$ 的投影算子，$P_n\varphi=(\varphi,\psi_n)\psi_n,n=1,2,\cdots$，则

$$A\varphi=\sum_{n=1}^{\infty}\lambda_n P_n\varphi \quad \text{或} \quad A=\sum_{n=1}^{\infty}\lambda_n P_n,$$

级数是按算子范数收敛的，并且

$$\Big\|A-\sum_{k=1}^{n}\lambda_k P_k\Big\|\leqslant|\lambda_{n+1}|,\quad n=1,2,\cdots.$$

证明 （1）只需证明 $H_0=\ker(A)$.

事实上，$\forall\psi\in H_1$，显然有 $A\psi\in H_1$，所以 $\forall\varphi\in H_0,\forall\psi\in H_1$ 有

$$(A\varphi,\psi)=(\varphi,A\psi)=0,$$

即 $A\varphi\in H_0$，因此 $A_0=A\Big|_{H_0}$ 为 H 的完备子空间 H_0 上的紧的自伴算子，若 $A_0\neq0$，则根据定理 3.3.1 证明同样的道理，它在 H_0 上有非零特征值 λ_0 使得

$$|\lambda_0|=\|A_0\|\neq0,$$

设 $\psi_0\in H_0$ 为相应的规范化特征向量，而 $H_0\subset H$，所以 λ_0 也是 A 特征值，而

$$|\lambda_0|=\sup_{\{\varphi\in H_0|\ \|\varphi\|=1\}}|(A\varphi,\varphi)|,$$

$H_0=H_1^{\perp}$，所以 $\forall n\in\mathbf{N}^*,\{\varphi\in H_0|\ \|\varphi\|=1\}\subset\{\psi_k|k=1,2,\cdots,n\}^{\perp}$，从而

$$|\lambda_0|=\sup_{\{\varphi\in H_0|\ \|\varphi\|=1\}}|(A\varphi,\varphi)|$$
$$\leqslant\sup_{\{\varphi\in H|\ \|\varphi\|=1,\varphi\in\{\psi_k|k=1,2,\cdots,n\}^{\perp}\}}|(A\varphi,\varphi)|=|\lambda_{n+1}|,$$

但 $\lambda_{n+1}\to0$，所以 $\lambda_0=0$，矛盾！于是 $A_0=0$，即 $H_0=\ker(A)$.

（2）首先，算子级数是收敛的.

事实上，$\forall m,n\in\mathbf{N}^*,m>n,\forall\varphi\in H$，

$$\Big\|\Big(\sum_{k=n+1}^{m}\lambda_k P_k\Big)\varphi\Big\|^2=\Big\|\sum_{k=n+1}^{m}\lambda_k(\varphi,\psi_k)\psi_k\Big\|^2$$
$$=\sum_{k=n+1}^{m}|\lambda_k|^2|(\varphi,\psi_k)|^2$$
$$\leqslant|\lambda_{n+1}|^2\sum_{k=n+1}^{m}|(\varphi,\psi_k)|^2$$
$$\leqslant|\lambda_{n+1}|^2\|\varphi\|^2,$$

即

$$\Big\|\sum_{k=n+1}^{m}\lambda_k P_k\Big\|\leqslant|\lambda_{n+1}|\to0,\quad m,n\to\infty,$$

所以这里所涉及的级数均收敛. 而 $\forall\varphi\in H$，

$$\Big\|A\varphi-\sum_{k=1}^{n}\lambda_k P_k\varphi\Big\|^2=\Big\|A\varphi-\sum_{k=1}^{n}\lambda_k(\varphi,\psi_k)\psi_k\Big\|^2$$
$$=\Big\|\sum_{k=n+1}^{\infty}\lambda_k(\varphi,\psi_k)\psi_k\Big\|^2$$

$$\begin{aligned}
&= \sum_{k=n+1}^{\infty} |\lambda_k|^2 |(\varphi, \psi_k)|^2 \\
&\leqslant |\lambda_{n+1}|^2 \sum_{k=n+1}^{\infty} |(\varphi, \psi_k)|^2 \leqslant |\lambda_{n+1}|^2 \|\varphi\|^2,
\end{aligned}$$

即

$$\left\| A - \sum_{k=1}^{n} \lambda_k P_k \right\| \leqslant |\lambda_{n+1}| \to 0, \quad n \to \infty. \qquad \square$$

注 $A = \sum\limits_{n=1}^{\infty} \lambda_n P_n$ 称为 A 的特征展开,它表明 A 可以用有限秩算子列

$$\left\{ A_n \,\Big|\, A_n = \sum_{k=1}^{n} \lambda_k P_k \right\}$$

逼近.

我们来对比有限维空间看看这个分解形式的意义. A 在 H 上作用的"有效"部分是在 H_1 上,在规范正交基 $\{\psi_n\}$ 之下给定一个 φ,它在 H_1 中的表示为

$$\varphi\Big|_{H_1} = \sum_{n=1}^{\infty} (\varphi, \psi_n)\psi_n,$$

如果把 φ "差不多"看作数列 $\{(\varphi, \psi_n)\}$,那么 A 在 H_1 上的作用正是对角矩阵

$$\begin{bmatrix} \lambda_1 & & \\ & \lambda_2 & \\ & & \ddots \end{bmatrix},$$

而在 H_0 上为 0.

4) 非自伴算子的有限秩算子逼近

定理 3.3.3 设 A 为 Hilbert 空间 H 上的紧算子(不必自伴),则存在可列规范正交集 $\{\varphi_n\}, \{\psi_n\}$ 及正数列 $\{\lambda_n\}$,使得 $A_n \to A$(按范数收敛),其中

$$A_n\varphi = \sum_{k=1}^{n} \lambda_k (\varphi, \psi_k)\varphi_k, \quad \forall \varphi \in H,$$

从而 A 为有限秩算子列的极限.

证明 因为 A 紧,所以 A^*A 也紧,从而 A^*A 为非负紧自伴算子. 由 Hilbert-Schmidt 定理可知存在规范正交集 $\{\psi_n\}$,使得

$$A^*A\psi_n = \mu_n\psi_n, \quad \mu_n \neq 0,$$

而

$$(A^*A\varphi, \varphi) = (A\varphi, A\varphi) \geqslant 0, \quad \forall \varphi \in H,$$

$\sigma(A^*A) \subset [m, M]$,其中

$$M = \sup_{\|\varphi\|=1} (A^*A\varphi, \varphi), \quad m = \inf_{\|\varphi\|=1} (A^*A\varphi, \varphi) \geqslant 0,$$

所以 $\mu_n > 0, \mu_n \geqslant \mu_{n+1}$. 令

$$\lambda_n = \sqrt{\mu_n}, \quad \varphi_n = A\psi_n/\lambda_n,$$

易证 $\{\varphi_n\}$ 为规范正交集. 再令

$$A_n\varphi = \sum_{k=1}^{n} \lambda_k (\varphi, \psi_k) \varphi_k,$$

则 $A_n \to A, n \to \infty$. □

注 λ_n 称为 A 的奇异值.

5）线性问题解的形式

在有限维空间中，设 A 为一个对角矩阵

$$\begin{bmatrix} \lambda_1 & 0 & \cdots & 0 \\ 0 & \lambda_2 & \cdots & 0 \\ \vdots & \vdots & & \vdots \\ 0 & 0 & \cdots & \lambda_n \end{bmatrix},$$

则 A 的特征值为 $\{\lambda_1, \cdots, \lambda_n\}$，相应的规范化特征向量为 $\{\psi_1, \cdots, \psi_n\}$. 如果 $\lambda \neq \lambda_k$，$k = 1, 2, \cdots, n$，则线性方程组

$$(\lambda I - A)\varphi = \psi$$

的解可表示为如下的向量形式：

$$\varphi = \sum_{k=1}^{n} \frac{1}{\lambda - \lambda_k} (\psi, \psi_k) \psi_k.$$

在无穷维 Hilbert 空间 H 上，对于紧自伴算子所对应的线性问题，我们有类似的结果.

定理 3.3.4（Schmidt 公式） 设 A 为 Hilbert 空间 H 上的非零的紧自伴算子，$\{\lambda_n\}$ 为 A 的全体非零特征值（按定理 3.3.1 所述排列），$\{\psi_n\}$ 为相应的规范化特征向量列.

（1）如果 $\lambda \in \mathbf{C}$ 且 $\lambda \neq 0$，则线性问题

$$(\lambda I - A)\varphi = \psi$$

关于每个 $\psi \in H$ 都有唯一解的充分必要条件是 $\lambda \notin \{\lambda_n\}$. 这时，线性问题的解可表示为

$$\varphi = \frac{1}{\lambda} \left(\psi + \sum_{n=1}^{\infty} \frac{\lambda_n}{\lambda - \lambda_n} (\psi, \psi_n) \psi_n \right).$$

（2）如果 $\lambda \in \sigma_p(A)$ 且 $\lambda \neq 0$，则线性问题

$$(\lambda I - A)\varphi = \psi$$

有解的充分必要条件是 $\psi \perp \ker(\lambda I - A)$. 这时，线性问题的通解可表示为

$$\varphi = \frac{1}{\lambda} \left(\psi + \sum_{\lambda_n \neq \lambda} \frac{\lambda_n}{\lambda - \lambda_n} (\psi, \psi_n) \psi_n \right) + \sum_{\lambda_n = \lambda} c_n \psi_n.$$

证明 本定理"充要条件"部分就是已知的 Fredholm 两择一定理. 下面我们来推导解的表达式.

(1) 如果将 φ, ψ 写成如下形式：

$$\varphi = \varphi_0 + \sum_{n=1}^{\infty} (\varphi, \psi_n)\psi_n, \quad \psi = \psi_0 + \sum_{n=1}^{\infty} (\psi, \psi_n)\psi_n,$$

其中 $\varphi_0, \psi_0 \in H_0$（$H_0$ 的定义见定理 3.3.2），则 $(\lambda I - A)\varphi = \psi$ 可写成

$$\lambda\Big(\varphi_0 + \sum_{n=1}^{\infty} (\varphi, \psi_n)\psi_n\Big) - \sum_{n=1}^{\infty} \lambda_n(\varphi, \psi_n)\psi_n = \psi = \psi_0 + \sum_{n=1}^{\infty} (\psi, \psi_n)\psi_n,$$

所以

$$\varphi_0 = \frac{1}{\lambda}\psi_0,$$

$$(\varphi, \psi_n) = \frac{1}{\lambda - \lambda_n}(\psi, \psi_n),$$

$$\varphi = \frac{1}{\lambda}\psi_0 + \sum_{n=1}^{\infty} \frac{1}{\lambda - \lambda_n}(\psi, \psi_n)\psi_n.$$

将 ψ_0 再写回 ψ 的表达形式，得

$$\psi_0 = \psi - \sum_{n=1}^{\infty} (\psi, \psi_n)\psi_n,$$

则

$$\varphi = \frac{1}{\lambda}\Big(\psi + \sum_{n=1}^{\infty} \frac{\lambda_n}{\lambda - \lambda_n}(\psi, \psi_n)\psi_n\Big).$$

(2) 由于 $H = H_0 \oplus H_1$（定理 3.3.2），每个向量 φ 可写成如下形式：

$$\varphi = \varphi_0 + \sum_{n=1}^{\infty} (\varphi, \psi_n)\psi_n,$$

其中 $\varphi_0 \in H_0$（H_0 的定义见定理 3.3.2），而 $\psi \perp \ker(\lambda I - A)$，所以它具有如下表达形式：

$$\psi = \psi_0 + \sum_{\lambda_n \neq \lambda} (\psi, \psi_n)\psi_n,$$

其中 $\psi_0 \in H_0$. 于是 $(\lambda I - A)\varphi = \psi$ 可写成

$$\lambda\Big(\varphi_0 + \sum_{n=1}^{\infty} (\varphi, \psi_n)\psi_n\Big) - \sum_{n=1}^{\infty} \lambda_n(\varphi, \psi_n)\psi_n = \psi = \psi_0 + \sum_{\lambda_n \neq \lambda} (\psi, \psi_n)\psi_n,$$

即

$$\lambda\varphi_0 + \sum_{\lambda_n \neq \lambda} (\lambda - \lambda_n)(\varphi, \psi_n)\psi_n = \psi = \psi_0 + \sum_{\lambda_n \neq \lambda} (\psi, \psi_n)\psi_n,$$

所以

$$\varphi_0 = \frac{1}{\lambda}\psi_0,$$

$$(\varphi, \psi_n) = \frac{1}{\lambda - \lambda_n}(\psi, \psi_n), \quad \lambda_n \neq \lambda,$$

$$(\varphi, \psi_n) = c_n, \quad c_n \text{ 为任意常数，如果 } \lambda_n = \lambda,$$

于是

$$\varphi = \frac{1}{\lambda}\psi_0 + \sum_{\lambda_n \neq \lambda}\frac{1}{\lambda - \lambda_n}(\psi, \psi_n)\psi_n + \sum_{\lambda_n = \lambda}c_n\psi_n.$$

将 ψ_0 再写回 ψ 的表达形式，即

$$\psi_0 = \psi - \sum_{\lambda_n \neq \lambda}(\psi, \psi_n)\psi_n,$$

则

$$\varphi = \frac{1}{\lambda}\left(\psi + \sum_{\lambda_n \neq \lambda}\frac{\lambda_n}{\lambda - \lambda_n}(\psi, \psi_n)\psi_n\right) + \sum_{\lambda_n = \lambda}c_n\psi_n. \qquad \square$$

注 定理 3.3.4(2)的等式右端第一项可看作非齐次方程 $(\lambda I - A)\varphi = \psi$ 的"特解"，而后一项正是相应的齐次方程的通解，合起来构成非齐次方程的通解，这与线性方程组有关结果一致. 很明显，问题解不唯一.

6）紧算子理论对于 Fredholm 积分方程的应用

设 $k \in L^2(a,b) \times (a,b)$，则由例 3.1.3，

$$(A\varphi)(s) = \int_a^b k(s,t)\varphi(t)\mathrm{d}t, \quad \forall \varphi \in L^2(a,b)$$

定义了 $L^2(a,b)$ 上的一个紧算子，如果 $k(s,t) = \overline{k(t,s)}$，则 A 为紧自伴算子. 设 $\lambda \in \mathbf{C}$ 且 $\lambda \neq 0$，对于给定的 $\psi \in L^2(a,b)$，非齐次线性积分方程

$$(\lambda I - A)\varphi = \psi$$

或

$$\lambda\varphi(s) - \int_a^b k(s,t)\varphi(t)\mathrm{d}t = \psi(s), \quad s \in (a,b)$$

称为 Fredholm 积分方程.

设 $\{\lambda_n\}$ 是 A 的全部非零特征值（计重数，有几重算几个，按定理 3.3.1 所述方式排列），$\{\psi_n\}$ 为相应的规范正交特征向量列，记

$$H_1 = \overline{\mathrm{span}\{\psi_n\}}, \quad H_0 = H_1^{\perp},$$

则 $L^2(a,b) = H_0 \oplus H_1$. 如果 $H_0 = \{0\}$，则 0 不是 A 的特征值. 否则，0 是 A 的特征值且 H_0 是相应的特征子空间. 设 $\{\tilde{\psi}_j\}$ 是 H_0 的规范正交基，记

$$\{\varphi_m\} = \{\psi_n\} \bigcup \{\tilde{\psi}_j\},$$

则 $\{\varphi_m\}$ 是 $L^2(a,b)$ 的规范正交基. 由习题 1 中第 22 题，$\{\varphi_j(s)\overline{\varphi_l(t)}\}$ 构成 $L^2(a,b) \times (a,b)$ 的规范正交基. 我们来看 A 的积分核在这一组规范正交基下的 Fourier 展开形式. 设

$$k(s,t) = \sum_{j,l=1}^{\infty} k_{j,l} \varphi_j(s) \overline{\varphi_l(t)},$$

则 Fourier 系数

$$k_{j,l} = \int_a^b \mathrm{d}s \int_a^b k(s,t) \varphi_j(s) \overline{\varphi_l(t)} \mathrm{d}t = (A\varphi_j, \varphi_l) = \lambda_j \delta_{jl},$$

于是

$$k(s,t) = \sum_{j=1}^{\infty} \lambda_j \varphi_j(s) \overline{\varphi_j(t)}.$$

如果将空间 $L^2(a,b)$ 中的函数按其关于 $\{\varphi_m\}$ 的 Fourier 系数序列化,则 A 对于函数的作用就相当于一个对角化的矩阵作用在序列上.

按定理 3.3.4,如果 $\lambda \in \mathbf{C}, \lambda \notin \{\lambda_n\}$ 且 $\lambda \neq 0$,则线性问题 Fredholm 方程关于每个 $\psi \in L^2(a,b)$ 都有唯一解

$$\varphi = \frac{1}{\lambda} \left(\psi + \sum_{n=1}^{\infty} \frac{\lambda_n}{\lambda - \lambda_n} (\psi, \varphi_n) \varphi_n \right).$$

如果 $\lambda \in \sigma_p(A)$ 且 $\lambda \neq 0 (\lambda \in \mathbf{R}), \psi \perp \ker(\lambda I - A)$,则线性问题

$$(\lambda I - A)\varphi = \psi$$

有解但不唯一,线性问题的通解可表示为

$$\varphi = \frac{1}{\lambda} \left(\psi + \sum_{\lambda_n \neq \lambda} \frac{\lambda_n}{\lambda - \lambda_n} (\psi, \varphi_n) \varphi_n \right) + \sum_{\lambda_n = \lambda} c_n \varphi_n.$$

习题 3

1. 设 H 为一个 Hilbert 空间,$\psi, \eta \in H$,定义 H 上的算子 $A: A\varphi = (\varphi, \psi)\eta$,证明:$A$ 是 H 上的紧算子.

2. 证明:Hilbert 空间 H 的有限维子空间上投影的算子是紧算子.

3. 证明下列算子都是紧算子并计算它们的谱:

(1) $A: l^2 \to l^2, A\varphi = \psi = (\eta_j)$,其中 $\eta_j = \xi_j / j, j = 1, 2, \cdots$;

(2) $A: L^2[-1,1] \to L^2[-1,1], (A\varphi)(t) = \int_{-1}^{1} t^2 s \varphi(s) \mathrm{d}s$;

(3) $A: L^2[0,1] \to L^2[-1,1], (A\varphi)(t) = \int_{-1}^{1} ts(1-ts) \varphi(s) \mathrm{d}s$.

4. 证明:Hilbert 空间 H 上的单位算子是紧算子当且仅当 H 是有限维的.

5. 设 H 是一个无穷维 Hilbert 空间,A 为 H 上的紧算子,证明:A 在 $B(H)$ 中没有有界逆.

6. 设 H_1, H_2 为 Hilbert 空间,$A \in C(H_1, H_2)$,即 A 为紧算子,证明:$\mathrm{Ran}(A)$ 可分.

7. 设 H 是 Hilbert 空间,$A \in B(H)$,$\{\varphi_n\}$ 为 H 中有界列使得 $\{A\varphi_n - \varphi_n\}$ 在

H 中收敛,证明:若存在某个 $m \geqslant 1$ 使得 A^m 是紧算子,则 $\{\varphi_n\}$ 有收敛子列.

8. 设 $H = L^2(0, +\infty)$,对 $\varphi \in H$,定义

$$A\varphi(s) = \frac{1}{s}\int_0^s \varphi(t)\mathrm{d}t, \quad 0 < s < +\infty,$$

证明:A 是有界的但不是紧的.

9. 设 H 是 Hilbert 空间,证明:

(1) A 是紧算子当且仅当 A^*A 是紧算子;

(2) 若 A 紧,则 A^* 紧.

10. 设 H 是 Hilbert 空间,$A, B \in B(H)$,若 B 紧且满足

$$A^*A \leqslant B^*B, \quad AA^* \leqslant BB^*,$$

证明:A 是紧算子.

11. 设 A 是 Hilbert 空间 H 上的紧算子,$\{\varphi_n\}$ 是一组规范正交向量列,证明:在 H 中,有 $A\varphi_n \to 0, n \to \infty$.

12. 设 H 是一个无穷维 Hilbert 空间,$\{\varphi_n\}$ 是 H 的规范正交基,$\{\psi_n\}$ 是一组正交向量列,$\{k_n\}$ 为一列数,证明:算子

$$A\varphi = \sum_{n=1}^\infty k_n(\varphi, \varphi_n)\psi_n, \quad \forall \varphi \in H$$

是紧算子当且仅当 $k_n \to 0, n \to \infty$.

13. 设 H_1, H_2 是 Hilbert 空间,$A \in B(H_1, H_2)$,$K \in C(H_1, H_2)$,如果 $\mathrm{Ran}(A) \subset \mathrm{Ran}(K)$,证明:$A \in C(H_1, H_2)$.

14. 证明:若 H 是 Hilbert 空间,则对于 H 上任意紧算子 A,都存在一列有限秩算子 $\{A_n\}$ 使得 $A_n \to A, n \to \infty$.

15. 设 $H = L^2[0,1]$,$k(s,t) = \min\{s, t\}$,其中 $0 \leqslant s, t \leqslant 1$,若

$$\mu \neq (n-1/2)^2\pi^2, \ n = 1, 2, \cdots \quad \text{且} \quad \mu \neq 0,$$

证明积分方程

$$\varphi(s) - \mu\int_0^1 k(s,t)\varphi(t)\mathrm{d}t = \psi(s), \quad \varphi, \psi \in H$$

有唯一解,并求出这个解.

16. 设 A 是 Hilbert 空间 H 上的非零紧算子,证明:存在有限或无限单调下降的正数列 $\{a_n\}$,以及 H 的规范正交序列 $\{\varphi_n\}$,$\{\psi_n\}$ 使得

$$A\varphi = \sum_{n \geqslant 1} a_n(\varphi, \varphi_n)\psi_n, \quad \forall \varphi \in H,$$

$$A^*\varphi = \sum_{n \geqslant 1} a_n(\varphi, \psi_n)\varphi_n, \quad \forall \varphi \in H.$$

17. 设 A 是 H 上的自伴算子,并且存在一组由 A 的特征向量组成的 H 的规范正交基. 又设

(1) $\dim \ker(\lambda I - A) < +\infty, \forall \lambda \in \sigma_p(A) \setminus \{0\}$;

（2）$\forall \varepsilon > 0, \sigma_p(A) \backslash [-\varepsilon, \varepsilon]$ 只有有限个值，

证明：A 是 H 上的紧算子.

18. 设 H 是 Hilbert 空间，$A \in B(H)$，$\{e_n\}$ 是 H 上的一组规范正交基，若

$$\sup\{\|A\varphi\| \mid \varphi \perp e_k, k = 1, \cdots, n; \|\varphi\| = 1\} \rightarrow 0, \quad n \rightarrow \infty,$$

证明：A 是紧算子.

19. 试举例说明：存在算子 $A \in B(H)$ 使得 $A, \cdots, A^{m-1}$ 不是紧算子，但 A^m 是紧算子，其中 $m \in \mathbf{N}^*$.

20. 设 A 是 Hilbert 空间 H 上非负紧自伴算子，证明：$\forall p \in \mathbf{N}^*$，存在唯一有界算子 $B \in B(H)$ 使得 $B^p = A$，且 B 也是非负紧自伴算子.

21. 证明：存在某个非恒等的有界线性算子 A，使得对于任意正整数 n，A^n 都不是紧算子.

第二部分

无界线性算子

与

谱分解

4　无界算子

前面几章我们讨论的都是有界线性算子,但并非所有线性算子都有界,微分方程和量子力学所涉及的算子往往是无界的,比如 $L^2(\mathbf{R})$ 中微分算子和乘法算子都无界(见例 2.1.3). 无界算子相当复杂,不仅会涉及算子无界的问题,而且还会涉及算子定义域问题,同样表达形式的算子作用在不同的定义域上,可能会有完全不一样的谱. 当然,同样算子作用在不同定义域上表达了不同的物理问题,具有不同的谱是自然的,所以研究算子的定义域就变得非常有意义. 特别是量子力学中所涉及的算子往往都是无界的,通常要用自伴算子来表示可观测量. 而给定一个作用形式的算子,只有在适当形式的定义域下才是自伴的,并且同一作用形式作用在不同的自伴定义域上表达不同的物理量;另一方面,在研究量子力学时需要求解如下形式的 Schrödinger 方程:

$$\frac{\partial}{\partial t}\psi = -\mathrm{i}H\psi,$$

这个方程的可解性也要求 H 自伴. 所以,给定算子,我们需要知道它作用在怎样的定义域上自伴,而且要与实际物理模型相符. 力学量的观测值正是其对应的自伴算子的谱,所以要选择适当的自伴算子来表示力学量才能与实际模型相符,即谱与观测值一致,这就产生了对称算子的自伴延拓问题.

本章,我们讲闭算子、对称算子以及(无界)自伴算子概念,并证明闭图定理;讲对称算子的自伴延拓,其中包括 von Neumann 延拓、二次型的表示与下半有界算子的 Friedrichs 延拓,以及一个对称算子的自伴延拓之间关系(Krein 定理);讲自伴算子的 Kato 扰动理论及其对 Schrödinger 算子的应用.

4.1　闭线性算子与可闭算子

本节我们讨论闭算子的概念(由 von Neumann 引入),它是研究无界算子的最基本概念. 在分析学中,连续性(算子有界性)是极限换序的基本要求,一个算子放在给定的赋范线性空间上如果无界,在这样的范数拓扑下去讨论这类算子就不够方便,需要重新给出另外的拓扑去讨论,这就是引入闭算子概念的意义. 为此,我们先引入算子的图的概念,以此作为工具去讨论闭算子.

1) 算子的图

设 H 是一个 Hilbert 空间,

$$H \times H = \{\langle \varphi, \psi \rangle \mid \varphi, \psi \in H\}$$

为乘积空间,其上赋予乘积内积,即

$$(\langle \varphi_1, \psi_1 \rangle, \langle \varphi_2, \psi_2 \rangle) = (\varphi_1, \varphi_2) + (\psi_1, \psi_2), \quad \forall \langle \varphi_1, \psi_1 \rangle, \langle \varphi_2, \psi_2 \rangle \in H \times H,$$

则 $H \times H$ 为 Hilbert 空间.

定义 4.1.1　称定义在 Hilbert 空间 H 的稠子空间 $\mathscr{D}(A)$ 上的线性算子 A 为稠定算子.

无界算子理论往往以微分算子和乘法算子为背景,这类算子在 $C_0^\infty(\mathbf{R})$ 作用总有意义,也就是说它们的定义域至少包含 $C_0^\infty(\mathbf{R})$,而 $C_0^\infty(\mathbf{R})$ 在 $L^2(\mathbf{R})$ 中稠,所以乘法算子和微分算子虽然无界,但它们都是稠定的.

定义 4.1.2　设 H 是一个 Hilbert 空间,$A: \mathscr{D}(A)(\subset H) \to H$ 为一个线性算子,$H \times H$ 的子集 $G(A) = \{\langle \varphi, A\varphi \rangle \mid \varphi \in \mathscr{D}(A)\}$ 称为 A 的图.

在平面上,函数 $y = f(x)$,$x \in D$ 的图像用集合来表示就是

$$G(f) = \{(x, f(x)) \mid x \in D\}.$$

算子的图的概念与此表示的道理是一样的,只不过这里的映射 A 是作用在线性空间上的线性算子,因而图 $G(A)$ 是线性子空间.

定理 4.1.1　设 H 是一个 Hilbert 空间,集合 $G \subset H \times H$ 为某算子的图的充要条件是

(1) G 是 $H \times H$ 的子空间;

(2) $\forall \psi \in H$,如果 $\langle 0, \psi \rangle \in G$,则必有 $\psi = 0$.

从而,若 G 是算子 A 的图,则 G 的任意一个子空间 G_1 也是一个算子 A_1 的图,这时 A 的图包含 A_1 的图,A 称为 A_1 的一个延拓,记为 $A_1 \subset A$.

证明　($\Rightarrow$) 若 G 是算子 A 的图,则它显然是 $H \times H$ 的子空间.

若 $\langle 0, \psi \rangle \in G$,即

$$A0 = \psi,$$

因为 A 是线性算子,所以必有 $\psi = 0$,即 (1) 和 (2) 成立.

($\Leftarrow$) 若 (1) 和 (2) 成立,即 G 为 $H \times H$ 的满足 (2) 的子空间,定义映射 A:

$$\mathscr{D}(A) = \{\varphi \mid \varphi \in H \text{ 且存在 } \psi \in H \text{ 使得 } \langle \varphi, \psi \rangle \in G\},$$

$$A\varphi = \psi, \quad \forall \varphi \in \mathscr{D}(A),$$

则映射 A 为线性算子.

首先,A 的定义是合理的.

事实上,$\forall \varphi \in \mathscr{D}(A)$,若 $A\varphi = \psi_1$ 且 $A\varphi = \psi_2$,则 $\langle \varphi, \psi_1 \rangle, \langle \varphi, \psi_2 \rangle \in G$,而 G 是一个线性空间,所以 $\langle \varphi, \psi_1 \rangle - \langle \varphi, \psi_2 \rangle = \langle 0, \psi_1 - \psi_2 \rangle \in G$,由条件 (2) 知 $\psi_1 = \psi_2$.

其次，A 是线性的.

$\forall \alpha, \beta \in \mathbf{C}, \varphi_1, \varphi_2 \in \mathscr{D}(A)$，有 $\langle \varphi_1, A\varphi_1 \rangle, \langle \varphi_2, A\varphi_2 \rangle \in G$，而 G 为线性空间，所以

$$\langle \alpha\varphi_1 + \beta\varphi_2, \alpha A\varphi_1 + \beta A\varphi_2 \rangle = \alpha\langle \varphi_1, A\varphi_1 \rangle + \beta\langle \varphi_2, A\varphi_2 \rangle \in G,$$

由 A 的定义，有

$$A(\alpha\varphi_1 + \beta\varphi_2) = \alpha A\varphi_1 + \beta A\varphi_2,$$

即 A 是一个线性算子.　　　　□

2）闭算子与可闭算子

定义 4.1.3　设 H 是一个 Hilbert 空间，$A: \mathscr{D}(A)(\subset H) \to H$ 为一个线性算子，若 A 的图 $G(A)$ 为 $H \times H$ 的闭子空间，则称 A 为闭算子. 设 A 是一个（未必闭）线性算子，$G(A)$ 为 A 的图，如果存在闭算子 $\overline{A}$ 使得 $G(\overline{A}) = \overline{G(A)}$，则称 A 为可闭算子，其中 $\overline{G(A)}$ 为 $G(A)$ 的闭包.

显然，如果 A 为闭算子，则 $G(A)$ 也是 Hilbert 空间，因为它是 Hilbert 空间 $H \times H$ 的闭子空间.

注　给定可闭算子，其闭延拓可能很多，但 $\overline{A}$ 是它的最小闭延拓. 这就是说，如果闭算子 B 是 A 的一个延拓，即 $G(A) \subset G(B)$，则必有

$$G(\overline{A}) = \overline{G(A)} \subset G(B) \quad \text{或} \quad \overline{A} \subset B.$$

根据闭算子的定义，A 为闭算子指的是其图 $G(A)$ 是 $H \times H$ 的闭子空间，而 $H \times H$ 是 Hilbert 空间，子空间的闭性可以用点列来刻画，也就是 $\forall \{\langle \varphi_n, A\varphi_n \rangle\} \subset G(A)$，若 $\langle \varphi_n, A\varphi_n \rangle \to \langle \varphi, \psi \rangle$，则有 $\langle \varphi, \psi \rangle \in G$. 这一性质写明白，并按乘积空间的分量来看就是如下定理：

定理 4.1.2　A 是闭算子的充要条件是 $\forall \{\langle \varphi_n, A\varphi_n \rangle\} \subset G(A)$，若

$$\langle \varphi_n, A\varphi_n \rangle \to \langle \varphi, \psi \rangle,$$

则有 $\langle \varphi, \psi \rangle \in G(A)$，即 $\varphi \in \mathscr{D}(A)$ 且 $A\varphi = \psi$；或者说，对任意的 $\{\varphi_n\} \subset \mathscr{D}(A)$，若 $\{\varphi_n\}$ 与 $\{A\varphi_n\}$ 同时收敛，即

$$\lim_{n\to\infty} \varphi_n = \varphi, \quad \lim_{n\to\infty} A\varphi_n = \psi,$$

则必有 $\varphi \in \mathscr{D}(A)$ 且 $A\varphi = \psi$.

证明　（$\Rightarrow$）设 $\{\varphi_n\} \subset \mathscr{D}(A)$，使得 $\{\langle \varphi_n, A\varphi_n \rangle\} \subset G(A)$ 并且同时有

$$\lim_{n\to\infty} \varphi_n = \varphi, \quad \lim_{n\to\infty} A\varphi_n = \psi,$$

则

$$\| \langle \varphi_n, A\varphi_n \rangle - \langle \varphi, \psi \rangle \| = \sqrt{\| \varphi_n - \varphi \|^2 + \| A\varphi_n - \psi \|^2} \to 0, \quad n \to \infty,$$

即 $\langle \varphi, \psi \rangle \in \overline{G(A)}$. 而 $G(A)$ 闭，所以 $\langle \varphi, \psi \rangle \in G(A)$，即 $\varphi \in \mathscr{D}(A)$ 且 $\psi = A\varphi$.

（$\Leftarrow$）若条件满足 $\langle \varphi, \psi \rangle \in \overline{G(A)}$，证明 $\langle \varphi, \psi \rangle \in G(A)$.

由于 $\langle \varphi, \psi \rangle \in \overline{G(A)}$，则存在 $\langle \varphi_n, A\varphi_n \rangle \in G(A)$，使得

$$\lim_{n\to\infty}\langle\varphi_n,A\varphi_n\rangle=\langle\varphi,\psi\rangle,$$

所以

$$\lim_{n\to\infty}\varphi_n=\varphi,\quad \lim A\varphi_n=\psi,$$

由条件假设可知 $\varphi\in\mathscr{D}(A)$，$\psi=A\varphi$，从而 $\langle\varphi,\psi\rangle=\langle\varphi,A\varphi\rangle\in G(A)$，即 $G(A)$ 为闭子空间. ☐

推论 4.1.1 若 A 是闭算子，则 $(\mathscr{D}(A),\|\cdot\|_A)$ 是 Hilbert 空间，其中

$$\|\varphi\|_A^2=\|\varphi\|^2+\|A\varphi\|^2,\quad \forall\langle\varphi,A\varphi\rangle\in G(A).$$

称 $\|\cdot\|_A$ 为图范数，相应的内积称为图内积. 进一步，$A:(\mathscr{D}(A),\|\cdot\|_A)\to H$ 为有界算子.

证明 易证

$$(\varphi,\psi)_A=(\varphi,\psi)+(A\varphi,\psi)$$

确为 $\mathscr{D}(A)$ 上的一个内积. 设 $\{\varphi_n\}\subset\mathscr{D}(A)$ 为 $\|\cdot\|_A$ - Cauchy 列，则 $\langle\varphi_n,A\varphi_n\rangle$ 为 $G(A)$ 中 Cauchy 列，又因为 A 闭，所以 $G(A)$ 为 Hilbert 空间，因而，存在

$$\langle\varphi,\psi\rangle\in G(A)\quad 且\quad \langle\varphi_n,A\varphi_n\rangle\to\langle\varphi,\psi\rangle,$$

即 $\varphi\in\mathscr{D}(A)$，$A\varphi=\psi$，且

$$\lim_{n\to\infty}\|\varphi_n-\varphi\|_A=(\|\varphi_n-\varphi\|^2+\|A\varphi_n-A\varphi\|^2)^{\frac{1}{2}}=0,$$

所以 $(\mathscr{D}(A),\|\cdot\|_A)$ 完备.

由于

$$\|A\varphi\|\leqslant\|\varphi\|_A,\quad \forall\varphi\in\mathscr{D}(A),$$

所以 $A:(\mathscr{D}(A),\|\cdot\|_A)\to H$ 为有界算子. ☐

如果算子是闭的，则其定义域在图范数下完备，而有了完备性就可以保证一些问题解的存在性，同时在图范数之下，算子在其定义域上还是有界的，这就是研究闭算子的意义. 例如，如果 A 是微分算子，图范数 $\|\cdot\|_A$ 通常就是 Sobolev 范数，尽管微分算子在空间原范数之下是无界的，但若适当选择定义域使之成为闭算子（推论 4.1.1 表明，在 $\mathscr{D}(A)$ 赋予图范数），A 就变成了完备空间上的有界算子. 这说明，根据问题所涉及的算子选择适当空间和适当范数非常重要.

如果线性算子 A 是可闭算子，则 $\overline{G(A)}$ 可以作为一个算子 $\overline{A}$ 的图，即可以定义算子 $\overline{A}$ 使得 $G(\overline{A})=\overline{G(A)}$，这时算子 $\overline{A}$ 当然是闭的. 那么，给定一个算子 A，其图当然也有闭包 $\overline{G(A)}$，而这个闭包满足怎样的条件就可以作为另一个算子的图呢？即在怎样的条件下，A 可闭呢？下面的定理给出一个回答.

定理 4.1.3 设 A 是 Hilbert 空间 H 定义域为 $\mathscr{D}(A)$ 的线性算子，则 A 可闭的充要条件是 $\forall\{\varphi_n\}\subset\mathscr{D}(A)$，若有如下极限

$$\langle\varphi_n,A\varphi_n\rangle\to\langle 0,\psi\rangle,$$

则必有 $\psi=0$. 换句话说，$\forall\{\varphi_n\}\subset\mathscr{D}(A)$，若 $\varphi_n\to 0$ 且 $A\varphi_n\to\psi$，则必有 $\psi=0$.

证明 （⇒）若 A 是可闭算子,即存在闭算子 $\overline{A}$ 使得 $G(\overline{A})=\overline{G(A)}$,则 $\forall\langle\varphi,\psi\rangle$
$\in\overline{G(A)}$,有

$$\overline{A}\varphi=\psi.$$

特别,如果 ψ 满足 $\langle0,\psi\rangle\in\overline{G(A)}$,则有

$$\overline{A}0=\psi,$$

而 $\overline{A}$ 是线性算子,当然有 $\psi=0$.用序列语言表述就是,若

$$\langle\varphi_n,A\varphi_n\rangle\to\langle0,\psi\rangle\in\overline{G(A)},$$

或若 $\varphi_n\to0$ 与 $A\varphi_n\to\psi$ 同时成立,则必有 $\psi=0$.

（⇐）$\forall\{\varphi_n\}\subset\mathscr{D}(A)$,若

$$\varphi_n\to0\quad\text{与}\quad A\varphi_n\to\psi$$

同时成立,就意味着 $\psi=0$.也就是说,若 $\langle0,\psi\rangle\in\overline{G(A)}$,则必有 $\psi=0$.这时,我们定义映射 $\overline{A}$ 如下:

$$\mathscr{D}(\overline{A})=\{\varphi\,|\,\varphi\in H\ \text{且存在}\ \psi\in H\ \text{使得}\ \langle\varphi,\psi\rangle\in\overline{G(A)}\},$$
$$\overline{A}\varphi=\psi,\quad\forall\varphi\in\mathscr{D}(\overline{A}).$$

首先,$\overline{A}$ 的定义有意义.

事实上,$\forall\varphi\in\mathscr{D}(\overline{A})$,若存在 ψ_1,ψ_2 使得

$$\overline{A}\varphi=\psi_1\quad\text{且}\quad\overline{A}\varphi=\psi_2,$$

即同时有 $\langle\varphi,\psi_1\rangle,\langle\varphi,\psi_2\rangle\in\overline{G(A)}$,而 $G(A)$ 是线性空间,所以 $\overline{G(A)}$ 也是线性空间,于是

$$\langle0,\psi_1-\psi_2\rangle=\langle\varphi,\psi_1\rangle-\langle\varphi,\psi_2\rangle\in\overline{G(A)},$$

由假设,有 $\psi_1-\psi_2=0$,从而 $\overline{A}$ 的定义合理.

再证明 $\overline{A}$ 为线性算子.

$\forall\varphi_1,\varphi_2\in\mathscr{D}(\overline{A})$,即存在 ψ_1,ψ_2 使得 $\langle\varphi_1,\psi_1\rangle,\langle\varphi_2,\psi_2\rangle\in\overline{G(A)}$.由定义有

$$\overline{A}\varphi_1=\psi_1,\quad\overline{A}\varphi_2=\psi_2,$$

由于 $\overline{G(A)}$ 是线性空间,所以 $\forall\alpha,\beta\in\mathbf{C}$,有

$$\langle\alpha\varphi_1+\beta\varphi_2,\alpha\overline{A}\varphi_1+\beta\overline{A}\varphi_2\rangle=\alpha\langle\varphi_1,\overline{A}\varphi_1\rangle+\beta\langle\varphi_2,\overline{A}\varphi_2\rangle\in\overline{G(A)},$$

从而,由 $\overline{A}$ 的定义,有 $\alpha\varphi_1+\beta\varphi_2\in\mathscr{D}(\overline{A})$,且

$$\overline{A}(\alpha\varphi_1+\beta\varphi_2)=\alpha\overline{A}\varphi_1+\beta\overline{A}\varphi_2,$$

即 $\overline{A}$ 是一个线性算子.再由 $\overline{A}$ 的定义 $G(\overline{A})=\overline{G(A)}$,因而 $\overline{A}$ 为闭算子. □

有没有不可闭算子呢?即有没有这样的线性算子 A,它的图 $G(A)$ 不闭,而 $\overline{G(A)}$ 虽然是闭的,但又不可作为一个算子的图? 这样的算子显然是存在的.

例 4.1.1 设 $H=L^2(\mathbf{R})$,$\varphi_0\in H$ 且 $\varphi_0\neq0$,

$$\mathscr{D}(A)=C_0^\infty(\mathbf{R}),$$
$$A\varphi=\varphi(0)\varphi_0,\quad\forall\varphi\in\mathscr{D}(A),$$

则 A 是不可闭算子.

事实上,令

$$\varphi_n(x)=\begin{cases} \mathrm{e}^{\frac{1}{2((nx)^2-1)}}, & |x|<\frac{1}{n}, \\ 0, & |x|\geqslant\frac{1}{n}, \end{cases}$$

则 $\varphi_n(0)=\mathrm{e}^{\frac{1}{2}}$,

$$\|\varphi_n\|^2=\int_{-\frac{1}{n}}^{\frac{1}{n}}\mathrm{e}^{\frac{1}{(nx)^2-1}}\mathrm{d}x=\frac{1}{n}\int_{-1}^{1}\mathrm{e}^{\frac{1}{t^2-1}}\mathrm{d}t\to 0, \quad n\to\infty.$$

但 $A\varphi_n=\mathrm{e}^{\frac{1}{2}}\varphi_0$,即

$$\langle\varphi_n,A\varphi_n\rangle\to\langle 0,\mathrm{e}^{\frac{1}{2}}\varphi_0\rangle\in\overline{G(A)},$$

因为 $\mathrm{e}^{\frac{1}{2}}\varphi_0\neq 0$,所以 A 不是可闭算子.

3) 闭算子与连续线性算子

定理 4.1.4 设 $A:\mathscr{D}(A)\to H$ 为一个线性算子.

(1) 如果 A 在其定义域 $\mathscr{D}(A)$ 上连续,则 A 可闭,且 $\mathscr{D}(\overline{A})=\overline{\mathscr{D}(A)}$,而 $\overline{A}$ 就是 A 在 $\mathscr{D}(A)$ 上的连续延拓;

(2) 定义域为 $\mathscr{D}(A)$ 的连续线性算子 A 为闭算子的充要条件是 $\mathscr{D}(A)$ 为 H 的闭子空间.

证明 (1) 设 $\langle\varphi_n,A\varphi_n\rangle\in G(A),\langle\varphi_n,A\varphi_n\rangle\to\langle 0,\psi\rangle$,即

$$\lim_{n\to\infty}\varphi_n=0 \quad 且 \quad \lim_{n\to\infty}A\varphi_n=\psi,$$

由于 A 在其定义域上连续,所以 $\psi=0$,由定理 4.1.2,A 是可闭算子.

$\forall\varphi\in\overline{\mathscr{D}(A)}$,存在 $\{\varphi_n\}\subset\mathscr{D}(A)$ 使得 $\varphi_n\to\varphi$,既然 $\{\varphi_n\}$ 收敛,自然就是 Cauchy 列,而 A 在定义域上连续,$\{A\varphi_n\}$ 也是 Cauchy 列.从而,存在 $\psi\in H$ 使得

$$\lim_{n\to\infty}A\varphi_n=\psi,$$

在 A 的图上来看,即

$$\lim_{n\to\infty}\langle\varphi_n,A\varphi_n\rangle=\langle\varphi,\psi\rangle\in\overline{G(A)}=G(\overline{A}),$$

所以 $\varphi\in\mathscr{D}(\overline{A})$,从而

$$\overline{\mathscr{D}(A)}\subset\mathscr{D}(\overline{A}).$$

又 $\mathscr{D}(\overline{A})\subset\overline{\mathscr{D}(A)}$ 显然成立,所以 $\mathscr{D}(\overline{A})=\overline{\mathscr{D}(A)}$.

(2) 由(1)直接得到. □

在这里我们看到,Hilbert 空间全空间上定义的连续线性算子一定是闭的,其实反过来也对,即全空间上定义的闭算子也是连续的,这就是所谓的"闭图定理",我们将在第 4.2 节给予证明.另外,在定义域上连续的算子一定可闭,但未必就是闭的(除非定义域也是闭的).

例 4.1.2 在定义域上连续的算子不一定闭.

设 H 为一个 Hilbert 空间，$\mathscr{D}(A)$ 为其稠的真子空间，$A=I\big|_{\mathscr{D}(A)}$ ，则 A 稠定，A 在 $\mathscr{D}(A)$ 上连续但不闭.

设 $\varphi_0 \in H \backslash \mathscr{D}(A)$，则 $\varphi_0 \notin \mathscr{D}(A)$ 且存在 $\{\varphi_n\} \subset \mathscr{D}(A)$ 使得 $\varphi_n \rightarrow \varphi_0$，这时

$$\lim_{n\to\infty}A\varphi_n=\lim_{n\to\infty}\varphi_n=\varphi_0,$$

但 $A\varphi_0$ 没有定义，所以 A 不闭.

下面，我们来考察量子力学中的一个基本算子——动量算子 $A=-\mathrm{i}\dfrac{\mathrm{d}}{\mathrm{d}x}$. 记号 $AC_{\mathrm{loc}}(\mathbf{R})$ 表示 $\mathbf{R}$ 上局部绝对连续(在每个有限区间上绝对连续)函数全体.

例 4.1.3 设 $H=L^2(\mathbf{R})$，

$$\mathscr{D}(A)=C_0^\infty(\mathbf{R}),$$
$$A\varphi=-\mathrm{i}\varphi', \quad \varphi\in\mathscr{D}(A).$$

由附录 4 中定理 1，$C_0^\infty(\mathbf{R})$ 在 H 中稠. 对算子 $A=-\mathrm{i}\dfrac{\mathrm{d}}{\mathrm{d}x}$ 来说，它在 H 的稠子空间 $C_0^\infty(\mathbf{R})$ 上一定能作用. 下面来证明它可闭.

设

$$\mathscr{D}(A_1)=\{\varphi\mid\varphi\in L^2(\mathbf{R})\bigcap AC_{\mathrm{loc}}(\mathbf{R}),\varphi'\in L^2(\mathbf{R})\},$$
$$A_1\varphi=-\mathrm{i}\varphi' \quad 且 \quad \varphi\in\mathscr{D}(A_1),$$

则 $A_1\supset A$.

(1) A_1 是闭算子.

事实上，$\forall\{\varphi_n\}\subset\mathscr{D}(A_1)$，若

$$\varphi_n \xrightarrow{\|\cdot\|}\varphi, \quad \varphi_n' \xrightarrow{\|\cdot\|}\psi,$$

由 Riesz 定理，存在 $\{\varphi_{n_k}\}$ 使得

$$\varphi_{n_k}\rightarrow\varphi,\ \text{a.e.}, \quad \varphi_{n_k}'\rightarrow\psi,\ \text{a.e.}$$

对于任意有限区间 $[a,b]$，存在 $x_0\in[a,b]$ 使得 $\varphi_{n_k}(x_0)\rightarrow\varphi(x_0)$. 由于

$$\varphi_{n_k}\in L^2(\mathbf{R})\bigcap AC_{\mathrm{loc}}(\mathbf{R}), \quad \varphi_{n_k}'\in L^2(\mathbf{R}),$$

故在有限区间 $[a,b]$ 上，φ_{n_k}' 也平方可积，因而可积，且 Newton-Leibnitz 公式成立：

$$\varphi_{n_k}(x)=\varphi_{n_k}(x_0)+\int_{x_0}^x\varphi_{n_k}'(t)\mathrm{d}t, \tag{I}$$

于是

$$|\varphi_{n_k}(x)-\varphi_{n_l}(x)|\leqslant|\varphi_{n_k}(x_0)-\varphi_{n_l}(x_0)|+(b-a)^{\frac12}\left|\int_{x_0}^x|\varphi_{n_k}'(t)-\varphi_{n_l}'(t)|^2\mathrm{d}t\right|^{\frac12}$$
$$\leqslant|\varphi_{n_k}(x_0)-\varphi_{n_l}(x_0)|+(b-a)^{\frac12}\|\varphi_{n_k}'-\varphi_{n_l}'\|$$
$$\rightarrow 0, \quad k,l\rightarrow\infty, \forall x\in[a,b],$$

所以 $\varphi_{n_k} \rightrightarrows \varphi$. 由于 $\varphi'_{n_k} \xrightarrow{\|\cdot\|} \psi$, 所以在 $[a,b]$ 上不难证明

$$\left|\int_{x_0}^{x}(\varphi'_{n_k}(t)-\psi(t))\mathrm{d}t\right| \leqslant (b-a)^{\frac{1}{2}}\|\varphi'_{n_k}-\psi\| \to 0,$$

在（Ⅰ）式中令 $k\to\infty$ 有

$$\varphi(x)=\varphi(x_0)+\int_{x_0}^{x}\psi(t)\mathrm{d}t, \qquad （Ⅱ）$$

所以 $\varphi\in L^2(\mathbf{R})\bigcap AC_{\mathrm{loc}}(\mathbf{R}), \varphi'=\psi\in L^2(\mathbf{R})$, 即 $\varphi\in\mathscr{D}(A_1)$ 且

$$A_1\varphi=-\mathrm{i}\varphi',$$

所以 A_1 是闭算子.

（2）显然 $A_1\supset A$, 所以 A 可闭.

注 （1）在这里, 我们实际上讨论了在算子"闭"这个条件下, 求导运算和序列极限可以交换顺序. 其实这恰恰说的是, 如果在闭算子的定义域上赋予图范数后, 闭算子就变成连续算子了, 所以换序是自然的. 这就是"闭"这个概念的好处, 它使得我们可以在其定义域上引入图范数, 一方面使得定义域完备, 另一方面又能使得算子连续.

在数学分析中, 求导和函数列极限换序时, 我们用的是"一致收敛"这个条件. 而一致收敛就是按最大模范数收敛, 用泛函分析语言来表述有关结果就是, 在闭区间上连续函数空间 $C[a,b]$ 上赋予最大模范数 $\|\cdot\|_\infty$ 使之成为 Banach 空间. 而微分算子 D 是其上闭算子（Banach 空间上闭算子的概念类似给出）, 同样, 将其定义域 $C^1[a,b]$ 赋予图范数, D 就是连续的了, 极限换序得以成立. 这样, 那条古典的求导换序定理用泛函分析语言说就是微分算子是闭算子, 在图范数下连续.

（2）通常在量子力学中要求用自伴算子来表示力学量, 以后我们会看到 A_1 是自伴的, 也就是说 A_1 才是确切的动量算子.

（3）以后利用自伴性讨论, 还可进一步证明在例 4.1.3 中, $A_1=\overline{A}$（习题 4 中第 29 题）.

例 4.1.4 设 $H=L^2(\mathbf{R})$,

$$\mathscr{D}(A)=\left\{\varphi\in H\left|\int_{-\infty}^{+\infty}t^2|\varphi(t)|^2\mathrm{d}t<+\infty\right.\right\},$$

$$(A\varphi)(t)=t\varphi(t), \quad \varphi\in\mathscr{D}(A),$$

则 A 是一个闭算子. 证明如下：

（1）A 是无界的.

设

$$\varphi_n=\begin{cases}1, & t\in[n,n+1], \\ 0, & t\notin[n,n+1],\end{cases}$$

则 $\varphi_n\in\mathscr{D}(A), \|\varphi_n\|=1$, 且

$$\| A\varphi_n \| = \frac{1}{3}(3n^2+3n+1) \to +\infty, \quad n \to \infty,$$

所以 A 无界.

（2）A 是闭算子.

设 $\varphi_n \to \varphi$ 且 $A\varphi_n \to \psi$, 则 $\forall M>0$,

$$\int_{-M}^{M} t^2 |\varphi_n - \varphi|^2 \mathrm{d}t \leqslant M^2 \| \varphi_n - \varphi \|^2 \to 0, \quad n \to \infty,$$

这说明 $t\varphi$ 在每个有限区间上平方可积且 $t\varphi_n \to t\varphi$, 而另一方面 $A\varphi_n \to \psi$, 即 $t\varphi_n \to \psi$, 该收敛关系在每个有限区间上自然也成立, 故 $t\varphi = \psi \in H$, 即 $\varphi \in \mathcal{D}(A)$ 且 $A\varphi = \psi$.

这个算子就是量子力学中的坐标算子.

4.2 共轭算子与闭图定理

为了研究无界的自伴算子, 我们先给出共轭算子的概念, 并证明泛函分析中一个重要定理——闭图定理. 我们曾经对有界算子定义过共轭算子, 但对于无界算子会涉及定义域, 情况要复杂很多.

1) 共轭算子

定义 4.2.1 设 A 为稠定线性算子, 令

$$\mathcal{D}(A^*) = \{\psi \in H \,|\, 存在 \eta \in H, 使得 (A\varphi, \psi) = (\varphi, \eta), \forall \varphi \in \mathcal{D}(A)\},$$
$$A^* \psi = \eta, \quad \forall \psi \in \mathcal{D}(A^*),$$

称 A^* 为 A 的共轭算子.

注 （1）定义合理.

事实上, 若 $\forall \psi \in \mathcal{D}(A^*)$, 存在 $\eta_1, \eta_2 \in H$ 使得 $A^*\psi = \eta_1, A^*\psi = \eta_2$ 都成立, 则

$$(\varphi, \eta_1) = (\varphi, \eta_2), \quad \forall \varphi \in \mathcal{D}(A),$$

所以

$$(\varphi, \eta_1 - \eta_2) = 0, \quad \forall \varphi \in \mathcal{D}(A),$$

即 $\eta_1 - \eta_2 \perp \mathcal{D}(A)$, 而 $\mathcal{D}(A)$ 稠, 所以 $\eta_1 = \eta_2$.

（2）由定义,

$$(A\varphi, \psi) = (\varphi, A^*\psi), \quad \forall \varphi \in \mathcal{D}(A), \psi \in \mathcal{D}(A^*).$$

（3）由定义不难证明:

① $(\alpha A)^* = \bar{\alpha} A^*, \forall \alpha \in \mathbf{C}$;

② $(A+B)^* \supset A^* + B^*$, 特别, 如果 B 是有界线性算子, 则等式成立, 即

$$(A+B)^* = A^* + B^*.$$

例 4.2.1 对给定的(无界)线性算子,其共轭算子不一定稠定.

设 $H=L^2(\mathbf{R})$,η 为一个有界可测函数,且 $\eta\notin L^2(\mathbf{R})$,令

$$\mathscr{D}(A) = \left\{ \varphi \in L^2(\mathbf{R}) \,\Big|\, \int_{-\infty}^{+\infty} |\varphi(x)\,\overline{\eta(x)}|\,\mathrm{d}x < +\infty \right\},$$

$$A\varphi = (\varphi,\eta)\varphi_0, \quad \forall \varphi \in \mathscr{D}(A),$$

其中 $(\varphi,\eta) = \int_{-\infty}^{+\infty} \varphi(x)\,\overline{\eta(x)}\,\mathrm{d}x$,$\varphi_0$ 为 $L^2(\mathbf{R})$ 中某非零元素,因为 $C_0^\infty(\mathbf{R}) \subset \mathscr{D}(A)$,所以 A 稠定. 对任意 $\psi \in \mathscr{D}(A^*)$,由定义有 $A^*\psi \in L^2(\mathbf{R})$ 且

$$(\varphi, A^*\psi) = (A\varphi, \psi), \quad \forall \varphi \in \mathscr{D}(A),$$

而

$$\begin{aligned}
(A\varphi, \psi) &= ((\varphi,\eta)\varphi_0, \psi) = (\varphi,\eta)(\varphi_0,\psi) \\
&= (\varphi_0,\psi)\int_{-\infty}^{+\infty} \varphi(x)\,\overline{\eta(x)}\,\mathrm{d}x \\
&= \int_{-\infty}^{+\infty} \varphi(x)\,\overline{\overline{(\varphi_0,\psi)}\eta(x)}\,\mathrm{d}x \\
&= (\varphi, \overline{(\varphi_0,\psi)}\eta), \quad \forall \varphi \in \mathscr{D}(A),
\end{aligned}$$

故 $A^*\psi = \overline{(\varphi_0,\psi)}\eta$. 但要使 $A^*\psi \in L^2(\mathbf{R})$,而 $\eta \notin L^2(\mathbf{R})$,必须 $\overline{(\varphi_0,\psi)}=0$,即 $\psi \perp \varphi_0$,所以 $\mathscr{D}(A^*) \neq L^2(\mathbf{R})$.

2) 算子 A 的共轭算子与 A 的闭延拓

为讨论共轭算子的闭性,我们引入如下的正交旋转映射的概念:

定义 4.2.2 设 H 为一个内积空间,在 $H \times H$ 定义算子如下:

$$U\langle\varphi,\psi\rangle = \langle\psi,-\varphi\rangle, \quad \forall \langle\varphi,\psi\rangle \in H \times H,$$

称 U 为 $H \times H$ 上正交旋转变换算子.

我们来看这个算子的意义. 这个变换类比于平面上的正交变换,在平面 $\mathbf{R}^2$ 上,如果对向量作这种形式的变换,其实就是把向量 (x,y) 变换成与其正交的向量 $(y,-x)$,这个变换不改变图形(集合)的几何性质. 为什么要在 Hilbert 空间的乘积空间上引入这样的变换呢? 我们来看算子 A 与其共轭算子 A^* 的关系:

$$(A\varphi,\psi) = (\varphi,A^*\psi), \quad \forall \varphi \in \mathscr{D}(A), \forall \psi \in \mathscr{D}(A^*).$$

这个关系可以写成

$$(\varphi, A^*\psi) - (A\varphi,\psi) = 0, \quad \forall \varphi \in \mathscr{D}(A), \forall \psi \in \mathscr{D}(A^*),$$

如果把它写成算子图上点的内积形式就变成

$$(\langle\varphi,A\varphi\rangle, \langle A^*\psi,-\psi\rangle) = 0, \quad \forall \varphi \in \mathscr{D}(A), \forall \psi \in \mathscr{D}(A^*),$$

即

$$\langle\varphi,A\varphi\rangle \perp \langle A^*\psi,-\psi\rangle, \quad \forall \varphi \in \mathscr{D}(A), \forall \psi \in \mathscr{D}(A^*).$$

而 $\langle\psi,A^*\psi\rangle$ 才是 $G(A^*)$ 中点,故引入上述变换之后,$U\langle\psi,A^*\psi\rangle = \langle A^*\psi,-\psi\rangle$.

这样,从图的角度来看,A 与 A^* 的上述关系式就变成了
$$G(A) \perp UG(A^*),$$
即 $G(A)$ 与 $G(A^*)$ 的 U 变换的像 $UG(A^*)$ 相互正交. 而 $UG(A^*)$ 与 $G(A^*)$ 的"几何"性质是相同的,利用这种关系,A^* 的闭性讨论会变得很方便,下面我们来仔细讨论.

显然,U 是一个线性算子,且满足如下性质:

引理 4.2.1 (1) U 为酉算子,且 $U^2 = -I$,
$$U^{-1}\langle \varphi, \psi \rangle = \langle -\psi, \varphi \rangle, \quad \forall \langle \varphi, \psi \rangle \in H \times H;$$
(2) $UM^\perp = (UM)^\perp, \forall M \subset H \times H$.

证明 (1) $\forall \langle \varphi, \psi \rangle \in H \times H$,有
$$\| U\langle \varphi, \psi \rangle \| = \| \langle \psi, -\varphi \rangle \| = \sqrt{\|\psi\|^2 + \|-\varphi\|^2} = \| \langle \varphi, \psi \rangle \|,$$
所以算子 U 保范,因而是有界算子.

设 $\langle \varphi, \psi \rangle, \langle \tilde{\varphi}, \tilde{\psi} \rangle \in H \times H$,则由有界共轭算子定义得
$$(\langle \varphi, \psi \rangle, U^*\langle \tilde{\varphi}, \tilde{\psi} \rangle) = (U\langle \varphi, \psi \rangle, \langle \tilde{\varphi}, \tilde{\psi} \rangle) = (\langle \psi, -\varphi \rangle, \langle \tilde{\varphi}, \tilde{\psi} \rangle)$$
$$= (\psi, \tilde{\varphi}) + (-\varphi, \tilde{\psi}) = (\psi, \tilde{\varphi}) + (\varphi, -\tilde{\psi})$$
$$= (\langle \varphi, \psi \rangle, \langle -\tilde{\psi}, \tilde{\varphi} \rangle),$$
所以
$$U^*\langle \tilde{\varphi}, \tilde{\psi} \rangle = \langle -\tilde{\psi}, \tilde{\varphi} \rangle,$$
从而
$$U^*U\langle \varphi, \psi \rangle = U^*\langle \psi, -\varphi \rangle = \langle \varphi, \psi \rangle.$$
于是 $U^*U = I$,所以 U 为酉算子,且 $U^* = U^{-1} = -U, U^2 = -I$.

(2) 证明留作练习.

引理 4.2.2 设 $A: \mathscr{D}(A)(\subset H) \to H$ 为 H 上稠定线性算子,则
$$G(A^*) = U(G(A)^\perp) = (UG(A))^\perp.$$

证明 由 A^* 的定义并应用引理 4.2.1(2),
$$G(A^*) = \{\langle \varphi, \psi \rangle \in H \times H \mid (A\eta, \varphi) = (\eta, \psi), \forall \eta \in \mathscr{D}(A)\}$$
$$= \{\langle \varphi, \psi \rangle \in H \times H \mid (\langle \varphi, \psi \rangle, \langle A\eta, -\eta \rangle) = 0, \forall \langle \eta, A\eta \rangle \in G(A)\}$$
$$= (UG(A))^\perp = U(G(A)^\perp).$$

定理 4.2.1 设 A 为 H 上稠定线性算子,则
(1) A 的共轭算子 A^* 总是闭算子;
(2) A 可闭的充要条件是 $\mathscr{D}(A^*)$ 在 H 中稠,这时 $\overline{A} = A^{**}$;
(3) 若 A 可闭,则 $(\overline{A})^* = A^*$.

证明 (1) 由引理 4.2.2,
$$G(A^*) = (UG(A))^\perp,$$
而一个集合的正交补总是闭的,所以 $G(A^*)$ 为闭的,即 A^* 为闭算子.

（2）由引理 4.2.2 及集合正交补的性质,有
$$\overline{G(A)}=G(A)^{\perp\perp}=(U^{-1}G(A^*))^{\perp}$$
$$=\{\langle\varphi,\psi\rangle\in H\times H\mid\langle\varphi,\psi\rangle\perp U^{-1}G(A^*)\}$$
$$=\{\langle\varphi,\psi\rangle\in H\times H\mid\langle\varphi,\psi\rangle\perp\langle-A^*\eta,\eta\rangle,\forall\,\eta\in\mathscr{D}(A^*)\}$$
$$=\{\langle\varphi,\psi\rangle\in H\times H\mid(\psi,\eta)-(\varphi,A^*\eta)=0,\forall\,\eta\in\mathscr{D}(A^*)\},$$
于是,给定 ψ,
$$\langle0,\psi\rangle\in\overline{G(A)}\Longleftrightarrow\langle0,\psi\rangle\perp\langle-A^*\eta,\eta\rangle,\forall\,\eta\in\mathscr{D}(A^*),$$
即
$$(\psi,\eta)=0,\quad\forall\,\eta\in\mathscr{D}(A^*),$$
或
$$\psi\in\mathscr{D}(A^*)^{\perp},$$
从而"$\langle0,\psi\rangle\in\overline{G(A)}$ 蕴含 $\psi=0$"等价于"$\mathscr{D}(A^*)$ 在 H 中稠",也就是说,$\overline{G(A)}$ 是一个算子的图等价于 A^* 稠定. 若 A^* 稠定,由引理 4.2.2 和引理 4.2.1,有
$$G(A^{**})=U(G(A^*)^{\perp})=U((UG(A))^{\perp})^{\perp}=U^2G(A)^{\perp\perp}$$
$$=-G(A)^{\perp\perp}=G(A)^{\perp\perp}=\overline{G(A)}=G(\overline{A}).$$

（3）若 A 可闭,则
$$G(A^*)=U(G(A)^{\perp})=U(\overline{G(A)})^{\perp}$$
$$=U(G(\overline{A})^{\perp})=G((\overline{A})^*),$$
所以 $A^*=(\overline{A})^*$.

为了讨论逆算子的闭性,我们首先在 $H\times H$ 上引入转置映射 V:
$$V\langle\varphi,\psi\rangle=\langle\psi,\varphi\rangle,\quad\forall\,\langle\varphi,\psi\rangle\in H\times H,$$
则 V 为 $H\times H$ 上等距同构映射.

如果在平面上作这样的变换,就是将点 (x,y) 变成 (y,x),也就是把点关于直线 $y=x$ 对称变换一下,它不改变图形结构.

定理 4.2.2 设 A 为 H 上的闭算子,如果 A 可逆,则 A^{-1} 也是闭算子.

证明 A^{-1} 的图
$$G(A^{-1})=\{\langle\psi,A^{-1}\psi\rangle\mid\psi\in\mathscr{D}(A^{-1})=\mathrm{Ran}(A)\}$$
$$=\{\langle A\varphi,\varphi\rangle\mid\varphi\in\mathscr{D}(A)\}=VG(A),$$
而 $G(A)$ 闭,V 是等距同构映射,所以 $G(A^{-1})$ 作为 $G(A)$ 在 V 之下的像 $VG(A)$ 也是闭的,即 A^{-1} 是闭算子.

注 $G(A^{-1})$ 其实就是 $G(A)$ 的对称像,闭性不会改变.

3）闭图定理

前面我们看到,在定义域上赋予图范数,闭算子就变成了连续算子,也看到,闭定义域上连续线性算子也是闭的,那么闭定义域上闭算子是否连续呢? 答案是对

的,而且是充要条件.

定理 4. 2. 3（Banach 闭图定理） 设 H 为一个 Hilbert 空间,全空间 H 上定义的算子 A 为闭算子的充要条件是它有界线性算子.

证明 （⇐）定理 4. 1. 4(2).

（⇒）记

$$B=\{\psi \mid \psi \in \mathcal{D}(A^*), \|\psi\| \leqslant 1\},$$

则 $\forall \psi \in B$,

$$|(\varphi, A^*\psi)| = |(A\varphi, \psi)| \leqslant \|A\varphi\|, \quad \forall \varphi \in H.$$

这就是说,把 $\{A^*\psi \mid \psi \in B\}$ 看作 H 上的一族线性泛函,它在 H 上是点点有界的. 由第 2 章的共鸣定理(一致有界原理),它必一致有界,即存在 $C>0$ 使得

$$\|A^*\psi\| \leqslant C, \quad \forall \psi \in B,$$

而这正说明 A^* 在其定义域 $\mathcal{D}(A^*)$ 上有界. 而 A 是闭算子,由定理 4. 2. 1, A^* 也是闭算子且 $\mathcal{D}(A^*)$ 在 H 中稠,又由定理 4. 1. 4(2) 可知 $\mathcal{D}(A^*)$ 在 H 中闭,因而 $\mathcal{D}(A^*)=H$,于是 A^* 是 H 上有界线性算子.

既然 A^* 是 H 上有界线性算子,那么 A^{**} 也是 H 上有界线性算子. 而 A 闭,再利用定理 4. 2. 1 得到 $A=A^{**}$,所以 A 是 H 上有界线性算子. $\square$

注 设 H 是一个 Hilbert 空间, $A: \mathcal{D}(A)(\subset H) \rightarrow H$ 为闭算子,记 $H_1 = \mathcal{D}(A)$,要证明 A 为 $H_1 \rightarrow H$ 的连续线性算子,完全类似定义 A 的共轭算子

$$A^*: \mathcal{D}(A^*)(\subset H) \rightarrow H_1,$$

用上述同样的方法我们可以得到更一般的闭图定理：若

$$A: \mathcal{D}(A)(\subset H) \rightarrow H$$

为闭算子,则 A 为 $\mathcal{D}(A) \rightarrow H$ 的连续线性算子的充要条件是 $\mathcal{D}(A)$ 为 H 的闭子空间.（证明留作练习）

4）闭算子谱集与豫解式

定义 4. 2. 3 设 H 为一个 Hilbert 空间, A 为 H 上闭稠定算子, $\lambda \in \mathbf{C}$ 称为 A 的正则点. 如果 $\lambda I - A: \mathcal{D}(A) \rightarrow H$ 为一一对应,记 $R(\lambda, A) = (\lambda I - A)^{-1}$,称它为 A 在 λ 点的豫解式;全体 A 的正则点所组成的集合记为 $\rho(A)$,称为 A 的豫解集; $\sigma(A) = \mathbf{C} \backslash \rho(A)$ 称为 A 的谱集.

注 这时 $\lambda I - A$ 为闭算子,所以 $(\lambda I - A)^{-1}$ 也是,又因为 $\mathcal{D}((\lambda I - A)^{-1}) = H$,所以 $R(\lambda, A) = (\lambda I - A)^{-1}$ 有界(闭图定理).

定理 4. 2. 4 设 A 为稠定闭算子,则

(1) $\rho(A)$ 为复平面 $\mathbf{C}$ 的开集, $\sigma(A)$ 为闭集;

(2) $R(\lambda, A)$ 为 $\rho(A)$ 上解析函数;

(3) $\forall \lambda, \mu \in \rho(A)$,

$$R(\lambda,A)-R(\mu,A)=(\mu-\lambda)R(\mu,A)R(\lambda,A),$$

这个等式称为豫解方程.

这个定理的证明与有界情形是一样的. 需要注意的是,有界算子的谱集是非空有界闭集,而无界算子的谱集有可能是空集,有可能是无界的.

下面我们给出一个例子:作用形式一样,但定义域不同的两个线性算子具有完全不一样的谱.

例 4.2.2 设 $H=L^2[0,1]$,A_1,A_2 定义如下:

$$\mathscr{D}(A_1)=\{\varphi\in L^2[0,1]\,|\,\varphi\text{ 在}[0,1]\text{上绝对连续},\varphi'\in L^2[0,1]\},$$
$$A_1\varphi=\mathrm{i}\varphi',\quad \forall\varphi\in\mathscr{D}(A_1);$$
$$\mathscr{D}(A_2)=\{\varphi\,|\,\varphi\in\mathscr{D}(A_1)\text{且 }\varphi(0)=0\},$$
$$A_2\varphi=\mathrm{i}\varphi',\quad \forall\varphi\in\mathscr{D}(A_2).$$

(1) 因为 $C_0^\infty(0,1)\subset\mathscr{D}(A_2)\subset\mathscr{D}(A_1)$,$C_0^\infty(0,1)$ 在 H 中稠(附录 4 中定理 1),所以 A_1,A_2 都是稠定的.

(2) A_1 和 A_2 都是闭算子.

下面我们证明 A_1 是闭的,而 A_2 的闭性证明是类似的.

设 $\{\varphi_n\}\subset\mathscr{D}(A_1)$,$\lim\limits_{n\to\infty}\varphi_n=\varphi$,且 $\lim\limits_{n\to\infty}A_1\varphi_n=\mathrm{i}\psi$. 要证 $\varphi\in\mathscr{D}(A_1)$ 且 $\varphi'=\psi$.

因为 $\varphi_n\in\mathscr{D}(A_1)$,所以 φ'_n 可积且

$$\varphi_n(x)=\varphi_n(0)+\int_0^x\varphi'_n(t)\mathrm{d}t,$$

$$\left|\int_0^x\varphi'_n(t)\mathrm{d}t-\int_0^x\psi(t)\mathrm{d}t\right|\leqslant\int_0^1|\varphi'_n(t)-\psi(t)|\,\mathrm{d}t$$
$$\leqslant\|\varphi'_n-\psi\|_{L^2}\to 0,\quad n\to\infty,$$

所以

$$\int_0^x\varphi'_n(t)\mathrm{d}t\rightrightarrows\int_0^x\psi(t)\mathrm{d}t,\quad n\to\infty,x\in[0,1].$$

而

$$|\varphi_n(0)-\varphi_m(0)|=\left|\varphi_n(x)-\int_0^x\varphi'_n(t)\mathrm{d}t-\left(\varphi_m(x)-\int_0^x\varphi'_m(t)\mathrm{d}t\right)\right|$$
$$\leqslant|\varphi_n(x)-\varphi_m(x)|+\int_0^x|\varphi'_n(t)-\varphi'_m(t)|\,\mathrm{d}t,$$

两边关于 x 积分(并利用 Schwarz 不等式)得

$$|\varphi_n(0)-\varphi_m(0)|\leqslant\|\varphi_n-\varphi_m\|_{L^2[0,1]}+\int_0^1\int_0^x|\varphi'_n(t)-\varphi'_m(t)|\,\mathrm{d}t\mathrm{d}x$$
$$\leqslant\|\varphi_n-\varphi_m\|+\int_0^1\int_0^1|\varphi'_n(t)-\varphi'_m(t)|\,\mathrm{d}t\mathrm{d}x$$
$$\to 0,\quad m,n\to\infty,$$

所以 $\{\varphi_n(0)\}$ 也是 Cauchy 列,因而它收敛.

设 $\lim\limits_{n\to\infty}\varphi_n(0)=\alpha$，则

$$\lim_{n\to\infty}\varphi_n(x)=\alpha+\int_0^x\psi(t)\,\mathrm{d}t$$

在 $[0,1]$ 上一致成立，于是

$$\varphi(x)=\alpha+\int_0^x\psi(t)\,\mathrm{d}t,$$

因而 $\varphi\in\mathscr{D}(A_1)$，且

$$A_1\varphi=\mathrm{i}\varphi'=\mathrm{i}\psi=\lim_{n\to\infty}A_1\varphi_n,$$

所以 A_1 是闭算子. 同理，A_2 也是闭算子.

(3) $\sigma(A_1)=\sigma_p(A_1)=\mathbf{C}$.

对任意 $\lambda\in\mathbf{C}$，令 $\psi=\mathrm{e}^{-\mathrm{i}\lambda x}$，则 $\psi\in\mathscr{D}(A_1)$ 且 $A_1\psi=\lambda\psi$.

(4) $\sigma(A_2)=\varnothing$.

对任意 $\lambda\in\mathbf{C}$，$\lambda I-A_2:\mathscr{D}(A_2)\to H$ 为一一对应.

对任意 $\varphi\in H$，令

$$(S_\lambda\varphi)(x)=\mathrm{i}\int_0^x\mathrm{e}^{-\mathrm{i}\lambda(x-t)}\varphi(t)\,\mathrm{d}t,$$

则 $S_\lambda\varphi\in\mathscr{D}(A_2)$ 且

$$(\lambda I-A_2)S_\lambda\varphi=\varphi,$$

所以 $\lambda I-A_2$ 是满射.

对任意 $\varphi\in\mathscr{D}(A_2)$，有

$$\begin{aligned}
S_\lambda(\lambda I-A_2)\varphi &= \lambda S_\lambda\varphi-S_\lambda\mathrm{i}\varphi'\\
&= \lambda S_\lambda\varphi+\int_0^x\mathrm{e}^{-\mathrm{i}\lambda(x-t)}\varphi'(t)\,\mathrm{d}t\\
&= \lambda S_\lambda\varphi+\mathrm{e}^{-\mathrm{i}\lambda(x-t)}\varphi(t)\Big|_0^x-\mathrm{i}\lambda\int_0^x\mathrm{e}^{-\mathrm{i}\lambda(x-t)}\varphi(t)\,\mathrm{d}t\\
&= \varphi,
\end{aligned}$$

所以

$$S_\lambda(\lambda I-A_2)=I\Big|_{\mathscr{D}(A_2)},$$

故 $\lambda I-A_2$ 单射.

由于 A_2 是闭算子，所以 $\lambda I-A_2$ 是闭算子，从而 $(\lambda I-A_2)^{-1}$ 是定义在全空间的闭算子. 由闭图定理，它有界，所以 $\lambda\in\rho(A_2)$，因而 $\rho(A_2)=\mathbf{C}$.

4.3 对称算子与自伴算子

本节，我们引入对称算子的功能，讨论其基本性质，并给出对称算子称为自伴算子的条件以及对称算子谱的结构.

1）基本概念

定义 4.3.1 Hilbert 空间 H 上稠定算子 A 称为对称算子,如果 $A \subset A^*$,即
$$\mathscr{D}(A) \subset \mathscr{D}(A^*),$$
$$A^*\varphi = A\varphi, \quad \forall \varphi \in \mathscr{D}(A).$$
对称算子 A 称为自伴的,若 $A = A^*$.

我们曾经讨论过有界自伴算子 A,其定义域是全空间,所以对称就是自伴. 但对于无界算子,对称与自伴是有区别的,下面的例 4.3.1 显示存在对称而非自伴的算子.

例 4.3.1 设 $H = L^2[0,1]$,A 定义为
$$\mathscr{D}(A) = \{\varphi \mid \varphi \in AC[0,1], \varphi' \in L^2[0,1], \varphi(0) = \varphi(1) = 0\},$$
$$A\varphi = -i\varphi', \quad \varphi \in \mathscr{D}(A).$$

（1）A 是稠定的.

由于 $C_0^\infty(0,1)$ 在 $L^2[0,1]$ 中稠,$C_0^\infty(0,1) \subset \mathscr{D}(A)$,所以 A 稠定.

（2）A 是无界的.

设 $\varphi_n(x) = 2\sin n\pi x$,则 $\varphi_n \in \mathscr{D}(A)$,$\|\varphi_n\| = 1$,$n = 1, 2, \cdots$,而 $\|A\varphi_n\| = n\pi \to +\infty$,所以 A 无界.

（3）A 是闭算子（证明同例 4.2.2）.

（4）A 是对称的.

对任意 $\varphi, \psi \in \mathscr{D}(A)$,有
$$(A\varphi, \psi) = \int_0^1 (-i\varphi')\bar{\psi}dx = \int_0^1 \varphi \overline{(-i\psi')}dx = (\varphi, A\psi),$$
所以 A 对称.

（5）A^* 是具有如下形式的微分算子 $-i\dfrac{d}{dx}$:
$$\mathscr{D}(A^*) = \{\psi \mid \psi \in AC[0,1], \psi' \in L^2[0,1]\},$$
$$A^*\psi = -i\psi', \quad \forall \psi \in \mathscr{D}(A^*).$$

事实上,设 $\psi \in AC[0,1]$ 满足 $\psi' \in L^2(0,1)$,则 $\forall \varphi \in \mathscr{D}(A)$,因为 $\varphi(0) = \varphi(1) = 0$,所以分部积分可得
$$(A\varphi, \psi) = -i(\varphi', \psi) = -i\int_0^1 \varphi'(x)\overline{\psi(x)}dx$$
$$= i\int_0^1 \varphi(x)\overline{\psi'(x)}dx = (\varphi, -i\psi'),$$
从而 $\psi \in \mathscr{D}(A^*)$ 且 $A^*\psi = -i\psi'$.

反之,设 $\psi \in \mathscr{D}(A^*)$,令
$$\eta(x) = (A^*\psi)(x), \quad \psi_1(x) = \int_0^x \eta(t)dt,$$

则 $\psi_1\in AC[0,1]$, $\psi_1'\in L^2(0,1)$,

$$\psi_1'=\eta=A^*\psi,$$

$\forall\,\varphi\in\mathscr{D}(A)$,

$$-(\varphi',\psi_1)=(\varphi,\psi_1')=(\varphi,\eta)=(\varphi,A^*\psi)=(A\varphi,\psi)=(-\mathrm{i}\varphi',\psi),$$

所以

$$(-\mathrm{i}\varphi',\psi-\mathrm{i}\psi_1)=0,\quad\forall\,\varphi\in\mathscr{D}(A),$$

即

$$\psi-\mathrm{i}\psi_1\in\mathrm{Ran}(A)^{\perp}.$$

下证 $\psi-\mathrm{i}\psi_1$ 只能是常函数. 为此只要证明 $\mathrm{Ran}(A)^{\perp}\subset\mathrm{span}\{1\}$, 也即只要证明

$$\mathrm{span}\{1\}^{\perp}\subset\mathrm{Ran}(A).$$

事实上, 设 $h\in\mathrm{span}\{1\}^{\perp}$, 则

$$\int_0^1 h\mathrm{d}x=0.$$

因为 $L^2[0,1]\subset L^1[0,1]$, 所以我们可以定义

$$g(x)=\int_0^x h(t)\mathrm{d}t,$$

这样, $g\in AC[0,1]$, $g'=h\in L^2(0,1)$, $g(0)=g(1)=0$, 所以 $g\in\mathscr{D}(A)$, $A(\mathrm{i}g)=h\in\mathrm{Ran}(A)$. 于是

$$\mathrm{Ran}(A)^{\perp}\subset\mathrm{span}\{1\}.$$

这样我们得到, 存在 $C\in\mathbf{C}$ 使得

$$\psi-\mathrm{i}\psi_1=C,$$

即 $\psi\in AC[0,1]$, $\psi'\in L^2[0,1]$,

$$A^*\psi=\eta=\psi_1'=-\mathrm{i}\psi'.$$

从而, A 对称但不是自伴的.

(6) 如果定义

$$\mathscr{D}(A_0)=C_0^{\infty}(0,1),$$
$$A_0\varphi=-\mathrm{i}\varphi',\quad\forall\,\varphi\in\mathscr{D}(A_0),$$

则 $\overline{A_0}=A$.

事实上, 因 $\mathrm{Ran}(A)^{\perp}\subset\mathrm{span}\{1\}$, 而 $C_0^{\infty}(0,1)$ 在 $L^2[0,1]$ 中稠, 所以 $C_0^{\infty}(0,1)$ 在 $\mathrm{Ran}(A)$ 中稠 (利用[15]中引理 1.1.7), 所以 $\forall\,\varphi\in\mathscr{D}(A)$, 如果

$$A\varphi=-\mathrm{i}\varphi',$$

存在 $\{-\mathrm{i}\psi_n\}\subset\mathrm{Ran}(A)\bigcap C_0^{\infty}(0,1)$, 使得

$$\lim_{n\to\infty}\psi_n=\varphi'.$$

设 $-\mathrm{i}\psi_n=A\varphi_n$, 要证明 $\varphi_n\in C_0^{\infty}(0,1)$ 且 $\lim_{n\to\infty}\varphi_n=\varphi$.

由于 $\{-\mathrm{i}\psi_n\}\subset C_0^{\infty}(0,1)$, 所以 $\varphi_n\in C_0^{\infty}(0,1)$, 同例 4.2.2 的方法可得 $\{\varphi_n\}$ 在

$[0,1]$ 上一致收敛于 φ,所以按范数收敛. 这样得到 $\overline{A_0}=A$.

例 4.3.2 设 $H=L^2(\mathbf{R})$,

$$\mathscr{D}(A)=\left\{\varphi\in H\ \middle|\ \int_{-\infty}^{+\infty}x^2|\varphi(x)|^2\mathrm{d}x<+\infty\right\},$$

$$(A\varphi)(x)=x\varphi(x),\quad \varphi\in\mathscr{D}(A),$$

在例 4.1.4,我们已经证明了 A 是一个稠定闭算子. 它也是自伴的.

事实上,易证 A 是对称的.

$\forall\psi\in\mathscr{D}(A)$,

$$(A\varphi,\psi)=\int_{-\infty}^{+\infty}x\varphi(x)\ \overline{\psi(x)}\mathrm{d}x=\int_{-\infty}^{+\infty}\varphi(x)\ \overline{x\psi(x)}\mathrm{d}x$$

$$=(\varphi,A^*\psi),\quad \forall\varphi\in\mathscr{D}(A),$$

令 $\eta(x)=x\psi(x),x\in\mathbf{R}$,

$$(\varphi,\eta)=\int_{-\infty}^{+\infty}\varphi(x)\ \overline{x\psi(x)}\mathrm{d}x=(\varphi,A^*\psi),\quad \forall\varphi\in\mathscr{D}(A),$$

则

$$(\varphi,\eta)|\leqslant\|\varphi\|\|A^*\psi\|,\quad \forall\varphi\in\mathscr{D}(A).$$

因为 $\mathscr{D}(A)$ 稠,所以 (φ,η) 可以延拓成 H 上连续线性泛函. 而

$$(\varphi,\eta)=(\varphi,A^*\psi),\quad \forall\varphi\in\mathscr{D}(A),$$

如果再记 $f=\eta-A^*\psi$,则 f 也定义了一个连续线性泛函使得

$$(\varphi,f)=0,\quad \forall\varphi\in\mathscr{D}(A),$$

由 Riesz 表示定理,$f=0$,于是 $\psi\in\mathscr{D}(A)$,所以 A 自伴.

A 才是确切的一维的坐标算子.

为利用乘法算子讨论 $\mathbf{R}$ 上一阶微分算子(动量算子)的自伴性,我们引入酉等价算子的概念.

定义 4.3.2 设 H 为一个 Hilbert 空间,A,B 为 H 上定义域分别为 $\mathscr{D}(A)$ 和 $\mathscr{D}(B)$ 的线性算子,如果存在 H 上酉算子 U 使得 $\mathscr{D}(A)=U\mathscr{D}(B)$,

$$B=U^{-1}AU,$$

则称 B 与 A 酉等价.

注 这里的酉算子可以理解为空间的坐标变换,也就是物理上讲的参照系的变换. 如果把自伴算子看作力学量,那么酉等价关系其实讨论的是同一力学量在不同参照系对应的算子之间的关系.

命题 4.3.1 设 A,B 为两个酉等价算子,则 A 自伴的充要条件是 B 自伴.

证明很明显,留作练习.

例 4.3.3 设 $H=L^2(\mathbf{R})$,

$$\mathscr{D}(B)=\{\varphi\mid\varphi\in AC_{\mathrm{loc}}(\mathbf{R})\bigcap L^2(\mathbf{R}),\varphi'\in L^2(\mathbf{R})\},$$

$$B\varphi(x)=-\mathrm{i}\varphi'(x),\quad \forall\varphi\in\mathscr{D}(B),$$

这是量子力学的动量算子.

在第 2.5 节,我们已经证明 Fourier 变换 $\mathscr{F}$

$$\mathscr{F}(\varphi)(\lambda) = \frac{1}{\sqrt{2\pi}} \int_{-\infty}^{+\infty} e^{-i\lambda x} \varphi(x) dx, \quad \forall \varphi \in L^2(\mathbf{R})$$

是 H 上酉算子. 动量算子 B 与坐标乘法算子 A 关于 $\mathscr{F}$ 酉等价,即

$$B = \mathscr{F}^{-1} A \mathscr{F}.$$

事实上,由第 1.4 节,我们知道 $V = \text{span}\left\{ \frac{1}{\|h_n\|} H_n(x) e^{-\frac{1}{2}x^2} \,\middle|\, n = 0, 1, \cdots \right\}$ 在 $L^2(\mathbf{R})$ 中稠,且 $V \subset \mathscr{D}(B)$, $\forall \varphi \in V$,

$$(\mathscr{F}^{-1} A \mathscr{F} \varphi)(x) = \frac{1}{\sqrt{2\pi}} \int_{-\infty}^{+\infty} e^{i\lambda x} \frac{1}{\sqrt{2\pi}} \lambda \int_{-\infty}^{+\infty} e^{-i\lambda t} \varphi(t) dt d\lambda.$$

对内层关于 A 的积分进行分部积分得到

$$(\mathscr{F}^{-1} A \mathscr{F} \varphi)(x) = -i\varphi'(x) = B\varphi,$$

即在 V 上有 $B = \mathscr{F}^{-1} A \mathscr{F}$. 易证 $\mathscr{D}(B) = \mathscr{F}^{-1} \mathscr{D}(A)$,于是 $B = \mathscr{F}^{-1} A \mathscr{F}$ 在 $\mathscr{D}(B)$ 上成立,即 B 与 A 酉等价. 而 A 是自伴的,所以 B 也是自伴的.

从物理上讲,如果用位置坐标 x 来表达状态函数 φ,那么坐标算子 A 就是乘法算子

$$(A\varphi)(x) = x\varphi(x),$$

动量算子在位置坐标参照系下就表现为微分算子,即

$$(B\varphi)(x) = -i\varphi'(x).$$

但是,如果用动量坐标 λ 把状态函数表达成 $\hat{\varphi}(\lambda)$,那么动量算子在动量坐标下就表现为乘法算子,而原坐标算子在动量坐标下又转化为微分算子. 这就是这一对算子酉等价的意义.

2) 对称算子的基本性质

(1) 若 A 对称,则 $\overline{\mathscr{D}(A)} = H$,

$$(A\varphi, \psi) = (\varphi, A\psi), \quad \forall \varphi, \psi \in \mathscr{D}(A).$$

A 满足对于定义域中向量 φ, ψ 成立上述等式,这个性质称为 Hermite 性质. 对于有界线性算子,Hermite 性质是在整个空间上成立的;如果对称算子的定义域是全空间,Hermite 性质在全空间成立(下面的定理 4.3.1 表明这样的算子是自伴的而且是有界的).

在有限维空间中,Hermite 矩阵是一定可以对角化的. 最早,Dirac 想利用矩阵对角化思想给出量子力学的运算规则,因而涉及用怎样的算子表示力学量的问题. 力学量的观测值是实数,所以相应的表示算子必须自伴. 量子力学中所遇到的算子常常是无界的,如果直接把 Hermite 矩阵的有关结果拿过来会有问题,这是因为

在有限维中线性变换不涉及定义域问题,线性变换与其共轭变换的定义域都是整个空间,所以对称就是自伴的,但在无穷维空间有很大不同,对称(或 Hermite)未必自伴.为了用算子表示力学量,我们首先选择一个可靠的定义域让算子一定能够作用,如果算子在这样的定义域上闭扩张就是自伴的(本性自伴),也就是说它的自伴延拓是唯一的,那么用它表示某力学量不会产生歧义.但麻烦的是,确实有对称算子的定义域与其共轭算子定义域不一样,比如在例 4.3.1 中,我们选择 $C_0^\infty(0,1)$ 使得微分算子 $A=-\mathrm{i}\dfrac{\mathrm{d}}{\mathrm{d}x}$ 一定能够作用,然后作闭扩张得到例 4.3.1 中的算子 A,但 A 不自伴,还得考虑它能不能进行自伴延拓(如果能,我们会得到许多自伴延拓,然后在其中选择合适的自伴延拓去表示具体的物理问题).这一节我们讨论在怎样的条件下自伴,下一节讨论怎样条件下可以进行自伴延拓以及如何延拓.

(2) 利用极化恒等式易证 A 对称的充要条件是 $\forall\varphi\in\mathscr{D}(A),(A\varphi,\varphi)$ 为实数.

(3) $G(A)\subset G(A^*)$.

(4) 若 B 是 A 的一个延拓,即 $A\subset B$,则 $B^*\subset A^*$.

(5) 若算子 A 对称,则 A 可闭,且
$$A\subset\overline{A}=A^{**}\subset A^*.$$

(6) 闭对称算子自伴的充要条件是 A^* 自伴.

如果对称算子 A 的定义域是全空间,A 就是自伴的,即 $A=A^*$,所以 A 也一定是闭的,而且由闭图定理,我们有下面的定理:

定理 4.3.1(Hellinger-Toeplitz) 定义域为全空间的对称算子必为自伴算子而且有界.

自伴性讨论是非常重要的.Dirac([3])指出,一个自伴算子对应于量子力学中的可观测量,而对称算子不对应可观测量,人们往往误以为对称算子就是自伴的,其实不然.下面本书将用较大篇幅讨论自伴性.

定义 4.3.3 如果 A 为可闭算子,且 $\overline{A}$ 自伴,则称 A 为本性自伴算子,即
$$\overline{A}=A^*=(\overline{A})^*;$$

如果 A 是自伴算子,$\mathscr{D}$ 为 $\mathscr{D}(A)$ 的一个稠子空间,$B=A\big|_{\mathscr{D}}$,若 B 本性自伴且 $\overline{B}=A$,则称 $\mathscr{D}=\mathscr{D}(B)$ 为 $\mathscr{D}(A)$ 的一个核.

定义 4.3.4 Hilbert 空间 H 上稠定算子 A 称为下半有界的,若存在 $C\in\mathbf{R}$ 使得
$$(A\varphi,\varphi)\geqslant C\|\varphi\|^2,\quad\forall\varphi\in\mathscr{D}(A),$$
其中 C 称为 A 的一个下界.

注 由定义,若 A 下半有界,则 $\forall\varphi\in\mathscr{D}(A),(A\varphi,\varphi)$ 为实数,所以 A 必是对称的.

3）对称算子的亏指数

在引理 2.4.2 中我们曾经给出，对于 Hilbert 空间 H 上有界线性算子 S，空间有如下分解：

$$H = \overline{\mathrm{Ran}S} \oplus \ker S^*.$$

该分解相当于有限维空间中关于线性变换的维数公式在无穷维空间的一个表达形式，它对于讨论算子的谱很重要. 这一分解不仅对有界算子成立，对一般的线性算子也是对的，而且对于闭对称算子 A，当 $S = \lambda I - A (\mathrm{Im}\lambda \neq 0)$ 时，该分解中"闭包"这个要求多余，我们有如下结果：

引理 4.3.1　设 A 为闭对称算子，$\mathrm{Im}\lambda \neq 0$，则 $\ker(\lambda I - A) = \{0\}$ 且 $\mathrm{Ran}(\lambda I - A)$ 为闭子空间，从而

$$H = \mathrm{Ran}(\lambda I - A) \oplus \ker(\bar{\lambda} I - A^*) = \mathrm{Ran}(\bar{\lambda} I - A) \oplus \ker(\lambda I - A^*).$$

进一步，如果 A 为稠定的闭的具有下界 C 的下半有界算子，当 $\lambda \in \mathbf{C} \backslash [C, +\infty)$ 时，上述结论都成立.

证明　（1）设 A 对称，$\lambda \in \mathbf{C}, \varphi \in \mathscr{D}(A)$，则

$$
\begin{aligned}
\| (\lambda I - A)\varphi \|^2 &= (\lambda\varphi - A\varphi, \lambda\varphi - A\varphi) \\
&= |\lambda|^2 \|\varphi\|^2 - 2\mathrm{Re}\lambda(\varphi, A\varphi) + \|A\varphi\|^2 \\
&\geqslant |\lambda|^2 \|\varphi\|^2 - 2|\mathrm{Re}\lambda| \|\varphi\| \|A\varphi\| + \|A\varphi\|^2 \\
&= ((\mathrm{Re}\lambda)^2 + (\mathrm{Im}\lambda)^2) \|\varphi\|^2 - 2|\mathrm{Re}\lambda| \|\varphi\| \|A\varphi\| + \|A\varphi\|^2 \\
&= (|\mathrm{Re}\lambda| \|\varphi\| - \|A\varphi\|)^2 + (\mathrm{Im}\lambda)^2 \|\varphi\|^2 \\
&\geqslant (\mathrm{Im}\lambda)^2 \|\varphi\|^2,
\end{aligned}
$$

所以 $\ker(\lambda I - A) = \{0\}$ 且 $\mathrm{Ran}(\lambda I - A)$ 是闭子空间. 同样可得 $\ker(\bar{\lambda} I - A) = \{0\}$ 且 $\mathrm{Ran}(\bar{\lambda} I - A)$ 是闭子空间.

（2）关于下半有界算子的证明完全类似. $\qquad\square$

该引理是说，对于线性方程 $(\lambda I - A)\varphi = \psi$，如果 A 对称，当 λ 满足引理条件时，方程的解若存在则唯一.

定义 4.3.5　设 A 为闭对称算子，$\lambda \in \mathbf{C} \backslash \mathbf{R}$（如果 A 为闭的具有下界 C 的下半有界算子，对于 $\lambda \in \mathbf{C} \backslash [C, +\infty)$），定义

$$d(\lambda) = \dim(\mathrm{Ran}(\lambda I - A))^{\perp} = \dim \ker(\bar{\lambda} I - A^*),$$

称为 A 在 λ 处的亏指数.

下面我们将证明闭对称算子的亏指数在开的上下半复平面上分别为常数. 为此，我们先证明一条引理.

引理 4.3.2　（1）设 V, W 为 H 的两个闭子空间，$V \cap W = \{0\}$，则

$$\dim V \leqslant \dim W^{\perp};$$

（2）设 A 为闭对称算子，给定 $\lambda \in \mathbf{C} \backslash \mathbf{R}$，若 $\mu \in \mathbf{C}$ 满足 $|\lambda - \mu| < |\mathrm{Im}\lambda|$，则

$$d(\mu) \leqslant d(\lambda);$$

（3）如果 A 为稠定的闭的具有下界 C 的下半有界算子，上面（2）的结论不仅在上下半平面成立，而且在半实轴上也成立，即给定 $\lambda \in \mathbf{C} \backslash [C, +\infty)$ 时，若 $\mu \in \mathbf{C}$ 满足 $|\lambda - \mu| < |\lambda|$，则

$$d(\mu) \leqslant d(\lambda).$$

证明　（1）若 $\dim W^{\perp} = +\infty$，结论当然成立. 设 $\dim W^{\perp} = l < +\infty$，$\psi_1, \cdots, \psi_l$ 为其规范正交基，若 $\dim V > l$，定义线性变换

$$T: V \to \mathbf{C}^l,$$

$$T(\varphi) = \begin{bmatrix} (\varphi, \psi_1) \\ \vdots \\ (\varphi, \psi_l) \end{bmatrix},$$

则 $\ker T \neq \{0\}$，即存在 $\varphi \in V \cap (W^{\perp})^{\perp} = V \cap W$ 使得 $\varphi \neq 0$，与 $V \cap W = \{0\}$ 矛盾！

（2）令

$$W = \mathrm{Ran}(\lambda I - A), \quad V = \ker(\bar{\mu} I - A^*),$$

由（1），只要证明 $W \cap V = \{0\}$ 即可.

设 $\psi \in W \cap V$，则存在 $\varphi \in \mathscr{D}(A)$ 使得

$$\psi = (\lambda I - A)\varphi,$$

由引理 4.3.1，

$$\|\psi\| \geqslant |\mathrm{Im}\lambda| \|\varphi\|, \tag{I}$$

而 $(\bar{\mu} I - A^*)\psi = 0$，所以

$$(\bar{\lambda} I - A^*)\psi = (\bar{\lambda} - \bar{\mu})\psi,$$

于是

$$\|\psi\|^2 = ((\lambda I - A)\varphi, \psi) = (\varphi, (\bar{\lambda} I - A^*)\psi) = (\bar{\lambda} - \bar{\mu})(\varphi, \psi).$$

由 Cauchy-Schwarz 不等式及（I）式，

$$\|\psi\|^2 \leqslant |\bar{\lambda} - \bar{\mu}| \|\varphi\| \|\psi\| \leqslant \frac{|\bar{\lambda} - \bar{\mu}|}{|\mathrm{Im}\lambda|} \|\psi\|^2,$$

而由假设 $|\lambda - \mu| < |\mathrm{Im}\lambda|$，上述不等式只有当 $\psi = 0$ 时才能成立，于是

$$V \cap W = \{0\}.$$

（3）不妨设 $C = 0$，这时 $\forall \varphi \in \mathscr{D}(A)$，若 $\mathrm{Re}\lambda \leqslant 0$，则有

$$\|(\lambda I - A)\varphi\|^2 \geqslant \|A\varphi\|^2 + |\lambda|^2 \|\varphi\|^2 \geqslant |\lambda|^2 \|\varphi\|^2,$$

所以，完全类似于（2），只要将（2）中不等式（I）换为

$$\|\psi\| \geqslant |\lambda| \|\varphi\|,$$

一切证明类似.　　　　　　　　　　　　　　　　　　　　□

定理 4.3.2　设 A 为闭对称算子，则 A 的亏指数函数 $d(\lambda)$ 在开的上下复半平面分别为常数，即存在常数 $d_{\pm} \in \mathbf{N}^* \cup \{0, +\infty\}$，使得

$$d(\lambda)=d_{\pm}, \quad \forall \lambda\in\mathbf{C}\backslash\mathbf{R}, \pm\mathrm{Im}\lambda>0.$$

d_+, d_-(未必相等)分别称为 A 的正负亏指数. 如果 A 为闭的具有下界 C 的下半有界算子,则存在常数 $d\in\mathbf{N}^*\bigcup\{0,+\infty\}$,使得 $\forall\lambda\in\mathbf{C}\backslash[C,+\infty)$,

$$d(\lambda)=d.$$

证明 设 $\lambda\in\mathbf{C}$,$\mathrm{Im}\lambda>0$,若 $|\mu-\lambda|<\dfrac{1}{2}\mathrm{Im}\lambda$,则 $\mathrm{Im}\mu>\dfrac{1}{2}\mathrm{Im}\lambda$,所以也有

$$|\mu-\lambda|<\frac{1}{2}\mathrm{Im}\mu,$$

由引理 4.3.2(2),可得

$$d(\lambda)=d(\mu),$$

再由开的上半复平面 $\mathbf{C}_+$ 的连通性,存在常数 $d_+\in\mathbf{N}^*\bigcup\{0,+\infty\}$,使得

$$d(\lambda)=d_+, \quad \forall\lambda\in\mathbf{C}\backslash\mathbf{R}, \mathrm{Im}\lambda>0.$$

同理可证下半平面情形.

当 A 为下半有界算子时,由上述证明其亏指数在上下半平面是常数,而利用引理 4.3.2(3)可以证明,当 $r_0<C$ 时,亏指数在 r_0 的一个邻域为常数,因而 A 的正负亏指数相等. □

4) 对称算子的自伴条件

定理 4.3.3 设 A 为闭对称算子,则以下各条件等价:

(1) A 自伴;

(2) $d_+=d_-=0$;

(3) 若 $\lambda\in\mathbf{C}$ 且 $\mathrm{Im}\lambda>0$,则 $\mathrm{Ran}(\lambda I-A)=H$ 且 $\mathrm{Ran}(\bar{\lambda}I-A)=H$.

证明 由引理 4.3.1,(2)与(3)是等价的,所以只要证明(1)与(2)等价.

若 A 自伴,$\lambda\in\mathbf{C}$ 且 $\mathrm{Im}\lambda\neq0$,$\varphi\in\ker(\lambda I-A^*)$,则有

$$\bar{\lambda}\parallel\varphi\parallel^2=(A\varphi,\varphi).$$

由于 A 自伴,上式右端是实数,所以等式只有当 $\varphi=0$ 时才成立,于是

$$\ker(\bar{\lambda}I-A^*)=\{0\},$$

即 $d(\lambda)=0$,从而 $d_+=d_-=0$.

反之,设 A 闭对称,且 $d_+=d_-=0$,$\varphi\in\mathscr{D}(A^*)$,若 $\lambda\in\mathbf{C}$ 且 $\mathrm{Im}\lambda>0$,因为 $d(\lambda)=d_+=0$ 且 $d(\bar{\lambda})=d_-=0$,所以 $\mathrm{Ran}(\lambda I-A)=H$ 且 $\mathrm{Ran}(\bar{\lambda}I-A)=H$,从而存在 $\psi\in\mathscr{D}(A)$ 使得

$$(\lambda I-A)\psi=(\lambda I-A^*)\varphi.$$

而 $A\subset A^*$,所以

$$(\lambda I-A^*)(\psi-\varphi)=0,$$

即 $\psi-\varphi\in\ker(\lambda I-A^*)$. 但 $d_-=0$,$\mathrm{Im}\lambda>0$,故 $\ker(\lambda I-A^*)=\{0\}$,于是 $\varphi=\psi\in$

$\mathscr{D}(A)$,即 $\mathscr{D}(A^*)\subset\mathscr{D}(A)$. 如此我们得到 $\mathscr{D}(A^*)=\mathscr{D}(A)$,即 $A=A^*$. □

在定理 4.3.3 中取 $\lambda=i$,则有如下推论:

推论 4.3.1 设 A 为对称算子,则以下各条件等价:

(1) A 自伴;

(2) A 闭,且 $\ker(A^*\pm iI)=\{0\}$;

(3) $\mathrm{Ran}(A\pm iI)=H$.

5)对称算子谱集的刻画

定理 4.3.4 设 A 为闭对称算子,则 A 的谱集合 $\sigma(A)$ 为下列四种情形之一:

(1) 闭的上半平面;

(2) 闭的下半平面;

(3) 全平面;

(4) 实轴 **R** 上一个闭集.

证明 如果 $\mathrm{Im}\lambda\neq 0$,由引理 4.3.1 得

$$\|(\lambda I-A)\varphi\|\geqslant|\mathrm{Im}\lambda|\|\varphi\|,\quad\forall\varphi\in\mathscr{D}(A),$$

于是 $(\lambda I-A)^{-1}$ 存在,且为闭子空间 $\mathrm{Ran}(\lambda I-A)\to\mathscr{D}(A)$ 的有界线性算子. 由于 A 闭,所以 $(\lambda I-A)^{-1}$ 闭,由闭图定理

$$\lambda\in\rho(A)\Longleftrightarrow\mathrm{Ran}(\lambda I-A)=H\Longleftrightarrow\ker(\bar{\lambda}I-A^*)=\{0\},$$

也就是说,λ 是否为正则点取决于 $\dim\ker(\lambda I-A^*)$ 是否为 0. 而由定理 4.3.2,可知在四种情形下 $\dim\ker(\lambda I-A^*)$ 可能性见表 4-1:

表 4-1　$\dim\ker(\lambda I-A^*)$ 的四种可能

四种可能	上半平面	下半平面
(1)	+	0
(2)	0	+
(3)	+	+
(4)	0	0

所以结论成立. □

利用定理 4.3.4 可得如下推论:

推论 4.3.2 设 A 为闭对称算子,则 A 自伴的充要条件是 $\sigma(A)$ 在 **R** 上.

对于物理问题建立数学模型,符合实验要求是硬道理. 在量子力学中,力学量的观测值都是实数([3]),所以要用自伴算子来表示力学量,此时力学量的观测值与相应的表示算子的谱才能一致. 定理 4.3.4 表明,用对称而不自伴的算子不能表示力学量.

推论 4.3.3　若 A 为闭对称算子，$\rho(A) \bigcap \mathbf{R} \neq \varnothing$，则 A 自伴.

证明　因为 $\rho(A)$ 为开集，所以存在 $\lambda_{\pm} \in \rho(A)$，使得

$$\mathrm{Im}\lambda_+ > 0, \quad \mathrm{Im}\lambda_- < 0, \quad \dim\ker(\lambda_{\pm}I - A^*) = 0.$$

由定理 4.3.1，当 $\mathrm{Im}\lambda \neq 0$ 时，$\lambda \in \rho(A)$，从而 $\sigma(A) \subset \mathbf{R}$，再由推论 4.3.2，可知 A 自伴.　□

4.4　对称算子的自伴延拓

在量子力学中，要用自伴算子表示力学量(比如微分算子或乘法算子)，首先我们要考虑这类算子能够作用的空间作为其定义域(比如 C_0^∞)，但作用在这样的定义域里的算子可能只是对称的，未必自伴，所以不一定能够描述给定的力学量. 因此，我们需要扩充其定义域使得算子不仅自伴，而且能满足数学物理问题要求的自伴条件. 另一方面，自伴算子有谱分解，要想利用谱分解结果，也必须找到适当定义域使得算子自伴. 但并非对称算子都能延拓成自伴算子. 本节，我们讨论怎样的对称算子可以延拓成为自伴算子，以及如何延拓；给出了 von Neumann 延拓方法，并对亏指数有限情形的特例给出 Calkin 方法；讨论一个对称算子两个自伴延拓的豫解式的关系(Krein 定理).

1) 对称算子的共轭算子的定义域表示

定义 4.4.1　设 A 为 H 上对称算子，记

$$K_+ = \ker(A^* - iI) = \mathrm{Ran}(iI + A)^{\perp},$$
$$K_- = \ker(A^* + iI) = \mathrm{Ran}(-iI + A)^{\perp},$$

分别称为 A 的正负亏子空间.

注　为方便起见，这里我们选取了 $\ker(A^* - \lambda I)$，$\lambda = \pm i$ 情形来定义亏子空间. 我们也可以选择虚部不为 0 的 λ 来给出亏子空间 $\ker(A^* - \lambda I)$，而由上一节讨论可知亏指数在上下半平面上是一样的，所以取 $\lambda = \pm i$ 即可.

引理 4.4.1(von Neumann 分解公式)　设 A 为闭对称算子，则 $\mathscr{D}(A^*)$ 有如下形式的直和分解：

$$\mathscr{D}(A^*) = \mathscr{D}(A) \dotplus K_+ \dotplus K_-.$$

即 $\forall \varphi \in \mathscr{D}(A^*)$，存在唯一一组 $\varphi_0 \in \mathscr{D}(A)$，$\varphi_{\pm} \in K_{\pm}$ 使得

$$\varphi = \varphi_0 + \varphi_+ + \varphi_-,$$

而且

$$A^*\varphi = A\varphi_0 + i\varphi_+ - i\varphi_-.$$

证明　(1) 分解的存在性.

设 $\varphi \in \mathscr{D}(A^*)$，$\psi = (A^* + iI)\varphi$，由引理 4.3.1，$\mathrm{Ran}(A + iI)$ 是闭的且

$$H = \text{Ran}(A + iI) \oplus K_+,$$

所以存在 $\varphi_0 \in \mathscr{D}(A), \eta \in K_+$ 即 $A^* \eta = i\eta$，使得

$$\psi = (A + iI)\varphi_0 + \eta.$$

记 $\varphi_+ = (2i)^{-1}\eta$，则 $A^*\varphi_+ = \dfrac{1}{2}\eta$，再令 $\varphi_- = \varphi - \varphi_0 - \varphi_+$，则有

$$(A^* + iI)\varphi_- = (A^* + iI)\varphi - (A^* + iI)\varphi_0 - (A^* + iI)\varphi_+$$
$$= \psi - (A + iI)\varphi_0 - \eta = 0,$$

从而 $\varphi_- \in K_-$，于是

$$\varphi = \varphi_0 + \varphi_+ + \varphi_-.$$

(2) 分解的唯一性.

若

$$\varphi = \varphi_0 + \varphi_+ + \varphi_- = 0, \quad \varphi_0 \in \mathscr{D}(A), \varphi_+ \in K_+, \varphi_- \in K_-,$$

两边作用 $A^* + iI$，则有

$$(A + iI)\varphi_0 + 2i\varphi_+ = 0,$$

又因为 $\text{Ran}(A + iI) \perp K_+$，所以 $(A + iI)\varphi_0 = \varphi_+ = 0$. 同理，两边作用 $A^* - iI$ 可得 $\varphi_- = 0$，最后由假设也有 $\varphi_0 = 0$，即分解唯一. □

上述引理中所说的"直和"分解，在原内积之下只是代数直和分解，而不是正交直和分解，但可以引入新的内积使得上述分解是正交直和分解.

在 $\mathscr{D}(A^*)$ 中引入 A^*-图内积

$$(\varphi, \psi)_{A^*} = (\varphi, \psi) + (A^*\varphi, A^*\psi), \quad \forall \varphi, \psi \in \mathscr{D}(A^*),$$

由于 A^* 是闭算子，所以在 $\mathscr{D}(A^*)$ 中赋予这个内积就变成了 Hilbert 空间.

A 作为对称算子，有 $\mathscr{D}(A) \subset \mathscr{D}(A^*), A \subset A^*$，每个介于 $\mathscr{D}(A)$ 和 $\mathscr{D}(A^*)$ 之间的线性空间都可作为 A 的延拓的定义域. 很明显，算子 B 是 A 的满足 $A \subset B \subset A^*$ 的闭延拓的充分必要条件是其定义域是 $\mathscr{D}(A^*)$ 包含 $\mathscr{D}(A)$ 的 A^*-图范数闭子空间.

再来看对称性的描述. 如果 B 是 A 的闭对称延拓，则 $A \subset B \subset B^* \subset A^*$，这时

$$\mathscr{D}(A) \subset \mathscr{D}(B) \subset \mathscr{D}(B^*) \subset \mathscr{D}(A^*),$$

$\mathscr{D}(B)$ 和 $\mathscr{D}(B^*)$ 在上述 A^*-图内积之下都是 $\mathscr{D}(A^*)$ 的闭子空间. 我们在 $\mathscr{D}(A^*)$ 中引入另一种双线性结构——Lagrange 双线性型

$$[\varphi, \psi] = (A^*\varphi, \psi) - (\varphi, A^*\psi), \quad \forall \varphi, \psi \in \mathscr{D}(A^*),$$

它是 $\mathscr{D}(A^*) \times \mathscr{D}(A^*)$ 上双线性函数（对第一变元线性，第二变元共轭线性），此外还有 $[\varphi, \psi] = -\overline{[\psi, \varphi]}$.

设 $\mathscr{D}$ 为 $\mathscr{D}(A^*)$ 的包含 $\mathscr{D}(A)$ 的 A^*-图范数闭子空间，$\mathscr{D}(A^*)$ 的 A^*-图范数闭子空间 $\mathscr{D}^*$ 称为 $\mathscr{D}$ 的伴随空间，如果

$$\mathscr{D}^* = \{\psi \mid [\varphi, \psi] = 0, \forall \varphi \in \mathscr{D}\},$$

进一步，$\mathscr{D}$ 称为对称的，如果
$$[\varphi,\psi]=0,\quad \forall\varphi,\psi\in\mathscr{D},$$
这时 $\mathscr{D}(A)\subset\mathscr{D}\subset\mathscr{D}^*\subset\mathscr{D}(A^*)$.

如果 A 或 A^* 是常微分算子，$[\varphi,\psi]$ 实际上就是分部积分时那个"常数项"；如果是偏微分算子，那么这一项就是（Green 公式）区域边界上的积分. 我们利用这个结构来刻画算子的对称性和自伴性.

利用 Lagrange 双线性型术语也可以刻画对称算子的定义域.

引理 4.4.2 如果 A 为闭对称算子，则

（1）$\varphi\in\mathscr{D}(A)$ 的充要条件是
$$[\varphi,\psi]=0,\quad \forall\psi\in\mathscr{D}(A^*);$$

（2）$\psi\in\mathscr{D}(A^*)$ 的充要条件是
$$[\psi,\varphi]=0,\quad \forall\varphi\in\mathscr{D}(A).$$

证明留作练习.

引理 4.4.3 设 A 是一个闭对称算子，则

（1）$\mathscr{D}(A),K_+$ 与 K_- 在 A^*-图内积之下相互正交，且
$$\mathscr{D}(A^*)=\mathscr{D}(A)\oplus_A K_+\oplus_A K_-,$$
其中 $\oplus_A$ 指的是在 A^*-图内积之下的正交直和.

（2）B 为 A 的满足 $A\subset B\subset A^*$ 延拓的充要条件是存在 $K_+\oplus_A K_-$ 的子空间 K，使得 $\mathscr{D}(B)=\mathscr{D}(A)\oplus_A K$；$B$ 闭充要条件是 K 按 A^*-图范数闭；B 对称充要条件是 K 为对称的.

（3）A 的闭对称延拓 B 与 $\mathscr{D}(A^*)$ 的包含 $\mathscr{D}(A)$ 的对称 A^*-图范数闭子空间 $\mathscr{D}$ 一一对应；进一步，A 的闭对称延拓 B 与 $K_+\oplus_A K_-$ 的对称 A^*-图范数闭子空间 K 一一对应.

证明 （1）直和分解部分引理 4.4.1 已经给出，只要证明 $\mathscr{D}(A),K_+$ 与 K_- 在 A^*-图内积之下相互正交.

设 $\varphi_0\in\mathscr{D}(A),\psi\in K_+$，则
$$(\varphi,\psi)_{A^*}=(\varphi,\psi)+(A^*\varphi,A^*\psi)=(\varphi,\psi)+(\varphi,A^*A^*\psi)$$
$$=(\varphi,\psi)-(\varphi,\psi)=0,$$
从而 $\mathscr{D}(A)$ 和 K_+ 在 A^*-图内积下正交. 同样可验证另外两对正交关系.

（2）① 设 B 为 A 的一个延拓，满足 $A\subset B\subset A^*$，令
$$K=\{\psi\in K_+\oplus_A K_-\mid \exists\varphi\in\mathscr{D}(B)\ \text{及}\ \varphi_0\in\mathscr{D}(A)，使得\ \varphi=\varphi_0+\psi\},$$
则 $0\in K$，所以 K 非空且是 $K_+\oplus_A K_-$ 的线性子空间，与 $\mathscr{D}(A)$ 之和为直和，即
$$\mathscr{D}(A)\oplus_A K=\mathscr{D}(B).$$

② 设 B 是 A 的一个延拓，$\mathscr{D}(B)=\mathscr{D}(A)\oplus_A K$，其中 K 为 $K_+\oplus_A K_-$ 的子空间，如果 B 是闭算子，则 K 显然是 A^*-图范数闭的.

反之,如果 K 是 A^*-图范数闭的,要证 B 是闭算子,只要证 $\mathscr{D}(B)$ 按 A^*-图范数闭.设 $\{\varphi_n=\varphi_n^1+\varphi_n^2\mid\varphi_n^1\in\mathscr{D}(A),\varphi_n^2\in K\}\subset\mathscr{D}(B)$ 是 A^*-图范数 Cauchy 列,由于 $\mathscr{D}(A)$ 与 K 在 A^*-图内积之下是正交的,所以,$\forall m,n\in\mathbf{N}^*$,

$$\|\varphi_m-\varphi_n\|_{A^*}^2=\|\varphi_m^1-\varphi_n^1\|_{A^*}^2+\|\varphi_m^2-\varphi_n^2\|_{A^*}^2,$$

所以 $\{\varphi_n^1\}$ 与 $\{\varphi_n^2\}$ 都是 A^*-图范数 Cauchy 列,而 $\mathscr{D}(A)$ 按 A^*-图范数闭,由假设 K 也是按 A^*-图范数闭的,所以存在 $\varphi^1\in\mathscr{D}(A)$ 和 $\varphi^2\in K$ 使得按 A^*-图范数有

$$\varphi_n^1\to\varphi^1,\quad \varphi_n^2\to\varphi^2,$$

即

$$\varphi_n\to\varphi^1+\varphi^2\in\mathscr{D}(B)=\mathscr{D}(A)\oplus_A K,$$

所以 B 是闭算子.

③ 设 B 是 A 的一个延拓,$\mathscr{D}(B)=\mathscr{D}(A)\oplus_A K$,其中 K 为 $K_+\oplus_A K_-$ 的子空间.$\forall\varphi,\psi\in\mathscr{D}(B)$,$\varphi=\varphi_1+\varphi_2$,$\psi=\psi_1+\psi_2$,其中 $\varphi_1,\psi_1\in\mathscr{D}(A)$,$\varphi_2,\psi_2\in K$,有

$$[\varphi,\psi]=[\varphi_1,\psi_1]+[\varphi_1,\psi_2]+[\varphi_2,\psi_1]+[\varphi_2,\psi_2],$$

而 A 是对称算子,所以

$$[\varphi_1,\psi_1]=[\varphi_1,\psi_2]=[\varphi_2,\psi_1]=0,$$

于是

$$[\varphi,\psi]=[\varphi_2,\psi_2],$$

所以 B 对称充要条件是

$$[\varphi,\psi]=[\varphi_2,\psi_2]=0,$$

即 K 为对称的.

(3) 为结论(2)的直接推论. □

为讨论自伴延拓形式,设 H_1 与 H_2 为两个 Hilbert 空间,$U:H_1\to H_2$ 为部分等距算子,$I(U)=\ker U^\perp$ 称为 U 的初始空间.这样,$U:I(U)\to\mathrm{Ran}(U)$ 为等距算子.

定理 4.4.1 设 A 为 H 上闭对称算子,则 A 的闭对称延拓与 K_+ 到 K_- 的在原内积之下的部分等距算子一一对应.

如果 U 是 K_+ 到 K_- 的部分等距算子,$I(U)\subset K_+$ 为其初始空间,则相应的闭对称延拓 A_U 的定义域具有如下形式:

$$\mathscr{D}(A_U)=\{\varphi\mid\varphi=\varphi_0+\varphi_++U\varphi_+,\varphi_0\in\mathscr{D}(A),\varphi_+\in I(U)\},$$

$\forall\varphi_0+\varphi_++U\varphi_+\in\mathscr{D}(A_U)$,

$$A(\varphi_0+\varphi_++U\varphi_+)=A\varphi_0+\mathrm{i}\varphi_+-\mathrm{i}U\varphi_+,$$

如果 $\dim I(U)<+\infty$,则 A_U 亏指数为

$$d_\pm(A_U)=d_\pm(A)-\dim I(U).$$

证明 设 B 为 A 的闭对称延拓,由引理 4.4.3,存在 $K_+\oplus_A K_-$ 的 A^*-图范数闭的对称子空间 K 使得 $\mathscr{D}(B)=\mathscr{D}(A)\oplus_A K$.$\forall\varphi\in K$,存在唯一一组 $\varphi_+\in K_+$,

$\varphi_- \in K_-$ 使得

$$\varphi = \varphi_+ + \varphi_-,$$

由于 K 是对称的,所以

$$0 = [\varphi, \varphi] = (A^* \varphi, \varphi) - (\varphi, A^* \varphi) = 2\mathrm{i}((\varphi_-, \varphi_-) - (\varphi_+, \varphi_+)),$$

即

$$\|\varphi_+\| = \|\varphi_-\|. \qquad (\mathrm{I})$$

也就是说,取定一个 $\varphi \in K$,相应的 φ_+ 与 φ_- 相互唯一确定,并且长度一致. 按这样的确定关系,定义 $U: \varphi_+ = \varphi_-$,即

$$U: K_+ \to K_-,$$
$$I(U) = \{\varphi_+ \in K_+ \mid \exists \varphi_- \in K_- \text{ 使得 } \varphi = \varphi_+ + \varphi_- \in K\},$$

在 $K_+ \backslash I(U)$ 上定义 $U = 0$,则 U 是部分等距算子(由(I)式),且

$$\mathscr{D}(B) = \{\varphi \mid \varphi = \varphi_0 + \varphi_+ + U\varphi_+, \varphi_0 \in \mathscr{D}(A), \varphi_+ \in I(U)\},$$
$$\forall \varphi_0 + \varphi_+ + U\varphi_+ \in \mathscr{D}(B),$$
$$B(\varphi_0 + \varphi_+ + U\varphi_+) = A^*(\varphi_0 + \varphi_+ + U\varphi_+) = A\varphi_0 + \mathrm{i}\varphi_+ - \mathrm{i}U\varphi_+.$$

反过来,如果 $U: K_+ \to K_-$ 是一个部分等距算子,定义

$$\mathscr{D}(A_U) = \{\varphi \mid \varphi = \varphi_0 + \varphi_+ + U\varphi_+, \varphi_0 \in \mathscr{D}(A), \varphi_+ \in I(U)\},$$
$$A_U \varphi = A^*(\varphi_0 + \varphi_+ + U\varphi_+)$$
$$= A\varphi_0 + \mathrm{i}\varphi_+ - \mathrm{i}U\varphi_+, \qquad \forall \varphi = \varphi_0 + \varphi_+ + U\varphi_+ \in \mathscr{D}(A_U),$$

则 $\mathscr{D}(A_U)$ 是 $\mathscr{D}(A^*)$ 的一个 A^*-图范数闭且对称的子空间,从而 A_U 是 A 的一个闭对称延拓.

关于亏指数:设 $\varphi_+^0 \in K_+ \backslash I(U)$,则 $\forall \varphi = \varphi_0 + \varphi_+ + U\varphi_+, \varphi_+ \in I(U)$,

$$[\varphi, \varphi_+^0] = (A^* \varphi, \varphi_+^0) - (\varphi, A^* \varphi_+^0)$$
$$= (A\varphi_0 + \mathrm{i}\varphi_+ - \mathrm{i}U\varphi_+, \varphi_+^0) - (\varphi_0 + \varphi_+ + U\varphi_+, \mathrm{i}\varphi_+^0)$$
$$= 0,$$

即

$$(A_U \varphi, \varphi_+^0) - (\varphi, A^* \varphi_+^0) = (A^* \varphi, \varphi_+^0) - (\varphi, A^* \varphi_+^0)$$
$$= 0, \qquad \forall \varphi = \varphi_0 + \varphi_+ + U\varphi_+,$$

所以 $\varphi_+^0 \in \mathscr{D}(A_U^*)$ 且

$$A_U^* \varphi_+^0 = A^* \varphi_+^0 = \mathrm{i}\varphi_+^0,$$

或者说 $\varphi_+^0 \in K_+(A_U)$,所以

$$d_+(A_U) = d_+(A) - \dim I(U).$$

同样可证

$$d_-(A_U) = d_+(A) - \dim \mathrm{Ran}(U). \qquad \square$$

推论 4.4.1 设 A 为 H 上亏指数为 d_+ 和 d_- 的闭对称算子,则

(1) A 自伴的充要条件是 $d_+ = d_- = 0$;

（2）A 具有自伴延拓的充要条件是 $d_+=d_-$，且 A 自伴延拓与 $K_+ \to K_-$ 的酉算子一一对应；

（3）如果 $d_+=d_-$，B 是 A 的自伴延拓，U 是相应的 $K_+ \to K_-$ 的酉算子，则 B 的定义域具有如下形式：

$$\mathscr{D}(B)=\mathscr{D}(A)\bigoplus_A K,$$

其中 K 为 $K_+ \bigoplus_A K_-$ 的具有如下形式的子空间：

$$K=\{\varphi \mid \varphi=\varphi_+ + U\varphi_+, \varphi_+ \in K_+\};$$

（4）当 $d_+=d_-=d<+\infty$，取定 K_+,K_- 的规范正交基后，$K_+ \to K_-$ 的酉算子 U 可表示为酉矩阵，所以 A 的自伴延拓与 $d\times d$-酉矩阵一一对应.

这时，设 $\psi_1^+,\cdots,\psi_d^+$ 和 $\psi_1^-,\cdots,\psi_d^-$ 分别为 K_+ 和 K_- 的规范正交基，给定酉矩阵 $U=(u_{kl})_{d\times d}$，利用 U 可以定义 $K_+ \to K_-$ 的酉算子

$$U\psi_k^+ = \sum_{l=1}^{d} u_{kl}\psi_l^-, \quad k=1,\cdots,d.$$

相应的，A 的自伴延拓 A_U 的定义域为

$$\mathscr{D}(A_U)=\{\varphi \mid \varphi=\varphi_0+\psi, \varphi_0 \in \mathscr{D}(A), \psi \in \mathrm{span}\{\psi_1^+ + U\psi_1^+,\cdots,\psi_d^+ + U\psi_d^+\}\},$$

即

$$\mathscr{D}(A_U)=\mathscr{D}(A)\bigoplus_A K(U)=\mathscr{D}(A)\bigoplus_A \mathrm{span}\{\psi_1^+ + U\psi_1^+,\cdots,\psi_d^+ + U\psi_d^+\},$$

其中 $\dim K(U)=d$.

注 当 A 为常微分算子时，$K_\pm$ 是一个线性齐次常微分方程的解空间，$d_+=d_-=d<+\infty$，维数有限是自然的.

按照推论 4.4.1，给定亏指数有限（$d_+=d_-=d$）的闭算子 A，对它进行自伴延拓的方案是先分别求解方程

$$A^* \varphi=\mathrm{i}\varphi \quad 和 \quad A^*\psi=-\mathrm{i}\psi$$

的基础解系，并且作为 $K_\pm$ 的规范正交基 $\{\varphi_1,\cdots,\varphi_d\}$ 和 $\{\psi_1,\cdots,\psi_d\}$，则 $\forall \varphi \in K_+$，$\psi \in K_-$，有

$$\varphi = \sum_{k=1}^{d} \alpha_k \varphi_k, \quad \psi = \sum_{k=1}^{d} \beta_k \psi_k.$$

设 U 为 $K_+ \to K_-$ 的酉算子，并在上述基底下 U 表示为矩阵 $U=(u_{ij})_{d\times d}$，若 K 为相应于 U 的 $K_+ \bigoplus K_-$ 的自伴子空间，则 $\forall \varphi+\psi=\varphi+U\varphi \in K$，$\varphi$ 与 ψ 在上述给定规范正交基之下的表示系数满足

$$\begin{bmatrix} \beta_1 \\ \vdots \\ \beta_d \end{bmatrix} = \begin{bmatrix} u_{11} & \cdots & u_{1d} \\ \vdots & \vdots & \vdots \\ u_{d1} & \cdots & u_{dd} \end{bmatrix} \begin{bmatrix} \alpha_1 \\ \vdots \\ \alpha_d \end{bmatrix}.$$

若 A 是 $[a,b]$ 上闭对称的常微分算子，可在 a,b 两端分别给初始条件求 $\{\varphi_1,\cdots,\varphi_d\}$ 和 $\{\psi_1,\cdots,\psi_d\}$，然后按上述方案将 U 所对应的自伴延拓写成边界条件形式.

这种方案的缺点是要解方程 $(A^* \pm iI)\varphi = 0$, 而该方程通常是微分方程, 求解并不容易. 下面我们将此种方案转化为另一形式, 即所谓 Calkin 方法, 其好处是不用解方程.

如果 A 为闭对称算子, B 是 A 的闭延拓, 则 B 和 B^* 的定义域分别具有如下形式:

$$\mathscr{D}(B) = \mathscr{D}(A) \oplus_A K, \quad \mathscr{D}(B^*) = \mathscr{D}(A) \oplus_A K^*,$$

其中 K 和 K^* 是 $K_+ \oplus_A K_-$ 的 A^*-图范数闭子空间. 进一步, 如果 B 是对称的, 即 $A \subset B \subset B^* \subset A^*$, 这时 $K \subset K^*$; 如果 B 自伴, 则 $K = K^*$. 用 Lagrange 双线性型语言来表述 K 与 K^* 之间的关系如下:

引理 4.4.4　如果 A 为闭对称算子, B 是 A 的闭延拓, B 和 B^* 的定义域分别具有如下形式:

$$\mathscr{D}(B) = \mathscr{D}(A) \oplus_A K, \quad \mathscr{D}(B^*) = \mathscr{D}(A) \oplus_A K^*,$$

其中 K 和 K^* 是 $K_+ \oplus_A K_-$ 的 A^*-图范数闭子空间.

(1) $\varphi \in K^*$ 的充要条件是

$$[\psi, \varphi] = 0, \quad \forall \psi \in K;$$

(2) B 对称或 $K \subset K^*$ 的充要条件是

$$[\varphi, \psi] = 0, \quad \forall \varphi, \psi \in K;$$

(3) B 自伴或 $K = K^*$ 的充要条件是

$$K^* = \{\varphi \mid [\psi, \varphi] = 0, \forall \psi \in K\},$$

且

$$K = \{\varphi \mid [\psi, \varphi] = 0, \forall \psi \in K^*\},$$

从而

$$K^* = \{\varphi \mid [\psi, \varphi] = 0, \forall \psi \in K^*\}.$$

证明是程序性的, 留作练习.

定理 4.4.2（Calkin）　设 A 为闭对称算子, $d_+ = d_- = d < +\infty$, B 是 A 的一个闭延拓, $\mathscr{D}(B) = \mathscr{D}(A) \oplus_A K$, $\mathscr{D}(B^*) = \mathscr{D}(A) \oplus_A K^*$ (K, K^* 的意义如前). 如果 B 自伴, 则 $\dim K = d$, 且 B 的定义域有如下表示:

$$\mathscr{D}(B) = \mathscr{D}(A) \oplus_A K = \{\varphi \mid \varphi \in \mathscr{D}(A^*), [\varphi, \psi] = 0, \forall \psi \in K\};$$

如果 $\varphi_1, \cdots, \varphi_d$ 是 K 的一组基底, 则 $[\varphi_k, \varphi_l] = 0, k, l = 1, \cdots, d$, 且

$$\mathscr{D}(B) = \{\varphi \mid \varphi \in \mathscr{D}(A^*), [\varphi, \varphi_k] = 0, k = 1, \cdots, d\}.$$

证明　由引理 4.4.4(3), B 是 A 的自伴延拓的充要条件是存在 $K_+ \oplus_A K_-$ 的子空间 K 使得 $K = K^*$, 且

$$\mathscr{D}(B) = \mathscr{D}(A) \oplus_A K = \{\varphi \mid \varphi \in \mathscr{D}(A^*), [\varphi, \psi] = 0, \forall \psi \in K\}.$$

由定理 4.4.1 及其推论 4.4.1, 存在酉算子 $U: K_+ \to K_-$ 使得

$$K = \{\varphi \mid \varphi = \varphi_+ + U\varphi_+, \varphi_+ \in K_+\},$$

设 $\psi_1,\cdots,\psi_d$ 为 K_+ 的一组基底,则显然

$$K=\text{span}\{\psi_1+U\psi_1,\cdots,\psi_d+U\psi_d\},$$

下证 $\psi_1+U\psi_1,\cdots,\psi_d+U\psi_d$ 线性无关. 设

$$0=\sum_{k=1}^{d}\alpha_k(\psi_k+U\psi_k)=\sum_{k=1}^{d}\alpha_k\psi_k+\sum_{k=1}^{d}\alpha_kU\psi_k,$$

由直和分解性质

$$\sum_{k=1}^{d}\alpha_k\psi_k=\sum_{k=1}^{d}\alpha_kU\psi_k=0,$$

所以 $\alpha_1=\cdots=\alpha_d=0$. 于是 $\dim K=d$.

再来讨论 B 的定义域的表示.

由于 B 是闭算子,所以 $B=B^{**}$,于是 $\varphi\in\mathscr{D}(B)$ 的充要条件是

$$[\varphi,\psi]=0,\quad\forall\psi\in\mathscr{D}(B^*)=\mathscr{D}(A)\bigoplus_A K^*,$$

而 B 自伴,所以 $K=K^*$,从而 $\varphi\in\mathscr{D}(B)$ 的充要条件是

$$[\varphi,\psi]=0,\quad\forall\psi\in\mathscr{D}(B^*)=\mathscr{D}(A)\bigoplus_A K.$$

由于 $\psi\in\mathscr{D}(B^*)=\mathscr{D}(A)\bigoplus_A K$ 可写成

$$\psi=\psi_0+\psi_1,\quad\psi_0\in\mathscr{D}(A),\psi_1\in K,$$

又 $B\subset A^*$,所以自然有 $[\varphi,\psi_0]=0$,于是我们得到 $\varphi\in\mathscr{D}(B)$ 的充要条件是

$$[\varphi,\psi]=0,\quad\forall\psi\in K,$$

即

$$\mathscr{D}(B)=\mathscr{D}(A)\bigoplus_A K=\{\varphi\mid\varphi\in\mathscr{D}(A^*),[\varphi,\psi]=0,\forall\psi\in K\}.$$

余下的结论是显然的. □

在前一节,我们知道全直线上一阶微分算子 $-\mathrm{i}\dfrac{\mathrm{d}}{\mathrm{d}x}$ 在适当定义域下是自伴的,下面再来看看半直线上情况.

例 4.4.1 设 $H=L^2[0,\infty)$,由 $\mathrm{i}\dfrac{\mathrm{d}}{\mathrm{d}x}$ 生成的微分算子 A_0:

$$\mathscr{D}(A_0)=C_0^{\infty}(0,\infty),$$
$$A_0\varphi=\mathrm{i}\varphi',\quad\forall\varphi\in\mathscr{D}(A_0).$$

(1) A_0 为对称算子.

事实上,

$$(A_0\varphi,\psi)=\int_0^{+\infty}\mathrm{i}\varphi'\overline{\psi}\mathrm{d}x=\int_0^{+\infty}\varphi\overline{\mathrm{i}\psi'}\mathrm{d}x$$
$$=(\varphi,A_0\psi),\quad\forall\varphi,\psi\in\mathscr{D}(A_0).$$

(2) A_0^* 及其定义域 $\mathscr{D}(A_0^*)$.

由例 4.1.3 的方法可得

$$\mathscr{D}(A_0^*)=\{\varphi\in L^2[0,\infty)\mid\varphi\in AC_{\text{loc}}[0,\infty),\varphi'\in L^2[0,\infty)\},$$

$$A_0^* = \mathrm{i}\varphi', \quad \forall \varphi \in \mathscr{D}(A_0^*),$$

所以 $\mathscr{D}(A_0^*) \neq \mathscr{D}(A_0)$，即 A_0 不自伴.

（3）A_0 也没有自伴延拓.

如果 $\varphi \in K_+$，即

$$A_0^* \varphi = \mathrm{i}\varphi,$$

或 $-\varphi' = \varphi, \varphi = C\mathrm{e}^{-x}$，而 $\mathrm{e}^{-x} \in L^2[0, \infty)$，所以 $d_+ = 1$.

另一方面，如果 ψ 满足

$$A_0^* \psi = -\mathrm{i}\psi,$$

则 $\psi' = \psi, \psi = C\mathrm{e}^x \notin L^2[0, \infty)(C \neq 0)$，所以 $d_- = 0$.

于是 $d_+ \neq d_-$，由推论 4.4.1，A_0 没有自伴延拓.

例 4.4.2　设 $H = L^2[0, 1]$，算子 A 定义如下：

$$\mathscr{D}(A) = \{\varphi \mid \varphi \in AC[0, 1], \varphi' \in H, \varphi(0) = \varphi(1) = 0\},$$
$$A\varphi = \mathrm{i}\varphi', \quad \forall \varphi \in \mathscr{D}(A),$$

则 A 为闭对称算子，由例 4.3.1，其共轭算子为

$$\mathscr{D}(A^*) = \{\varphi \mid \varphi \in AC[0, 1], \varphi' \in H\},$$
$$A^* \varphi = \mathrm{i}\varphi', \quad \forall \varphi \in \mathscr{D}(A^*).$$

若 $A^* \varphi = \pm \mathrm{i}\varphi$，即 $\mathrm{i}\varphi' = \pm \mathrm{i}\varphi$，则 $\varphi = \mathrm{e}^{\pm x}$，所以 $d_+ = d_- = 1$，故 A 存在自伴延拓.

$K_+ = \mathrm{span}\{\mathrm{e}^x\}, K_- = \mathrm{span}\{\mathrm{e}^{-x}\}$，取 K_+ 与 K_- 的规范正交基

$$\varphi_+ = \sqrt{\frac{2}{\mathrm{e}^2 - 1}} \mathrm{e}^x, \quad \varphi_- = \sqrt{\frac{2}{\mathrm{e}^2 - 1}} \mathrm{e}^{1-x},$$

则 $\| \varphi_\pm \| = 1$，而 $K_+ \to K_-$ 的任意酉算子 U 必具有如下形式：

$$U\varphi_+ \to r\varphi_-, \quad |r| = 1,$$

即单位圆上点 r 与 $K_+ \to K_-$ 的酉算子一一对应，A 的相应于给定的 $|r| = 1$ 所给出的酉算子 U 的自伴延拓为

$$\mathscr{D}(A_r) = \{\varphi \mid \varphi = \varphi_0 + \alpha\varphi_+ + \alpha r\varphi_-, \varphi_0 \in \mathscr{D}(A), \alpha \in \mathbf{C}\},$$
$$A_r \varphi = \mathrm{i}\varphi', \quad \forall \varphi \in \mathscr{D}(A_r).$$

下面我们将 $\mathscr{D}(A_r)$ 写成边界条件形式.

设 $\varphi \in \mathscr{D}(A_r)$，则

$$\varphi(0) = \alpha\sqrt{\frac{2}{\mathrm{e}^2 - 1}} + \alpha r \mathrm{e}\sqrt{\frac{2}{\mathrm{e}^2 - 1}},$$

$$\varphi(1) = \alpha\mathrm{e}\sqrt{\frac{2}{\mathrm{e}^2 - 1}} + \alpha r\sqrt{\frac{2}{\mathrm{e}^2 - 1}},$$

所以 $\varphi(1) = \dfrac{\mathrm{e} + r}{1 + r\mathrm{e}}\varphi(0)$. 直接计算得 $\left| \dfrac{\mathrm{e} + r}{1 + r\mathrm{e}} \right| = 1$.

反之，对上述 U 及相应的 $r \in \mathbf{C}, |r| = 1$，如果 $\varphi \in \mathscr{D}(A^*)$ 满足边界条件

$$\varphi(1)=\frac{e+r}{1+re}\varphi(0),$$

我们证明 $\varphi\in\mathscr{D}(A_r)$.

既然 $\varphi\in\mathscr{D}(A^*)$,由引理 4.4.1,存在 $\alpha,\beta\in\mathbf{C}$ 使得

$$\varphi=\varphi_0+\alpha\varphi_++\beta\varphi_-,\quad \varphi_0\in\mathscr{D}(A),\varphi_\pm\in K_\pm,$$

由边界条件得

$$\frac{\sqrt{2}\,e}{\sqrt{e^2-1}}\alpha+\frac{\sqrt{2}}{\sqrt{e^2-1}}\beta=\frac{e+r}{1+re}\left(\frac{\sqrt{2}}{\sqrt{e^2-1}}\alpha+\frac{\sqrt{2}\,e}{\sqrt{e^2-1}}\beta\right),$$

或者

$$e\alpha+\beta=\frac{e+r}{1+re}(\alpha+e\beta),$$

这就是说 $\beta=r\alpha$,因此 φ 就相应地表示成

$$\varphi=\varphi_0+\alpha\varphi_++\alpha r\varphi_-=\varphi_0+\alpha\varphi_++\alpha U\varphi_+,$$

即 $\varphi\in\mathscr{D}(A_r)$,于是

$$\mathscr{D}(A_r)=\left\{\varphi\in\mathscr{D}(A^*)\,\Big|\,\varphi(1)=\frac{e+r}{1+re}\varphi(0)\right\},$$

$$A_r\varphi=i\varphi',\quad \forall\,\varphi\in\mathscr{D}(A_r).$$

如果记 $\alpha=\dfrac{e+r}{1+re}$,则 $|\alpha|=1$,$\mathscr{D}(A_r)$ 还可写成

$$\mathscr{D}(A_r)=\{\varphi\in\mathscr{D}(A^*)\,|\,\varphi(1)=\alpha\varphi(0)\}.$$

反之,对任何 $|\alpha|=1$,α 也可以表示为 $\alpha=\dfrac{e+r}{1+er}$,令 $r=\dfrac{\alpha-e}{1-\alpha e}$,则 $|r|=1$,我们也可按上述方式定义酉算子,从而得到自伴延拓.从这个角度也可以看到 A 的自伴延拓与单位圆周点的个数一样多.

注 (1)事实上,我们也可不用求解 $(A^*\pm iI)\varphi=0$ 这两个方程的解来求自伴延拓.

按定理 4.4.2,取 $\varphi_1(x)=x,\varphi_2(x)=1-x$,则 $\varphi_1,\varphi_2\notin\mathscr{D}(A)$,但都在 $\mathscr{D}(A^*)$ 中且 φ_1,φ_2 线性无关,利用 φ_1,φ_2 我们可以作满足 $[\varphi_0,\varphi_0]=0$ 的 $K_+\oplus_A K_-$ 中的线性无关元素 φ_0.设这个元素具有如下形式:

$$\varphi_0=\alpha\varphi_1+\beta\varphi_2,\quad \alpha,\beta\ \text{不全为零},$$

由 $[\varphi_0,\varphi_0]=0$,得 $|\varphi_0(1)|^2=|\varphi_0(0)|^2$,即 $|\alpha|=|\beta|$,也就是说每给一对模相等的 α,β,我们就可以得到一个满足条件的 φ_0.有了这样的一个 φ_0,我们就能给出 A 的相应的自伴延拓 A_1,其定义域为

$$\mathscr{D}(A_1)=\{\varphi\in\mathscr{D}(A^*)\,|\,[\varphi,\varphi_0]=0\},$$

其中 $[\varphi,\varphi_0]=0$ 写成边界条件形式就是

$$\varphi(1)\overline{\varphi_0(1)}=\varphi(0)\overline{\varphi_0(0)}\quad \text{或}\quad \bar{\alpha}\varphi(1)=\bar{\beta}\varphi(0).$$

如果记 $\bar{\beta}/\bar{\alpha}=\mathrm{e}^{\mathrm{i}\theta},\theta\in\mathbf{R}$，则边界条件 $[\varphi,\varphi_0]=0$ 又可写成 $\varphi(1)=\mathrm{e}^{\mathrm{i}\theta}\varphi(0)$，从而

$$\mathscr{D}(A_1)=\{\varphi\in\mathscr{D}(A^*)\mid\varphi(1)=\mathrm{e}^{\mathrm{i}\theta}\varphi(0)\}.$$

$\mathrm{e}^{\mathrm{i}\theta}$ 可以取遍单位圆周，所以通过这种办法也可以得到全部自伴延拓. 该种方法的好处在于不必通过解微分方程求 $\varphi_\pm$ 就可得到自伴延拓.

（2）不同的自伴延拓表示的物理意义不同，即位相不同（详见［24］第 142 页和 143 页）.

二阶微分算子的自伴延拓可同样做，但处理起来运算量会大一些.

例 4.4.3　设 $H=L^2[0,1]$，算子 A 的定义如下：

$$\mathscr{D}(A)=\{\varphi\mid\varphi,\varphi'\in AC[0,1],\varphi''\in H,\varphi(0)=\varphi(1)=\varphi'(0)=\varphi'(1)=0\},$$
$$A\varphi=-\varphi'',\quad\forall\varphi\in\mathscr{D}(A).$$

（1）A 是闭对称算子.

首先，容易验证 A 是对称的；其次，如果 $\{\varphi_n\}\subset\mathscr{D}(A)$ 使得

$$\varphi_n\rightarrow\varphi,\quad A\varphi_n=-\varphi_n''\rightarrow\psi$$

同时成立，则同处理一阶算子一样，由 $\{\varphi_n\}$ 的 L^2 范数收敛性可得到 $\{\varphi_n'\}$ 以及 $\{\varphi_n\}$ 的一致收敛. 这样就有 $\varphi,\varphi'\in AC[0,1],\varphi(0)=\varphi(1)=\varphi'(0)=\varphi'(1)=0,\varphi''\in H$，即 $\varphi\in\mathscr{D}(A),A\varphi=-\varphi''$，所以 A 是闭算子.

（2）证明

$$\mathscr{D}(A^*)=\{\varphi\mid\varphi,\varphi'\in AC[0,1],\varphi''\in H\},$$
$$A^*\varphi=-\varphi'',\quad\forall\varphi\in\mathscr{D}(A^*),$$

为此，我们先证明 $(\mathrm{Ran}A)^{\perp}=\mathrm{span}\{1,x\}$.

利用分部积分法，易证 $\forall\varphi\in\mathscr{D}(A),(A\varphi,1)=0$ 且 $(A\varphi,x)=0$，即

$$\mathrm{span}\{1,x\}\subset(\mathrm{Ran}A)^{\perp}.$$

反过来，如果 $\psi\perp\mathrm{span}\{1,x\}$，令

$$\varphi=\int_0^x\int_0^t\overline{\psi(s)}\mathrm{d}s\mathrm{d}t,$$

则 $\varphi,\varphi'\in AC[0,1],\varphi'=\psi\in H,\varphi(0)=\varphi(1)=0,\varphi'(0)=\varphi'(1)=0$，故 $\varphi\in\mathscr{D}(A)$，且

$$A(-\varphi)=\psi,$$

即 $\psi\in\mathrm{Ran}A$，于是 $(\mathrm{Ran}A)^{\perp}=\mathrm{span}\{1,x\}$.

下面我们来刻画 A^* 的定义域. 记

$$\mathscr{D}=\{\varphi\mid\varphi,\varphi'\in AC[0,1],\varphi''\in H\},$$

我们证明 $\mathscr{D}=\mathscr{D}(A^*)$.

若 $\varphi\in\mathscr{D}$，则 $\psi\in\mathscr{D}(A)$，分部积分得到

$$(A\psi,\varphi)=\int_0^1(-\psi'')\bar{\varphi}\mathrm{d}x=\int_0^1\psi\overline{(-\varphi'')}\mathrm{d}x,$$

从而 $\varphi\in\mathscr{D}(A^*)$，且 $A^*\varphi=-\varphi''$，即 $\mathscr{D}\subset\mathscr{D}(A^*)$.

反过来,如果 $\psi \in \mathscr{D}(A^*)$,定义

$$\psi_1 = \int_0^x \int_0^t (A^*\psi)(s)\,\mathrm{d}s\mathrm{d}t,$$

则 $\psi_1 \in \mathscr{D}$,$\forall\, \varphi \in \mathscr{D}(A)$,

$$(\varphi, A^*\psi) = (-\varphi'', \psi),$$

$$(\varphi, A^*\psi) = (\varphi, A^*\psi_1) = (\varphi, -\psi_1'') = (-\varphi'', \psi_1),$$

所以

$$(-\varphi'', \psi - \psi_1) = 0, \quad \forall\, \varphi \in \mathscr{D}(A),$$

即 $\psi - \psi_1 \in (\mathrm{Ran}A)^\perp$,所以,存在 $\alpha_1, \alpha_2 \in \mathbf{C}$ 使得

$$\psi = \psi_1 + \alpha_1 + \alpha_2 x,$$

从而 $\psi \in \mathscr{D}$,于是

$$\mathscr{D}(A^*) = \{\varphi \mid \varphi, \varphi' \in AC[0,1], \varphi'' \in H\},$$

$$A^*\varphi = -\varphi'', \quad \forall\, \varphi \in \mathscr{D}(A^*).$$

(3) 我们解微分方程,若 $A^*\varphi = \pm\mathrm{i}\varphi$,即 $-\varphi'' = \pm\mathrm{i}\varphi$,则得到 K_+ 和 K_- 的基底分别为

$$\varphi_+^1 = \mathrm{e}^{(\frac{\sqrt{2}}{2} + \mathrm{i}\frac{\sqrt{2}}{2})x}, \quad \varphi_+^2 = \mathrm{e}^{-(\frac{\sqrt{2}}{2} + \mathrm{i}\frac{\sqrt{2}}{2})x};$$

$$\varphi_-^1 = \mathrm{e}^{(\frac{\sqrt{2}}{2} - \mathrm{i}\frac{\sqrt{2}}{2})x}, \quad \varphi_-^2 = \mathrm{e}^{-(\frac{\sqrt{2}}{2} - \mathrm{i}\frac{\sqrt{2}}{2})x}.$$

将 φ_+^1, φ_+^2 规范正交化为 ψ_+^1, ψ_+^2,使之成为 K_+ 的规范正交基;将 φ_-^1, φ_-^2 规范正交化为 ψ_-^1, ψ_-^2,使之成为 K_- 的规范正交基. 二阶酉矩阵 $U = (u_{kl})_{2\times2}$ 与 $K_+ \to K_-$ 的酉算子一一对应,也与 A 的自伴延拓一一对应. 定义 $K_+ \to K_-$ 的酉算子 U 具有如下形式:

$$U\psi_+^1 = u_{11}\psi_-^1 + u_{21}\psi_-^2,$$

$$U\psi_+^2 = u_{12}\psi_-^1 + u_{22}\psi_-^2,$$

记

$$\psi_1 = \psi_+^1 + u_{11}\psi_-^1 + u_{21}\psi_-^2, \quad \psi_2 = \psi_+^2 + u_{12}\psi_-^1 + u_{22}\psi_-^2,$$

则相应的自伴延拓 A_U 的定义域为

$$\mathscr{D}(A_U) = \mathscr{D}(A) \oplus_A \mathrm{span}\{\psi_1, \psi_2\},$$

读者自行将它写成边界条件形式.

注 上面,我们使用 von Neumann 方法对 A 进行自伴延拓时需要解两个微分方程求得 K_+ 和 K_- 的规范正交基,如果使用 Calkin 方法就不必求解微分方程. 根据 von Neumann 分解公式

$$\mathscr{D}(A^*) = \mathscr{D}(A) \oplus_A K_+ \oplus_A K_-,$$

其中 $\mathscr{D}(A^*)$ 与 $\mathscr{D}(A)$ 就差一个四维子空间 $K_+ \oplus_A K_-$,而 $\mathscr{D}(A)$ 中函数及其导数在区间端点处为 0,$K_+ \oplus_A K_-$ 函数及其导数在区间端点出至少有一个不为 0,所以我

们先找其中的 4 个线性无关函数 $\varphi_1, \varphi_2, \varphi_3, \varphi_4$,这 4 个函数在区间端点 0 和 1 处取值或导数取值有一个不为 0,然后令

$$\psi_1 = \sum_{k=1}^{4} \alpha_k \varphi_k, \quad \psi_2 = \sum_{k=1}^{4} \beta_k \varphi_k,$$

求得不全为 0 的 $\alpha_k, \beta_k, k=1,2,3,4$ 使得

$$[\psi_j, \psi_l] = 0, \quad j,l = 1,2.$$

由 4 个方程求解 8 个系数 $\alpha_k, \beta_k, k=1,2,3,4$ 总是能办到,每给一组这样的数就得到一对函数 ψ_1, ψ_2,而每一对这样的函数就能给出 A 的一个自伴延拓 B 使得

$$\mathscr{D}(B) = \{\varphi \in \mathscr{D}(A^*) \mid [\varphi, \psi_j] = 0, j = 1,2\}.$$

也可以据此写出自伴延拓的边界条件形式.

关于自伴延拓在常微分算子中的应用请参见[15],那里有完整的理论.

2) 两个自伴延拓的豫解式之差为一个有限秩算子

在线性代数中,对于线性问题

$$Ax = b \quad \text{和} \quad Ax = 0,$$

非齐次方程的通解可以写成齐次方程的通解加上非齐次方程的一个特解形式,即

$$x = \sum_{k=1}^{r} c_k x_k + x_0.$$

这个表达形式也可写成

$$x - x_0 = \sum_{k=1}^{r} c_k x_k,$$

其中 $x_1, \cdots, x_r$ 为齐次方程的基础解系,即非齐次方程任意两个解之差是齐次方程的一个解.

以上形式可以推广到常微分方程,即如果上述线性问题是线性常微分方程,仍然成立. 考虑

$$(\lambda I - A)\varphi = \psi,$$

相应的齐次方程为

$$(\lambda I - A)\varphi = 0,$$

如果对于方程附加适当的条件则方程适定,我们可以把方程的适定性条件看作是附加在微分算子 A 上使之称为令微分方程适定的算子. 如果在某两个适定性条件之下 A 成为 A_1 和 A_2,相应的非齐次方程的解分别可以写成

$$\varphi = R(\lambda, A_1)\psi \quad \text{和} \quad \varphi_0 = R(\lambda, A_2)\psi,$$

则在常微分方程的课程中我们熟知,存在 $c_1, \cdots, c_n$ 使得

$$\varphi - \varphi_0 = R(\lambda, A_1)\psi - R(\lambda, A_2)\psi = \sum_{k=1}^{n} c_n \varphi_k,$$

其中 $\varphi_1,\cdots,\varphi_n$ 为齐次方程的基础解系.

抽象成算子语言,我们有如下形式的 Krein 定理:

定理 4.4.3(Krein) 设 A 为闭对称算子,$d_+=d_-=d<+\infty$,若 A_1,A_2 都是其自伴延拓,$\forall\lambda\in\mathbf{C}$ 且 $\mathrm{Im}\lambda\neq0$,

$$B(\lambda)=(\lambda I-A_1)^{-1}-(\lambda I-A_2)^{-1}$$

是有限秩算子.

证明 首先证明

$$((\lambda I-A_1)^{-1}-(\lambda I-A_2)^{-1})\varphi=0,\quad\forall\varphi\in\mathrm{Ran}(\lambda I-A).$$

事实上,设 $\psi\in\mathscr{D}(A)\subset\mathscr{D}(A_i)$,$i=1,2$,使得 $\varphi=(\lambda I-A)\psi$,则

$$\begin{aligned}
B(\lambda)\varphi&=(\lambda I-A_1)^{-1}(\lambda I-A)\psi-(\lambda I-A_2)^{-1}(\lambda I-A)\psi\\
&=(\lambda I-A_1)^{-1}(\lambda I-A_1)\psi-(\lambda I-A_2)^{-1}(\lambda I-A_2)\psi\\
&=\psi-\psi\\
&=0,
\end{aligned}$$

因为 $H=\mathrm{Ran}(\lambda I-A)\oplus\ker(\bar{\lambda}I-A^*)$,所以

$$\mathrm{Ran}(B(\lambda))\subset B(\lambda)\ker(\bar{\lambda}I-A^*).$$

而 $\ker(\bar{\lambda}I-A^*)$ 为有限维空间,所以 $B(\lambda)$ 是有限秩算子.

设 $\{\varphi_k(\lambda)\}_{k=1}^d$ 为 $\ker(\bar{\lambda}I-A^*)$ 的一组规范正交基,

$$\varphi=\sum_{k=1}^d(\varphi_k(\lambda),\varphi)\varphi_k(\lambda),\quad\forall\varphi\in\ker(\bar{\lambda}I-A^*),$$

则

$$\begin{aligned}
B(\lambda)\varphi&=\sum_{k=1}^d(\varphi,\varphi_k(\lambda))B(\lambda)\varphi_k(\lambda)\\
&=\sum_{k=1}^d(\varphi,\varphi_k(\lambda))\psi_k(\lambda).
\end{aligned}\qquad\square$$

这里假设了 $d_+=d_-=d<+\infty$,这样的算子 A 一般以常微分算子为背景.对于偏微分算子,这个条件一般不成立.

讲到谱分解以后我们还会看到,一个对称算子所有自伴延拓的本性谱都是一样的,区别在于离散点谱.

4.5 二次型的表示与 Friedrichs 自伴延拓

这一节,我们讲二次型的表示与自伴算子.有界对称二次型与一个有界自伴算子一一对应,而对于下半有界的闭二次型也唯一对应一个下半有界的自伴算子.因此,对于下半有界算子(一定对称),我们可以先用它定义闭二次型,从而得到一个保持原下界的自伴延拓,这就是所谓 Friedrichs 自伴延拓.这种方法不仅对于亏指

数有限情形可做,对一般情形也可以做,因而对于一些下半有界的偏微分算子 (Schrödinger 算子)都适用.利用这种办法虽然不可能得到全部的自伴延拓,但还 是给出了一种自伴延拓.

1) Hilbert 空间上二次型及其表示

定义 4.5.1 设 H 为一个 Hilbert 空间,二元函数 $q: H \times H \to \mathbf{C}$ 称为 H 上一 个二次型或双线性泛函,如果 $\forall \alpha, \beta \in \mathbf{C}, \forall \varphi, \psi, \eta \in H$ 有

$$q(\alpha\varphi + \beta\psi, \eta) = \alpha q(\varphi, \eta) + \beta q(\psi, \eta),$$

$$q(\eta, \alpha\varphi + \beta\psi) = \bar{\alpha} q(\eta, \varphi) + \bar{\beta} q(\eta, \psi),$$

若 q 关于两个变元分别连续,则称 q 为连续的二次型.

在数学分析中我们知道,一个二元函数 $f(x, y)$ 关于两个自变量分别连续未 必有 f 连续. 但对于 H 上二次型 q,它关于两个变元 φ, ψ 分别连续就能够导出它 连续,并且还有如下更强的结果:

命题 4.5.1 设 q 是 H 上二次型,如果 q 关于两个变元 φ, ψ 分别连续,则存 在 $M > 0$ 使得

$$|q(\varphi, \psi)| \leqslant M \|\varphi\| \|\psi\|.$$

所以,连续二次型又称为有界二次型.

证明 若 $\forall \psi, q(\varphi, \psi)$ 关于 φ 连续,即 $q_\psi(\varphi) = q(\varphi, \psi)$ 关于第一变元 φ 为连续 线性泛函,则存在 $M(\psi) > 0$ 使得

$$|q_\psi(\varphi)| = |q(\varphi, \psi)| \leqslant M(\psi) \|\varphi\|,$$

再由共鸣定理,存在 $M > 0$ 使得

$$\|q_\psi\| \leqslant M, \quad \forall \psi \in H, \|\psi\| \leqslant 1,$$

即

$$|q(\varphi, \psi)| \leqslant M \|\varphi\| \|\psi\|, \quad \forall \varphi, \psi \in H. \qquad \square$$

例 4.5.1 设 $A \in B(H)$,则

$$q_A(\varphi, \psi) = (A\varphi, \psi), \quad \forall \varphi, \psi \in H$$

为 H 上一个有界二次型.

一个有界线性算子可以定义一个有界二次型,下面我们证明有界二次型也必 由有界算子所确定.

定理 4.5.1 设 q 为 Hilbert 空间 H 上有界二次型,则存在 $A \in B(H)$ 使得

$$q(\varphi, \psi) = (A\varphi, \psi), \quad \forall \varphi, \psi \in H.$$

进一步,如果 q 还满足

$$q(\varphi, \varphi) \in \mathbf{R}, \quad \forall \varphi \in H,$$

则 A 为自伴算子.

证明 (1) 先证明 A 的存在性.

$\forall \psi \in H, q(\varphi, \psi)$ 关于 φ 为 H 上连续线性泛函,所以,由 Riesz 定理,存在唯一 $\eta \in H$ 使得

$$q(\varphi, \psi) = (\varphi, \eta), \quad \forall \varphi, \psi \in H,$$

令 $B\psi = \eta$,易证 $B \in B(H)$,于是

$$q(\varphi, \psi) = (\varphi, B\psi), \quad \forall \varphi, \psi \in H.$$

再令 $A = B^*$,则

$$q(\varphi, \psi) = (A\varphi, \psi), \quad \forall \varphi, \psi \in H.$$

而 A 的唯一性是显然的.

(2) 如果 q 还满足

$$q(\varphi, \varphi) \in \mathbf{R}, \quad \forall \varphi \in H,$$

则

$$q(\varphi, \varphi) = (A\varphi, \varphi) = \overline{(A\varphi, \varphi)} = (\varphi, A\varphi), \quad \forall \varphi \in H.$$

利用极化恒等式,$\forall \varphi, \psi \in H,$

$$\begin{aligned}
(A\varphi, \psi) &= \sum_{k=0}^{3} \mathrm{i}^k (A(\varphi + \mathrm{i}^k \psi), \varphi + \mathrm{i}^k \psi) = \sum_{k=0}^{3} \mathrm{i}^k (\varphi + \mathrm{i}^k \psi, A(\varphi + \mathrm{i}^k \psi)) \\
&= (\psi, A\varphi),
\end{aligned}$$

所以 A 自伴.

2)下半有界二次型的表示

设 A 为下半有界的闭算子,即存在实数 C 使得

$$(A\varphi, \varphi) \geqslant C(\varphi, \varphi), \quad \forall \varphi \in \mathscr{D}(A).$$

如果

$$C = \inf_{\|\varphi\|=1, \varphi \in \mathscr{D}(A)} (A\varphi, \varphi),$$

则称 C 为 A 的下确界.特别,当 $C=0$ 时,称 A 为非负的.

由前面的讨论,下半有界算子必有自伴延拓($d_+ = d_-$).对这样的算子 A,是否存在下确界不变的自伴延拓 B 呢?该问题是 von Neumann 提出的.答案是肯定的,后来证明这样的延拓不仅存在而且很多.这一节,我们介绍其中的 Friedrichs 自伴延拓,它不仅适用亏指数有限的情形,对一般的下半有界算子都可以做.

之前我们讨论过连续二次型及其线性算子表示,以下我们讨论下半有界二次型与下半有界算子的关系.

定义 4.5.2 设 $Q(q) \subset H$ 为 Hilbert 空间 H 的一个稠子空间,

$$q : Q(q) \times Q(q) \to \mathbf{C}$$

为一个二次型,称 $Q(q)$ 为一个形式域,如果

$$q(\varphi, \psi) = \overline{q(\psi, \varphi)}, \quad \forall \varphi, \psi \in Q(q),$$

则称 q 为对称的.

如果存在 $C \in \mathbf{R}$ 使得

$$q(\varphi, \varphi) \geqslant C \|\varphi\|^2, \quad \forall \varphi \in Q(q),$$

则称 q 是下半有界的,如果

$$C = \inf_{\|\varphi\|=1, \varphi \in Q(A)} q(\varphi, \varphi),$$

则称 C 为 q 的下确界. 特别,当 $C=0$ 时,称 q 为非负的.

以下我们仅讨论 $C=1$ 的情形,其他情形同样讨论. 如果 $Q(q)$ 按内积

$$(\varphi, \psi)^+ = q(\varphi, \psi)$$

完备,则称 q 为闭二次型;如果子空间 $\mathscr{D} \subset Q(q)$ 在 $Q(q)$ 中按其范数 $\|\cdot\|^+$ 稠,则称 $\mathscr{D}$ 为 q 的一个核.

注 下半有界二次型一定是对称的.

例 4.5.2 设 $H = L^2[0,1]$,

$$\mathscr{D}(A) = \{\varphi \mid \varphi \in C^2[0,1], \varphi(0) = \varphi'(0) = \varphi(1) = \varphi'(1) = 0\},$$

$$A\varphi = -\varphi'' + q\varphi, \quad \forall \varphi \in \mathscr{D}(A),$$

其中 $q \in C[0,1]$ 且 $q(x) > C, C$ 为常数,则 A 下半有界.

事实上,对任意 $\varphi \in \mathscr{D}(A)$,有

$$\begin{aligned}
(A\varphi, \varphi) &= \int_0^1 (-\varphi'' + q\varphi)\bar\varphi \, dx \\
&= -\varphi'\bar\varphi \Big|_0^1 + \int_0^1 (|\varphi'|^2 + q|\varphi|^2) \, dx \\
&= \int_0^1 (|\varphi'|^2 + q|\varphi|^2) \, dx \\
&\geqslant C \|\varphi\|^2.
\end{aligned}$$

例 4.5.3 设 $H = L^2(\Omega), \Delta = \dfrac{\partial^2}{\partial x_1^2} + \dfrac{\partial^2}{\partial x_2^2} + \dfrac{\partial^2}{\partial x_3^2}$,

$$\mathscr{D} = C_0^\infty(\Omega) = \{\varphi \mid \varphi \in C^\infty(\Omega), \operatorname{supp}\varphi = \overline{\{x \mid x \in \Omega, \varphi(x) \neq 0\}} \text{ 为紧集}\},$$

其中 Ω 为 $\mathbf{R}^3$ 中的有界区域,$A = -\Delta\big|_{\mathscr{D}}$,则 A 非负.

事实上,由 Green 公式,

$$(A\varphi, \varphi) = \int_\Omega (-\Delta\varphi)\bar\varphi \, dx = \int_\Omega |\nabla\varphi|^2 \, dx \geqslant 0.$$

如果给定一个下确界为 1 的自伴算子 A,定义

$$q_A(\varphi, \psi) = (A\varphi, \psi), \quad \forall \varphi, \psi \in \mathscr{D}(A),$$

其中 q_A 的形式域 $Q(q_A)$ 为 $\mathscr{D}(A)$ 按 $\|\cdot\|^+$ 的完备化空间,则 q_A 为闭的下半有界二次型.

反过来,一个闭的下半有界二次型也对应一个下半有界自伴算子.

为保证我们论证的严密性,我们先介绍一个完备化引理:

引理 4.5.1 设 H 为一个内积空间, 则存在 Hilbert 空间 H_1 使得 H 与 H_1 的稠子空间 $\hat{H}$ 等距同构, H_1 称为 H 的完备化空间.

证明 (1) 完备化空间的构造. 设

$$H_1 = \{\hat{\varphi} \mid \hat{\varphi} = [\{\varphi_n\}], 其中\{\varphi_n\}为 H 的 \text{Cauchy} 列, [\{\varphi_n\}] 为 \{\varphi_n\} 所在的等价类:$$

$$\{\psi_n\} \in [\{\varphi_n\}] \Leftrightarrow \{\psi_n\} 为 H 的 \text{Cauchy} 列, 且 \lim_{n \to \infty} \|\varphi_n - \psi_n\| = 0\},$$

为符号简单起见, 我们记 $\hat{\varphi} = [\{\varphi_n\}] \equiv \{\varphi_n\}$, 在 H_1 上引进范数:

$$\|\hat{\varphi}\|_1 = \lim_{n \to \infty} \|\varphi_n\|, \quad \forall \hat{\varphi} \in H_1,$$

利用极化恒等式定义 H_1 上内积为

$$(\hat{\varphi}, \hat{\psi})_1 = \lim_{n \to \infty} \frac{1}{4} \sum_{k=0}^{3} i^k \|\varphi_n + i^k \psi_n\|^2 = \lim_{n \to \infty} (\varphi_n, \psi_n),$$

易证在线性空间 H_1 上, 这样定义范数和内积是合理的.

(2) 记

$$\hat{H} = \{\tilde{\varphi} \mid \tilde{\varphi} = \{\varphi_n\}, \varphi_n = \varphi, n = 1, 2, \cdots, \varphi \in H\},$$

即 $\hat{H}$ 为由全体常向量列构成的 H_1 的子空间, 由于

$$\|\tilde{\varphi}\|_1 = \|\varphi\|, \quad \forall \varphi \in H,$$

所以 H 与 $\hat{H}$ 等距同构 (以后可以不加区分 H 与 $\hat{H}$).

下证 $\hat{H}$ 在 H_1 中稠. 设 $\hat{\varphi} = \{\varphi_n\} \in H_1$, 相应的有 $\tilde{\varphi}_n \in \hat{H}$, 由定义

$$\|\tilde{\varphi}_k - \hat{\varphi}\|_1 = \lim_{n \to \infty} \|\varphi_k - \varphi_n\|, \quad k = 1, 2, \cdots,$$

而 $\{\varphi_n\}$ 是 H 中 Cauchy 列, 所以 $\forall \varepsilon > 0, \exists N \in \mathbf{N}^*, \forall k, n > N,$ 有

$$\|\varphi_k - \varphi_n\| < \varepsilon,$$

所以当 $k > N$ 时,

$$\|\tilde{\varphi}_k - \hat{\varphi}\|_1 \leqslant \varepsilon,$$

从而

$$\lim_{k \to \infty} \|\tilde{\varphi}_k - \hat{\varphi}\|_1 = 0,$$

于是 $\hat{H}$ 在 H_1 中稠.

(3) 再证 H_1 完备.

设 $\{\hat{\varphi}_n\} \subset H_1$ 为 $\|\cdot\|_1$-Cauchy 列, 由于 $\hat{H}$ 在 H_1 中稠, 所以 $\forall n \in \mathbf{N}^*$, 存在 $\tilde{\varphi}_n \in \hat{H}$ 使得

$$\|\tilde{\varphi}_n - \hat{\varphi}_n\| < \frac{1}{n}, \quad\quad\quad\quad (\text{I})$$

而 $\{\hat{\varphi}_n\}$ 为 $\|\cdot\|_1$-Cauchy 列, $\forall \varepsilon > 0, \exists N \in \mathbf{N}^* \left(N > \frac{1}{\varepsilon}\right), \forall m, n > N,$ 有

$$\|\hat{\varphi}_m - \hat{\varphi}_n\|_1 < \frac{\varepsilon}{3},$$

于是

$$\|\tilde{\varphi}_m - \tilde{\varphi}_n\|_1 \leqslant \|\tilde{\varphi}_m - \hat{\varphi}_m\|_1 + \|\hat{\varphi}_m - \hat{\varphi}_n\|_1 + \|\hat{\varphi}_n - \tilde{\varphi}_n\|_1 < \varepsilon,$$

所以 $\|\varphi_m - \varphi_n\| < \varepsilon$，即 $\{\varphi_n\}$ 为 H 中 Cauchy 列，记之为 $\hat{\varphi}$，则 $\hat{\varphi} \in H_1$. 由（2），有

$$\lim_{n \to \infty} \|\tilde{\varphi}_n - \hat{\varphi}\|_1 = 0,$$

又由（Ⅰ）式，可得

$$\|\hat{\varphi}_n - \hat{\varphi}\|_1 \leqslant \|\hat{\varphi}_n - \tilde{\varphi}_n\|_1 + \|\tilde{\varphi}_n - \hat{\varphi}\|_1 = 0, \quad n \to \infty.$$

所以 H_1 完备. □

定理 4.5.2 设 q 是 $Q(q) \subset H$ 上一个闭的、稠定、下确界为 1 的下半有界二次型，则存在下确界为 1 的下半有界自伴算子 A 使得

$$q(\varphi, \psi) = (A\varphi, \psi), \quad \forall \varphi \in \mathscr{D}(A), \psi \in Q(q),$$

其中 $\mathscr{D}(A)$ 为 $Q(q)$ 的一个核.

证明 （1）先证明 A 的存在性.

定义 A 如下：

$$\mathscr{D}(A) = \{\varphi \in Q(q) \mid \exists \eta_\varphi \in H \text{ 使得 } q(\varphi, \psi) = (\eta_\varphi, \psi), \forall \psi \in Q(q)\},$$
$$A\varphi = \eta_\varphi, \quad \forall \varphi \in \mathscr{D}(A).$$

首先，$0 \in \mathscr{D}(A)$，所以 $\mathscr{D}(A)$ 非空；其次，由于 $Q(q)$ 在 H 中稠，所以 η_φ 由 φ 唯一确定. 因此 A 的定义有意义而且是线性算子，同时 A 满足

$$q(\varphi, \psi) = (A\varphi, \psi), \quad \forall \varphi \in \mathscr{D}(A), \psi \in Q(q).$$

由于 $\mathscr{D}(A) \subset Q(q)$ 且 q 是对称的，所以 A 还满足

$$(A\varphi, \psi) = q(\varphi, \psi) = \overline{q(\psi, \varphi)} = \overline{(A\psi, \varphi)} = (\varphi, A\psi), \quad \forall \varphi, \psi \in \mathscr{D}(A), \quad （\text{Ⅱ}）$$

所以 A 对称.

（2）证明 $\text{Ran}A = H$.

给定 $\eta \in H$，定义

$$l_\eta(\psi) = (\psi, \eta), \quad \forall \psi \in Q(q).$$

由于

$$\|\psi\| \leqslant \|\psi\|^+, \quad \forall \psi \in Q(q),$$

所以

$$|l_\eta(\psi)| \leqslant \|\psi\|\|\eta\| \leqslant \|\eta\|\|\psi\|^+,$$

从而 $l_\eta(\psi) = (\psi, \eta)$ 为 Hilbert 空间（因为 q 是闭二次型）$(Q(q), (\cdot, \cdot)^+)$ 上连续线性泛函. 所以，由 Riesz 表示定理，存在唯一的 $\varphi \in Q(q)$ 使得

$$(\psi, \eta) = (\psi, \varphi)^+, \quad \forall \psi \in Q(q),$$

即

$$q(\varphi, \psi) = (\eta, \psi), \quad \forall \psi \in Q(q).$$

又由 A 的定义有 $\varphi \in \mathscr{D}(A), A\varphi = \eta$，于是 $\text{Ran}A = H$.

（3）再证明 A 是稠定的.

设 $\psi \in Q(q)$ 在 $(Q(q),(\cdot,\cdot)^+)$ 中按其内积与 $\mathscr{D}(A)$ 正交,由于 $\mathrm{Ran}A=H$,所以存在 $\varphi \in \mathscr{D}(A)$ 使得 $A\varphi=\psi$,从而

$$(\psi,\psi)=(A\varphi,\psi)=q(\varphi,\psi)=0,$$

即 $\psi=0$. 于是 $\mathscr{D}(A)$ 在 $Q(q)$ 中按其范数稠,而 $Q(q)$ 在 H 中稠,从而可得 $\mathscr{D}(A)$ 在 H 中稠.

(4) 接着证明 A 自伴.

根据第(3)步和(Ⅱ)式,A 是稠定的对称算子. 又因为 $H=\overline{\mathrm{Ran}A}\oplus \ker A^*$,则由第(2)步 $\mathrm{Ran}A=H$,所以 $\ker A^*=\{0\}$,因此 A^* 是单射. $\forall \varphi \in \mathscr{D}(A^*)$,由于 $\mathrm{Ran}A=H$,所以存在 $\psi \in \mathscr{D}(A)$ 使得 $A\psi=A^*\varphi$,即 $A^*(\psi-\varphi)=0$,故 $\varphi=\psi \in \mathscr{D}(A)$,即 $\mathscr{D}(A^*)\subset \mathscr{D}(A)$,因此 $\mathscr{D}(A)=\mathscr{D}(A^*)$,所以 A 自伴.

(5) 最后证明 q 与 A 的下确界都是 1.

因为 $\mathscr{D}(A)\subset Q(q)$,所以

$$\inf_{\varphi \in \mathscr{D}(A),\|\varphi\|=1}(A\varphi,\varphi)\geqslant \inf_{\varphi \in Q(q),\|\varphi\|=1}q(\varphi,\varphi)=1.$$

如果

$$\alpha \equiv \inf_{\varphi \in \mathscr{D}(A),\|\varphi\|=1}(A\varphi,\varphi)>1,$$

而

$$\inf_{\varphi \in Q(q),\|\varphi\|=1}q(\varphi,\varphi)=1,$$

则存在 $\{\psi_n\}\subset Q(q)$,$\|\psi_n\|=1$,使得 $q(\psi_n,\psi_n)\rightarrow 1, n\rightarrow \infty$. 由于 $\mathscr{D}(A)$ 在 $Q(q)$ 稠,所以任给定 $\varepsilon>0$,对每个 ψ_n,存在 $\varphi_n \in \mathscr{D}(A)$ 使得

$$\|\varphi_n-\psi_n\|\leqslant \|\varphi_n-\psi_n\|^+<\frac{\varepsilon}{n},$$

于是

$$\|\varphi_n\|>1-\frac{\varepsilon}{n},$$

$$\frac{(A\varphi_n,\varphi_n)}{\|\varphi_n\|^2}=\frac{(\|\varphi_n\|^+)^2}{\|\varphi_n\|^2}\leqslant \left(\frac{\|\varphi_n-\psi_n\|^++\|\psi_n\|^+}{\|\varphi_n\|}\right)^2$$

$$\leqslant \frac{1}{\left(1-\frac{\varepsilon}{n}\right)^2}\left(\frac{\varepsilon}{n}+\|\psi_n\|^+\right)^2,$$

则当 n 充分大时,

$$\frac{(A\varphi_n,\varphi_n)}{\|\varphi_n\|^2}<1+\frac{\alpha-1}{2}<\alpha,$$

与 $\alpha \equiv \inf_{\varphi \in \mathscr{D}(A),\|\varphi\|=1}(A\varphi,\varphi)$ 矛盾! 于是 $\alpha=1$. $\quad\square$

3) 下半有界算子 Friedrichs 延拓

下面我们根据定理 4.5.2 的结果给出下半有界算子 A 的一个保持下确界的

自伴延拓,其方法是先利用 A 定义一个下半有界二次型,再利用二次型的表示得到满足要求的自伴算子 A_F.

定理 4.5.3(Friedrichs) 设下半有界闭算子 A 满足

$$(A\varphi,\varphi)\geqslant C\|\varphi\|^2, \quad \forall \varphi\in\mathscr{D}(A),$$

则 A 必有一个保持原下界的自伴延拓 A_F,即 A_F 满足

$$(A_F\varphi,\varphi)\geqslant C\|\varphi\|^2, \quad \forall\varphi\in\mathscr{D}(A_F).$$

证明 不妨设 $C=1$,若 $C\neq1$,取 α,使得 $\alpha+C=1$,则

$$((A+\alpha I)\varphi,\varphi)\geqslant(\varphi,\varphi),$$

如果 B 为 $A+\alpha I$ 的自伴延拓,满足

$$(B\varphi,\varphi)\geqslant(\varphi,\varphi), \quad \forall\varphi\in\mathscr{D}(A),$$

则 $B-\alpha I$ 为 A 的自伴延拓,且

$$((B-\alpha I)\varphi,\varphi)\geqslant(1-\alpha)\|\varphi\|^2=C\|\varphi\|^2, \quad \forall\varphi\in\mathscr{D}(A).$$

下面给出延拓的求法.

在 $\mathscr{D}(A)$ 上定义

$$q_A(\varphi,\psi)=(A\varphi,\psi)=(\varphi,A\psi), \quad \forall\varphi,\psi\in\mathscr{D}(A),$$

则 q_A 为 $\mathscr{D}(A)$ 上对称二次型并满足

$$q_A(\varphi,\varphi)=(A\varphi,\varphi)\geqslant\|\varphi\|^2, \quad \forall\varphi\in\mathscr{D}(A). \tag{III}$$

在 $\mathscr{D}(A)$ 上在定义内积 $(\cdot,\cdot)^+$:

$$(\varphi,\psi)^+=q_A(\varphi,\psi), \quad \forall\varphi,\psi\in\mathscr{D}(A),$$

易证 $(\cdot,\cdot)^+$ 确为内积,再将 $(\mathscr{D}(A),(\cdot,\cdot))^+$ 完备化为 Hilbert 空间 $(Q(A),(\cdot,\cdot))^+$,并将 q_A 也延拓到 $Q(A)$ 上,即

$$q_A(\varphi,\psi)=(\varphi,\psi)^+, \quad \forall\varphi,\psi\in Q(A).$$

由(III)式,若 $\{\varphi_n\}$ 按 $\|\cdot\|^+$ 收敛于 φ,它按 $\|\cdot\|$ 也收敛于 φ,所以 $Q(A)\subset H$,q_A 为一个闭二次型.

类似于定理 4.5.2,我们可以证明 q_A 仍然下半有界而且下确界还是 1.

由定理 4.5.1,存在唯一的自伴算子 A_F 使得 $\mathscr{D}(A_F)\subset Q(A)$,

$$q_A(\varphi,\psi)=(A_F\varphi,\psi), \quad \forall\varphi\in\mathscr{D}(A_F),\psi\in Q(A),$$

下证 A_F 是 A 的一个自伴延拓.

$\forall\varphi,\psi\in\mathscr{D}(A)$,有

$$(A\varphi,\psi)=q_A(\varphi,\psi)=(\varphi,\psi)^+, \tag{IV}$$

因 $\mathscr{D}(A)$ 在 $Q(A)$ 中按 $\|\cdot\|^+$ 稠,所以对于每个 $\psi\in Q(A)$,存在 $\{\psi_n\}\subset\mathscr{D}(A)$ 使得

$$\lim_{n\to\infty}\psi_n\xrightarrow{\|\cdot\|^+}\psi,$$

而由

$$\|\varphi\|^+\geqslant\|\varphi\|, \quad \forall\varphi\in Q(A)$$

可知

$$\lim_{n\to\infty}\psi_n\xrightarrow{\ \|\cdot\|\ }\psi,$$

于是,对于上述 $\psi\in Q(A)$,由(Ⅳ)式,

$$(A\varphi,\psi)=\lim_{n\to\infty}(A\varphi,\psi_n)=\lim_{n\to\infty}q_A(\varphi,\psi_n)=(\varphi,\psi)^+,$$

由定理 4.5.2 中方案给出的这里 A_F 的定义,有 $\varphi\in\mathscr{D}(A_F)$,且

$$A_F\varphi=A\varphi,$$

即 $A\subset A_F$. □

注 定理 4.5.3 中所给出的自伴延拓 A_F 称为 Friedrichs 延拓.

推论 4.5.1 在定理 4.5.3 中,$\mathscr{D}(A_F)=Q(A)\bigcap\mathscr{D}(A^*)$.

证明 因为 A_F 是 A 的自伴延拓,所以显然有 $\mathscr{D}(A_F)\subset Q(A)\bigcap\mathscr{D}(A^*)$.

反过来,如果 $\varphi\in Q(A)\bigcap\mathscr{D}(A^*)$,则存在序列 $\{\varphi_n\}\subset\mathscr{D}(A)$ 使得 $\varphi_n\xrightarrow{\ \|\cdot\|^+\ }\varphi$ 且 $\forall\psi\in\mathscr{D}(A)$,

$$\begin{aligned}(A^*\varphi,\psi)=(\varphi,A\psi)&=\lim_{n\to\infty}(\varphi_n,A\psi)\\&=\lim_{n\to\infty}q_A(\varphi_n,\psi)=q_A(\varphi,\psi),\end{aligned}$$

于是

$$|(A^*\varphi,\psi)|\leqslant\|\varphi\|^+\|\psi\|^+,$$

即 $l_\varphi(\psi)=\overline{(A^*\varphi,\psi)}$ 定义了 $\mathscr{D}(A)$ 上范数 $\|\cdot\|^+$ 的连续线性泛函,但 $\mathscr{D}(A)$ 在 $Q(A)$ 中稠,所以它可以连续延拓到 $Q(A)$ 上. 由定义,$\varphi\in\mathscr{D}(A_F)$. 所以

$$\mathscr{D}(A_F)\supset Q(A)\bigcap\mathscr{D}(A^*). \qquad □$$

当 A 为下半有界算子时,它一定有自伴延拓,Friedrichs 延拓是其中保持下确界不变的一个. 保持下半有界的自伴延拓也很多,比如 Krein 就利用 Krein 变换给出了另一种([13]). 我的学生金国海在对亏指数 (1,1) 的下半有界算子证明中显示,如果把这种情形的全部自伴延拓与单位圆建立一一对应,那么保持下确界的自伴延拓不超过四分之一圆周([10]).

对于一个下半有界算子,除了保持下确界的自伴延拓以外当然还有别的下半有界自伴延拓,其下确界可能会变小.

定理 4.5.4 设 A 是闭的下半有界算子,

$$(A\varphi,\varphi)\geqslant C(\varphi,\varphi),\qquad\forall\varphi\in\mathscr{D}(A),$$

其中

$$C=\inf_{\varphi\in\mathscr{D}(A),\|\varphi\|=1}(A\varphi,\varphi),$$

若 B 为 A 的下半有界自伴延拓,

$$(B\varphi,\varphi)\geqslant\alpha(\varphi,\varphi),\qquad\forall\varphi\in\mathscr{D}(B),$$

其中

$$\alpha = \inf_{\varphi \in \mathscr{D}(B), \|\varphi\|=1} (B\varphi, \varphi),$$

则 $\alpha \leqslant C$.

证明 因为 $\mathscr{D}(A) \subset \mathscr{D}(B)$. □

定理 4.5.5 设 A 是下半有界的闭对称算子,亏指数有限,则 A 的任何自伴延拓均下半有界.

证明 设 A 是下半有界的闭对称算子,不妨设其下确界为 1,即

$$(A\varphi, \varphi) \geqslant (\varphi, \varphi), \quad \forall \varphi \in \mathscr{D}(A).$$

设 A 的亏指数为 $d_+ = d_- = d$, B 是 A 的自伴延拓,则由 von Neumann 延拓定理,存在酉算子 $U: K_+ \to K_-$ 使得

$$\mathscr{D}(B) = \mathscr{D}(A) \oplus K,$$

其中 $K = \{\varphi_+ + U\varphi_+ \mid \varphi \in K_+\}$, $\dim K = d$. $\forall \varphi = \varphi_0 + \varphi_+ + U\varphi_+ \in \mathscr{D}(B)$,

$$
\begin{aligned}
(B\varphi, \varphi) &= (B(\varphi_0 + \varphi_+ + U\varphi_+), \varphi_0 + \varphi_+ + U\varphi_+) \\
&= (B\varphi_0, \varphi_0) + (B\varphi_0, \varphi_+ + U\varphi_+) + (B(\varphi_+ + U\varphi_+), \varphi_0) \\
&\quad + (B(\varphi_+ + U\varphi_+), \varphi_+ + U\varphi_+) \\
&= (A\varphi_0, \varphi_0) + (\varphi_0, B(\varphi_+ + U\varphi_+)) + (\mathrm{i}\varphi_+ - \mathrm{i}U\varphi_+, \varphi_0) \\
&\quad + (\mathrm{i}\varphi_+ - \mathrm{i}U\varphi_+, \varphi_+ + U\varphi_+) \\
&= (A\varphi_0, \varphi_0) + (\varphi_0, \mathrm{i}\varphi_+ - \mathrm{i}U\varphi_+) + (\mathrm{i}\varphi_+ - \mathrm{i}U\varphi_+, \varphi_0) \\
&\quad + (\mathrm{i}\varphi_+ - \mathrm{i}U\varphi_+, \varphi_+ + U\varphi_+).
\end{aligned}
$$

由于 A 的下确界为 1,所以

$$(A\varphi_0, \varphi_0) \geqslant (\varphi_0, \varphi_0) \geqslant 0.$$

把

$$
\begin{aligned}
A_1 &: \varphi = \varphi_0 + \varphi_+ + U\varphi_+ \mapsto \varphi_0, \\
A_2 &: \varphi = \varphi_0 + \varphi_+ + U\varphi_+ \mapsto \mathrm{i}\varphi_+ - \mathrm{i}U\varphi_+, \\
A_3 &: \varphi = \varphi_0 + \varphi_+ + U\varphi_+ \mapsto \varphi_+ + U\varphi_+
\end{aligned}
$$

都看作 $\mathscr{D}(B) \to H$ 的线性算子,则 A_2, A_3 是有限秩算子,$A_1 = I - A_3$,所以它们都是有界线性算子,于是,存在 $C > 0$ 使得

$$\|A_k \varphi\| \leqslant C \|\varphi\|, \quad \forall \varphi \in \mathscr{D}(B), k = 1, 2, 3.$$

从而

$$
\begin{aligned}
(B\varphi, \varphi) &\geqslant (A\varphi_0, \varphi_0) - |(\varphi_0, \mathrm{i}\varphi_+ - \mathrm{i}U\varphi_+) + (\mathrm{i}\varphi_+ - \mathrm{i}U\varphi_+, \varphi_0) \\
&\quad + (\mathrm{i}\varphi_+ - \mathrm{i}U\varphi_+, \varphi_+ + U\varphi_+)| \\
&\geqslant -3C^2 \|\varphi\|^2, \quad \forall \varphi = \varphi_0 + \varphi_+ + U\varphi_+ \in \mathscr{D}(B),
\end{aligned}
$$

所以 B 下半有界. □

定理 4.5.6 设 A 是下半有界自伴算子,

$$(A\varphi, \varphi) \geqslant C \|\varphi\|^2, \quad \forall \varphi \in \mathscr{D}(A),$$

则 $\sigma(A)\subset[C,+\infty)$;若 C 是 A 的下确界,则 $C\in\sigma(A)$.

证明 设 $\lambda<C$,则

$$((A-\lambda I)\varphi,\varphi)\geqslant(C-\lambda)\|\varphi\|^2,\quad\forall\varphi\in\mathscr{D}(A),$$

利用引理 4.3.1 的结果,可得 $\forall\lambda<C,\lambda\in\rho(A)$.

当 C 为下确界时,$C\in\sigma(A)$ 的证明同有界自伴算子是一样的(定理 2.4.8). □

推论 4.5.2 若 A 是下半有界自伴算子,则 $\inf\sigma(A)$ 为 A 的下确界.

例 4.5.4 设 $H=L^2[0,1]$,$\mathscr{D}(A)=C_0^\infty(0,1)$,

$$A\varphi=-\varphi'',\quad\forall\varphi\in\mathscr{D}(A).$$

(1) A 下半有界.

对任意 $\varphi\in\mathscr{D}(A)$,

$$(A\varphi,\varphi)=\int_0^1(-\varphi'')\bar\varphi\mathrm{d}x=\int_0^1|\varphi'|^2\mathrm{d}x\geqslant0,$$

所以 A 对称,但

$$(A\varphi,\varphi)\geqslant(\varphi,\varphi),\quad\forall\varphi\in\mathscr{D}(A)$$

不成立.

(2) 考虑 $A+I$,

$$((A+I)\varphi,\varphi)=\|\varphi'\|^2+\|\varphi\|^2\geqslant\|\varphi\|^2,$$

$\mathscr{D}(A)$ 按范数 $(\varphi,\varphi)^+=((A+I)f,\varphi)=\|\varphi'\|^2+\|\varphi\|^2$ 完备化得到 $Q(A)$.

设 A_F 是 A 的 Friedrichs 延拓,则 $\mathscr{D}(A_F)=Q(A)\bigcap\mathscr{D}(A^*)$. 若 $\varphi\in\mathscr{D}(A_F)$,则存在 $\{\varphi_n\}\subset\mathscr{D}(A)$,$\{\varphi_n\}$ 按 $\|\cdot\|^+$ 成为 Cauchy 列且 $\lim_{n\to\infty}\varphi_n=\varphi$. 而 $\{\varphi_n'\}$ 为 Cauchy 列,设 $\lim_{n\to\infty}\varphi_n'=\psi$,则由例 4.2.2,

$$\lim_{n\to\infty}\int_0^x\varphi_n'(t)\mathrm{d}t=\int_0^x\psi(t)\mathrm{d}t$$

在 $[0,1]$ 上一致成立,即

$$\lim_{n\to\infty}\varphi_n(x)=\int_0^x\psi(t)\mathrm{d}t.$$

于是

$$\varphi(x)=\int_0^x\psi(t)\mathrm{d}t,$$

且 $\varphi(0)=\varphi(1)=0$. 由例 4.4.3,

$$\mathscr{D}(A^*)=\{\varphi|\varphi'\in AC[0,1],\varphi''\in L^2[0,1]\},$$
$$A^*\varphi=-\varphi'',\quad\forall\varphi\in\mathscr{D}(A^*).$$

下证

$$\mathscr{D}(A_F)=\{\varphi\in\mathscr{D}(A^*)|\varphi(0)=\varphi(1)=0\}.$$

记

$$\mathscr{D}=\{\varphi\in\mathscr{D}(A^*)|\varphi(0)=\varphi(1)=0\},$$

$$A_1 = A^* \Big|_{\mathscr{D}},$$

这样,我们只要证明 $A_F = A_1$.

显然 A_1 对称且 $A_F \subset A_1$,所以只要证明 A_1 自伴,则必有 $A_F = A_1$.

事实上,因为

$$[\varphi,\psi] = (A^*\varphi,\psi) - (\varphi,A^*\psi) = (-\varphi'\bar{\psi} + \varphi\bar{\psi'})\Big|_0^1,$$

$\forall \psi \in \mathscr{D}(A_1^*)$,有

$$(A_1\varphi,\psi) = (\varphi,A_1^*\psi), \qquad \forall \varphi \in \mathscr{D}(A_F),$$

所以

$$0 = [\varphi,\psi] = \varphi(1)\overline{\psi'(1)} - \varphi'(1)\overline{\psi(1)}$$
$$= \varphi(0)\overline{\psi'(0)} - \varphi'(0)\overline{\psi(0)}, \quad \forall \varphi \in \mathscr{D}(A_1), \forall \psi \in \mathscr{D}(A_1^*). \qquad (\text{V})$$

特别,取

$$\varphi(x) = x(1-x) \in \mathscr{D}(A_F),$$

则

$$\varphi'(x) = 1 - 2x, \quad \varphi'(0) = 1, \quad \varphi'(1) = -1,$$

代入(V)式得 $\psi(0) + \psi(1) = 0$. 再取

$$\varphi(x) = x^2(1-x) \in \mathscr{D}(A_F),$$

则

$$\varphi'(x) = 2x - 3x^3,$$

且 $\varphi'(0) = 0, \varphi'(1) = -1$,得到 $\psi(1) = 0$. 所以 $\psi(0) = \psi(1) = 0$,即 $\psi \in \mathscr{D}(A_1)$,$A_1$ 自伴,所以 $A_F = A_1$,即 A_F 正是 Dirichlet 边界条件下的 Sturm-Liouville 算子.

(3) 可以证明 $\sigma(A_F) = \{n^2\pi^2 \mid n = 1, 2, \cdots\}$,$A_F$ 有纯点谱,对应于 $n^2\pi^2$ 的规范化特征函数为 $\sqrt{2}\sin n\pi x$.

由推论 4.5.2,

$$\inf_{\varphi \in \mathscr{D}(A_F), \|\varphi\|=1} (A_F\varphi,\varphi) = \inf\sigma(A_F) = \pi^2,$$

而 A 的 Friedrichs 延拓 A_F 保持了其下确界,所以 A 的下确界是 π^2.

直接利用函数的 Fourier 展开的 Parseval 等式也可证明不等式

$$\int_0^1 |\varphi'(x)|^2 \mathrm{d}x \geqslant \pi^2 \|\varphi\|^2, \quad \varphi \in C_0^\infty(0,1).$$

(4) A 的其他形式自伴延拓,其下确界可能比 π^2 小.

我们来看 A 的 Neumann 边界条件的自伴延拓

$$\mathscr{D}(A_N) = \{\varphi \in \mathscr{D}(A^*) \mid \varphi'(0) = \varphi'(1) = 0\},$$
$$A_N\varphi = -\varphi'', \quad \varphi \in \mathscr{D}(A_N).$$

同上面一样的办法可以证明 A_N 是 A 的自伴延拓,

$$\sigma(A_N)=\sigma_p(A_N)=\{n^2\pi^2\mid n=0,2,\cdots\},$$

相应的规范化特征函数系是 $\{\sqrt{2}\cos n\pi x\}$,所以下确界是 0,小于 A 的下确界.

（5）A 也可有下确界仍为 π^2 的其他自伴延拓.

设

$$\mathscr{D}(A_2)=\{\varphi\in\mathscr{D}(A^*)\mid\varphi(0)=-\varphi(1),\varphi'(0)=-\varphi'(1)\},$$
$$A_2\varphi=-\varphi'',\quad\varphi\in\mathscr{D}(A_2),$$

则它也是 A 的一个自伴延拓,$\sigma(A_2)=\{n^2\pi^2\mid n=1,2,\cdots\}$ 为纯点谱,每个特征值都是二重的且下确界仍是 π^2.

保持下确界的自伴延拓很多,Friedrichs 延拓只是其中一种.

4.6 自伴算子的扰动与 Schrödinger 算子自伴性

20 世纪 50 年代,T. Kato 开始利用所谓扰动理论来研究 Schrödinger 算子的自伴性,后来 Kato 关于 Schrödinger 算子扰动自伴性的结果被 Rellich 推广为抽象形式.

1）Rellich 定理

定理 4.6.1　设 A,B 为稠算子,且

（1）$\mathscr{D}(B)\supset\mathscr{D}(A)$;

（2）$\parallel B\varphi\parallel\leqslant a\parallel\varphi\parallel+b\parallel A\varphi\parallel,\forall\varphi\in\mathscr{D}(A)(a\geqslant0,0\leqslant b<1)$,

则 $A+B$ 为闭算子.

证明　设 $\{\varphi_n\}\subset\mathscr{D}(A+B)=\mathscr{D}(A)$ 满足 $\lim\limits_{n\to\infty}\varphi_n=\varphi$,且

$$\lim_{n\to\infty}(A+B)\varphi_n=\eta.$$

因为

$$\parallel(A+B)\tilde\varphi\parallel\geqslant\parallel A\tilde\varphi\parallel-\parallel B\tilde\varphi\parallel$$
$$\geqslant\parallel A\tilde\varphi\parallel-a\parallel\tilde\varphi\parallel-b\parallel A\tilde\varphi\parallel\quad\forall\tilde\varphi\in\mathscr{D}(A),$$

即

$$\parallel(A+B)\tilde\varphi\parallel+a\parallel\tilde\varphi\parallel\geqslant(1-b)\parallel A\tilde\varphi\parallel,\quad\forall\tilde\varphi\in\mathscr{D}(A),$$

所以 $\{A\varphi_n\}$ 为 Cauchy 列. 而 A 闭,所以 $\varphi\in\mathscr{D}(A)$,且 $\lim\limits_{n\to\infty}A\varphi_n=A\varphi$,

$$\parallel B\varphi_n-B\varphi\parallel=\parallel B(\varphi_n-\varphi)\parallel\leqslant a\parallel\varphi_n-\varphi\parallel+b\parallel A\varphi_n-A\varphi\parallel.$$

因此

$$B\varphi_n\to B\varphi,\quad n\to\infty,$$

从而 $\eta=A\varphi+B\varphi=(A+B)\varphi$,即 $A+B$ 闭.　□

定理 4.6.2（Rellich）　设 A 是 H 上的自伴算子,B 是对称算子,且 $\mathscr{D}(B)\supset$

$\mathcal{D}(A)$,若有正数 a 与 b 且 $b<1$ 使得

$$\|B\varphi\| \leqslant a\|\varphi\| + b\|A\varphi\|, \quad \forall \varphi \in \mathcal{D}(A), \tag{I}$$

则 $M=A+B$ 自伴.

证明 首先,显然 M 是对称算子,由定理 4.6.1,它也是闭的. 由定理 4.3.3,若存在 $\lambda \in \mathbf{R}$,使得 $\mathrm{Ran}(M\pm i\lambda I)=H$,则 M 自伴.

考察 $\mathrm{Ran}(M-i\lambda I)$,其中 $\lambda \in \mathbf{R}$,$\lambda \neq 0$. 由(I)式得 $\mathcal{D}(A) \subset \mathcal{D}(B)$,所以

$$\mathcal{D}(M) = \mathcal{D}(A) \bigcap \mathcal{D}(B) = \mathcal{D}(A),$$

而 A 自伴,所以 $i\lambda \in \rho(A)$,$(A-i\lambda I)^{-1}$ 存在且有界,因此

$$M-i\lambda I = B+(A-i\lambda I) = [B(A-i\lambda I)^{-1}+I](A-i\lambda I),$$

且 $\forall \varphi \in \mathcal{D}(A)$,

$$\begin{aligned}
\|(A-i\lambda I)\varphi\|^2 &= (A\varphi - i\lambda\varphi, A\varphi - i\lambda\varphi) \\
&= \|A\varphi\|^2 - i\lambda(\varphi, A\varphi) + i\lambda(A\varphi, \varphi) + \lambda^2\|\varphi\|^2, \\
&= \|A\varphi\|^2 + \lambda^2\|\varphi\|^2.
\end{aligned} \tag{II}$$

进一步,因为 $\mathrm{Ran}(A-i\lambda I)=H$,所以 $\forall \psi \in H$,有 $\varphi \in \mathcal{D}(A)$,使得 $(A-i\lambda I)\varphi = \psi$,代入(II)式,得到

$$\|\psi\|^2 = \|A(A-i\lambda I)^{-1}\psi\|^2 + \lambda^2\|(A-i\lambda I)^{-1}\psi\|^2,$$

这就是说,右边两项平方和才等于 $\|\psi\|^2$,各自都不大于 $\|\psi\|^2$. 从而,由假设有

$$\|B(A-i\lambda I)^{-1}\psi\| \leqslant b\|A(A-i\lambda I)^{-1}\psi\| + \frac{a}{\lambda}\|(A-i\lambda I)^{-1}\psi\|$$

$$\leqslant b\|\psi\| + \frac{a}{\lambda}\|\psi\|.$$

由于 $b<1$,当 $|\lambda|$ 充分大时,有

$$\|B(A-i\lambda I)^{-1}\| < 1. \tag{III}$$

由(III)式与关于算子豫解式的 von Neumann 展开,$I+B(A-i\lambda I)^{-1}$ 是 H 到 H 的一一对应算子,所以,当 λ 充分大时,$i\lambda \in \rho(M)$,于是 $\mathrm{Ran}(M-i\lambda I)=H$.

同理可证 $\mathrm{Ran}(M+i\lambda I)=H$,再据定理 4.3.3,$M$ 自伴. □

定理 4.6.3 设 A 本性自伴,若 B 是对称算子,$\mathcal{D}(B) \supset \mathcal{D}(A)$,且有 $b<1$ 使得

$$\|B\varphi\| \leqslant a\|\varphi\| + b\|A\varphi\|, \quad \forall \varphi \in \mathcal{D}(A),$$

则 $A+B$ 本性自伴,且

$$\overline{A+B} = \overline{A} + \overline{B}.$$

证明 由假设 $\mathcal{D}(B) \supset \mathcal{D}(A)$,$\mathcal{D}(A+B) \supset \mathcal{D}(B)$ 都在 H 中稠,B 与 $A+B$ 都对称,故由第 4.3 节第 2)部分(3)可知 $\overline{B}$ 与 $\overline{A+B}$ 存在. 下证 $\mathcal{D}(\overline{A}) \subset \mathcal{D}(\overline{B})$ 且

$$\|\overline{B}\varphi\| \leqslant a\|\varphi\| + b\|\overline{A}\varphi\|, \quad \varphi \in \mathcal{D}(\overline{A}). \tag{IV}$$

对 $\varphi \in \mathcal{D}(\overline{A})$,应有 $\{\varphi_n\} \subset \mathcal{D}(A)$ 使得 $\varphi_n \to \varphi$ 且

$$A\varphi_n \to \overline{A}\varphi.$$

由假设
$$\| B(\varphi_n - \varphi_m) \| \leqslant a \| \varphi_n - \varphi_m \| + b \| A(\varphi_n - \varphi_m) \|$$
可得 $\varphi_n \to \varphi$ 且 $B\varphi_n \to \eta \in H$. 由 $\bar{B}$ 的定义知 $\varphi \in \mathscr{D}(\bar{B})$, $\bar{B}\varphi = \eta = \lim\limits_{n \to \infty} B\varphi_n$. 而
$$\| B\varphi_n \| \leqslant a \| \varphi_n \| + b \| A\varphi_n \|,$$
令 $n \to \infty$, 则(Ⅳ)式成立.

对上述的 $\varphi \in \mathscr{D}(\bar{A}) = \mathscr{D}(\overline{A+B})$ 与 $\{\varphi_n\}$, 有 $\varphi_n \to \varphi$ 且
$$(A+B)\varphi_n \to (\bar{A}+\bar{B})\varphi.$$
故 $\varphi \in \mathscr{D}(\overline{A+B})$ 且 $\overline{(A+B)}\varphi = (\bar{A}+\bar{B})\varphi$, 总之
$$\bar{A}+\bar{B} \subset \overline{A+B}. \tag{Ⅴ}$$

既然(Ⅳ)式成立, 故对于 $\bar{A}$ 与 $\bar{B}$ 应用定理 4.6.2, 则 $\bar{A}+\bar{B}$ 自伴. 因为 $b<1$, 当然更有 $\bar{A}+\bar{B}$ 是闭的, 显然 $A+B \subset \bar{A}+\bar{B}$, 故 $\overline{A+B} \subset \overline{\bar{A}+\bar{B}} = \bar{A}+\bar{B}$.

综上, 可得 $\overline{A+B} = \bar{A}+\bar{B}$. $\qquad\qquad\qquad\qquad\qquad\qquad\qquad$ □

2) 对 Schrödinger 算子的应用

考虑 Schrödinger 算子
$$L = -\Delta + q(x),$$
这里
$$\Delta = \frac{\partial^2}{\partial x_1^2} + \frac{\partial^2}{\partial x_2^2} + \frac{\partial^2}{\partial x_3^2},$$
$q(x) = q(x_1, x_2, x_3)$ 是实的且在任何有界区域都可积的函数. 这样, 对于 $\mathbf{R}^3$ 中任何有界闭集 K, 都有 $q \in L^2(K)$ 且对于 $\varphi \in C_0^\infty(\mathbf{R}^3)$, 有 $q\varphi \in L^2(\mathbf{R}^3)$, 算子
$$S\varphi = L\varphi, \quad \mathscr{D}(S) = C_0^\infty(\mathbf{R}^3)$$
称为由形式微分算子 L 产生的极小算子. 它不是自伴的, 还得进行自伴延拓才有物理意义, 从而才能与实际物理问题相符,

由 Green 公式可得
$$\int_\Omega ((L\varphi)\psi - \varphi(L\psi)) \mathrm{d}x = \int_\Omega ((-\Delta\varphi)\psi - \varphi(-\Delta\psi)) \mathrm{d}x$$
$$= \int_{\partial\Omega} \left(\psi \frac{\partial \varphi}{\partial n} - \varphi \frac{\partial \psi}{\partial n} \right) \mathrm{d}x = 0,$$
这里 $\varphi, \psi \in C_0^\infty(\mathbf{R}^3)$ 且在区域 Ω 外为零, $C_0^\infty(\mathbf{R}^3)$ 在 $L^2(\mathbf{R}^3)$ 中稠(附录 4 中定理 1), 所以 S 是在 H 上稠定的对称算子. 由第 4.3 节, 可知其线性闭扩张 $\bar{S} = S^{**}$. 问题是 S 是否为本性自伴的, 即 $\bar{S}$ 是否自伴?

设 $-\Delta$ 的极小算子为 A, 对 $\varphi \in C_0^\infty(\mathbf{R}^3)$, 我们要证明 A 是本性自伴的. 首先, $A\varphi = -\Delta\varphi$ 的 Fourier 变换为 $|k|^2 \hat{\varphi}(k)$, 这里
$$\hat{\varphi}(k) = (2\pi)^{-\frac{3}{2}} \int_{\mathbf{R}^3} \mathrm{e}^{-\mathrm{i}kx} \varphi(x) \mathrm{d}x,$$

$$|k|^2 = k_1^2 + k_2^2 + k_3^2.$$

设

$$\mathscr{D}(k^2) = \{\hat\varphi \mid \hat\varphi \text{ 与 } |k|^2 \, \hat\varphi(k) \text{ 都在 } L^2(\mathbf{R}^3) \text{ 中}\},$$
$$k^2 \hat\varphi(k) = |k|^2 \, \hat\varphi(k), \quad \forall \hat\varphi \in \mathscr{D}(k^2).$$

我们知道,Fourier 变换 $U\varphi = \hat\varphi$ 是变 φ 为 $\hat\varphi$ 的酉算子,令

$$H_0 = U^{-1} k^2 U,$$

一般称 H_0 为自由粒子的 Hamilton 算子,它与乘法算子 k^2 酉等价. 如果乘法算子自伴,它就自伴. 而显然

$$\| (k^2 \pm \mathrm{i})^{-1} \psi \|^2 = \left\| \frac{\psi}{k^2 \pm \mathrm{i}} \right\|^2 \leqslant \| \psi \|^2,$$

故 $k^2 \pm \mathrm{i}$ 是个可逆算子,当然 $\mathrm{Ran}(k^2 \pm \mathrm{i}) = H$. 由定理 4.3.3,乘法算子 k^2 是自伴的,故 H_0 自伴.

下面我们证明 $\overline{A} = H_0$,从而 A 本性自伴.

对 $\varphi \in \mathscr{D}(A) = C_0^\infty(\mathbf{R}^3)$,有

$$\varphi(x) = (2\pi)^{-\frac{3}{2}} \int_{\mathbf{R}^3} \mathrm{e}^{\mathrm{i}kx} \, \hat\varphi(k) \, \mathrm{d}k,$$

所以

$$\Delta\varphi(x) = (2\pi)^{-\frac{3}{2}} \int_{\mathbf{R}^3} \mathrm{e}^{\mathrm{i}kx} k^2 \, \hat\varphi(k) \, \mathrm{d}k = U^{-1} k^2 U\varphi = H_0 \varphi,$$

即 $A \subset H_0$,所以,由于 H_0 自伴,因而是闭算子,所以 $\overline{A} \subset H_0$. 利用 Fourier 变换方法可以证明 $\overline{A} = H_0$(详见[11]).

关于 $\varphi \in \mathscr{D}(H_0)$ 的不等式:显然 $\hat\varphi = U\varphi \in \mathscr{D}(k^2)$,而

$$\left(\int_{\mathbf{R}^3} |\hat\varphi(k)| \, \mathrm{d}k \right)^2 = \left(\int_{\mathbf{R}^3} \frac{1}{|k|^2 + \alpha^2} (|k|^2 + \alpha^2) |\hat\varphi(k)| \, \mathrm{d}k \right)^2$$
$$\leqslant \int_{\mathbf{R}^3} \frac{\mathrm{d}k}{(|k|^2 + \alpha^2)^2} \int_{\mathbf{R}^3} (|k|^2 + \alpha^2)^2 |\hat\varphi(k)|^2 \, \mathrm{d}k$$
$$= \frac{\pi^2}{2} \| U^{-1} (k^2 + \alpha^2) U\varphi \|^2$$
$$= \frac{\pi^2}{2} \| U^{-1} (H_0 + \alpha^2) U\varphi \|^2 < +\infty.$$

由

$$\varphi(x) = (2\pi)^{-\frac{3}{2}} \int_{\mathbf{R}^3} \mathrm{e}^{\mathrm{i}kx} \hat\varphi(k) \, \mathrm{d}k \tag{Ⅵ}$$

得到

$$|\varphi(x)| \leqslant (2\pi)^{-\frac{3}{2}} \int_{\mathbf{R}^3} |\hat\varphi(k)| \, \mathrm{d}k \leqslant C\alpha^{-\frac{1}{2}} \| (k^2 + \alpha^2)\varphi \|.$$

当然,$\| (H_0 + \alpha^2)\varphi \| \leqslant \| H_0\varphi \| + \alpha^2 \| \varphi \|$,故由 Sobolev 不等式得

$$|\varphi(x)| \leqslant C(\alpha^{-\frac{1}{2}} \|H_0\varphi\| + \alpha^{\frac{3}{2}} \|\varphi\|), \qquad (\text{Ⅶ})$$

其中 φ 是有界函数.

以下设

$$q(x) = q_0(x) + q_1(x),$$

这里 $q_0 \in L^\infty(\mathbf{R}^3), q_1 \in L^2(\mathbf{R}^3), Q, Q_0, Q_1$ 分别为 q, q_0, q_1 所确定的极大乘法算子. 例如

$$Q\varphi = q(x)\varphi(x), \quad \mathscr{D}(Q) = \{\varphi \mid q\varphi \in L^2\}.$$

而 Q_0, Q_1 同样定义.

命题 4.6.1 设 $H = H_0 + Q$,则对于 $\varphi \in \mathscr{D}(H_0)$ 有

$$\|Q\varphi\| \leqslant a\|\varphi\| + b\|H_0\varphi\|,$$

这里

$$a = C\alpha^{\frac{3}{2}}\|q\|_2 + \|q_0\|_\infty, \quad b = C\alpha^{-\frac{1}{2}}\|q_1\|_2.$$

证明 由（Ⅶ）式,每个 $\varphi \in \mathscr{D}(H_0)$ 都是有界函数,故 $q_1 u \in L^2$,且

$$\|Q_1\varphi\| = \left\{\int_{\mathbf{R}^3} |q_1(x)\varphi(x)|^2 \mathrm{d}x\right\}^{\frac{1}{2}} \leqslant \|\varphi\|_\infty \|q_1\|_2$$

$$\leqslant C\|q_1\|_2(\alpha^{-\frac{1}{2}}\|H_0\varphi\| + \alpha^{\frac{3}{2}}\|\varphi\|).$$

而

$$\|Q_0\varphi\| \leqslant \|q_0\|_\infty \|\varphi\|,$$
$$\|Q\varphi\| \leqslant \|Q_0\varphi\| + \|Q_1\varphi\|,$$

所以命题成立. □

定理 4.6.4（Kato） 设

$$L = -\Delta + q, \quad \mathscr{D}(L) = C_0^\infty(\mathbf{R}^3),$$

其中 $q = q_0 + q_1, q_0 \in L^\infty(\mathbf{R}^3), q_1 \in L^2(\mathbf{R}^3)$,则 L 是本性自伴的,它的闭扩张为

$$H = H_0 + Q, \quad \mathscr{D}(H) = \mathscr{D}(H_0),$$

这里 H_0 是自由粒子的 Hamilton 算子.

证明 设 A 为 $-\Delta$ 在 C_0^∞ 上的限制算子,我们已知 $\overline{A} = H_0$ 自伴,在命题 4.6.1 中取 α 充分大使得 $b < 1$,则有

$$\|Q\varphi\| \leqslant b\|H_0\varphi\| + a\|\varphi\|, \quad \forall \varphi \in \mathscr{D}(H_0), \qquad (\text{Ⅷ})$$

从而

$$\|Q\varphi\| \leqslant b\|A\varphi\| + a\|\varphi\|, \quad \forall \varphi \in \mathscr{D}(A). \qquad (\text{Ⅸ})$$

由定理 4.6.3,$L = A + Q$ 本性自伴.

前面已经证明 $H_0 + Q$ 自伴,由（Ⅷ）式与（Ⅸ）式并反复用定理 4.6.3,则有

$$\overline{A+Q} = \overline{A} + \overline{Q} = \overline{H_0} + \overline{Q(H_0+Q)} = H_0 + Q.$$

设 H_0 为自由粒子的 Hamilton 算子,而 Q 是由 q 所确定的乘法算子,且

$$q(x) = q_0(x) + q_1(x),$$

这里 $q_0 \in L^\infty(\mathbf{R}^3)$, $q_1 \in L^2(\mathbf{R}^3)$. 注意到命题 4.6.1 中当 α 充分大时 $b<1$,因此由定理 4.6.2 知 $H=H_0+Q$ 是自伴算子. $\square$

应该指出,这里只是说前述极小算子 S 有自伴延拓,从物理观点看,这是不够的,因为 S 还可能有许多不同的自伴延拓,而不同的自伴延拓对应于不同的物理量,所以还得讨论确定物理背景所对应的自伴延拓形式.

推论 4.6.1 对 Coulomb 位势 $q(x)=\dfrac{\mathrm{e}}{|x|}$,算子
$$L=-\Delta+q, \quad \mathscr{D}(L)=C_0^\infty(\mathbf{R}^3)$$
是本性自伴的.

证明 令
$$q_0(x)=\begin{cases} 0, & |x|<1, \\ \dfrac{\mathrm{e}}{|x|}, & |x|\geqslant 1, \end{cases} \quad q_1(x)=\begin{cases} \dfrac{\mathrm{e}}{|x|}, & |x|<1, \\ 0, & |x|\geqslant 1, \end{cases}$$
显然 $q_0 \in L^\infty(\mathbf{R}^3)$,且
$$\int_{\mathbf{R}^3} |q_1(x)|^2 \mathrm{d}x = \int_0^{2\pi} \mathrm{d}\theta \int_0^\pi \sin\varphi \mathrm{d}\varphi \int_0^1 \frac{\mathrm{e}^2}{r^2} r^2 \mathrm{d}r < +\infty,$$
即 $q_1 \in L^2(\mathbf{R}^3)$,由定理 4.6.3,本推论成立. $\square$

习题 4

1. 设 A 为 Hilbert 空间 H 上的闭算子,在 $\mathscr{D}(A)$ 上定义范数 $\|\cdot\|$ 如下:
$$\|\varphi\|_1 = \|\varphi\| + \|A\varphi\|,$$
证明:$(\mathscr{D}(A), \|\cdot\|_1)$ 为 Banach 空间.

2. 设 A, A^* 都是稠定的,证明:

(1) 若 $\lambda \in \sigma_r(A)$,则 $\bar{\lambda} \in \sigma_p(A^*)$;

(2) 若 $\lambda \in \sigma_p(A^*)$,则 $\bar{\lambda} \in \sigma_r(A) \cup \sigma_p(A)$.

3. 设 A, B 稠定,证明:若 $A \subset B$,则 $B^* \subset A^*$.

4. 设 $H=l^2$,
$$\mathscr{D}(A)=\{\varphi=(\xi_j) \in l^2 \mid \{j \mid \xi_j \neq 0\} \text{ 为有限集}\},$$
$$A\varphi=(j\xi_j), \quad \varphi \in \mathscr{D}(A),$$
证明 A 无界、稠定且非闭,但 A 可闭,并求出 $\bar{A}$.

5. 若算子 A 无有界逆,证明:存在序列 $\{\varphi_n\} \in \mathscr{D}(A)$ 使得
$$\|\varphi_n\| \to \infty \quad \text{且} \quad A\varphi_n \to 0.$$

6. 设 A 是 Hilbert 空间 H 上的线性算子,证明:

(1) 若 $\mathscr{D}(A)$ 在 H 中稠,则 $\ker(A^*)=\mathrm{Ran}(A)^\perp \cap \mathscr{D}(A^*)$;

(2) 若 A 是闭算子,则 $\ker(A) = \operatorname{Ran}(A^*)^\perp \bigcap \mathscr{D}(A)$.

7. 设 $H = L^2[0,1], A_1 = \mathrm{i}\dfrac{\mathrm{d}}{\mathrm{d}t}, A_2 = \mathrm{i}\dfrac{\mathrm{d}}{\mathrm{d}t}$,

$$\mathscr{D}(A_1) = \{\varphi \in H \mid \varphi \text{ 绝对连续}, \varphi' \in H\},$$
$$\mathscr{D}(A_2) = \{\varphi \in H \mid \varphi(0) = 0, \varphi \text{ 绝对连续}, \varphi' \in H\},$$

证明:A_1, A_2 均为闭算子.

8. 设 A 是稠定对称算子,而且是非负的,即对任意 $\varphi \in \mathscr{D}(A)$,有 $(A\varphi, \varphi) \geqslant 0$. 证明:

(1) $\|(A+I)\varphi\|^2 \geqslant \|\varphi\|^2 + \|A\varphi\|^2$;

(2) A 是闭稠定算子的充要条件为 $\operatorname{Ran}(A+I)$ 是闭集.

9. 设 A 和 B 是在 Hilbert 空间 H 上的线性算子,AB 在 H 上稠定,证明:

$$B^* A^* \subset (AB)^*.$$

10. 设 H 为 Hilbert 空间,线性算子 $A: \mathscr{D}(A) \to H$ 在 H 中稠定,证明:A 对称当且仅当 $\forall \varphi \in \mathscr{D}(A), (A\varphi, \varphi)$ 为实值.

11. 证明:若 A 对称,则 A^{**} 也对称.

12. 证明:$\psi = (\eta_j) = A\varphi = (\xi_j/j)$ 定义了一个有界线性算子,其有一个无界自伴逆.

13. 设 A 是对称算子,$\widetilde{A}$ 是 A 的一个对称延拓,证明:$\widetilde{A} \subset A^*$.

14. 设自伴算子 $A: \mathscr{D}(A) \to H$ 为单射,证明:

(1) $\overline{\operatorname{Ran}(A)} = H$;

(2) A^{-1} 是自伴的.

15. 设 $A_\lambda := A - \lambda I$,证明:

(1) 若 A 是闭的,则 A_λ 也是闭的;

(2) 若 A_λ^{-1} 存在,则 A_λ^{-1} 是闭的.

16. 设 A, B 是 Hilbert 空间 H 上的对称算子.

(1) 证明:$\alpha A + \beta B$ 是一个对称算子,其中 $\alpha, \beta \in \mathbf{R}$;

(2) 假设 $\ker(A) = \{0\}$,证明:A^{-1} 是一个对称算子.

17. 设 A 为 Hilbert 空间 H 上的对称算子,运用归纳法证明:

$$\|A^m \varphi\| \leqslant \|A^n \varphi\|^{m/n} \|\varphi\|^{1-m/n}, \quad \forall \varphi \in \mathscr{D}(A^n), m, n \in \mathbf{N}^*, m \leqslant n,$$

18. 设 H 为一个 Hilbert 空间,试给出 H 上的一个对称算子 A 的例子,使得 $\operatorname{Ran}(A+\mathrm{i}I)$ 和 $\operatorname{Ran}(A-\mathrm{i}I)$ 在 H 中稠,但 A 不是自伴的.

19. 设 A 为 Hilbert 空间 H 上的闭稠定算子,证明:算子

$$A := (I + A^* A)^{-1} A^*$$

在定义域 $\mathscr{D}(A) = \mathscr{D}(A^*)$ 上有界,并且 $\|A\| \leqslant \dfrac{1}{2}$.

20. 设 A 是从 H_1 到 H_2 上的线性算子, S 是从 H_2 到 H_3 上的连续可逆算子, 证明: 若 S 和 A 是闭的(可闭的), 则 SA 也是闭的(可闭的).

21. 设 $A=-\dfrac{\mathrm{d}^2}{\mathrm{d}x^2}$, $\mathscr{D}(A)=H_0^2(0,\infty)\subset H=L^2(0,\infty)$, 其中

$$H_0^2(0,\infty)=\{\varphi\in H\mid\varphi\in AC_{\mathrm{loc}}[0,\infty),\varphi(0)=0,\varphi'\in H\}.$$

(1) 证明 $d_{\pm}(A)=1$, 并确定亏子空间 $\ker(A^*\mp\mathrm{i}I)$;

(2) 利用 von Neumann 定理及 $x=0$ 处的边界条件描述算子 A 的自伴延拓.

22. 设 $a,b\in\mathbf{C}$, 在 Hilbert 空间 $H=C^2$ 上定义线性算子 $A(x,0)=(ax,bx)$, 其定义域为 $\mathscr{D}(A)=\{(x,0)\mid x\in\mathbf{C}\}$.

(1) 证明: A 是正的对称算子当且仅当 $a\geqslant0$;

(2) 假设 $b\neq0$ 且 $a\geqslant0$, 证明: A 在 H 上有一个正的自伴延拓当且仅当 $a>0$.

23. 考虑 Hilbert 空间 $H=L^2(0,1)$ 上的算子 $A_j=-\dfrac{\mathrm{d}^2}{\mathrm{d}x^2}$, $j=1,2,3$, 其定义域分别为

$$\mathscr{D}(A_1)=\{\varphi\mid\varphi'\in AC[0,1],\varphi''\in H,\varphi(0)+\varphi(1)=\varphi'(0)+\varphi'(1)=0\},$$
$$\mathscr{D}(A_2)=\{\varphi\mid\varphi'\in AC[0,1],\varphi''\in H,\varphi(0)+\varphi(1)=\varphi'(0),\varphi'(1)=0\},$$
$$\mathscr{D}(A_3)=\{\varphi\mid\varphi'\in AC[0,1],\varphi''\in H,\varphi(0)+z\varphi(1)=\varphi'(0),-\varphi'(1)=w\varphi(0)+\varphi(1)\},$$

其中 $z,w\in\mathbf{C}$, 试确定共轭算子 A_j^* 的定义域, $j=1,2,3$.

24. 设 $A=-\dfrac{\mathrm{d}^2}{\mathrm{d}x^2}$,

$$\mathscr{D}(A)=\{\varphi\mid\varphi'\in AC[0,1],\varphi''\in H,\varphi(0)=\varphi(1)=0,\varphi'(0)=\varphi'(1)=0\},$$

证明: 上题中的自伴算子 A_1 和 A 的 Friedrichs 延拓 A_F 有相同的下确界 π^2.

25. 设 $A=-\dfrac{\mathrm{d}^2}{\mathrm{d}x^2}$,

$$\mathscr{D}(A)=\{\varphi\mid\varphi'\in AC[a,b],\varphi''\in H,\varphi(a)=\varphi(b)=\varphi'(b)=0\},\quad a,b\in\mathbf{R}.$$

(1) 证明: A 是 $L^2[a,b]$ 上的闭稠定正对称算子;

(2) 证明: $\mathscr{D}(A^*)=\{\varphi\mid\varphi'\in AC[a,b],\varphi''\in H,\varphi(a)=0\}$;

(3) 确定 A 的 Friedrichs 延拓 A_F.

26. 设

$$\mathscr{D}=\{\varphi\in L^2(0,\infty)\mid\varphi\in AC_{\mathrm{loc}}[0,\infty),\varphi(0)=0,\varphi'\in L^2(0,\infty)\},$$

定义 $A\varphi=-\mathrm{i}\varphi'$, $\forall\varphi\in\mathscr{D}$.

(1) 证明 A 是一个稠定闭算子, 并求 $\mathscr{D}(A^*)$;

(2) 证明 A 是对称算子且其亏指数为 $d_+=0$, $d_-=1$.

27. 设

$$\mathscr{D}=\{f\in L^2(-\infty,0)\mid\varphi\in AC_{\mathrm{loc}}(-\infty,0],\varphi(0)=0,\varphi'\in L^2(-\infty,0)\},$$

定义 $A\varphi = -\mathrm{i}\varphi'$，$\forall \varphi \in \mathscr{D}$.

(1) 证明 A 是一个稠定闭算子，并求 $\mathscr{D}(A^*)$；

(2) 证明 A 是对称算子且其亏指数为 $d_+ = 1$，$d_- = 0$.

28. 设 G 是 xOy 平面上的有界区域，且 $H = L^2(G)$，$L = -\Delta = -(\partial_x^2 + \partial_y^2)$，$\mathscr{D}(L) = C_0^2(G)$. 证明：$L$ 有亏指数 $(d_+, d_-) = (\infty, \infty)$.

29. 在例 4.1.3 中，证明：$\overline{A} = A_1$.

(提示：(1) 先证明 $\varphi \in \mathscr{D}(A_1)$ 时，存在具有紧支柱的函数列 $\{\varphi_N\} \subset \mathscr{D}(A_1)$，使得

$$\varphi_N \to \varphi \quad 且 \quad A_1\varphi_N \to A_1\varphi, \quad N \to \infty.$$

事实上，设 $a_\varepsilon (\varepsilon > 0)$ 为附录 4 中所定义的磨光函数，$\forall N \in \mathbf{N}^*$，记

$$\psi_{N,\varepsilon} = \chi_{[-N,N]} * a_\varepsilon(x) = \int_{-\infty}^{+\infty} \chi_{[-N,N]}(y) a_\varepsilon(x-y) \mathrm{d}y,$$

则

$$\psi_{N,\varepsilon} \in C_0^\infty(\mathbf{R}), \quad \mathrm{supp}\psi_{N,\varepsilon} \subset [-N-\varepsilon, N+\varepsilon], \quad \psi_{N,\varepsilon}\Big|_{[-N+\varepsilon, N-\varepsilon]} = 1.$$

又 $\varphi \in \mathscr{D}(A_1)$，令 $\varphi_N = \varphi\psi_{N,\varepsilon}$，证明当 $N \to \infty$ 时，

$$\{\varphi_N\} \subset \mathscr{D}(A_1), \quad \varphi_N \to \varphi \quad 且 \quad A_1\varphi_N \to A_1\varphi.$$

(2) 再利用例 4.3.1，对每个 φ_N，存在 $\varphi_N^n \in C_0^\infty(\mathbf{R})$ 使得当 $n \to \infty$ 时，

$$\varphi_N^n \to \varphi_N \quad 且 \quad A\varphi_N^n \to \overline{A}\varphi_N = A_1\varphi_N,$$

据此证明 $\overline{A} = A_1$.)

5 自伴算子的谱分解

在线性代数中,我们常常需将一个共轭对称矩阵 A 化成对角型,这样对角线上元素 $\lambda_1, \lambda_2, \cdots, \lambda_n$ 都是它的特征值. 若将空间的规范正交基元素都取为 A 的特征向量 $e_1, \cdots, e_n$,与 $\lambda_i (i=1, \cdots, n)$ 相应的特征子空间上投影变换为 $P_i (i=1, \cdots, n)$,这时 A 相应的线性变换(仍记为 A)可表示为

$$A = \sum_{i=1}^{n} \lambda_i P_i,$$

则 $(A\varphi, \varphi) = 1$ 所代表的二次曲面的主方向与 A 的特征向量的方向一致. 在无穷维空间中,如何得到类似的结果,即如向将线性算子表示为一些简单的投影算子的"和"呢? 这就是算子的谱分解. 当然,我们希望算子能表示成级数形式(例如我们曾经对紧算子做到了这一点),但这种情况并不总是行得通,常常代之以积分形式. 这一章,我们就讨论如何将自伴算子写成关于投影算子族的积分形式,也就是所谓的谱分解.

本章最后一节讲紧算子类——Hilbert-Schmidt 算子. 该部分内容本应该归入第 3 章的,但在处理技术上要用到谱分解,只好放到这里.

5.1 投影算子

设 H 为一个 Hilbert 空间,$M \subset H$ 为一个闭子空间,则由正交投影定理

$$H = M \oplus M^{\perp},$$

即 $\forall \varphi \in H$,存在唯一一组 $\varphi_1 \in M, \varphi_2 \in M^{\perp}$,使得 $\varphi = \varphi_1 + \varphi_2$. 有界线性算子

$$P: H \to M,$$

$$P\varphi = \varphi_1, \quad \forall \varphi \in H$$

就是我们讨论过的 H 到 M 的投影算子,$\mathrm{Ran}P = M$,$\|P\| = 1$,而 $P_{\perp} = I - P$ 为 H 到 $M^{\perp}$ 的投影算子,$\mathrm{Ran}P_{\perp} = M^{\perp}$. 我们将讨论如何把酉算子和自伴算子表示成关于投影算子值函数的积分形式,为此,作为预备知识,本节我们给出投影算子的性质.

下面一条定理刻画投影算子的值域.

定理 5.1.1 设 P 是 H 到 M 的投影算子,则

$$M = \{\varphi | P\varphi = \varphi\} = \{\varphi | \|P\varphi\| = \|\varphi\|\} = \{P\varphi | \varphi \in H\}.$$

证明　$M=\{\varphi|P\varphi=\varphi\}=\{P\varphi|\varphi\in H\}$ 显然成立,下面我们来证明第二个等式. $\forall\varphi\in M$ 有

$$P\varphi=\varphi,$$

所以 $\|P\varphi\|=\|\varphi\|$,即 $\varphi\in\{\varphi|\|P\varphi\|=\|\varphi\|\}$.

反之,若 $\|P\varphi\|=\|\varphi\|$,由于 $H=M\oplus M^{\perp}$,$\varphi=P\varphi+P_{\perp}\varphi$,

$$\|\varphi\|^2=\|P\varphi\|^2+\|P_{\perp}\varphi\|^2,$$

所以 $P_{\perp}\varphi=0$,从而 $\varphi=P\varphi\in M$,于是

$$M=\{\varphi|\|P\varphi\|=\|\varphi\|\}.\qquad\square$$

例 5.1.1　设 $H=L^2(\alpha,\beta)$,$(a,b)\subset(\alpha,\beta)$,

$$M=\{\varphi|\varphi\in H,\varphi(x)=0\ \text{a.e.}\ (\alpha,\beta)\backslash(a,b)\},$$

再令

$$\chi_{(a,b)}(x)=\begin{cases}1,&x\in(a,b),\\0,&x\in(\alpha,\beta)\backslash(a,b),\end{cases}$$

则

$$P_{(a,b)}\varphi=\chi_{(a,b)}\varphi,\quad\forall\varphi\in H$$

为 H 到 M 的投影算子.

事实上,$\forall\varphi\in H$,

$$\varphi=\chi_{(a,b)}\varphi+\chi_{(\alpha,\beta)\backslash(a,b)}\varphi\equiv\varphi_1+\varphi_2,$$

$\varphi_1\perp\varphi_2$,即 $H=M\oplus M^{\perp}$,所以 $P_{(a,b)}$ 为 H 到 M 的投影算子.

下面我们证明幂等的自伴算子就是投影算子.

定理 5.1.2　H 上有界线性算子 P 为投影算子的充要条件是

(1) $P^2=P$;

(2) $P^*=P$.

即 P 是幂等的自伴算子.

证明　$(\Rightarrow)$ 设 M 为 H 的闭子空间,$P:M\to H$ 为投影算子,$\forall\varphi\in H$,$P\varphi\in M$,

$$P^2\varphi=P(P\varphi)=P\varphi,$$

即 $P^2=P$. 又 $\forall\varphi,\psi\in H$,

$$(P\varphi,\psi)=(P\varphi,P\psi+P_{\perp}\psi)=(P\varphi,P\psi)=(P\varphi+P_{\perp}\varphi,P\psi)=(\varphi,P\psi),$$

所以 $P^*=P$.

$(\Leftarrow)$ 设 P 是幂等的自伴算子,

$$M=\{\varphi|P\varphi=\varphi\},$$

则 M 为 H 的子空间,它显然是闭的. 每个 $\varphi\in H$ 都可作如下分解:

$$\varphi=P\varphi+(\varphi-P\varphi)\equiv\varphi_1+\varphi_2,$$

由于 P 幂等,所以

$$P\varphi_1 = P(P\varphi) = P\varphi = \varphi_1.$$

为了证明 P 为 H 到 M 的投影算子，还要证明 $\varphi_2 \perp M.$

事实上，$\forall \psi \in M$（这时 $P\psi = \psi$），

$$(\varphi_2, \psi) = (\varphi - P\varphi, \psi) = (P^*(\varphi - P\varphi), \psi)$$
$$= (P(\varphi - P\varphi), \psi) = 0,$$

所以 P 为 H 到 M 的投影算子. □

投影算子乘积为投影算子的条件：

定理 5.1.3 设 P, Q 分别为 H 到其闭子空间 M 和 N 的投影算子，则 PQ（或 QP）为投影算子的充要条件是 P 与 Q 可交换，即

$$PQ = QP.$$

这时 PQ 或 QP 为 H 到 $M \bigcap N$ 的投影算子.

证明 (1) ($\Rightarrow$) 如果 P, Q 是投影算子，PQ 或者 QP 也是投影算子，则由定理 5.1.2，

$$QP = Q^* P^* = (PQ)^* = PQ.$$

($\Leftarrow$) 若 $PQ = QP$，则

$$(PQ)^* = Q^* P^* = QP = PQ,$$
$$(PQ)^2 = PQPQ = P^2 Q^2 = PQ,$$

由定理 5.1.2，PQ 为投影算子，因而 QP 也是投影算子.

(2) 证明 $M \bigcap N = \text{Ran}(PQ).$

因为 $PQ = QP$，所以

$$\text{Ran}(PQ) = \{PQ\varphi \mid \varphi \in H\} \subset \{P\psi \mid \psi \in H\} = \text{Ran}P = M,$$

同样

$$\text{Ran}(PQ) = \text{Ran}(QP) = \{QP\varphi \mid \varphi \in H\} \subset \{Q\psi \mid \psi \in H\} = \text{Ran}Q = N,$$

从而

$$\text{Ran}(PQ) = \text{Ran}(QP) \subset M \bigcap N.$$

另一方面，$\forall \varphi \in M \bigcap N$，

$$\varphi = Q\varphi = PQ\varphi,$$

所以

$$M \bigcap N \subset \text{Ran}(PQ).$$

这样，$\text{Ran}(PQ) = M \bigcap N.$ □

下面一条定理讨论 $P + Q$ 为投影算子的条件.

定理 5.1.4 设 P, Q 分别为 H 到其闭子空间 M 和 N 的投影算子，则以下各条等价：

(1) $P + Q$ 为投影算子；

(2) $M \perp N$；

(3) $PN=\{0\}$；

(4) $QM=\{0\}$；

(5) $PQ=0$；

(6) $QP=0$.

这时，$P+Q$ 为 $M\oplus N$ 上投影算子.

证明 （2）～（6）的等价是显然的，下面我们证明（1）$\Leftrightarrow$（2）.

如果（1）成立，即 $P+Q$ 是投影算子，则 $\forall\varphi\in M$ 有

$$\|\varphi\|^2\geqslant\|(P+Q)\varphi\|^2=((P+Q)\varphi,(P+Q)\varphi)$$
$$=((P+Q)\varphi,\varphi)=(P\varphi,\varphi)+(Q\varphi,\varphi)$$
$$=\|\varphi\|^2+\|Q\varphi\|^2,$$

所以 $Q\varphi=0$. 而 Q 自伴，于是 $\forall\varphi\in M,\psi\in N$ 有

$$(\varphi,\psi)=(\varphi,Q\psi)=(Q\varphi,\psi)=0,$$

即 $M\perp N$.

反之，如果 $M\perp N$，则 $QP=PQ=0$，所以

$$(P+Q)^2=P^2+PQ+QP+Q^2=P+Q,$$
$$(P+Q)^*=P+Q,$$

所以 $P+Q$ 为投影算子.

再证 $P+Q$ 的值域为 $M\oplus N$.

易证 $M\oplus N$ 为闭子空间. $\forall\varphi\in H$,

$$(P+Q)\varphi=P\varphi+Q\varphi\in M\oplus N,$$

即

$$\mathrm{Ran}(P+Q)\subset M\oplus N.$$

另一方面，$\forall\varphi=\varphi_1+\varphi_2\in M\oplus N,\varphi_1\in M,\varphi_2\in N$，有

$$\varphi=P\varphi_1+Q\varphi_2=P(\varphi_1+\varphi_2)+Q(\varphi_1+\varphi_2)$$
$$=(P+Q)\varphi\in\mathrm{Ran}(P+Q)\quad(因为\ P\varphi_2=Q\varphi_1=0),$$

所以 $\mathrm{Ran}(P+Q)=M\oplus N$. $\square$

最后，我们讨论两个投影算子具有大小关系的条件，并进一步讨论两个投影算子之差是投影算子的条件.

定义 5.1.1 （1）设 A 为 H 上自伴算子，若

$$(A\varphi,\varphi)\geqslant0,\quad\forall\varphi\in H,$$

则称 A 非负，记为 $A\geqslant0$.

（2）若 A,B 为 H 上自伴算子，如果

$$((A-B)\varphi,\varphi)\geqslant0,\quad\forall\varphi\in H,$$

或

$$(A\varphi,\varphi)\geqslant(B\varphi,\varphi),\quad\forall\varphi\in H,$$

则称 A 不小于 B，记为 $A \geqslant B$；或 B 不大于 A，记为 $B \leqslant A$.

定理 5.1.5 设 P, Q 分别为 H 到其闭子空间 M 和 N 的投影算子，则以下各条等价：

(1) $M \subset N$；

(2) $QP = P$；

(3) $PQ = P$；

(4) $\| P\varphi \| \leqslant \| Q\varphi \|, \forall \varphi \in H$，从而 $P \leqslant Q$ 或 $Q - P \geqslant 0$；

(5) $Q - P$ 是投影算子.

这时，$Q - P$ 是 $N \ominus M = N \cap M^{\perp}$ 上的投影算子.

证明 (1)$\Rightarrow$(2) $\forall \varphi \in H, P\varphi \in M \subset N$，所以 $QP\varphi = P\varphi$，即 $QP = P$.

(2)$\Rightarrow$(3) $PQ = P^* Q^* = (QP)^* = P^* = P$.

(3)$\Rightarrow$(4) $\forall \varphi \in H$，因为 $\| P \| = 1$，所以

$$\| P\varphi \| = \| PQ\varphi \| \leqslant \| Q\varphi \|,$$

从而

$$(Q\varphi, \varphi) = (Q\varphi, Q\varphi) \geqslant \| P\varphi \|^2 = (P\varphi, P\varphi) = (P\varphi, \varphi),$$

即 $Q \geqslant P$.

(3)$\Rightarrow$(5) 若 $PQ = P$，则

$$(Q - P)^* = Q^* - P^* = Q - P,$$

$$(Q - P)^2 = Q^2 - QP - PQ + P^2 = Q - (PQ)^* - P + P = Q - P,$$

所以，由定理 5.1.2，$Q - P$ 是投影算子.

(5)$\Rightarrow$(4) 设 $Q - P$ 是投影算子，则 $(Q - P)^2 = Q - P$，所以

$$((Q - P)\varphi, \varphi) = ((Q - P)\varphi, (Q - P)\varphi) \geqslant 0, \quad \forall \varphi \in H,$$

即 $Q \geqslant P$.

(4)$\Rightarrow$(1) $\forall \varphi \in M$，

$$\| \varphi \| = \| P\varphi \| \leqslant \| Q\varphi \| \leqslant \| \varphi \|,$$

所以 $\| Q\varphi \| = \| \varphi \|$，由定理 5.1.1，$\varphi \in N$.

最后证明 $\mathrm{Ran}(Q - P) = N \ominus M = N \cap M^{\perp}$.

这时 $QP = P$，所以 $Q - P = Q(I - P)$，又因为 $I - P$ 为 $M^{\perp}$ 上的投影算子，所以由定理 5.1.3，$Q - P$ 是 $N \ominus M = N \cap M^{\perp}$ 上的投影算子. $\square$

5.2 谱族与函数的谱积分

为了下一节讨论谱分解的需要，本节我们讨论函数关于投影算子值函数的 Riemann-Stieltjes 积分.

1）谱族的概念

以下假设 $\langle\alpha,\beta\rangle$ 为任意一个区间,可以是有限闭区间,可以是半开半闭区间,也可以是无穷区间.

定义 5.2.1 设 $\{P_\lambda\}_{\lambda\in\langle\alpha,\beta\rangle}$ 为 H 上一族投影算子,称 $\{P_\lambda\}_{\lambda\in\langle\alpha,\beta\rangle}$ 为一个谱族,如果它满足:

(1) $\{P_\lambda\}_{\lambda\in\langle\alpha,\beta\rangle}$ 关于 λ 单调增,即 $P_{\lambda_1}\leqslant P_{\lambda_2}$,如果 $\lambda_1\leqslant\lambda_2$.

(2) 在强意义下右连续,即

$$\text{s-}\lim_{\lambda\to\lambda_0+0}P_\lambda=P_{\lambda_0},\quad\forall\lambda_0\in\langle\alpha,\beta\rangle.$$

(3) ① 当 $\langle\alpha,\beta\rangle=\langle\alpha,\beta]$,即 β 是一个有限值,所涉及区间包含该点时,$P_\beta=I$;

② 当 $\langle\alpha,\beta\rangle=\langle\alpha,\beta\rangle$,$\text{s-}\lim_{\lambda\to\beta-0}P_\lambda=I$;

③ 在区间的左端点处,$\text{s-}\lim_{\lambda\to\alpha+0}P_\lambda=0$;

④ 当 $\langle\alpha,\beta\rangle=[\alpha,\beta\rangle$ 时,$\text{s-}\lim_{\lambda\to\alpha+0}P_\lambda=P_\alpha=0$.

注 这时,$\forall\varphi,\psi\in H$,$(P_\lambda\varphi,\varphi)$ 在 $\langle\alpha,\beta\rangle$ 上关于 λ 为有界的非负的规范化 $((P_\alpha\varphi,\varphi)=0)$ 单调增右连续函数,而 $(P_\lambda\varphi,\psi)$ 关于 λ 为有界的规范化复值右连续的有界变差函数.

在经典分析中,对于一个给定的单调增右连续函数 g,我们可以讨论函数 f 关于 g 的 Riemann-Stieltjes 积分.类比于此,以下我们将讨论一个函数 f 关于一个谱族的 Riemann-Stieltjes 积分的意义,即讨论形式积分算子

$$A_f=\int_\alpha^\beta f(\lambda)\mathrm{d}P_\lambda$$

积分的收敛意义及其定义域 $\mathscr{D}(A_f)$ 的大小.

定义 5.2.2 设 f 为 $\langle\alpha,\beta\rangle$ 上的函数,记

$$\mathscr{D}(A_f)=\{\varphi\in H\mid\forall\psi\in H,f\text{ 关于有界变差函数}(P_\lambda\varphi,\psi)\text{ 是}$$

Riemann-Stieltjes 可积或广义可积的,且

$$\int_\alpha^\beta\overline{f(\lambda)}\mathrm{d}\,\overline{(P_\lambda\varphi,\psi)}=\int_\alpha^\beta\overline{f(\lambda)}\mathrm{d}(\psi,P_\lambda\varphi)$$

关于 ψ 为 H 上连续线性泛函},

$\forall\varphi\in\mathscr{D}(A_f)$,由 Riesz 定理,存在唯一的 $h_\varphi\in H$ 使得

$$\int_\alpha^\beta\overline{f(\lambda)}\mathrm{d}(\psi,P_\lambda\varphi)=(\psi,h_\varphi),$$

即

$$\int_\alpha^\beta f(\lambda)\mathrm{d}(P_\lambda\varphi,\psi)=(h_\varphi,\psi).$$

记

$$A_f\varphi=h_\varphi, \quad \forall\varphi\in\mathscr{D}(A_f),$$

则 A_f 是定义域为 $\mathscr{D}(A_f)$ 的线性算子且

$$(A_f\varphi,\psi)=\int_\alpha^\beta f(\lambda)\mathrm{d}(P_\lambda\varphi,\psi)=\left(\int_\alpha^\beta f(\lambda)\mathrm{d}P_\lambda\varphi,\psi\right), \quad \forall\varphi\in\mathscr{D}(A_f),\forall\psi\in H,$$

所以

$$A_f\varphi=\int_\alpha^\beta f(\lambda)\mathrm{d}P_\lambda\varphi, \quad \forall\varphi\in\mathscr{D}(A_f).$$

积分是弱意义下的积分,称算子 $A_f=\int_\alpha^\beta f(\lambda)\mathrm{d}P_\lambda$ 为函数 f 关于谱族 $\{P_\lambda\}_{\lambda\in\langle\alpha,\beta\rangle}$ 的 (弱)积分算子.

注 这里所说的"有界变差"是指在 $\langle\alpha,\beta\rangle$ 的任意闭子区间有界变差(下同).

2)正常积分情形

定理 5.2.1 设 $\{P_\lambda\}_{\lambda\in[\alpha,\beta]}$ 为 $[\alpha,\beta]$ 上的一个谱族, f 为 $[\alpha,\beta]$ 上只有有限个间断点 $\{\alpha_1,\cdots,\alpha_m\}$ 的按段连续函数(在间断点处左右极限都存在),则 f 关于谱族的积分算子 A_f 的定义域为

$$\mathscr{D}(A_f)=H,$$

且 A_f 为有界算子. 如果记 $\alpha_0=\alpha,\alpha_{m+1}=\beta$,则 A_f 可如下表达:

$$A_f=\int_\alpha^\beta f(\lambda)\mathrm{d}P_\lambda=\sum_{j=1}^{m+1}\int_{\alpha_{j-1}}^{\alpha_j-0}f(\lambda)\mathrm{d}P_\lambda+\sum_{j=1}^m f(\alpha_j)(P_{\alpha_j}-P_{\alpha_j-0}),$$

积分为 Riemann-Stieltjes 积分和按算子范数的极限.

证明 (1)证明 $\mathscr{D}(A_f)=H$,即 A_f 的定义域为全空间.

函数 f 按段连续,显然 f 也是有界的,设

$$|f(\lambda)|\leqslant M, \quad \lambda\in[\alpha,\beta].$$

$\forall\varphi,\psi\in H,(P_\lambda\varphi,\psi)$ 是有界变差函数,所以 f 关于 $(P_\lambda\varphi,\psi)$ 可积.

为方便计,不妨设 $m=1$,即 f 在 $[\alpha,\beta]$ 上只有一个间断点 α_1. 设 $T:[\alpha,\beta]$ 为任意分割,即

$$\alpha=\lambda_0<\lambda_1<\cdots<\lambda_k=\alpha_1-0\leqslant\alpha_1=\lambda_{k+1}<\lambda_{k+2}<\cdots<\lambda_n=\beta,$$
$$\Delta_j=[\lambda_{j-1},\lambda_j), \quad P(\Delta_j)=P_{\lambda_j}-P_{\lambda_{j-1}}, \quad j\neq k+1,$$
$$P(\Delta_{k+1})=P(\{\alpha_1\})=P_{\alpha_1}-P_{\alpha_1-0},$$
$$|(A_f\varphi,\psi)|=\left|\int_\alpha^\beta f(\lambda)\mathrm{d}(P_\lambda\varphi,\psi)\right|$$
$$=\left|\lim_{\|T\|\to0}\sum_{j=1}^n f(\xi_j)(P(\Delta_j)\varphi,\psi)\right|$$
$$=\left|\lim_{\|T\|\to0}\sum_{j=1}^n f(\xi_j)(P(\Delta_j)\varphi,P(\Delta_j)\psi)\right|$$

$$\leqslant M \lim_{\|T\|\to 0} \sum_{j=1}^{n} \| P(\Delta_j)\varphi \| \, \| P(\Delta_j)\psi \|$$

$$\leqslant M \| \varphi \| \, \| \psi \|, \quad \forall \varphi, \psi \in H,$$

其中 $\| P(\Delta_j)\varphi \|^2 = \| P_{\lambda_j}\varphi \|^2 - \| P_{\lambda_{j-1}}\varphi \|^2$, $j=1,\cdots,n$. 所以 $\forall \varphi \in H$, $\overline{(A_f\varphi,\psi)}$ 关于 ψ 为 H 上有界线性泛函, 由 $\mathscr{D}(A_f)$ 的定义,

$$\mathscr{D}(A_f) = H,$$

且 A_f 有界.

（2）证明 f 关于 P_λ 按算子范数可积.

我们已经假设 f 在 $[\alpha,\beta]$ 上只有一个间断点 α_1, 它在 α_1 点的左右极限都存在, 所以它在 $[\alpha,\alpha_1)$ 及 $(\alpha_1,\beta]$ 上都一致连续. 即 $\forall \varepsilon > 0$, $\exists \delta > 0$, $\forall \lambda', \lambda'' \in [\alpha,\alpha_1)$ 或 $(\alpha_1,\beta]$, 只要 $|\lambda'-\lambda''| < \delta$, 就有

$$|f(\lambda') - f(\lambda'')| < \varepsilon.$$

设 $T:[\alpha,\beta]$ 为任意分割, 分割方案按（1）中所述进行, 若 $\|T\| < \delta$, 则 $\forall \varphi, \psi \in H$,

$$\left| \left(\left(A_f - \sum_{j=1}^{n} f(\xi_j) P(\Delta_j) \right) \varphi, \psi \right) \right| = \left| \int_{\alpha}^{\beta} f(\lambda)\mathrm{d}(P_\lambda\varphi,\psi) - \sum_{j=1}^{n} f(\xi_j)(P(\Delta_j)\varphi,\psi) \right|$$

$$= \left| \sum_{j=1}^{n} \int_{\Delta_j} (f(\lambda) - f(\xi_j))\mathrm{d}(P_\lambda\varphi,\psi) \right|.$$

对上述求和中每一项利用类似（1）的方法进行估计, 即

$$\left| \int_{\Delta_j} (f(\lambda) - f(\xi_j))\mathrm{d}(P_\lambda\varphi,\psi) \right| \leqslant \varepsilon \left(\| P_{\lambda_j}\varphi \| - \| P_{\lambda_{j-1}}\varphi \| \right) \| \psi \|$$

$$= \varepsilon \| P(\Delta_j)\varphi \| \, \| \psi \|, \quad j=1,\cdots,n,$$

则得到

$$\left| \left(\left(A_f - \sum_{j=1}^{n} f(\xi_j) P(\Delta_j) \right) \varphi, \psi \right) \right| \leqslant \varepsilon \| \varphi \| \, \| \psi \|,$$

即

$$\left\| A_f - \sum_{j=1}^{n} f(\xi_j) P(\Delta_j) \right\| \leqslant \varepsilon,$$

从而在算子范数意义下有

$$A_f = \lim_{\|T\|\to 0} \sum_{j=1}^{n} f(\xi_j) P(\Delta_j). \qquad \Box$$

3）广义积分情形

以下我们以半开半闭区间 $[\alpha,\beta)$ 为例来讨论函数的广义谱积分, 其他情形, 如 $(-\infty,+\infty)$, $[\alpha,+\infty)$ 等, 类似讨论.

定理 5.2.2 设 $\{P_\lambda \mid \lambda \in [\alpha,\beta)\}$ 为一个谱族, $f,g \in C[\alpha,\beta)$, 则

（1）$\mathscr{D}(A_f) = \left\{ \varphi \mid \int_{\alpha}^{\beta} |f(\lambda)|^2 \mathrm{d}(P_\lambda\varphi,\varphi) < +\infty \right\}.$

(2) $\overline{\mathscr{D}(A_f)}=H$，即 A_f 稠定；特别，若 f 在 $[\alpha,\beta]$ 上有界，则 $\mathscr{D}(A_f)=H$.

(3) $\forall\varphi\in\mathscr{D}(A_f)$，有

$$\lim_{\gamma\to\beta}\int_\alpha^\gamma f(\lambda)\mathrm{d}P_\lambda\varphi=\int_\alpha^\beta f(\lambda)\mathrm{d}P_\lambda\varphi=A_f\varphi.$$

(4) $\mathscr{D}(A_f^*)=\mathscr{D}(A_{\bar{f}})=\mathscr{D}(A_f)$，且

$$A_f^*\varphi=\int_\alpha^\beta\overline{f(\lambda)}\mathrm{d}P_\lambda\varphi=A_{\bar{f}}\varphi,\quad\forall\varphi\in\mathscr{D}(A_f),$$

即 $A_f^*=A_{\bar{f}}$，从而 $A_f^{**}=A_f$. 据此，A_f 为闭算子.

如果 f 是实值函数，则 A_f 是自伴算子.

(5) 积分关于函数的代数性质：

① $A_{cf}=cA_f,\forall c\in\mathbf{C}$；

② $A_{f+g}\supset A_f+A_g$；

③ $\mathscr{D}(A_fA_g)=\mathscr{D}(A_{fg})\bigcap\mathscr{D}(A_g),A_{fg}\supset A_fA_g$.

特别，如果 A_f,A_g 都是有界线性算子，则

$$A_{c_1f+c_2g}=c_1A_f+c_2A_g,$$
$$A_{fg}=A_fA_g.$$

如果 $|f(\lambda)|\equiv1$，则 A_f 是酉算子.

证明 （1）由 $\mathscr{D}(A_f)$ 的定义，一个向量 $\varphi\in\mathscr{D}(A_f)$ 即

$$\int_\alpha^\beta\overline{f(\lambda)}\mathrm{d}(\psi,P_\lambda\varphi)=(\psi,A_f\varphi),\quad\forall\psi\in H$$

关于 ψ 为连续线性泛函. 特别，如果取 $\psi=A_f\varphi$，则有

$$+\infty>\|A_f\varphi\|^2=\left(\int_\alpha^\beta f(\lambda)\mathrm{d}P_\lambda\varphi,\int_\alpha^\beta f(\mu)\mathrm{d}P_\mu\varphi\right)$$

$$=\int_\alpha^\beta f(\lambda)\mathrm{d}_\lambda\left(P_\lambda\varphi,\int_\alpha^\beta f(\mu)\mathrm{d}P_\mu\varphi\right)$$

$$=\int_\alpha^\beta f(\lambda)\mathrm{d}_\lambda\left(\varphi,\int_\alpha^\lambda f(\mu)\mathrm{d}P_\mu\varphi\right)$$

$$=\int_\alpha^\beta f(\lambda)\mathrm{d}_\lambda\int_\alpha^\lambda\overline{f(\mu)}(\varphi,\mathrm{d}P_\mu\varphi)$$

$$=\int_\alpha^\beta f(\lambda)\overline{f(\lambda)}(\mathrm{d}P_\mu\varphi,\varphi).$$

（2）$\forall\varphi\in H$，只要能够证明 $\forall\lambda\in[\alpha,\beta),P_\lambda\varphi\in\mathscr{D}(A_f)$，则有

$$P_\lambda\varphi\to\varphi,\quad\lambda\to\beta.$$

事实上，$\forall\psi\in H$，

$$\int_\alpha^\beta f(\mu)\mathrm{d}_\mu(P_\mu P_\lambda\varphi,\psi)=\int_\alpha^\lambda f(\mu)\mathrm{d}(P_\mu\varphi,\psi).$$

又 f 在 $[\alpha,\lambda]$ 上连续，由定理 5.2.1，它关于 P_μ 按算子范数可积，且

$$A_{f,\lambda} = \int_a^\lambda f(\mu)\mathrm{d}P_\mu \in B(H),$$

于是

$$\int_a^\beta \overline{f(\mu)}\mathrm{d}_\mu \overline{(P_\mu P_\lambda \varphi, \psi)} = \overline{(A_{f,\lambda}\varphi, \psi)}$$

关于 ψ 为 H 上有界线性泛函，从而 $P_\lambda \varphi \in \mathscr{D}(A_f)$.

(3) 由(1)，积分 $\int_a^\beta |f(\lambda)|^2 \mathrm{d}(P_\lambda \varphi, \varphi)$ 收敛，所以 $\forall \varphi \in \mathscr{D}(A_f)$，$\forall \varepsilon > 0$，$\exists \delta > 0$，$\forall \gamma', \gamma'' \in [\alpha, \beta)$，当 $\beta - \delta < \gamma' < \gamma'' < \beta$ 时，利用(1)的证明可得

$$\left\| \int_{\gamma'}^{\gamma''} f(\lambda)\mathrm{d}P_\lambda \varphi \right\|^2 = \int_{\gamma'}^{\gamma''} |f(\lambda)|^2 \mathrm{d}(P_\lambda \varphi, \varphi) < \varepsilon,$$

所以

$$\lim_{\gamma \to \beta} \int_a^\gamma f(\lambda)\mathrm{d}P_\lambda \varphi = \int_a^\beta f(\lambda)\mathrm{d}P_\lambda \varphi = A_f \varphi.$$

(4) $\varphi \in \mathscr{D}(A_f) \Leftrightarrow \int_a^\beta |f(\lambda)|^2 \mathrm{d}(P_\lambda \varphi, \varphi) < +\infty \Leftrightarrow \varphi \in \mathscr{D}(A_{\bar{f}})$.

下证 $A_{\bar{f}} = A_f^*$.

$\forall \varphi, \psi \in \mathscr{D}(A_f) = \mathscr{D}(A_{\bar{f}})$，

$$(A_f \varphi, \psi) = \int_a^\beta f(\lambda)\mathrm{d}(P_\lambda \varphi, \psi) = \left(\varphi, \int_a^\beta \overline{f(\lambda)}\mathrm{d}P_\lambda \psi \right) = (\varphi, A_{\bar{f}}\psi),$$

所以 $\psi \in \mathscr{D}(A_f^*)$ 且

$$A_f^* \psi = A_{\bar{f}} \psi,$$

即 $A_{\bar{f}} \subset A_f^*$.

$\forall \psi \in \mathscr{D}(A_f^*)$，设 $\gamma \in [\alpha, \beta)$，取 $\varphi_\gamma = \int_a^\gamma \overline{f(\lambda)}\mathrm{d}P_\lambda \psi$，显然 $\varphi_\gamma \in \mathscr{D}(A_f)$，

$$(A_f \varphi_\gamma, \psi) = \left(A_f \int_a^\gamma \overline{f(\lambda)}\mathrm{d}P_\lambda \psi, \psi \right)$$

$$= \int_a^\beta f(\mu)\mathrm{d}\left(P_\mu \int_a^\gamma \overline{f(\lambda)}\mathrm{d}P_\lambda \psi, \psi \right)$$

$$= \int_a^\gamma f(\mu)\mathrm{d}_\mu \left(\int_a^\gamma \overline{f(\lambda)}\mathrm{d}_\lambda (P_\mu P_\lambda \psi), \psi \right)$$

$$= \int_a^\gamma f(\mu)\mathrm{d}_\mu \int_a^\mu \overline{f(\lambda)}\mathrm{d}(P_\lambda \psi, \psi)$$

$$= \int_a^\gamma |f(\mu)|^2 \mathrm{d}(P_\mu \psi, \psi) = \| \varphi_\gamma \|^2,$$

即

$$\| \varphi_\gamma \|^2 = (A_f \varphi_\gamma, \psi) = (\varphi_\gamma, A_f^* \psi) \leqslant \| \varphi_\gamma \| \| A_f^* \psi \|,$$

所以

$$\| \varphi_\gamma \| \leqslant \| A_f^* \psi \|, \quad \forall \gamma \in [\alpha, \beta),$$

即 $\int_\alpha^\beta |f(\mu)|^2 \mathrm{d}(P_\mu\psi,\psi) < +\infty$，所以 $\psi \in \mathscr{D}(A_{\bar{f}}) = \mathscr{D}(A_f)$，且 $A_{\bar{f}} = A_f^*$.

（5）①和②由定义可得，下面证明③.

$\forall \varphi \in \mathscr{D}(A_f A_g)$，即 $\varphi \in \mathscr{D}(A_g)$ 且 $A_g\varphi \in \mathscr{D}(A_f)$，则 $\forall \gamma \in [\alpha, \beta)$，

$$
\begin{aligned}
\int_\alpha^\gamma |f(\lambda)g(\lambda)|^2 \mathrm{d}(P_\lambda\varphi,\varphi) &= \int_\alpha^\gamma |f(\lambda)|^2 \mathrm{d}_\lambda \int_\alpha^\lambda |g(\mu)|^2 \mathrm{d}(P_\mu\varphi,\varphi) \\
&= \int_\alpha^\gamma |f(\lambda)|^2 \mathrm{d}_\lambda \left(\int_\alpha^\lambda |g(\mu)|^2 \mathrm{d}P_\mu\varphi, \varphi \right) \\
&= \int_\alpha^\gamma |f(\lambda)|^2 \mathrm{d}_\lambda \left(\int_\alpha^\lambda g(\mu)\mathrm{d}P_\mu\varphi, \int_\alpha^\lambda g(\mu)\mathrm{d}P_\mu\varphi \right) \\
&= \int_\alpha^\gamma |f(\lambda)|^2 \mathrm{d}_\lambda \left(P_\lambda \int_\alpha^\beta g(\mu)\mathrm{d}P_\mu\varphi, P_\lambda \int_\alpha^\beta g(\mu)\mathrm{d}P_\mu\varphi \right) \\
&= \int_\alpha^\gamma |f(\lambda)|^2 \mathrm{d}(P_\lambda A_g\varphi, A_g\varphi) \\
&\leqslant \int_\alpha^\beta |f(\lambda)|^2 \mathrm{d}(P_\lambda A_g\varphi, A_g\varphi) \\
&= \| A_f(A_g\varphi) \|^2 < +\infty,
\end{aligned}
$$

所以 $\varphi \in \mathscr{D}(A_{fg})$，即 $\mathscr{D}(A_f A_g) \subset \mathscr{D}(A_{fg})$.

反之，$\forall \varphi \in \mathscr{D}(A_{fg}) \bigcap \mathscr{D}(A_g)$，即

$$
\int_\alpha^\beta |g(\lambda)|^2 \mathrm{d}(P_\lambda\varphi,\varphi) < +\infty,
$$

且

$$
\int_\alpha^\beta |f(\lambda)g(\lambda)|^2 \mathrm{d}(P_\lambda\varphi,\varphi) < +\infty.
$$

由上述讨论知

$$
\begin{aligned}
\int_\alpha^\gamma |f(\lambda)|^2 \mathrm{d}(P_\lambda A_g\varphi, A_g\varphi) &= \int_\alpha^\gamma |f(\lambda)g(\lambda)|^2 \mathrm{d}(P_\lambda\varphi,\varphi) \\
&\leqslant \int_\alpha^\beta |f(\lambda)g(\lambda)|^2 \mathrm{d}(P_\lambda\varphi,\varphi) \\
&< +\infty, \quad \forall \gamma \in [\alpha, \beta),
\end{aligned}
$$

所以

$$
\int_\alpha^\beta |f(\lambda)|^2 \mathrm{d}(P_\lambda A_g\varphi, A_g\varphi) < +\infty,
$$

即 $\varphi \in \mathscr{D}(A_f A_g)$，所以 $\mathscr{D}(A_{fg}) \subset \mathscr{D}(A_f A_g)$. 于是

$$
\mathscr{D}(A_f A_g) = \mathscr{D}(A_{fg}) \bigcap \mathscr{D}(A_g).
$$

$\forall \varphi \in \mathscr{D}(A_f A_g)$，

$$
\begin{aligned}
A_f A_g\varphi &= \int_\alpha^\beta f(\lambda)\mathrm{d}P_\lambda \int_\alpha^\beta g(\mu)\mathrm{d}P_\mu\varphi \\
&= \int_\alpha^\beta f(\lambda)\mathrm{d}_\lambda \int_\alpha^\lambda g(\mu)\mathrm{d}P_\mu\varphi
\end{aligned}
$$

$$= \int_\alpha^\beta f(\lambda)g(\lambda)\mathrm{d}P_\lambda\varphi$$
$$= A_{fg}\varphi,$$

所以 $A_{fg} \supset A_f A_g$. □

5.3 自伴算子的谱族与谱分解

本节,我们利用自伴算子的豫解式和二次型的表示来构造自伴算子的谱族,给出谱分解. 如果我们讨论的自伴算子是微分算子,则其豫解式就是积分算子,积分核一般是 Green 函数,所以这种方案在实际操作中是可行的.

1) 自伴算子豫解式的积分表示与谱族的构造

定理 5.3.1 设 A 是 H 上定义域为 $\mathscr{D}(A)$ 的自伴算子,
$$R(z,A) = (zI-A)^{-1} \quad (\mathrm{Im}z \neq 0)$$
为其豫解式,则存在 $\mathbf{R}$ 上的谱族 $\{P_\lambda | \lambda \in \mathbf{R}\}$ 使得

(1) $R(z,A)P_\lambda = P_\lambda R(z,A), \forall \lambda \in \mathbf{R}, \mathrm{Im}z \neq 0$;

(2) $\forall z \in \mathbf{C}, \mathrm{Im}z \neq 0,$ 有
$$R(z,A)\varphi = \int_{-\infty}^{+\infty} \frac{1}{z-\lambda}\mathrm{d}P_\lambda\varphi, \quad \varphi \in H.$$

证明 $\forall \varphi \in H,$ 记
$$f(z) = -(R(z,A)\varphi,\varphi), \quad \mathrm{Im}z \neq 0,$$
由于开的上下半平面都在 A 的正则集内,所以 $f(z)$ 在开的上、下半平面都解析.

(1) $f(z)$ 在开的上半平面具有非负实部.

事实上,若 $\mathrm{Im}z > 0,$ 则
$$\mathrm{Im}f(z) = \frac{f(z)-\overline{f(z)}}{2\mathrm{i}}$$
$$= \frac{-(R(z,A)\varphi,\varphi)+(\varphi,R(z,A)\varphi)}{2\mathrm{i}}$$
$$= \frac{(R(\bar{z},A)\varphi,\varphi)-(R(z,A)\varphi,\varphi)}{2\mathrm{i}}$$
$$\text{（因为 } A \text{ 自伴,所以 } R(z,A)^* = R(\bar{z},A)\text{）}$$
$$= \frac{((R(\bar{z},A)-R(z,A))\varphi,\varphi)}{2\mathrm{i}}$$
$$= \frac{1}{2\mathrm{i}}(z-\bar{z})(R(\bar{z},A)R(z,A)\varphi,\varphi) \quad \text{（由豫解方程）}$$
$$= \mathrm{Im}z(R(z,A)\varphi,R(z,A)\varphi) \geqslant 0.$$

进一步,如果 $\varphi \neq 0, y = \mathrm{Im}z > 0,$ 则 $\mathrm{Im}f(z) > 0.$

（2）$f(z)$满足

$$\sup_{y>0} y|f(\mathrm{i}y)| < +\infty.$$

事实上，由引理 2.4.2 或定理 2.4.6 的证明，

$$\|R(z,A)\varphi\| \leqslant \frac{1}{y}\|\varphi\|, \quad \forall \varphi \in H,$$

其中 $y=\mathrm{Im}z$，所以

$$y|f(\mathrm{i}y)| = y|(R(\mathrm{i}y,A)\varphi,\varphi)| \leqslant \|\varphi\|^2.$$

（3）$f(z)$ 的积分表示.

由附录 2，存在唯一的规范化非负有界单调增右连续函数 $\omega(\lambda)=\omega(\lambda;\varphi)$ 使得当 $\mathrm{Im}z>0$ 时，

$$f(z) = \int_{-\infty}^{+\infty} \frac{1}{\lambda-z}\mathrm{d}\omega(\lambda),$$

即当 $\mathrm{Im}z>0$ 时，

$$(R(z,A)\varphi,\varphi) = \int_{-\infty}^{+\infty} \frac{1}{z-\lambda}\mathrm{d}\omega(\lambda;\varphi).$$

进一步，我们还可以得到 $(R(z,A)\varphi,\varphi)$ 在下半平面的表示：由上式可得

$$(R(\bar{z},A)\varphi,\varphi) = (R(z,A)^*\varphi,\varphi) = (\varphi,R(z,A)\varphi)$$

$$= \overline{(R(z,A)\varphi,\varphi)} = \int_{-\infty}^{+\infty} \frac{1}{\bar{z}-\lambda}\mathrm{d}\omega(\lambda;\varphi), \quad \mathrm{Im}z>0,$$

所以，在下半平面（$\mathrm{Im}z<0$）仍有

$$(R(z,A)\varphi,\varphi) = \int_{-\infty}^{+\infty} \frac{1}{z-\lambda}\mathrm{d}\omega(\lambda;\varphi).$$

（4）$(R(z,A)\varphi,\psi)$ 的积分表示.

① 积分表示的存在唯一性.

$\forall \varphi,\psi \in H$，利用极化恒等式定义

$$\omega(\lambda;\varphi,\psi) = \frac{1}{4}\sum_{k=0}^{3} \mathrm{i}^k \omega(\lambda;\varphi+\mathrm{i}^k\psi),$$

则 $\omega(\lambda;\varphi,\psi)$ 关于 λ 在 $\mathbf{R}$ 上为有界右连续的复值有界变差函数，这时 $(R(z,A)\varphi,\psi)$ 有唯一的如下形式积分表示：

$$(R(z,A)\varphi,\psi) = \int_{-\infty}^{+\infty} \frac{1}{z-\lambda}\mathrm{d}\omega(\lambda;\varphi,\psi), \quad z \in \mathbf{C}\backslash\mathbf{R}.$$

事实上，由（3），

$$(R(z,A)\varphi,\psi) = \frac{1}{4}\sum_{k=0}^{3} \mathrm{i}^k (R(z,A)(\varphi+\mathrm{i}^k\psi),(\varphi+\mathrm{i}^k\psi))$$

$$= \frac{1}{4}\sum_{k=0}^{3} \mathrm{i}^k \int_{-\infty}^{+\infty} \frac{1}{z-\lambda}\mathrm{d}\omega(\lambda;\varphi+\mathrm{i}^k\psi)$$

$$= \int_{-\infty}^{+\infty} \frac{1}{z-\lambda}\mathrm{d}\omega(\lambda;\varphi,\psi), \quad z \in \mathbf{C}\backslash\mathbf{R}.$$

再证明唯一性:如果$(R(z,A)\varphi,\psi)$另有同类积分表示为

$$(R(z,A)\varphi,\psi) = \int_{-\infty}^{+\infty} \frac{1}{z-\lambda} \mathrm{d}\widetilde{\omega}(\lambda;\varphi,\psi), \quad z \in \mathbf{C}\backslash\mathbf{R},$$

令

$$\sigma(\lambda) = \omega(\lambda;\varphi,\psi) - \widetilde{\omega}(\lambda;\varphi,\psi) \equiv \alpha(\lambda) - \mathrm{i}\beta(\lambda),$$

则

$$\int_{-\infty}^{+\infty} \frac{1}{z-\lambda} \mathrm{d}\sigma(\lambda) = 0 = \int_{-\infty}^{+\infty} \frac{1}{\bar{z}-\lambda} \mathrm{d}\sigma(\lambda) = \overline{\int_{-\infty}^{+\infty} \frac{1}{z-\lambda} \mathrm{d}\overline{\sigma(\lambda)}},$$

所以

$$\int_{-\infty}^{+\infty} \frac{1}{z-\lambda} \mathrm{d}\alpha(\lambda) = \int_{-\infty}^{+\infty} \frac{1}{z-\lambda} \mathrm{d}\beta(\lambda) = 0,$$

即上半平面解析函数 $\dfrac{1}{z-\lambda}$ 关于有界变差函数 α 和 β 的广义 Riemann-Stieltjes 积分表示恒为 0,所以

$$\alpha(\lambda) = \beta(\lambda) \equiv 0,$$

即 $\omega = \widetilde{\omega}$.

② $\omega(\lambda;\varphi) \leqslant \|\varphi\|^2, \forall \varphi \in H, \forall \lambda \in \mathbf{R}$.

事实上,由于

$$y|(R(\mathrm{i}y,A)\varphi,\varphi)| \leqslant \|\varphi\|^2, \quad y > 0,$$

所以

$$\left| \int_{-\infty}^{+\infty} \frac{y}{\mathrm{i}y-\lambda} \mathrm{d}\omega(\lambda;\varphi) \right| \leqslant \|\varphi\|^2,$$

于是

$$\left| \int_{-M_1}^{M} \frac{y}{\mathrm{i}y-\lambda} \mathrm{d}\omega(\lambda;\varphi) \right| \leqslant \|\varphi\|^2 + \int_{-\infty}^{-M_1} \mathrm{d}\omega(\lambda;\varphi) + \int_{M}^{+\infty} \mathrm{d}\omega(\lambda;\varphi),$$

令 $y \to +\infty$,有

$$\omega(M;\varphi) - \omega(-M_1;\varphi) = \int_{-M_1}^{M} \mathrm{d}\omega(\lambda;\varphi) \leqslant \|\varphi\|^2 + \int_{-\infty}^{-M_1} \mathrm{d}\omega(\lambda;\varphi) + \int_{M}^{+\infty} \mathrm{d}\omega(\lambda;\varphi),$$

再令 $M_1 \to +\infty$,则有

$$\omega(M;\varphi) = \int_{-\infty}^{M} \mathrm{d}\omega(\lambda;\varphi) \leqslant \|\varphi\|^2 + \int_{M}^{+\infty} \mathrm{d}\omega(\lambda;\varphi),$$

而 $\omega(\lambda;\varphi)$ 关于 λ 单调增,所以 $\forall \lambda \in \mathbf{R}$,若 $M \geqslant \lambda$,则

$$\omega(\lambda;\varphi) \leqslant \omega(M;\varphi) \leqslant \|\varphi\|^2 + \int_{M}^{+\infty} \mathrm{d}\omega(\lambda;\varphi),$$

再令 $M \to +\infty$,则有

$$\omega(\lambda;\varphi) \leqslant \|\varphi\|^2.$$

③ $\forall \lambda \in \mathbf{R}, \omega(\lambda;\varphi,\psi)$ 为有界二次型.

利用形如 $(R(z,A)\varphi,\psi)$ 作为 z 的解析函数的上述积分表示唯一性,可知相应

的有界变差函数 $\omega(\lambda;\cdot,\cdot)$ 具有如下性质：

$1°$ 共轭对称性：

$$\overline{\omega(\lambda;\varphi,\psi)}=\omega(\lambda;\psi,\varphi), \quad \forall \varphi,\psi\in H,\lambda\in \mathbf{R}.$$

$2°$ 关于第一变元线性（因而关于第二变元共轭线性）：

$$\omega(\lambda;\alpha_1\varphi_1+\alpha_2\varphi_2,\psi)=\alpha_1\omega(\lambda;\varphi_1,\psi)+\alpha_2\omega(\lambda;\varphi_2,\psi),$$
$$\forall \varphi_1,\varphi_2,\psi\in H,\lambda\in\mathbf{R},\forall \alpha_1,\alpha_2\in\mathbf{C},$$

所以 $\omega(\lambda;\varphi,\psi)$ 为关于 φ,ψ 的二次型.

利用 $\omega(\lambda;\varphi,\psi)$ 的极化恒等式表示及②，$\omega(\lambda;\varphi,\psi)$ 为关于 φ,ψ 的有界二次型.

(5) 谱族的存在性.

由 Riesz 表示定理，$\forall \lambda\in\mathbf{R}$，存在 $P_\lambda\in B(H)$ 使得

$$\omega(\lambda;\varphi,\psi)=(P_\lambda\varphi,\psi).$$

下面证明 $\{P_\lambda\,|\,\lambda\in\mathbf{R}\}$ 确为谱族.

① $\forall \lambda\in\mathbf{R},P_\lambda$ 自伴.

由于

$$\overline{\omega(\lambda;\varphi,\psi)}=\omega(\lambda;\psi,\varphi), \quad \forall \varphi,\psi\in H,$$

所以

$$(\psi,P_\lambda\varphi)=\overline{(P_\lambda\varphi,\psi)}=(P_\lambda\psi,\varphi), \quad \forall \varphi,\psi\in H,$$

即

$$(P_\lambda\varphi,\psi)=(\varphi,P_\lambda\psi), \quad \forall \varphi,\psi\in H,$$

从而 P_λ 自伴.

② $\{P_\lambda\,|\,\lambda\in\mathbf{R}\}$ 是关于 λ 单调增的投影算子族. 即要证明：

$1°$ $\{P_\lambda\,|\,\lambda\in\mathbf{R}\}$ 是投影算子族；

$2°$ $\forall \mu\leqslant\lambda,P_\mu\leqslant P_\lambda$.

$\forall z,z'\in\mathbf{C}\backslash\mathbf{R},\forall \varphi,\psi\in H$，利用积分表示有

$$\left(R(z,A)\varphi,R(\overline{z'},A)\psi\right)=\int_{-\infty}^{+\infty}\frac{1}{z-\lambda}\mathrm{d}\left(P_\lambda\varphi,R(\overline{z'},A)\psi\right).$$

另一方面，左式还可写成

$$(R(z',A)R(z,A)\varphi,\psi)=\frac{1}{z-z'}((R(z',A)-R(z,A))\varphi,\psi)$$

$$=\frac{1}{z-z'}\int_{-\infty}^{+\infty}\left(\frac{1}{z'-\lambda}-\frac{1}{z-\lambda}\right)\mathrm{d}(P_\lambda\varphi,\psi)$$

$$=\int_{-\infty}^{+\infty}\frac{1}{(z-\lambda)(z'-\lambda)}\mathrm{d}(P_\lambda\varphi,\psi)$$

$$=\int_{-\infty}^{+\infty}\frac{1}{z-\lambda}\mathrm{d}_\lambda\int_{-\infty}^{\lambda}\frac{1}{z'-\mu}\mathrm{d}(P_\mu\varphi,\psi).$$

把 $\left(R(z,A)\varphi,R(\overline{z'},A)\psi\right)$ 看作 z 的函数关于 λ 的积分表示是唯一的，所以

$$\left(P_\lambda\varphi, R(\overline{z'}, A)\psi\right) = \int_{-\infty}^{\lambda} \frac{1}{z'-\mu}\mathrm{d}(P_\mu\varphi, \psi),$$

再把左式看作 z' 的函数进一步作积分表示得

$$\left(P_\lambda\varphi, R(\overline{z'}, A)\psi\right) = (R(z', A)P_\lambda\varphi, \psi)$$

$$= \int_{-\infty}^{+\infty} \frac{1}{z'-\mu}\mathrm{d}_\mu(P_\mu P_\lambda\varphi, \psi),$$

两式比较并用积分表示唯一性得

$$(P_\mu\varphi, \psi) = (P_\mu P_\lambda\varphi, \psi), \quad \forall\mu\leqslant\lambda, \forall\varphi, \psi\in H,$$

从而

$$(\varphi, P_\mu\psi) = (\varphi, P_\lambda P_\mu\psi), \quad \forall\mu\leqslant\lambda, \forall\varphi, \psi\in H,$$

于是

$$P_\mu P_\lambda = P_\lambda P_\mu, \quad \forall\mu\leqslant\lambda,$$

且

$$P_\lambda^2 = P_\lambda, \quad \forall\lambda\in\mathbf{R},$$

即 $\{P_\lambda|\lambda\in\mathbf{R}\}$ 是投影算子族.

再证明它是单调增的.

事实上,若 $\lambda\geqslant\mu$,由于 $(P_\lambda-P_\mu)^2 = P_\lambda-P_\mu$,所以

$$(P_\lambda\varphi, \varphi) = ((P_\lambda-P_\mu)\varphi, \varphi) + (P_\mu\varphi, \varphi)\geqslant(P_\mu\varphi, \varphi), \quad \forall\varphi\in H,$$

即 $\{P_\lambda|\lambda\in\mathbf{R}\}$ 关于 λ 单调增.

③ $\{P_\lambda|\lambda\in\mathbf{R}\}$ 关于 λ 强右连续.

首先,因为 $\omega(\lambda;\varphi, \psi) = (P_\lambda\varphi, \psi)$ 关于 λ 右连续,所以 P_λ 在弱意义下右连续. 而 $\forall\lambda_0\in\mathbf{R}, \forall\lambda>\lambda_0$,

$$\|(P_\lambda-P_{\lambda_0})\varphi\|^2 = ((P_\lambda-P_{\lambda_0})\varphi, \varphi)\to 0, \quad \lambda\to\lambda_0+0,$$

所以

$$\mathrm{s\text{-}}\lim_{\lambda\to\lambda_0+0} P_\lambda = P_{\lambda_0}.$$

④ 证明 $\mathrm{s\text{-}}\lim\limits_{\lambda\to-\infty} P_\lambda = 0$, $\mathrm{s\text{-}}\lim\limits_{\lambda\to+\infty} P_\lambda = I$.

对于 $\mathrm{s\text{-}}\lim\limits_{\lambda\to-\infty} P_\lambda = 0$,由 $\omega(\lambda;\varphi, \psi)$ 的规范性 $\left(\text{即}\lim\limits_{\lambda\to-\infty}\omega(\lambda;\varphi, \psi) = 0\right)$ 可得.

记

$$P_{+\infty} = \mathrm{s\text{-}}\lim_{\lambda\to+\infty} P_\lambda, \quad P = I - P_{+\infty},$$

则

$$P_\lambda P = P_\lambda(I - P_{+\infty}) = P_\lambda - \lim_{\mu\to+\infty} P_\lambda P_\mu = P_\lambda - P_\lambda = 0,$$

所以

$$(R(z, A)P\varphi, \psi) = \int_{-\infty}^{+\infty} \frac{1}{z-\lambda}\mathrm{d}(P_\lambda P\varphi, \psi) = 0, \quad \forall\varphi, \psi\in H,$$

于是

$$R(z,A)P\varphi=0, \quad \forall \varphi \in H,$$

从而 $P=0$.

(6) $R(z,A)$ 的积分表示.

当 $\mathrm{Im}z \neq 0$ 时,由于 $\dfrac{1}{z-\lambda}$ 关于 λ 为有界的连续函数,由第 5.2 节关于谱积分的讨论,在强收敛意义下,我们有

$$R(z,A)\varphi = \int_{-\infty}^{+\infty} \frac{1}{z-\lambda} \mathrm{d}P_\lambda \varphi, \quad \forall \varphi \in H.$$

(7) 可交换性,即 $P_\lambda R(z,A)=R(z,A)P_\lambda$.

事实上,$\forall \varphi, \psi \in H$,

$$(P_\lambda R(z,A)\varphi, \psi) = (R(z,A)\varphi, P_\lambda \psi)$$
$$= \int_{-\infty}^{+\infty} \frac{1}{z-\mu} \mathrm{d}_\mu (P_\mu \varphi, P_\lambda \psi)$$
$$= \int_{-\infty}^{+\infty} \frac{1}{z-\mu} \mathrm{d}_\mu (P_\mu P_\lambda \varphi, \psi)$$
$$= (R(z,A)P_\lambda \varphi, \psi),$$

所以

$$P_\lambda R(z,A)=R(z,A)P_\lambda. \qquad \square$$

2) 算子 A 的积分表示——谱分解定理

定理 5.3.2　设 A 为 H 上的自伴算子,$\{P_\lambda | \lambda \in \mathbf{R}\}$ 为定理 5.3.1 所给出的谱族,称为 A 的谱族,则

$$\mathscr{D}(A) = \left\{ \varphi \middle| \varphi \in H, \int_{-\infty}^{+\infty} \lambda^2 \mathrm{d}(P_\lambda \varphi, \varphi) < +\infty \right\},$$
$$A\varphi = \int_{-\infty}^{+\infty} \lambda \mathrm{d}P_\lambda \varphi, \quad \forall \varphi \in \mathscr{D}(A).$$

证明　由定理 5.2.2,连续函数 $f(\lambda)=\lambda$ 在 $\mathbf{R}$ 上关于谱族的广义积分是一个闭算子 B:

$$\mathscr{D}(B) = \left\{ \varphi \middle| \varphi \in H, \int_{-\infty}^{+\infty} \lambda^2 \mathrm{d}(P_\lambda \varphi, \varphi) < +\infty \right\},$$
$$B\varphi = \int_{-\infty}^{+\infty} \lambda \mathrm{d}P_\lambda \varphi, \quad \forall \varphi \in \mathscr{D}(A).$$

且 B 是自伴的,下证 $A=B$.

(1) $A \subset B$.

由于 $\mathrm{i} \in \rho(A)$,所以 $\forall \varphi \in \mathscr{D}(A)$,存在 $\psi \in H$ 使得

$$R(\mathrm{i},A)\psi = \varphi,$$

于是

$$
\begin{aligned}
(P_\lambda \varphi, \varphi) &= (P_\lambda R(\mathrm{i}, A)\psi, R(\mathrm{i}, A)\psi) \\
&= (R(\mathrm{i}, A) P_\lambda \psi, R(\mathrm{i}, A)\psi) \\
&= (R(-\mathrm{i}, A) R(\mathrm{i}, A) P_\lambda \psi, \psi) \\
&= \frac{1}{2\mathrm{i}}((R(-\mathrm{i}, A) - R(\mathrm{i}, A)) P_\lambda \psi, \psi) \\
&= \frac{1}{2\mathrm{i}} \int_{-\infty}^{+\infty} \left(\frac{1}{-\mathrm{i}-\mu} - \frac{1}{\mathrm{i}-\mu} \right) \mathrm{d}_\mu (P_\mu P_\lambda \psi, \psi) \\
&= \int_{-\infty}^{\lambda} \frac{1}{1+\mu^2} \mathrm{d}(P_\mu \psi, \psi),
\end{aligned}
$$

从而，$\forall M > 0$，

$$
\begin{aligned}
\int_{-M}^{M} \lambda^2 \mathrm{d}(P_\lambda \varphi, \varphi) &= \int_{-M}^{M} \lambda^2 \mathrm{d} \int_{-\infty}^{\lambda} \frac{1}{1+\mu^2} \mathrm{d}(P_\mu \psi, \psi) \\
&= \int_{-M}^{M} \frac{\lambda^2}{1+\lambda^2} \mathrm{d}(P_\lambda \psi, \psi) \\
&\leqslant \int_{-M}^{M} \mathrm{d}(P_\lambda \psi, \psi) \leqslant \| \psi \|^2,
\end{aligned}
$$

因此

$$
\int_{-\infty}^{+\infty} \lambda^2 \mathrm{d}(P_\lambda \varphi, \varphi) \leqslant \| \psi \|^2 < +\infty,
$$

即 $\varphi \in \mathscr{D}(B)$，所以 $\mathscr{D}(A) \subset \mathscr{D}(B)$.

另一方面，

$$
\begin{aligned}
B\varphi = BR(\mathrm{i}, A)\psi &= \int_{-\infty}^{+\infty} \lambda \mathrm{d}(P_\lambda R(\mathrm{i}, A)\psi) \\
&= \int_{-\infty}^{+\infty} \lambda \mathrm{d}_\lambda \left(P_\lambda \int_{-\infty}^{+\infty} \frac{1}{\mathrm{i}-\mu} \mathrm{d}P_\mu \psi \right) \\
&= \int_{-\infty}^{+\infty} \lambda \mathrm{d}_\lambda \left(\int_{-\infty}^{\lambda} \frac{1}{\mathrm{i}-\mu} \mathrm{d}P_\mu \psi \right) \\
&= \int_{-\infty}^{+\infty} \frac{\lambda}{\mathrm{i}-\lambda} \mathrm{d}P_\lambda \psi,
\end{aligned}
$$

而

$$
\begin{aligned}
A\varphi = AR(\mathrm{i}, A)\psi &= -(\mathrm{i}I - A)R(\mathrm{i}, A)\psi + \mathrm{i}R(\mathrm{i}, A)\psi \\
&= -\psi + \mathrm{i}R(\mathrm{i}, A)\psi = -\int_{-\infty}^{+\infty} \mathrm{d}P_\lambda \psi + \mathrm{i}\int_{-\infty}^{+\infty} \frac{1}{\mathrm{i}-\lambda} \mathrm{d}P_\lambda \psi \\
&= \int_{-\infty}^{+\infty} \frac{\lambda}{\mathrm{i}-\lambda} \mathrm{d}P_\lambda \psi,
\end{aligned}
$$

所以 $A\varphi = B\varphi$，即 $A \subset B$.

（2）$B \subset A$.

由于 A, B 都自伴，而且 $A \subset B$，所以

$$B = B^* \subset A^* = A.$$

综上,有 $A = B$.

推论 5.3.1 自伴算子 A 的谱族唯一.

A 的谱族就是 $R(\lambda, A)$ 的谱族,$R(\lambda, A)$ 的谱族唯一,所以 A 的谱族唯一.

定义 5.3.1 设函数 $f \in C(\mathbf{R})$(或在实轴上按段连续,且只有有限个间断点),f 关于自伴算子 A 的谱族 $\{P_\lambda | \lambda \in \mathbf{R}\}$ 的谱积分算子

$$\mathscr{D}(f(A)) = \left\{ \varphi \Big| \varphi \in H, \int_{-\infty}^{+\infty} |f(\lambda)|^2 \, \mathrm{d}(P_\lambda \varphi, \varphi) < +\infty \right\},$$

$$f(A)\varphi = \int_{-\infty}^{+\infty} f(\lambda) \, \mathrm{d}P_\lambda \varphi$$

称为 A 关于 f 的算子演算.

由第 5.2 节(定理 5.2.2)关于谱积分的讨论,若 f 是实值函数,则 $f(A)$ 自伴.

3)谱族的计算公式——Stone 公式

定理 5.3.3(Stone) 设 $\{P_\lambda | \lambda \in \mathbf{R}\}$ 是自伴算子的谱族,则

$$P_{(a,b)} = \lim_{\delta \to 0^+} \lim_{\varepsilon \to 0^+} \frac{1}{2\pi \mathrm{i}} \int_{a+\delta}^{b-\delta} (R(\mu - \mathrm{i}\varepsilon, A) - R(\mu + \mathrm{i}\varepsilon, A)) \, \mathrm{d}\mu.$$

证明 设 $\varepsilon > 0, 0 < \delta < \dfrac{b-a}{2}$,则

$$\begin{aligned}
f(\delta, \varepsilon, \lambda) &= \frac{1}{2\pi \mathrm{i}} \int_{a+\delta}^{b-\delta} \left(\frac{1}{\mu - \mathrm{i}\varepsilon - \lambda} - \frac{1}{\mu + \mathrm{i}\varepsilon - \lambda} \right) \mathrm{d}\mu \\
&= \frac{1}{2\pi \mathrm{i}} \int_{a+\delta}^{b-\delta} \frac{2\mathrm{i}\varepsilon}{(\mu - \lambda)^2 + \varepsilon^2} \mathrm{d}\mu \\
&= \frac{1}{\varepsilon\pi} \int_{a+\delta}^{b-\delta} \frac{\mathrm{d}\mu}{1 + \left(\dfrac{\mu - \lambda}{\varepsilon} \right)^2} \\
&= \frac{1}{\pi} \left(\arctan \frac{b - \delta - \lambda}{\varepsilon} - \arctan \frac{a + \delta - \lambda}{\varepsilon} \right) \in C(\mathbf{R}),
\end{aligned}$$

且

$$\lim_{\varepsilon \to 0^+} f(\delta, \varepsilon, \lambda) = \begin{cases} 0, & \lambda < a + \delta \text{ 或 } \lambda > b - \delta, \\ \dfrac{1}{2}, & \lambda = a - \delta \text{ 或 } \lambda = b - \delta, \\ 1, & \lambda \in (a + \delta, b - \delta). \end{cases}$$

上述极限函数可表示为 $\chi_{(a+\delta, b-\delta)} + \dfrac{1}{2} \chi_{\{a+\delta\} \cup \{b-\delta\}}$,而

$$\chi_{(a+\delta, b-\delta)} \leqslant \chi_{(a+\delta, b-\delta)} + \frac{1}{2} \chi_{\{a+\delta\} \cup \{b-\delta\}} \leqslant \chi_{[a+\delta, b-\delta]},$$

所以

$$\lim_{\delta \to 0^+} \lim_{\varepsilon \to 0^+} f(\delta, \varepsilon, \lambda) = \lim_{\delta \to 0^+} \left(\chi_{(a+\delta, b-\delta)} + \frac{1}{2} \chi_{\{a+\delta\} \cup \{b-\delta\}} \right) = \chi_{(a,b)}(\lambda).$$

(1) 证明 $\text{s-} \lim\limits_{\delta \to 0^+} \lim\limits_{\varepsilon \to 0^+} f(\delta, \varepsilon, A) = P_{(a,b)} = P_{b-0} - P_a$.

首先，$f(\delta, \varepsilon, \lambda)$ 关于自变量和参数一致有界，$\chi_{(a,b)}$ 也在 $\mathbf{R}$ 上有界，它们的谱族谱积分都是有界算子，$\forall \varphi \in H$,

$$\| (f(\delta, \varepsilon, A) - P_{(a,b)})\varphi \|^2 = \int_{-\infty}^{+\infty} | f(\delta, \varepsilon, \lambda) - \chi_{(a,b)}(\lambda) |^2 \mathrm{d}(P_\lambda \varphi, \varphi),$$

利用控制收敛定理可得

$$\text{s-} \lim_{\delta \to 0^+} \lim_{\varepsilon \to 0^+} f(\delta, \varepsilon, A) = P_{(a,b)}.$$

(2) 证明 $\forall \varphi \in H$, $f(\delta, \varepsilon, A)\varphi = \frac{1}{2\pi \mathrm{i}} \int_{a+\delta}^{b-\delta} (R(\mu - \mathrm{i}\varepsilon, A) - R(\mu + \mathrm{i}\varepsilon, A))\varphi \mathrm{d}\mu$, 即

$$\int_{-\infty}^{+\infty} \frac{1}{2\pi \mathrm{i}} \int_{a+\delta}^{b-\delta} \left(\frac{1}{\mu - \mathrm{i}\varepsilon - \lambda} - \frac{1}{\mu + \mathrm{i}\varepsilon - \lambda} \right) \mathrm{d}\mu \mathrm{d}P_\lambda \varphi$$

$$= \frac{1}{2\pi \mathrm{i}} \int_{a+\delta}^{b-\delta} \int_{-\infty}^{+\infty} \left(\frac{1}{\mu - \mathrm{i}\varepsilon - \lambda} - \frac{1}{\mu + \mathrm{i}\varepsilon - \lambda} \right) \mathrm{d}P_\lambda \varphi \mathrm{d}\mu.$$

即要证明：把函数 $\frac{1}{\mu - \mathrm{i}\varepsilon - \lambda} - \frac{1}{\mu + \mathrm{i}\varepsilon - \lambda}$ 先看作 λ 的函数对 A 进行演算（关于其谱族作谱积分）得到 $R(\mu - \mathrm{i}\varepsilon, A) - R(\mu + \mathrm{i}\varepsilon, A)$，然后在 $[a+\delta, b-\delta]$ 上关于 μ 积分，与先在 $[a+\delta, b-\delta]$ 上关于 μ 积分，然后作为 λ 的函数关于 A 的谱族作谱积分是一致的.

事实上，二元函数

$$g(\mu, \lambda) = \frac{1}{2\pi \mathrm{i}} \left(\frac{1}{\mu - \mathrm{i}\varepsilon - \lambda} - \frac{1}{\mu + \mathrm{i}\varepsilon - \lambda} \right)$$

在 $[a+\delta, b-\delta] \times (-\infty, +\infty)$ 上有界，即存在 $M > 0$ 使得

$$|g(\mu, \lambda)| \leqslant M,$$

而 $\forall \varphi, \psi \in H$,

$$\int_{-\infty}^{+\infty} \int_{a+\delta}^{b-\delta} M \mathrm{d}\mu \, |\mathrm{d}(P_\lambda \varphi, \psi)| \leqslant M(b - a - 2\delta) \| \varphi \| \| \psi \|,$$

所以由 Fubini 定理可知结论成立. $\quad\square$

定理 5.3.4 设 A 为 H 上的自伴算子，则

$$\text{s-} \lim_{\varepsilon \to 0} \frac{1}{2\pi \mathrm{i}} \int_a^b [R(\mu - \mathrm{i}\varepsilon, A) - R(\mu + \mathrm{i}\varepsilon, A)] \mathrm{d}\mu = \frac{1}{2} [P_{[a,b]} + P_{(a,b)}].$$

证明 设

$$f_\varepsilon(\lambda) = \frac{1}{2\pi \mathrm{i}} \int_a^b \left(\frac{1}{\mu - \lambda - \mathrm{i}\varepsilon} - \frac{1}{\mu - \lambda + \mathrm{i}\varepsilon} \right) \mathrm{d}\mu,$$

则 $f_\varepsilon(\lambda)$ 连续，因而，当 $\varepsilon \to 0^+$ 时

$$f_\varepsilon(\lambda) \rightarrow \begin{cases} 0, & \lambda \notin [a,b], \\ \dfrac{1}{2}, & \lambda = a \text{ 或 } \lambda = b, \\ 1, & \lambda \in (a,b), \end{cases}$$

即

$$f_\varepsilon(A) \rightarrow \frac{1}{2}[P_{[a,b]} + P_{(a,b)}]. \qquad \square$$

这样,我们便得到开区间、闭区间和单点集等的谱测度或谱族,从而得到 Borel 集的谱测度,因而函数的 Riemann-Stieltjes 积分(演算)就可以进行. 豫解式在微分方程研究中对应于 Green 函数,因此通常我们可以通过 Green 函数来求解谱族.

4) 空间关于谱族的约化

定理 5.3.5 设 A 为 H 上的自伴算子,$\{P_\lambda \mid \lambda \in \mathbf{R}\}$ 为 A 的谱族.

(1) $\forall \lambda \in \mathbf{R}, P_\lambda A \subset A P_\lambda$,即 $\forall \varphi \in \mathscr{D}(A), P_\lambda \varphi \in \mathscr{D}(A)$,且

$$P_\lambda A \varphi = A P_\lambda \varphi.$$

(2) 对于任意有限区间 $[a,b]$,$\varphi \in H, \psi = (P_b - P_a)\varphi \in \mathscr{D}(A)$,且

$$a \parallel \varphi \parallel^2 \leqslant (A(P_b - P_a)\varphi, (P_b - P_a)\varphi) \leqslant b \parallel \varphi \parallel^2.$$

记

$$H_{[a,b]} = (P_b - P_a)H,$$

则 $H_{[a,b]}$ 是 H 的闭子空间且是 A 的不变子空间. 令

$$A_{[a,b]} = A \Big|_{H_{[a,b]}},$$

则 $A_{[a,b]}$ 是 $H_{[a,b]}$ 上有界自伴算子,或者说 $A(P_b - P_a)$ 是 H 上有界自伴算子.

(3) 设 $\{a_m\}_{m=-\infty}^{+\infty}$ 为严格单调增数列,

$$a_m \rightarrow \pm\infty, \quad m \rightarrow \pm\infty,$$

且 $H_m = (P_{a_m} - P_{a_{m-1}})H$,则

$$H = \sum_{m=-\infty}^{+\infty} \oplus H_m,$$

$$A = \sum_{m=-\infty}^{+\infty} \oplus A_m, \quad A_m = A(P_{a_m} - P_{a_{m-1}}).$$

(4) $\forall B \in B(H)$,

$$AB = BA \Leftrightarrow P_\lambda B = B P_\lambda, \quad \forall \lambda \in \mathbf{R}.$$

证明 (1) 由关于谱积分的定理 5.2.2,

$$\mathscr{D}(A) = \left\{ \varphi \Big| \varphi \in H, \int_{-\infty}^{+\infty} \lambda^2 \mathrm{d}(P_\lambda \varphi, \varphi) < +\infty \right\},$$

所以，$\forall \varphi \in \mathcal{D}(A)$，$\forall \lambda \in \mathbf{R}$，

$$\int_{-\infty}^{+\infty} \mu^2 \mathrm{d}_\mu (P_\mu P_\lambda \varphi, \varphi) = \int_{-\infty}^{\lambda} \mu^2 \mathrm{d}(P_\mu \varphi, \varphi) \leqslant \int_{-\infty}^{+\infty} \mu^2 \mathrm{d}(P_\mu \varphi, \varphi) < +\infty,$$

即 $P_\lambda \varphi \in \mathcal{D}(A)$，且

$$AP_\lambda \varphi = \int_{-\infty}^{+\infty} \mu \mathrm{d}P_\mu P_\lambda \varphi = \int_{-\infty}^{\lambda} \mu \mathrm{d}P_\mu \varphi$$

$$= P_\lambda \int_{-\infty}^{+\infty} \mu \mathrm{d}P_\mu \varphi = P_\lambda A\varphi.$$

（2）$\forall \psi = (P_b - P_a)\varphi$，

$$\int_{-\infty}^{+\infty} \lambda^2 \mathrm{d}(P_\lambda (P_b - P_a)\varphi, (P_b - P_a)\varphi) = \int_a^b \lambda^2 \mathrm{d}(P_\lambda \varphi, \varphi) < +\infty,$$

即 $\psi = (P_b - P_a)\varphi \in \mathcal{D}(A)$，且

$$(A(P_b - P_a)\varphi, (P_b - P_a)\varphi) = \int_{-\infty}^{+\infty} \lambda \mathrm{d}(P_\lambda (P_b - P_a)\varphi, (P_b - P_a)\varphi)$$

$$= \int_a^b \lambda \mathrm{d}(P_\lambda \varphi, \varphi),$$

所以

$$a \| \varphi \|^2 \leqslant (A(P_b - P_a)\varphi, (P_b - P_a)\varphi) \leqslant b \| \varphi \|^2.$$

据此，$A_{[a,b]}$ 是 $H_{[a,b]}$ 上有界算子，或 $A(P_b - P_a)$ 是 H 上有界算子.

再证自伴性.

$\forall \varphi, \psi \in H$，

$$(A(P_b - P_a)\varphi, (P_b - P_a)\psi) = \int_a^b \lambda \mathrm{d}(P_\lambda \varphi, \psi) = \left(\varphi, \int_a^b \lambda \mathrm{d}P_\lambda \psi\right)$$

$$= ((P_b - P_a)\varphi, A(P_b - P_a)\psi),$$

所以 $A_{[a,b]}$ 自伴.

（3）P_m 显然都是 H 的闭子空间.

先证明若 $l \neq m$（不妨设 $l < m$），则 $H_l \perp H_m$.

$\forall \varphi \in H_l, \psi \in H_m$，

$$(\varphi, \psi) = ((P_{a_l} - P_{a_{l-1}})\varphi, (P_{a_m} - P_{a_{m-1}})\psi)$$

$$= ((P_{a_m} - P_{a_{m-1}})(P_{a_l} - P_{a_{l-1}})\varphi, \psi) = 0,$$

所以 $H_l \perp H_m$.

再讨论直和分解.

$\forall \varphi \in H$，

$$\varphi = \int_{-\infty}^{+\infty} \lambda \mathrm{d}P_\lambda \varphi = \sum_{m=-\infty}^{+\infty} \int_{a_{m-1}}^{a_m} \mathrm{d}P_\lambda \varphi = \sum_{m=-\infty}^{+\infty} (P_{a_m} - P_{a_{m-1}})\varphi.$$

（4）证明留作练习. □

注 设 A, B 是两个有界自伴算子，其谱族分别为 $\{P_\lambda | \lambda \in \mathbf{R}\}$ 和 $\{Q_\lambda | \lambda \in \mathbf{R}\}$，则

$$AB = BA \Longleftrightarrow P_\lambda Q_\mu = Q_\mu P_\lambda, \quad \forall \lambda, \mu \in \mathbf{R}.$$

对于无界的自伴算子,如果直接讨论其交换性会遇到定义域的问题,所以两个自伴算子可交换一般定义为它们的谱族可交换.

5.4 谱族对于自伴算子各类谱点的刻画的应用

本节讨论自伴算子的谱点与其谱族增长性的关系,并给出谱映射定理.

1) 实正则点谱族的特征

定理 5.4.1 设 $\{P_\lambda \mid \lambda \in \mathbf{R}\}$ 是自伴算子 A 的谱族,则 $\lambda_0 \in \rho(A) \bigcap \mathbf{R}$ 的充要条件是存在 $\varepsilon > 0$,使得 P_λ 在 $[\lambda_0 - \varepsilon, \lambda_0 + \varepsilon]$ 上是常算子.

证明 ($\Rightarrow$)否则,对任意 $\varepsilon > 0$,存在 $\mu_1, \mu_2 \in [\lambda_0 - \varepsilon, \lambda_0 + \varepsilon]$,$P_{\mu_1} \neq P_{\mu_2}$. 我们不妨设 $\mu_1 < \mu_2$,这时 $P_{\mu_1} < P_{\mu_2}$,$\mathrm{Ran} P_{\mu_1} \subsetneqq \mathrm{Ran} P_{\mu_2}$,所以存在 $\varphi_0 \in \mathrm{Ran} P_{\mu_2}$,$\|\varphi_0\| = 1$,使得 $\varphi_0 \perp \mathrm{Ran} P_{\mu_1}$,即 $P_{\mu_2}\varphi_0 = \varphi_0$,$P_{\mu_1}\varphi_0 = 0$. 由定理 5.3.5(2),
$$\varphi_0 = (P_{\mu_2} - P_{\mu_1})\varphi_0 \in \mathscr{D}(A),$$
且
$$\begin{aligned}
\|(\lambda_0 I - A)\varphi_0\|^2 &= \int_{-\infty}^{+\infty} (\lambda_0 - \lambda)^2 \mathrm{d}(P_\lambda \varphi_0, \varphi_0) \\
&= \int_{\mu_1}^{\mu_2} (\lambda_0 - \lambda)^2 \mathrm{d}(P_\lambda \varphi_0, \varphi_0) \\
&\leqslant \varepsilon^2 \int_{\mu_1}^{\mu_2} \mathrm{d}(P_\lambda \varphi_0, \varphi_0) \\
&= \varepsilon^2 ((P_{\mu_2}\varphi_0, \varphi_0) - (P_{\mu_1}\varphi_0, \varphi_0)) \\
&= \varepsilon^2 \|\varphi_0\|^2 = \varepsilon^2,
\end{aligned}$$
从而,对任意 $n \in \mathbf{N}^*$,存在 φ_n,$\|\varphi_n\| = 1$,使得
$$\|(\lambda_0 - A)\varphi_n\| \leqslant \frac{1}{n},$$
即 $\lambda_0 \in \sigma(A)$,矛盾!

($\Leftarrow$)若存在 ε,使得 P_λ 在 $[\lambda_0 - \varepsilon, \lambda_0 + \varepsilon]$ 上为常算子. 令
$$f(\lambda) = \begin{cases} \dfrac{1}{\lambda_0 - \lambda}, & \lambda \notin (\lambda_0 - \varepsilon, \lambda_0 + \varepsilon), \\ \text{线性}, & \lambda \in [\lambda_0 - \varepsilon, \lambda_0 + \varepsilon], \end{cases}$$
则 $f \in C(\mathbf{R})$,且 f 有界,所以 $f(A)$ 是有界算子. 令
$$g(\lambda) = (\lambda_0 - \lambda) f(\lambda),$$
利用定理 5.2.2(5),$\forall \varphi \in H$,
$$\begin{aligned}
(\lambda_0 I - A) f(A)\varphi &= g(A)\varphi \\
&= \int_{-\infty}^{\lambda_0 - \varepsilon} (\lambda_0 - \lambda) f(\lambda) \mathrm{d}P_\lambda \varphi + \int_{\lambda_0 + \varepsilon}^{+\infty} (\lambda_0 - \lambda) f(\lambda) \mathrm{d}P_\lambda \varphi
\end{aligned}$$

$$= \int_{-\infty}^{\lambda_0-\varepsilon} \mathrm{d}P_\lambda \varphi + \int_{\lambda_0+\varepsilon}^{+\infty} \mathrm{d}P_\lambda \varphi$$
$$= P_{\lambda_0-\varepsilon} \varphi + \varphi - P_{\lambda_0+\varepsilon} \varphi$$
$$= \varphi,$$

即 $(\lambda_0 I - A) f(A) = I_H$.

同样道理，$f(A)(\lambda_0 I - A) = I_{\mathscr{D}(A)}$，故 $\lambda_0 \in \rho(A)$ 且 $(\lambda_0 I - A)^{-1} = f(A)$. $\qquad\square$

注 定理表明，函数关于自伴算子 A 的谱族的谱积分都集中在 $\sigma(A)$ 上，即

$$\int_{-\infty}^{+\infty} = \int_{\sigma(A)} .$$

推论 5.4.1 若 $\lambda_0 \in \rho(A)$，则 $\forall \varphi \in H$，

$$R(\lambda_0, A)\varphi = \int_{-\infty}^{+\infty} \frac{1}{\lambda_0 - \lambda} \mathrm{d}P_\lambda \varphi,$$

广义谱积分是强意义下的.

证明 在定理 5.4.1 的证明过程中我们看到 $R(\lambda_0, A) = f(A)$，其中函数 f 在区间 $[\lambda_0-\varepsilon, \lambda_0+\varepsilon]$ 之外的表达形式为 $\frac{1}{\lambda_0-\lambda}$. 由于谱族 P_λ 在 $[\lambda_0-\varepsilon, \lambda_0+\varepsilon]$ 上为常算子，所以只要保证 f 连续，不管函数在这段上表达形式是什么，强积分总是 0，因此

$$R(\lambda_0, A)\varphi = (\lambda_0 I - A)^{-1}\varphi = f(A)\varphi$$
$$= \int_{\lambda_0+\varepsilon}^{+\infty} \frac{1}{\lambda_0-\lambda} \mathrm{d}P_\lambda \varphi + \int_{-\infty}^{\lambda_0-\varepsilon} \frac{1}{\lambda_0-\lambda} \mathrm{d}P_\lambda \varphi$$
$$= \int_{-\infty}^{+\infty} \frac{1}{\lambda_0-\lambda} \mathrm{d}P_\lambda \varphi. \qquad\square$$

在上一节我们看到，这一积分表示本来只是对 $\lambda_0 \in \mathbf{C} \setminus \mathbf{R}$ 成立，现在我们看到它 $\forall \lambda_0 \in \rho(A)$ 成立.

由定理 5.2.1 和定理 5.2.2 还可以得到如下推论：

推论 5.4.2（有界自伴算子的谱分解） 若 A 为有界自伴算子，则

(1) $A = \int_{m-0}^{M} \lambda \mathrm{d}P_\lambda$，其中

$$m = \inf_{\varphi \in H, \|\varphi\|=1} (A\varphi, \varphi), \quad M = \sup_{\varphi \in H, \|\varphi\|=1} (A\varphi, \varphi);$$

(2) $\forall f, g \in C(\mathbf{R})$，谱积分算子 $f(A), g(A)$（称为函数 f, g 关于 A 的演算）都是有界算子，且

$$f(A) = \int_{m-0}^{M} f(\lambda) \mathrm{d}P_\lambda,$$
$$c_1 f(A) + c_2 g(A) = (c_1 f + c_2 g)(A), \quad \forall c_1, c_2 \in \mathbf{C},$$
$$f(A)g(A) = (fg)(A),$$

这时谱积分是按算子范数收敛的积分.

注 （1）如果 A 为有界自伴算子，则当 $\lambda < m$ 时，谱族 $P_\lambda = 0$；当 $\lambda \geqslant M$ 时，谱族 $P_\lambda = P_M = I$.

（2）积分下限"$m - 0$"是这样的意思：当 $\lambda < m$ 时，$\lambda \in \rho(A)$，由定理 5.4.1，谱族 $P_\lambda = 0$，但谱族在 m 这一点未必左连续，所以讨论积分时要考虑函数在 m 这一点的单点积分.

2）谱点的刻画

定理 5.4.2 （1）$\lambda_0 \in \sigma_p(A)$ 的充要条件是 $P_{\lambda_0} \neq P_{\lambda_0 - 0}$，此时

$$\mathrm{Ran}(P_{\lambda_0} - P_{\lambda_0 - 0}) = \ker(\lambda_0 I - A);$$

（2）$\lambda_0 \in \sigma_c(A)$ 的充要条件是 $P_{\lambda_0} = P_{\lambda_0 - 0}$，且 P_λ 在 λ_0 的任意邻域内都不等于常算子.

证明 （1）（$\Rightarrow$）设 $\lambda_0 \in \sigma_p(A)$，则对于 $0 \neq \varphi_0 \in \ker(\lambda_0 I - A)$，

$$0 = \| (\lambda_0 I - A)\varphi_0 \|^2 = \int_{-\infty}^{+\infty} (\lambda_0 - \lambda)^2 \mathrm{d}(P_\lambda \varphi_0, \varphi_0), \qquad （Ⅰ）$$

下证

$$(P_\lambda \varphi_0, \varphi_0) = \begin{cases} \| \varphi_0 \|^2, & \lambda \geqslant \lambda_0, \\ 0, & \lambda < \lambda_0. \end{cases} \qquad （Ⅱ）$$

① 若存在 $\lambda' > \lambda_0$，使得 $\| P_{\lambda'}\varphi_0 \|^2 < \| \varphi_0 \|^2$，则

$$\int_{-\infty}^{+\infty} (\lambda_0 - \lambda)^2 \mathrm{d}(P_\lambda \varphi_0, \varphi_0) \geqslant \int_{\lambda'}^{+\infty} (\lambda_0 - \lambda)^2 \mathrm{d}(P_\lambda \varphi_0, \varphi_0)$$

$$\geqslant (\lambda' - \lambda_0)^2 \int_{\lambda'}^{+\infty} \mathrm{d}(P_\lambda \varphi_0, \varphi_0)$$

$$= (\lambda' - \lambda_0)^2 (\| \varphi_0 \|^2 - (P_{\lambda'}\varphi_0, \varphi_0)) > 0,$$

此与（Ⅰ）式矛盾！

② 若存在 $\lambda' < \lambda_0$，使得 $\| P_{\lambda'}\varphi_0 \|^2 > 0$，则

$$0 = \int_{-\infty}^{+\infty} (\lambda_0 - \lambda)^2 \mathrm{d}(P_\lambda \varphi_0, \varphi_0)$$

$$\geqslant \int_{-\infty}^{\lambda'} (\lambda_0 - \lambda)^2 \mathrm{d}(P_\lambda \varphi_0, \varphi_0)$$

$$\geqslant (\lambda_0 - \lambda')^2 \int_{-\infty}^{\lambda'} \mathrm{d}(P_\lambda \varphi_0, \varphi_0)$$

$$= (\lambda' - \lambda_0)^2 (P_{\lambda'}\varphi_0, \varphi_0)$$

$$= (\lambda' - \lambda_0)^2 \| P_{\lambda'}\varphi_0 \|^2 > 0,$$

矛盾！

所以（Ⅱ）式成立.

再证 $\ker(\lambda_0 I - A) \subset \mathrm{Ran}(P_{\lambda_0} - P_{\lambda_0 - 0})$.

$\forall \varphi_0 \in \ker(\lambda_0 I - A)$，由（Ⅱ）式，有 $\| P_{\lambda_0} \varphi_0 \|^2 = \| \varphi_0 \|^2$，所以

$$0 = ((I - P_{\lambda_0}) \varphi_0, \varphi_0) = ((I - P_{\lambda_0}) \varphi_0, (I - P_{\lambda_0}) \varphi_0),$$

即 $P_{\lambda_0} \varphi_0 = \varphi_0$. 再由（Ⅱ）式知 $P_{\lambda_0 - 0} = 0$，所以

$$\varphi_0 = (P_{\lambda_0} - P_{\lambda_0 - 0}) \varphi_0 \in \mathrm{Ran}(P_{\lambda_0} - P_{\lambda_0 - 0}),$$

故 $P_{\lambda_0} \neq P_{\lambda_0 - 0}$ 且 $\ker(\lambda_0 - A) \subset \mathrm{Ran}(P_{\lambda_0} - P_{\lambda_0 - 0})$.

（$\Leftarrow$）设 $P_{\lambda_0} \neq P_{\lambda_0 - 0}$，即 $P_{\lambda_0 - 0} < P_{\lambda_0}$，则 $P_{\lambda_0} - P_{\lambda_0 - 0}$ 是 $\mathrm{Ran}(P_{\lambda_0} - P_{\lambda_0 - 0})$ 上正交投影算子. 对任意 $\varphi_0 \in \mathrm{Ran}(P_{\lambda_0} - P_{\lambda_0 - 0})$，

$$P_\lambda \varphi_0 = \begin{cases} P_\lambda (P_{\lambda_0} - P_{\lambda_0 - 0}) \varphi_0 = P_\lambda \varphi_0 - P_\lambda \varphi_0 = 0, & \lambda < \lambda_0, \\ P_\lambda (P_{\lambda_0} - P_{\lambda_0 - 0}) \varphi_0 = (P_{\lambda_0} - P_{\lambda_0 - 0}) \varphi_0 = \varphi_0, & \lambda \geq \lambda_0, \end{cases}$$

所以

$$(P_\lambda \varphi_0, \varphi_0) = \begin{cases} \| \varphi_0 \|^2, & \lambda \geq \lambda_0, \\ 0, & \lambda < \lambda_0, \end{cases}$$

这时 $\varphi_0 \in \mathscr{D}(A)$ 且

$$\| (\lambda_0 - A) \varphi_0 \|^2 = \int_{-\infty}^{+\infty} (\lambda_0 - \lambda)^2 \mathrm{d} \| P_\lambda \varphi_0 \|^2 = (\lambda_0 - \lambda_0)^2 \| \varphi_0 \|^2 = 0,$$

所以 $\lambda_0 \in \sigma_p(A)$ 且 $\mathrm{Ran}(P_{\lambda_0} - P_{\lambda_0 - 0}) \subset \ker(\lambda_0 - A)$，从而

$$\ker(\lambda_0 I - A) = \mathrm{Ran}(P_{\lambda_0} I - P_{\lambda_0 - 0}).$$

（2）$\lambda_0 \in \sigma_c(A)$ 的充要条件是 $\lambda_0 \notin \rho(A) \cup \sigma_p(A)$（自伴算子无剩余谱），所以 P_λ 在 λ_0 左连续，即 $P_{\lambda_0} = P_{\lambda_0 - 0}$，且在任意 $[\lambda_0 - \varepsilon, \lambda_0 + \varepsilon]$ 上不为常算子. $\qquad \square$

例 5.4.1 设 A 为 $L^2[0,1]$ 上的乘法算子，则 $\sigma(A) = \sigma_c(A) = [0,1]$.

因为对任意 $\lambda_0 \in [0,1]$，P_λ 在 λ_0 的任意邻域内不为常数，且 $P_{\lambda_0} = P_{\lambda_0 - 0}$.

3）对称算子自伴延拓的本性谱一致

定义 5.4.1 设 A 为自伴算子，$\lambda \in \sigma(A)$ 称为离散谱，如果存在 $\varepsilon_0 > 0$，使得

$$\dim P(\lambda - \varepsilon_0, \lambda + \varepsilon_0) H < +\infty,$$

这时

$$\dim \ker(\lambda I - A) \leq \dim \mathrm{Ran} P(\lambda - \varepsilon_0, \lambda + \varepsilon_0) < +\infty.$$

全体离散谱记为 $\sigma_d(A)$，集合 $\sigma(A) \setminus \sigma_d(A)$ 称为本性谱，记为 $\sigma_{ess}(A)$.

注 （1）$\sigma_d(A) \subset \sigma_p(A)$，$\sigma_d(A)$ 为 A 的孤立的、有限重的点谱，即 $\lambda \in \sigma_d(A)$ 当且仅当下面两条都成立（见[23]第 236 页）：

① 存在 $\varepsilon > 0$，使得 $(\lambda - \varepsilon, \lambda + \varepsilon) \cap \sigma(A) = \{\lambda\}$；

② λ 为重数有限的点谱.

（2）$\sigma_{ess}(A) = \{\lambda \in \mathbf{R} \mid \dim \mathrm{Ran} P(\lambda - \varepsilon, \lambda + \varepsilon) = +\infty, \forall \varepsilon > 0\}$. $\sigma_{ess}(A)$ 是闭集，它包含如下三种形式的谱：

① 连续谱；

② 重数为 $+\infty$ 的点谱，即若 $\lambda \in \sigma_p(A)$，$\dim \ker(\lambda I - A) = +\infty$，则 $\lambda \in \sigma_{ess}(A)$；

③ 点谱的极限点，即若 $\lim\limits_{n \to \infty} \lambda_n = \lambda$，$\lambda_n \in \sigma_p(A)$ 但 $\lambda_n \neq \lambda$，则 $\lambda \in \sigma_{ess}(A)$.

（3）对于常微分算子 A，（2）中第②种形式不存在.

对于自伴算子而言，其谱为点谱或近似点谱，即

$$\lambda \in \sigma(A) \iff \exists \psi_n, \|\psi_n\| = 1, \lim_{n \to \infty} \|(A - \lambda I)\psi_n\| = 0.$$

定理 5.4.3（Weyl 准则） $\lambda \in \sigma_{ess}(A) \iff \exists \{\psi_n\}, \|\psi_n\| = 1, \text{w-}\lim\limits_{n \to \infty} \psi_n = 0$，使得

$$\lim_{n \to \infty} \|(\lambda I - A)\psi_n\| = 0.$$

证明 $(\Rightarrow)$ 若 $\dim \ker(\lambda I - A) = +\infty$，取其中的规范正交基 $\{\psi_n\}$ 即可. 因为

$$\sum_{n=1}^{\infty} |(\psi_n, \psi)|^2 \leqslant q \|\psi\|^2,$$

所以

$$\text{w-}\lim_{n \to \infty} \psi_n = 0,$$

而且

$$(\lambda I - A)\psi_n \equiv 0.$$

若 $\dim \ker(\lambda I - A) \neq +\infty$，则 λ 为连续谱或点谱的极限，取

$$P_n = P\left(\left[\lambda - \frac{1}{n}, \lambda - \frac{1}{n+1}\right] \cup \left[\lambda + \frac{1}{n+1}, \lambda + \frac{1}{n}\right]\right),$$

那么 P_n 不全为零，取不为零的子列（仍记为）P_n，又因为 $\text{Ran} P_n$ 两两正交，再取 $\psi_n \in \text{Ran} P_n$，那么 ψ_n 两两正交，所以 $\text{w-}\lim\limits_{n \to \infty} \psi_n = 0$. 而

$$\lim_{n \to \infty} \|(A - \lambda I)\psi_n\|^2 = \lim_{n \to \infty} \int_{\left[\lambda - \frac{1}{n}, \lambda - \frac{1}{n+1}\right] \cup \left[\lambda + \frac{1}{n+1}, \lambda + \frac{1}{n}\right]} (\mu - \lambda)^2 d\|P_\mu \psi_n\|^2$$
$$= 0.$$

$(\Leftarrow)$ 若存在满足条件的 $\{\psi_n\}$，但 λ 不是本性谱，即存在 $\varepsilon > 0$ 使得

$$\dim \text{Ran} P(\lambda - \varepsilon, \lambda + \varepsilon) < +\infty.$$

记 $P_\varepsilon = P(\lambda - \varepsilon, \lambda + \varepsilon)$，令 $\tilde{\psi}_n = P_\varepsilon \psi_n$，则

$$\|\psi_n - \tilde{\psi}_n\|^2 = \int_{\mathbf{R} \setminus (\lambda - \varepsilon, \lambda + \varepsilon)} d(P_\mu \psi_n, \psi_n)$$
$$\leqslant \frac{1}{\varepsilon^2} \int_{\mathbf{R} \setminus (\lambda - \varepsilon, \lambda + \varepsilon)} (\mu - \lambda)^2 d(P_\mu \psi_n, \psi_n)$$
$$\leqslant \frac{1}{\varepsilon^2} \|(A - \lambda)\psi_n\|^2,$$

由条件，

$$\lim_{n \to \infty} \|(A - \lambda I)\psi_n\| = 0,$$

所以 $\text{w-}\lim\limits_{n \to \infty} \tilde{\psi}_n = 0$ 且

$$\lim_{n \to \infty} \|\tilde{\psi}_n\| = 1.$$

令 $\hat{\psi}_n = \| \tilde{\psi}_n \|^{-1} \tilde{\psi}_n$,因为

$$\dim \operatorname{Ran} P(\lambda - \varepsilon, \lambda + \varepsilon) < +\infty,$$

所以 $\{\hat{\psi}_n\}$ 是有限维空间单位球面上的元素且 $\text{w-}\lim\limits_{n \to \infty} \hat{\psi}_n = 0$,而有限维空间强弱收敛等价,所以 $\lim\limits_{n \to \infty} \hat{\psi}_n = 0$,但这不可能. 因此 $\hat{\psi}_n$ 不可能弱收敛到零,矛盾! □

定理 5.4.4(Weyl) 设 A, B 为两个自伴算子,若存在 $z \in \rho(A) \cap \rho(B)$,使得 $R(z, A) - R(z, B)$ 为紧算子,则 $\sigma_{ess}(A) = \sigma_{ess}(B)$.

证明 设 $\lambda_0 \in \sigma_{ess}(A)$,$\{\psi_n\}$ 为相应的 Weyl 序列,令 $\varphi_n = R(z, B)\psi_n$,则 $\| \varphi_n \| \neq 0$,且

$$\begin{aligned}
\lim_{n \to \infty} (\varphi_n, \varphi) &= \lim_{n \to \infty} (R(z, B)\psi_n, \varphi) \\
&= \lim_{n \to \infty} (\psi_n, R(z, B)^* \varphi) = 0, \quad \forall \varphi \in H.
\end{aligned}$$

将 φ_n 单位化并记为 $\tilde{\varphi}_n$,下证 $\{\tilde{\varphi}_n\}$ 为 B 的相应于 λ_0 的 Weyl 序列. $\forall \varphi \in H$,

$$(\tilde{\varphi}_n, \varphi) = \| R(z, B)\psi_n \|^{-1} (\psi_n, R(z, B)^* \varphi),$$

因为

$$\begin{aligned}
& \left\| \left(R(z, B) - \frac{1}{\lambda_0 - z} \right) \psi_n \right\| \\
\leqslant & \| (R(z, B) - R(z, A))\psi_n \| + \left\| \left(R(z, A) - \frac{1}{\lambda_0 - z} \right) \psi_n \right\| \\
= & \| (R(z, B) - R(z, A))\psi_n \| + \left\| \frac{R(z, A)}{\lambda_0 - z} (A - \lambda_0) \psi_n \right\|,
\end{aligned}$$

由于 $\text{w-}\lim\limits_{n \to \infty} \psi_n = 0$,$\lim\limits_{n \to \infty} \| (A - \lambda_0)\psi_n \| = 0$,且 $R(z, B) - R(z, A)$ 是紧算子,紧算子把弱收敛列变成强收敛列,所以

$$\lim_{n \to \infty} \left\| \left(R(z, B) - \frac{1}{\lambda_0 - z} \right) \psi_n \right\| = 0,$$

于是

$$\lim_{n \to \infty} \| R(z, B)\psi_n \| = \frac{1}{|\lambda_0 - z|} \neq 0.$$

因此

$$\lim_{n \to \infty} (\tilde{\varphi}_n, \varphi) = \lim_{n \to \infty} \| R(z, B)\psi_n \|^{-1} (\psi_n, R(z, B)^* \varphi) = 0,$$

$$\begin{aligned}
\lim_{n \to \infty} \| (B - \lambda_0)\tilde{\varphi}_n \| &= \lim_{n \to \infty} \| R(z, B)\psi_n \|^{-1} \| [(B - z) - (\lambda_0 - z)] R(z, B)\psi_n \| \\
&= \lim_{n \to \infty} \| R(z, B)\psi_n \|^{-1} \| \psi_n - (\lambda_0 - z) R(z, B)\psi_n \| \\
&= \lim_{n \to \infty} |\lambda_0 - z| \| R(z, B)\psi_n \|^{-1} \left\| \left(R(z, B) - \frac{1}{\lambda_0 - z} \right) \psi_n \right\| \\
&= 0,
\end{aligned}$$

所以 $\lambda_0 \in \sigma_{ess}(B)$,$\sigma_{ess}(A) \subset \sigma_{ess}(B)$.

反之,由 A, B 的位置的对称性可知 $\sigma_{ess}(B) \subset \sigma_{ess}(A)$. □

推论 5.4.3 设 A 为亏指数有限的对称算子,则它们的任意自伴延拓不改变本性谱.

4）谱映射定理

定理 5.4.5 设 A 为 H 上的自伴算子,$f \in C(\mathbf{R})$,则

$$\sigma(f(A)) = \overline{f(\sigma(A))}.$$

特别,如果 A 是有界自伴算子时,

$$\sigma(f(A)) = f(\sigma(A)).$$

证明 先证明 $\sigma(f(A)) \subset \overline{f(\sigma(A))}$.

为此,证明 $\overline{f(\sigma(A))}^C \subset \rho(f(A))$. 设 $\lambda_0 \in \overline{f(\sigma(A))}^C$,则存在 $\delta > 0$ 使得 λ_0 到闭集 $\overline{f(\sigma(A))}$ 的距离 $d(\lambda_0, \overline{f(\sigma(A))}) = \delta > 0$. 我们知道,$\sigma(A)$ 是实直线上闭集,所以其余集是开集,因而由至多可数个互不相交的开区间构成,即

$$\sigma(A)^C = \bigcup_{j \in J \subset \mathbf{N}^*} (a_j, b_j),$$

这些区间的端点当然都是 A 的谱点. 这样,我们定义如下函数:

$$g(\lambda) = \begin{cases} \dfrac{1}{\lambda_0 - f(\lambda)}, & \lambda \in \sigma(A), \\ \text{连接} \left(a_j, \dfrac{1}{\lambda_0 - f(a_j)}\right) \text{与} \left(b_j, \dfrac{1}{\lambda_0 - f(b_j)}\right) \text{的线段}, & \lambda \in (a_j, b_j), j \in J \end{cases}$$

(如果 $(a_j, b_j) = (-\infty, b)$,则在其上定义 $g(\lambda) \equiv f(b)$；如果 $(a_j, b_j) = (a, +\infty)$,则在其上定义 $g(\lambda) \equiv f(a)$),则 $g \in C(\mathbf{R})$,并且

$$|g(\lambda)| \leqslant \frac{1}{d(\lambda_0, \overline{f(\sigma(A))})}, \quad \forall \lambda \in \mathbf{R},$$

所以 $g(A)$ 是有界算子,

$$(\lambda_0 I - f(A)) g(A) \varphi = \int_{-\infty}^{+\infty} (\lambda_0 - f(\lambda)) g(\lambda) dP_\lambda \varphi = \int_{\sigma(A)} dP_\lambda \varphi = \varphi,$$

即 $(\lambda_0 I - f(A)) g(A) = I$. 同理,$g(A)(\lambda_0 I - f(A)) = I_{\mathscr{D}(f(A))}$,于是 $\forall \lambda_0 \in \rho(f(A))$,有 $\overline{f(\sigma(A))}^C \subset \rho(f(A))$,即 $\sigma(f(A)) \subset \overline{f(\sigma(A))}$.

再证明 $\overline{f(\sigma(A))} \subset \sigma(f(A))$.

设 $\lambda_0 \in \sigma(A)$,如果 $\lambda_0 \in \sigma_p(A)$,$\forall \varphi \in \ker(\lambda_0 I - A)$,由定理 5.4.2,

$$\ker(\lambda_0 I - A) = \operatorname{Ran}(P_{\lambda_0} - P_{\lambda_0 - 0}),$$

所以

$$(f(\lambda_0) I - f(A)) \varphi = \int_{-\infty}^{+\infty} (f(\lambda_0) - f(\lambda)) dP_\lambda \varphi = 0,$$

即 $f(\lambda_0) \in \sigma(f(A))$.

如果 $\lambda_0 \in \sigma_c(A)$,则谱族 P_λ 在 λ_0 的任意邻域 $\left[\lambda_0 - \dfrac{1}{n}, \lambda_0 + \dfrac{1}{n}\right]$ 上都不为常算

子,即存在 $\mu_1,\mu_2\in\left[\lambda_0-\dfrac{1}{n},\lambda_0+\dfrac{1}{n}\right]$,且 $\mu_1<\mu_2$,使得 $P_{\mu_1}<P_{\mu_2}$,从而存在 $\varphi_n\in H$ 使得 $\|\varphi_n\|=1,P_{\mu_2}\varphi_n=\varphi_n,P_{\mu_1}\varphi_n=0$,于是

$$
\begin{aligned}
\|f(\lambda_0)I-f(A))\varphi_n\|^2 &= \int_{-\infty}^{+\infty}|f(\lambda_0)-f(\lambda)|^2\mathrm{d}(P_\lambda\varphi_n,\varphi_n)\\
&= \int_{\mu_1}^{\mu_2}|f(\lambda_0)-f(\lambda)|^2\mathrm{d}(P_\lambda\varphi_n,\varphi_n)\\
&\leqslant \max_{\lambda\in\left[\lambda_0-\frac{1}{n},\lambda_0+\frac{1}{n}\right]}|f(\lambda_0)-f(\lambda)|^2\to 0,\quad n\to\infty,
\end{aligned}
$$

$$(\text{Ⅲ})$$

所以 $f(\lambda_0)\in\sigma(f(A))$(否则,如果 $f(\lambda_0)\in\rho(f(A))$,$(f(\lambda_0)I-f(A))^{-1}$ 存在且为 H 上有界算子,即存在 $M>0$ 使得

$$\|(f(\lambda_0)I-f(A))^{-1}\psi\|\leqslant M\|\psi\|,\quad\forall\psi\in H,$$

如果记 $\varphi=(f(\lambda_0)I-f(A))^{-1}\psi$,则上式变为

$$\frac{1}{M}\|\varphi\|\leqslant\|(f(\lambda_0)I-f(A))\varphi\|,\quad\varphi\in\mathscr{D}(f(A)),$$

与(Ⅲ)式矛盾. 故 $f(\sigma(A))\subset\sigma(f(A))$,而 $\sigma(f(A))$ 是闭集,则

$$\overline{f(\sigma(A))}\subset\sigma(f(A)).$$

这样,我们得到 $\sigma(f(A))=\overline{f(\sigma(A))}$.

特别,如果 A 是有界自伴算子,则 $f(\sigma(A))$ 是闭集(紧集的连续像),所以

$$\sigma(f(A))=f(\sigma(A)).$$

☐

推论 5.4.4 设 A 为 H 上的自伴算子,$f\in C(\mathbf{R})$,则

$$f(\sigma_p(A))\subset\sigma_p(f(A)).$$

5.5　紧自伴算子、乘法算子和一阶微分算子的谱分解

1) 紧自伴算子的谱分解

设 A 为 Hilbert 空间 H 上的紧自伴算子,第 3.3 节已经给出了它的特征展开形式. 紧自伴算子 A 的非零谱点都是特征值,设 $\{\lambda_n\}$ 是 A 的全部非零特征值(计重数,有几重算几个),$\{\psi_n\}$ 为相应的规范正交特征向量列,记

$$H_1=\overline{\mathrm{span}\{\psi_n\}},\quad H_0=H_1^\perp,$$

则

$$H=H_0\oplus H_1,$$

$H_0=\ker(A)$,即如果 $H_0\neq\{0\}$,则 $0\in\sigma_p(A)$ 且 H_0 就是相应的特征子空间. 这时 $\{\psi_n\}$ 是空间 H_1 的规范正交基,如果 $\{\varphi_\tau\}$ 为 H_0 的规范正交基,则 $\{\varphi_\tau\}\bigcup\{\psi_n\}$ 为 H

的规范正交基. 所以, $\forall \varphi \in H$,

$$\varphi = \sum_{\tau}(\varphi, \varphi_{\tau})\varphi_{\tau} + \sum_{n=1}^{\infty}(\varphi, \psi_n)\psi_n,$$

$$A\varphi = \sum_{n=1}^{\infty}\lambda_n(\varphi, \psi_n)\psi_n.$$

如果我们记 P_0 为 H 到 H_0 的投影算子, P_n 为 H 到一维空间 $\mathrm{span}\{\psi_n\}$ 的投影算子, 且

$$P_n\varphi = (\varphi, \psi_n)\psi_n, \quad n=1,2,\cdots,$$

则得到 A 的级数形式的特征展开为

$$A\varphi = \sum_{n=1}^{\infty}\lambda_n P_n\varphi \quad 或 \quad A = \sum_{n=1}^{\infty}\lambda_n P_n,$$

且 A 的级数是按算子范数收敛.

注 这两个和式求和是按 λ_n 的绝对值从大到小进行的, 而不是按它们在实轴上的分布从小到大进行的. 当然, 我们也可以把它写成按特征值大小顺序进行求和, 并写成积分形式.

如果把上述级数按 λ_n 从小到大重排写成积分形式, 也就是把空间和算子 A 沿实轴按顺序"摊开", 下面我们来看相应的谱族怎么写(当然, 上述两个级数分别是按 Hilbert 范数和算子收敛, 重排是合理的, 即收敛性不变, 和也不变).

记

$$P_\lambda\varphi = \begin{cases} \displaystyle\sum_{\lambda_j \leqslant \lambda}(\varphi, \varphi_j)\varphi_j, & \lambda < 0, \\ \displaystyle\varphi - \sum_{\lambda_j > \lambda}(\varphi, \varphi_j)\varphi_j, & \lambda \geqslant 0, \end{cases}$$

则 $\{P_\lambda | \lambda \in \mathbf{R}\}$ 就是 A 的谱族.

(1) 当 $\lambda \leqslant \mu$ 时, $P_\lambda \leqslant P_\mu$.

若 $\lambda \leqslant \mu < 0$, 则 $P_\lambda \leqslant P_\mu$(直接验证 $(P_\lambda\varphi, \varphi) \leqslant (P_\mu\varphi, \varphi)$).

若 $\lambda < \mu = 0$, 则

$$(P_\lambda\varphi, \varphi) = \sum_{\lambda_j \leqslant \lambda}|(\varphi, \varphi_j)|^2.$$

而

$$\|\varphi\|^2 = \sum_{\lambda_j \neq 0}|(\varphi, \varphi_j)|^2 + \sum_{\lambda_j = 0}|(\varphi, \varphi_j)|^2,$$

由定义知

$$\begin{aligned}(P_0\varphi, \varphi) &= \|\varphi\|^2 - \sum_{\lambda_j > 0}|(\varphi, \varphi_j)|^2 \\ &= \sum_{\lambda_j < 0}|(\varphi, \varphi_j)|^2 + \sum_{\lambda_j = 0}|(\varphi, \varphi_j)|^2 \\ &\geqslant (P_\lambda\varphi, \varphi).\end{aligned}$$

若 $\lambda<0<\mu$ 或 $0\leqslant\lambda<\mu$,同样可证 $P_\lambda\leqslant P_\mu$.

(2) 若 $\lambda<\min\{\lambda_j\}$,则 $P_\lambda=0$;若 $\lambda\geqslant\max\{\lambda_j\}$,则 $P_\lambda=I$.

(3) 右连续.

若 $\lambda\neq0$,则 λ 右边只有有限个特征值,所以存在 $\delta>0$,使得 P_μ 在 $(\lambda,\lambda+\delta)$ 上为常量,因而 P_μ 在 λ 处右连续.

若 $\lambda_0=0$,则

$$\| P_\lambda\varphi-P_0\varphi \| = \Big\| \sum_{0<\lambda_j\leqslant\lambda}(\varphi,\varphi_j)\varphi_j\Big\|^2$$
$$= \sum_{0<\lambda_j\leqslant\lambda}|(\varphi,\varphi_j)|^2 \to 0, \quad \lambda\to0.$$

(4) P_λ 具有如下性质:

① 特征值为 P_λ 的间断点.

若 λ 为非零特征值,则 P_λ 在 λ 处跃度为 $P_\lambda-P_{\lambda-0}$,它是 $\ker(\lambda I-A)$ 上的正交投影算子,即

$$\mathrm{Ran}(P_\lambda-P_{\lambda-0})=\ker(\lambda I-A),$$
$$(P_\lambda-P_{\lambda-0})\varphi=\sum_{\lambda_j=\lambda}(\varphi,\varphi_j)\varphi, \quad \lambda\neq0.$$

若 $\lambda=0$,则

$$(P_0-P_{0-0})\varphi=\varphi-\sum_{\lambda_j>0}(\varphi,\varphi_j)\varphi_j-\sum_{\lambda_j<0}(\varphi,\varphi_j)\varphi_j.$$

② $\forall\varphi\in H$,

$$A\varphi=\int_{m-0}^{M}\lambda\mathrm{d}P_\lambda\varphi.$$

2)乘法算子的谱分解

设 $H=L^2(\mathbf{R})$,

$$\mathscr{D}(A)=\Big\{\varphi\in H\Big|\int_{-\infty}^{+\infty}|x\varphi(x)|^2\mathrm{d}x<+\infty\Big\},$$
$$A\varphi(x)=x\varphi(x), \quad \forall\varphi\in\mathscr{D}(A),$$

我们已经证明了 A 是自伴的,$\sigma(A)=\sigma_c(A)=\mathbf{R}$,下面我们给出它的谱分解.

$\forall\lambda\in\rho(A),\forall\varphi\in H$,显然有

$$(R(\lambda,A)\varphi)(x)=\frac{1}{\lambda-x}\varphi(x),$$

即 $R(\lambda,A)$ 是由 $\dfrac{1}{\lambda-x}$ 定义的乘法算子.由 Stone 公式(定理 5.3.3),$\forall(\mu,\lambda)\subset\mathbf{R}$,

$$(P_{(\mu,\lambda)}\varphi)(x)=\chi_{(\mu,\lambda)}(x)\varphi(x), \quad \forall\varphi\in H,$$

于是,如果令

$$(P_\lambda\varphi)(x)=(P_{(-\infty,\lambda)}\varphi)(x)=\chi_{(-\infty,\lambda)}(x)\varphi(x),$$

则 $\{P_\lambda\}_{\lambda\in\mathbf{R}}$ 是 A 的谱族. 所以

$$\varphi\in\mathscr{D}(A)\Longleftrightarrow\int_{-\infty}^{+\infty}|\lambda|^2\mathrm{d}\|P_\lambda\varphi\|^2<+\infty,$$

$$A\varphi=\int_{-\infty}^{+\infty}\lambda\mathrm{d}P_\lambda\varphi,\quad\forall\varphi\in\mathscr{D}(A).$$

3) 一阶微分算子的谱分解

易证下面的定理:

定理 5.5.1 (1) 设 A,B 均为酉等价算子,则 A 自伴的充要条件是 B 自伴;

(2) 如果 A,B 均为酉等价自伴算子,$B=U^{-1}AU$,则

$$\sigma_p(B)=\sigma_p(A),\quad\sigma_c(B)=\sigma_c(A),$$

因而 $\sigma(B)=\sigma(A)$;

(3) 如果 $\{P_\lambda|\lambda\in\mathbf{R}\}$ 是 A 的谱族,则 $\{Q_\lambda=U^{-1}P_\lambda U|\lambda\in\mathbf{R}\}$ 是 B 的谱族.

设 $H=L^2(\mathbf{R})$,

$$\mathscr{D}(B)=\{\varphi|\varphi\in AC_{\mathrm{loc}}(\mathbf{R})\bigcap L^2(\mathbf{R}),\varphi'\in L^2(\mathbf{R})\},$$

$$B\varphi(x)=-\mathrm{i}\varphi'(x),\quad\forall\varphi\in\mathscr{D}(B),$$

这是量子力学的动量算子. 在例 4.3.3 中,我们已经证明在 Fourier 变换 $\mathscr{F}$ 之下,动量算子 B 与坐标乘法算子 A 关于 $\mathscr{F}$ 酉等价,即

$$B=\mathscr{F}^{-1}A\mathscr{F}.$$

按定理 5.5.1,$\sigma(B)=\sigma(A)$,B 的谱族为 $\{Q_\lambda=\mathscr{F}^{-1}P_\lambda\mathscr{F}|\lambda\in\mathbf{R}\}$,

$$(Q_\lambda\varphi)(x)=(\mathscr{F}^{-1}P_\lambda\mathscr{F}\varphi)(x)=\frac{1}{\sqrt{2\pi}}\int_{-\infty}^\lambda\mathrm{e}^{\mathrm{i}\mu x}\hat{\varphi}(\mu)\mathrm{d}\mu,\quad\forall\varphi\in H,$$

所以我们得到 B 的谱分解为

$$(B\varphi)(x)=\left(\int_{-\infty}^{+\infty}\lambda\mathrm{d}Q_\lambda\varphi\right)(x)=\frac{1}{\sqrt{2\pi}}\int_{-\infty}^{+\infty}\lambda\mathrm{d}\int_{-\infty}^\lambda\mathrm{e}^{\mathrm{i}\mu x}\hat{\varphi}(\mu)\mathrm{d}\mu$$

$$=\frac{1}{\sqrt{2\pi}}\int_{-\infty}^{+\infty}\mathrm{e}^{\mathrm{i}\lambda x}\lambda\hat{\varphi}(\lambda)\mathrm{d}\lambda.$$

5.6 紧算子类——Hilbert-Schmidt 算子

本节,我们设 H 为可分的 Hilbert 空间. 有了谱分解的工具,我们来研究在紧算子理论中常常用到的算子类.

1) 算子的极分解

定义 5.6.1 设 A 是一个正算子,如果存在正算子 B 使得 $B^2 = A$,则称 B 为 A 的平方根,记为

$$B = \sqrt{A}.$$

$\forall A \in B(H)$, $|A| = \sqrt{A^* A}$ 称为 A 的绝对值.

$|A|$ 其实就是函数 $f(\lambda) = \sqrt{\lambda}$ 关于非负自伴算子 $A^* A$ 的演算或谱积分.

定理 5.6.1 设 $A \in B(H)$,则存在唯一一个部分等距算子 U,使得

$$A = U|A|, \quad \ker U = \ker A, \quad \operatorname{Ran} U = \overline{\operatorname{Ran} A}.$$

证明 定义 U: $\operatorname{Ran}|A| \to \operatorname{Ran} A$ 为

$$U(|A|\psi) = A\psi, \quad \forall \psi \in H.$$

由于

$$\| |A|\psi \|^2 = (\psi, |A|^2 \psi) = (\psi, A^* A\psi) = (A\psi, A\psi) = \| A\psi \|^2, \qquad (\text{I})$$

所以若 $|A|\psi = |A|\varphi$(即 $|A|(\psi - \varphi) = 0$),则 $A(\psi - \varphi) = 0$(即 $A\psi = A\varphi$).于是 U 的定义合理,且由(I)式,U 在 $\operatorname{Ran}|A|$ 上等距,因而有界,并可延拓为 $\overline{\operatorname{Ran}|A|}$ 到 $\overline{\operatorname{Ran} A}$ 的等距算子.

若在 $(\operatorname{Ran}|A|)^\perp$ 上定义 $U = 0$,则 U 为 H 上部分等距算子.因为 $|A|$ 自伴,所以

$$(\operatorname{Ran}|A|)^\perp = \ker|A|,$$

从而 $\ker U = \ker|A|$.又由(I)式,

$$|A|\psi = 0 \Leftrightarrow A\psi = 0,$$

即 $\ker|A| = \ker A$,所以 $\ker U = \ker A$.

唯一性显然. □

2) 迹追类算子

定义 5.6.2 设 H 为一可分的 Hilbert 空间,$\{\varphi_n\}_{n=1}^\infty$ 为其规范正交基,若 A 为 H 上的正算子,定义

$$\operatorname{tr} A = \sum_{n=1}^\infty (A\varphi_n, \varphi_n),$$

称为 A 的迹追.

定理 5.6.2 $\operatorname{tr} A$ 与正交基的选择无关且满足:

(1) 若 $A, B \geqslant 0$,则 $\operatorname{tr}(A+B) = \operatorname{tr} A + \operatorname{tr} B$;

(2) $\forall \lambda \geqslant 0$,$\operatorname{tr}(\lambda A) = \lambda \operatorname{tr} A$;

(3) 若 U 为酉算子,则 $\operatorname{tr}(UAU^{-1}) = \operatorname{tr} A$;

(4) 若 $0 \leqslant A \leqslant B$，则 $\mathrm{tr}A \leqslant \mathrm{tr}B$.

证明　先证明 $\mathrm{tr}A$ 与 $\{\varphi_n\}$ 选择无关.

设 $\{\varphi_n\}$ 和 $\{\psi_m\}$ 为两组规范正交基，记

$$\mathrm{tr}_{\varphi}A = \sum_{n=1}^{\infty}(A\varphi_n,\varphi_n), \quad \mathrm{tr}_{\psi}A = \sum_{m=1}^{\infty}(A\psi_m,\psi_m),$$

则有

$$\begin{aligned}
\mathrm{tr}_{\varphi}(A) &= \sum_{n=1}^{\infty}(A\varphi_n,\varphi_n) = \sum_{n=1}^{\infty}\|A^{\frac{1}{2}}\varphi_n\|^2 \\
&= \sum_{n=1}^{\infty}\Big(\sum_{m=1}^{\infty}|(A^{\frac{1}{2}}\varphi_n,\psi_m)|^2\Big) = \sum_{m=1}^{\infty}\Big(\sum_{n=1}^{\infty}|(\varphi_n,A^{\frac{1}{2}}\psi_m)|^2\Big) \\
&= \sum_{m=1}^{\infty}\|A^{\frac{1}{2}}\psi_m\|^2 = \sum_{m=1}^{\infty}(A\psi_m,\psi_m) \\
&= \mathrm{tr}_{\psi}(A),
\end{aligned}$$

从而 $\mathrm{tr}A$ 定义合理.

(1)，(2)，(4) 显然成立，下面证明 (3).

若 $\{\varphi_n\}$ 为规范正交基，则 $\{U\varphi_n\}$ 也为规范正交基，所以

$$\mathrm{tr}_{\varphi}(UAU^{-1}) = \mathrm{tr}_{(U\varphi)}(UAU^{-1}) = \mathrm{tr}A. \qquad \square$$

定义 5.6.3　算子 $A \in B(H)$ 称为迹追类算子，若 $\mathrm{tr}|A| < +\infty$. 全体迹追类算子的集合记为 Φ_1.

定理 5.6.3　Φ_1 为 $B(H)$ 的 $*$-理想，即

(1) Φ_1 为线性空间；

(2) 若 $A \in \Phi_1, B \in B(H)$，则 $AB \in \Phi_1$ 且 $BA \in \Phi_1$；

(3) 若 $A \in \Phi_1$，则 $A^* \in \Phi_1$.

证明　(1) 因为 $|\lambda A| = |\lambda||A|, \forall\lambda \in \mathbf{C}$，所以 Φ_1 对数乘封闭.

设 $A, B \in \Phi_1$，下证 $A+B \in \Phi_1$.

事实上，设 U, V, W 为部分等距算子，使得

$$A+B = U|A+B|, \quad A = V|A|, \quad B = W|B|,$$

$\{\varphi_n\}$ 为规范正交基，则有

$$\begin{aligned}
\sum_{n=1}^{\infty}(|A+B|\varphi_n,\varphi_n) &= \sum_{n=1}^{\infty}(\varphi_n,|A+B|\varphi_n) = \sum_{n=1}^{\infty}(\varphi_n,U^*(A+B)\varphi_n) \\
&\leqslant \sum_{n=1}^{\infty}|(\varphi_n,U^*V|A|\varphi_n)| + \sum_{n=1}^{\infty}|(\varphi_n,U^*W|B|\varphi_n)|,
\end{aligned}$$

而

$$\begin{aligned}
\sum_{n=1}^{\infty}&|(\varphi_n,U^*V|A|\varphi_n)| \\
&\leqslant \sum_{n=1}^{\infty}\||A|^{\frac{1}{2}}V^*U\varphi_n\| \cdot \||A|^{\frac{1}{2}}\varphi_n\|
\end{aligned}$$

$$\leqslant \Big(\sum_{n=1}^{\infty} \parallel \mid A \mid^{\frac{1}{2}} V^* U \varphi_n \parallel^2 \Big)^{\frac{1}{2}} \Big(\sum_{n=1}^{\infty} \parallel \mid A \mid^{\frac{1}{2}} \varphi_n \parallel^2 \Big)^{\frac{1}{2}},$$

若能证明

$$\sum_{n=1}^{\infty} \parallel \mid A \mid^{\frac{1}{2}} V^* U \varphi_n \parallel^2 \leqslant \mathrm{tr} \mid A \mid , \qquad (\text{II})$$

同样能证明后一项不大于 $\mathrm{tr} \mid B \mid$，于是

$$\mathrm{tr}(\mid A + B \mid) = \sum_{n=1}^{\infty} (\mid A + B \mid \varphi_n, \varphi_n) \leqslant \mathrm{tr} \mid A \mid + \mathrm{tr} \mid B \mid ,$$

即 $A + B \in \Phi_1$.

为证（II）式，只需要证

$$\mathrm{tr}(U^* V \mid A \mid V^* U) \leqslant \mathrm{tr} \mid A \mid .$$

选择规范正交基 $\{\varphi_n\}$，使得 φ_n 在 $\ker U$ 或 $(\ker U)^{\perp}$ 中，并将 $\{\varphi_n\}$ 扩充成规范正交基 $\{\varphi_n\} \bigcup \{\psi_m\}$，则有

$$\begin{aligned}
\mathrm{tr}(U^* (V \mid A \mid V^*) U) &= \sum_{n=1}^{\infty} (U^* (V \mid A \mid V^*) U \varphi_n, \varphi_n) \\
&= \sum_{n=1}^{\infty} ((V \mid A \mid V^*) U \varphi_n, U \varphi_n) \\
&\leqslant \sum_{n=1}^{\infty} ((V \mid A \mid V^*) U \varphi_n, U \varphi_n) + \sum_{m=1}^{\infty} ((V \mid A \mid V^*) \psi_m, \psi) \\
&= \mathrm{tr}(V \mid A \mid V^*).
\end{aligned}$$

选择规范正交基 $\{\tilde{\psi}_n\}$，使得 $\tilde{\psi}_n, n = 1, 2, \cdots$ 在 $\ker V^*$ 或 $(\ker V^*)^{\perp}$ 中，与上面同样方法可以得到

$$\mathrm{tr}(V \mid A \mid V^*) \leqslant \mathrm{tr} \mid A \mid ,$$

所以（II）式成立.

(2) ① 设 $B \in B(H)$，则 B 可表示为 4 个酉算子的线性组合.

事实上，因为

$$B = \frac{1}{2} (B + B^*) + \frac{1}{2\mathrm{i}} (\mathrm{i}(B - B^*)),$$

而 $B + B^*, \mathrm{i}(B - B^*)$ 为自伴算子，所以 B 可表示为两个自伴算子的线性组合. 又对于每个自伴算子 A（不妨设 $\parallel A \parallel \leqslant 1$），$A \pm \mathrm{i} \sqrt{I - A^2}$ 为酉算子，且

$$A = \frac{1}{2} (A + \mathrm{i} \sqrt{I - A^2}) + \frac{1}{2} (A - \mathrm{i} \sqrt{I - A^2}),$$

所以 B 可表示为 4 个酉算子的线性组合.

② 若 $A \in \Phi_1, B \in B(H)$，则 $AB, BA \in \Phi_1$.

事实上，由①，只需证对于任意酉算子 U，有 $UA, AU \in \Phi_1$ 即可. 而 $\mid UA \mid = \mid A \mid$，所以 $UA \in \Phi_1$.

因为 $|AU|=|U^{-1}AU|$，所以可设 V,V_1 为部分等距算子，使得

$$|U^{-1}AU|=V^*(U^{-1}AU)，\quad A=V_1|A|，$$

又设 $\{\varphi_n\}$ 为 H 的规范正交基，则

$$\sum_{n=1}^{\infty}(|U^{-1}AU|\varphi_n,\varphi_n)=\sum_{n=1}^{\infty}(V^*(U^{-1}AU)\varphi_n,\varphi_n)$$

$$=\sum_{n=1}^{\infty}(|A|U\varphi_n,V_1^*UV\varphi_n)$$

$$=\sum_{n=1}^{\infty}(|A|^{\frac{1}{2}}U\varphi_n,|A|^{\frac{1}{2}}V_1^*UV\varphi_n)$$

$$\leqslant(\mathrm{tr}\,|A|)^{\frac{1}{2}}\Big(\sum_{n=1}^{\infty}\||A|^{\frac{1}{2}}V_1^*UV\varphi_n\|^2\Big)^{\frac{1}{2}}.$$

同(1)的证明可得

$$\Big(\sum_{n=1}^{\infty}\||A|^{\frac{1}{2}}V_1^*UV\varphi_n\|^2\Big)^{\frac{1}{2}}\leqslant(\mathrm{tr}\,|A|)^{\frac{1}{2}},$$

所以 $AU\in\Phi_1$.

（3）设 $A=U|A|,A^*=V|A^*|$ 分别为 A 与 A^* 的极分解，则

$$|A^*|=V^*A^*=V^*(U|A|)^*=V^*|A|^*U^*=V^*|A|U^*，$$

由(2)得 $|A^*|\in\Phi_1$，所以 $A^*=V|A^*|\in\Phi_1$. □

定理 5.6.4　在 Φ_1 上定义范数

$$\|A\|_1=\mathrm{tr}\,|A|，$$

则 $(\Phi_1,\|\cdot\|_1)$ 为 Banach 空间，且 $\|A\|\leqslant\|A\|_1$.

证明　（1）$\|A\|\leqslant\|A\|_1$.

因为

$$\|A\|=\sup_{\|\varphi\|=1}\|A\varphi\|=\sup_{\|\varphi\|=1}(A^*A\varphi,\varphi)^{\frac{1}{2}}$$

$$=\sup_{\|\varphi\|=1}\||A|\varphi\|=\||A|\|=\sup_{\|\varphi\|=1}(|A|\varphi,\varphi)，$$

所以对任意 $\varepsilon>0$，存在 φ_0，$\|\varphi_0\|=1$，使得

$$(|A|\varphi_0,\varphi_0)\geqslant\|A\|-\varepsilon.$$

将 $\{\varphi_0\}$ 扩充成 H 的规范正交基 $\{\varphi_n\}_{n=0}^{\infty}$，则

$$\mathrm{tr}\,|A|=\sum_{n=0}^{\infty}(|A|\varphi_n,\varphi_n)\geqslant(|A|\varphi_0,\varphi_0)\geqslant\|A\|-\varepsilon，$$

由 ε 的任意性知 $\mathrm{tr}\,|A|\geqslant\|A\|$，即 $\|A\|\leqslant\|A\|_1$.

（2）显然 $\|\cdot\|_1$ 为范数.

（3）完备性.

设 $\{A_n\}$ 为 $\|\cdot\|_1$-Cauchy 列，又因为 $\|A_m-A_n\|\leqslant\|A_m-A_n\|_1$，所以 $\{A_n\}$ 为 $\|\cdot\|$-Cauchy 列. 从而，存在 $A\in B(H)$，使得 $A_n\xrightarrow{\|\cdot\|}A$.

下证 $A \in \Phi_1$ 且 $A_n \xrightarrow{\|\cdot\|_1} A$.

设 $\{\varphi_m\}$ 为 H 的规范正交基,因为 $\{A_n\}$ 为 $\|\cdot\|_1$-Cauchy 列,故对任意 $\varepsilon > 0$,存在 $K > 0$,对任意 $n > K, p \in \mathbf{N}^*$,

$$\text{tr} |A_n - A_{n+p}| = \sum_{m=1}^{\infty} (|A_n - A_{n+p}| \varphi_m, \varphi_m) < \varepsilon, \tag{III}$$

自然,$\forall N \in \mathbf{N}^*$,

$$\sum_{m=1}^{N} (|A_n - A_{n+p}| \varphi_m, \varphi_m) < \varepsilon,$$

从而令 $p \to \infty$,有

$$\sum_{m=1}^{N} (|A_n - A| \varphi_m, \varphi_m) \leqslant \varepsilon,$$

再令 $N \to \infty$,有

$$\text{tr} |A_n - A| = \sum_{m=1}^{\infty} (|A_n - A| \varphi_m, \varphi_m) \leqslant \varepsilon,$$

所以 $A_n - A \in \Phi_1$. 由 Φ_1 的线性知

$$(A - A_n) + A_n = A \in \Phi_1,$$

而且 $A_n \xrightarrow{\|\cdot\|_1} A$. $\qquad\qquad\qquad\qquad\qquad\qquad\qquad\qquad\qquad\square$

定理 5.6.5 (1) 若 $A \in \Phi_1$,则 A 是紧算子;

(2) 紧算子 $A \in \Phi_1$ 的充要条件是

$$\sum_{n=1}^{\infty} \lambda_n < +\infty,$$

其中 λ_n 为 $A^* A$ 非零特征值的算术平方根,由谱映射定理,$\lambda_n (n=1,2,\cdots)$ 为 $|A|$ 的非零特征值,即 A 的奇异值.

证明 (1) 因为 $A \in \Phi_1$,所以 $|A|^2 \in \Phi_1$,从而对于 H 的任意规范正交基 $\{\varphi_n\}$ 有

$$\text{tr} |A|^2 = \sum_{n=1}^{\infty} \|A\varphi_n\|^2 < +\infty,$$

所以,$\forall \varepsilon > 0$,存在 $K \in \mathbf{N}^*, \forall N \geqslant K$,

$$\text{tr} |A|^2 - \sum_{n=1}^{N} \|A\varphi_n\|^2 < \varepsilon^2. \tag{IV}$$

对上述 N,设

$$H_N = \text{span}\{\varphi_1, \cdots, \varphi_N\},$$

则

$$H = H_N \oplus H_N^{\perp}.$$

设 $\psi \in H_N^{\perp}$ 且 $\|\psi\| = 1$. 因为 $\{\varphi_1, \varphi_2, \cdots, \varphi_N, \psi\}$ 可以扩充成另一个完备正交基

$$\{\varphi_1, \varphi_2, \cdots, \varphi_N, \psi\} \bigcup \{\tilde{\varphi}_m\},$$

所以,既然 $\mathrm{tr}\,|A|^2$ 与规范正交基选择无关,它又可以写成关于这一新的规范正交基的形式,即

$$\mathrm{tr}\,|A|^2 = \sum_{n=1}^{N} \|A\varphi_n\|^2 + \|A\psi\|^2 + \sum_{m=1}^{\infty} \|A\tilde{\varphi}_m\|^2, \qquad (\mathrm{V})$$

于是,由(V)式和(IV)式,当 $N \geqslant K$ 时,$\forall \psi \in H_N^{\perp}$ 且 $\|\psi\| = 1$,有

$$\left\|A\Big|_{H_N^{\perp}}\psi\right\|^2 = \|A\psi\|^2 \leqslant \mathrm{tr}\,|A|^2 - \sum_{n=1}^{N} \|A\varphi_n\|^2 - \sum_{m=1}^{\infty} \|A\tilde{\varphi}_m\|^2$$

$$\leqslant \mathrm{tr}\,|A|^2 - \sum_{n=1}^{N} \|A\varphi_n\|^2 < \varepsilon^2,$$

因而

$$\left\|A\Big|_{H_N^{\perp}}\right\| = \sup_{\psi \in H_N^{\perp}, \|\psi\| = 1} \|A\psi\| \leqslant \varepsilon.$$

定义

$$A_N\varphi = \sum_{n=1}^{N} (\varphi, \varphi_n) A\varphi_n,$$

则 A_N 为有限秩算子,且

$$A_N\Big|_{H_N^{\perp}} = 0,$$

所以 $\forall \varphi \in H$,若

$$\varphi = \hat{\varphi} + \psi, \quad \hat{\varphi} \in H_N, \psi \in H_N^{\perp},$$

则

$$(A - A_N)\varphi = A\psi.$$

于是,当 $N \geqslant K$ 时,

$$\|A - A_N\| = \sup_{\varphi \in H, \|\varphi\| = 1} \|(A - A_N)\varphi\| = \sup_{\varphi \in H, \|\varphi\| \leqslant 1} \|(A - A_N)\varphi\|$$

$$= \sup_{\psi \in H_N^{\perp}, \|\psi\| \leqslant 1} \|A\psi\| = \left\|A\Big|_{H_N^{\perp}}\right\| \leqslant \varepsilon,$$

即 $A_N \xrightarrow{\|\cdot\|} A$,所以 A 为紧算子.

(2) 设 A 为紧算子,由定理 3.3.3,存在 $\{\lambda_n\}_{n=1}^{\infty}$,使得

$$A\psi = \sum_{n=1}^{\infty} \lambda_n (\psi, \psi_n) \varphi_n,$$

其中 $\{\psi_n\}$ 为 A^*A 的非零特征值所对应的特征向量构成的规范正交集,$\varphi_n = \dfrac{A\psi_n}{\lambda_n}$ ($\{\varphi_n\}$ 也为规范正交集). 由谱分解和谱映射定理可得 $|A|\psi_n = \lambda_n\psi_n$,于是

$$\mathrm{tr}\,|A| = \sum_{n=1}^{\infty} (|A|\psi_n, \psi_n) = \sum_{n=1}^{\infty} \lambda_n$$

（注意：$\{\psi_n\}$ 是规范正交集，但不完备，需补上紧自伴算子 $|A|$ 的零空间的规范正交基元素才是整个空间的规范正交基. 但补上的这些元素 $|A|$ 作用上去都为 0，所以对于 tr$|A|$ 来说，补或不补都是上述和），所以

$$A \in \Phi_1 \Longleftrightarrow \sum_{n=1}^{\infty} \lambda_n < +\infty. \qquad \square$$

推论 5.6.1　有限秩算子在 Φ_1 中按 $\|\cdot\|_1$-稠.

3）Hilbert-Schmidt 算子

定义 5.6.4　$A \in B(H)$ 称为 Hilbert-Schmidt 算子，如果 tr$(A^*A) < +\infty$. 全体 Hilbert-Schmidt 算子的集合记为 Φ_2.

定理 5.6.6　（1）Φ_2 为 $*$-理想；

（2）若 $A,B \in \Phi_2$，则对于任意规范正交基 $\{\varphi_n\}$，$\sum\limits_{n=1}^{\infty}(B^*A\varphi_n,\varphi_n)$ 绝对收敛，其和记为 $(A,B)_2$，且和与规范正交基的选择无关；

（3）对任意 $A \in \Phi_2$，令

$$\|A\|_2 = \sqrt{(A,A)_2} = (\mathrm{tr}(A^*A))^{\frac{1}{2}},$$

则

$$\|A\| \leqslant \|A\|_2 \leqslant \|A\|_1 \quad 且 \quad \|A\|_2 = \|A^*\|_2;$$

（4）Φ_2 按内积 $(\cdot,\cdot)_2$ 构成 Hilbert 空间；

（5）若 $A \in \Phi_2$，则 A 是紧算子，而一个紧算子 $A \in \Phi_2$ 的充要条件是

$$\sum_{n=1}^{\infty} \lambda_n^2 < +\infty,$$

其中 $\lambda_n(n=1,2,\cdots)$ 为 A 的奇异值，即定理 5.3.2 所给的 $|A|$ 的非零特征值；

（6）有限秩算子在 Φ_2 中 $\|\cdot\|_2$ 稠；

（7）$A \in \Phi_2$ 的充要条件是存在规范正交基，使得 $\{\|A\varphi_n\|\} \in l_2$，即

$$\sum_{n=1}^{\infty}(A^*A\varphi_n,\varphi_n) < +\infty;$$

（8）$A \in \Phi_1$ 的充要条件是存在 $B,C \in \Phi_2$，使得 $A=BC$.

证明　（1）利用极分解可证 $A \in \Phi_2 \Rightarrow A^* \in \Phi_2$.

事实上，若 $A = U|A|$，则

$$(AA^*\varphi,\varphi) = (U|A|^2U^*\varphi,\varphi) = (|A|^2U^*\varphi,U^*\varphi),$$

所以，若 $\{\varphi_n\}$ 是一组规范正交基，φ_n 在 ker U^* 或 $(\mathrm{ker}\,U^*)^{\perp}$ 中，将 $\{U^*\varphi_n\}$ 扩充成规范正交基 $\{U^*\varphi_n\} \bigcup \{\psi_m\}$，则

$$\sum_{n=1}^{\infty}(AA^*\varphi_n,\varphi_n) = \sum_{n=1}^{\infty}(A^*AU^*\varphi_n,U^*\varphi_n)$$

$$\leqslant \sum_{n=1}^{\infty}(A^*AU^*\varphi_n, U^*\varphi_n) + \sum_m (A^*A\psi_m, \psi_m)$$
$$= \operatorname{tr}(A^*A) < +\infty.$$

设 $A\in\Phi_2, B\in B(H)$,则

$$\sum_{n=1}^{\infty}\|BA\varphi_n\|^2 \leqslant \|B\|^2 \sum_{n=1}^{\infty}\|A\varphi_n\|^2,$$

所以 $BA\in\Phi_2$. 同理 $AB\in\Phi_2$.

因为

$$(A+B)^*(A+B)=A^*A+A^*B+B^*B+B^*A,$$

所以,若 $A,B\in\Phi_2$ 则 $A+B\in\Phi_2$.

$\forall\lambda\in\mathbf{C},\lambda A\in\Phi_2$,显然成立.

所以,Φ_2 为一线性子空间.

(2) 设 $\{\varphi_n\}$ 为 H 的一组规范正交基,则

$$\sum_{n=1}^{\infty}|(B^*A\varphi_n, \varphi_n)| = \sum_{n=1}^{\infty}|(A\varphi_n, B\varphi_n)| \leqslant \sum_{n=1}^{\infty}\|A\varphi_n\|\|B\varphi_n\|$$
$$\leqslant \Big(\sum_{n=1}^{\infty}\|A\varphi_n\|^2\Big)^{\frac{1}{2}}\Big(\sum_{n=1}^{\infty}\|B\varphi_n\|^2\Big)^{\frac{1}{2}},$$

所以 $\sum_{n=1}^{\infty}(B^*A\varphi_n, \varphi_n)$ 绝对收敛. 令

$$(A,A)_2(\varphi) = \sum_{n=1}^{\infty}(A\varphi_n, A\varphi_n),$$

同 Φ_1 一样可证 $(A,A)_2(\varphi)$ 与 $\{\varphi_n\}$ 选择无关,记为 $(A,A)_2$. 而对任意 $A,B\in\Phi_2$,令

$$(A,B)_2(\varphi) = \sum_{n=1}^{\infty}(A\varphi_n, B\varphi_n),$$

则 $(A,B)_2(\varphi)$ 满足极化恒等式,即

$$(A,B)(\varphi) = \frac{1}{4}\sum_{k=0}^{3}\mathrm{i}^k(A+\mathrm{i}^kB, A+\mathrm{i}^kB)(\varphi).$$

因而它也与 $\{\varphi_n\}$ 选择无关.

(3) 设 $\|\psi\|=1, \{\varphi_n\}$ 为 H 的由 A^*A 的特征向量构成的规范正交基,则

$$\|A\psi\| = \Big\|\sum_{n=1}^{\infty}(\psi, \varphi_n)A\varphi_n\Big\| \leqslant \Big(\sum_{n=1}^{\infty}|(\psi, \varphi_n)|^2\Big)^{\frac{1}{2}}\Big(\sum_{n=1}^{\infty}\|A\varphi_n\|^2\Big)^{\frac{1}{2}} = \|A\|_2,$$

所以

$$\|A\| \leqslant \|A\|_2,$$

$$\|A\|_2 = \Big(\sum_{n=1}^{\infty}\|A\varphi_n\|^2\Big)^{\frac{1}{2}} = \Big(\sum_{n=1}^{\infty}(A^*A\varphi_n, \varphi_n)\Big)^{\frac{1}{2}} = \Big(\sum_{n=1}^{\infty}\||A|\varphi_n\|^2\Big)^{\frac{1}{2}}$$

$$\leqslant \||A|^{\frac{1}{2}}\|\Big(\sum_{n=1}^{\infty}\||A|^{\frac{1}{2}}\varphi_n\|^2\Big)^{\frac{1}{2}} = \||A|\|^{\frac{1}{2}}\|A\|_1^{\frac{1}{2}} \leqslant \|A\|_1.$$

（4）显然$(\cdot,\cdot)_2$为内积.

设$\{A_n\}$为$\|\cdot\|_2$-Cauchy列,同定理5.6.4可证$A_n \xrightarrow{\|\cdot\|_2} A\in\Phi_2$,所以$\Phi_2$完备.

（5）对任意$\varphi\in H$,令

$$A_N\varphi = \sum_{n=1}^{N}(\varphi,\varphi_n)A\varphi_n,$$

则A_N为$\|\cdot\|_2$-Cauchy列,则$A_N\to A$（证法同定理5.6.5）,所以A紧.

反之,设A紧,λ_n^2为A^*A的特征值,$\{\varphi_n\}$为相应的特征向量所组成的规范正交基,则

$$\sum_{n=1}^{\infty}(A^*A\varphi_n,\varphi_n) = \sum_{n=1}^{\infty}\lambda_n^2,$$

所以

$$A\in\Phi_2 \Longleftrightarrow \sum_{n=1}^{\infty}\lambda_n^2 < +\infty.$$

（6）显然.

（7）即（5）.

（8）（$\Rightarrow$）$A\in\Phi_1$,$A=(U|A|^{\frac{1}{2}})(|A|^{\frac{1}{2}})$,其中$U$的部分算子$U|A|^{\frac{1}{2}}$,$|A|^{\frac{1}{2}}\in\Phi_2$.

（$\Leftarrow$）设$A=BC$,$B,C\in\Phi_2$且$A=U|A|$,则

$$\sum_{n=1}^{\infty}(\varphi_n,|A|\varphi_n) = \sum_{n=1}^{\infty}(U\varphi_n,BC\varphi_n) \leqslant \sum_{n=1}^{\infty}\|B^*U\varphi_n\|\|C\varphi_n\|$$
$$\leqslant \Big(\sum_{n=1}^{\infty}\|B^*U\varphi_n\|^2\Big)^{\frac{1}{2}}\Big(\sum_{n=1}^{\infty}\|C\varphi_n\|^2\Big)^{\frac{1}{2}} < +\infty,$$

即$A\in\Phi_1$. □

定理5.6.7 设$\langle M,\mu\rangle$为测度空间,$H=L^2(M,\mathrm{d}\mu)$,则$A\in B(H)$为Hilbert-Schmidt算子的充要条件是存在$k\in L^2(M\times M,\mathrm{d}\mu\otimes\mathrm{d}\mu)$,使得

$$(Af)(x) = \int_M k(x,y)f(y)\mathrm{d}\mu(y),$$

且

$$\|A\|_2^2 = \int_{M\times M}|k(x,y)|^2\mathrm{d}\mu(x)\mathrm{d}\mu(y).$$

证明 设$k\in L^2(M\times M,\mathrm{d}\mu(x)\otimes\mathrm{d}\mu(y))$,相应的积分算子记为$A_k$,则
$$\|A_k\| \leqslant \|k\|_{L^2}.$$

设$\{\varphi_n\}$为$L^2(M,\mathrm{d}\mu)$的规范正交基,则$\{\varphi_n(x)\overline{\varphi_m(y)}\}_{n,m}$为$L^2(M\times M,\mathrm{d}\mu\otimes\mathrm{d}\mu)$的规范正交基,于是

$$k = \sum_{n,m=1}^{\infty}a_{n,m}\varphi_n(x)\overline{\varphi_m(y)}.$$

令

$$k_N = \sum_{n,m=1}^{N} a_{n,m} \varphi_n(x) \overline{\varphi_m(y)},$$

则 k_N 为有限秩算子 A_{k_N} 的积分核,这时

$$A_{k_N} = \sum_{n,m=1}^{N} a_{n,m}(\cdot, \varphi_m)\varphi_n,$$

因为 $\|k_N - k\|_{L^2} \to 0 (N \to \infty)$,所以

$$\|A_k - A_{k_N}\| \leqslant \|k_N - k\|_{L^2} \to 0, \quad n \to \infty,$$

于是 A_k 为紧算子. 而

$$\operatorname{tr}(A_k^* A_k) = \sum_{n=1}^{\infty} \|A_k \varphi_n\|^2 = \sum_{n,m=1}^{\infty} |a_{n,m}|^2 = \|k\|_{L^2}^2,$$

所以 $A_k \in \Phi_2$ 且 $\|A_k\|_2 = \|k\|_{L^2}$. 从而 $k \to A_k$ 为 $L^2(M \times M, \mathrm{d}\mu \otimes \mathrm{d}\mu)$ 到 Φ_2 的等距算子,其值域闭,而有限秩算子在 Φ_2 中稠,所以映射 $k \mapsto A_k$ 的值域为 Φ_2,于是

$$\Phi_2 \cong L^2(M \times M, \mathrm{d}\mu \otimes \mathrm{d}\mu).$$ □

定理 5.6.8　设 $A \in \Phi_1$,$\{\varphi_n\}$ 为 H 的规范正交基,那么 $\sum_{n=1}^{\infty}(A\varphi_n, \varphi_n)$ 绝对收敛,且其和与 $\{\varphi_n\}$ 的选择无关.

证明　设 A 有极分解,即 $A = U|A| = U|A|^{\frac{1}{2}}|A|^{\frac{1}{2}}$,则

$$|(A\varphi_n, \varphi_n)| \leqslant \||A|^{\frac{1}{2}}\varphi_n\| \cdot \||A|^{\frac{1}{2}}U^*\varphi_n\|,$$

于是

$$\sum_{n=1}^{\infty} |(A\varphi_n, \varphi_n)| \leqslant \left(\sum_{n=1}^{\infty} \||A|^{\frac{1}{2}}\varphi_n\|^2\right)^{\frac{1}{2}} \left(\sum_{n=1}^{\infty} \||A|^{\frac{1}{2}}U^*\varphi_n\|^2\right)^{\frac{1}{2}},$$

而 $|A|^{\frac{1}{2}}U^*, |A|^{\frac{1}{2}} \in \Phi_2$,所以上述和收敛,从而 $\sum_{n=1}^{\infty}(A\varphi_n, \varphi_n)$ 绝对收敛.

设 $\{\psi_n\}$ 为 H 的另一规范正交基,则有

$$\sum_{n=1}^{\infty}(A\varphi_n, \varphi_n) = \sum_{n=1}^{\infty}\left(\sum_{m=1}^{\infty}(\varphi_n, \psi_m)A\psi_m, \varphi_n\right)$$

$$= \sum_{n=1}^{\infty}\sum_{m=1}^{\infty}(\varphi_n, \psi_m)(A\psi_m, \varphi_n)$$

$$= \sum_{m=1}^{\infty}\left(A\psi_m, \sum_{n=1}^{\infty}(\psi_m, \varphi_n)\varphi_n\right)$$

$$= \sum_{m=1}^{\infty}(A\psi_m, \psi_m),$$

所以和式与规范正交基的选择无关. □

4）迹追映射

定义 5.6.5　映射 $\operatorname{tr}: \Phi_1 \to \mathbf{C}$, $\operatorname{tr}A = \sum_{n=1}^{\infty}(A\varphi_n, \varphi_n)$,称为迹追映射,这里 $\{\varphi_n\}$

为一规范正交基.

定理 5.6.9 (1) tr($\cdot$)为线性映射;

(2) $\mathrm{tr}A^* = \overline{\mathrm{tr}A}$;

(3) $\mathrm{tr}AB = \mathrm{tr}BA$, $\forall A \in \varphi_1$, $B \in B(H)$.

证明 (1)和(2)显然,对于(3),只需证 B 为酉算子情形.

这时,若$\{\varphi_n\}$为规范正交基,令 $\psi_n = B\varphi_n$, $n=1,2,\cdots$,则$\{\psi_n\}$仍为规范正交基. 所以

$$\mathrm{tr}AB = \sum_{n=1}^{\infty}(AB\varphi_n, \varphi_n) = \sum_{n=1}^{\infty}(A\psi_n, B^*\psi_n) = \sum_{n=1}^{\infty}(BA\psi_n, \psi_n)$$
$$= \mathrm{tr}BA. \qquad \square$$

定理 5.6.10 (1) $\Phi_1 = (C(H))^*$,即 $A \mapsto \mathrm{tr}(A \cdot)$ 为 Φ_1 到$(C(H))^*$ 的等距同构,其中 $C(H)$ 为 H 上紧算子全体;

(2) $B(H) = \Phi_1^*$,即 $B \mapsto \mathrm{tr}(B \cdot)$ 为 $B(H)$ 到 Φ_1^* 的等距同构.

证明 (1) $\forall \varphi, \psi \in H$,定义算子

$$P_{\varphi,\psi}\eta = (\eta, \psi)\varphi, \qquad \forall \eta \in H,$$

则 $P_{\varphi,\psi}$ 是秩为 1 的算子,因而是紧算子,且

$$\|P_{\varphi,\psi}\| \leqslant \|\varphi\|\|\psi\|,$$

$P_{\varphi,\psi}$ 关于 φ 线性,关于 ψ 共轭线性. 这类算子的线性扩张

$$\mathrm{span}\{P_{\varphi,\psi} \mid \varphi, \psi \in H\}$$

在 $C(H)$ 中稠.

(2) $\forall f \in (C(H))^*$,$f(P_{\varphi,\psi})$ 为关于 φ, ψ 的二次型,且

$$|f(P_{\varphi,\psi})| \leqslant \|f\|\|P_{\varphi,\psi}\| \leqslant \|f\|\|\varphi\|\|\psi\|,$$

即 $f(P_{\varphi,\psi})$ 为有界二次型,由二次型表示定理,存在 $B \in B(H)$ 使得

$$(B\varphi, \psi) = f(P_{\varphi,\psi}). \qquad (\text{Ⅵ})$$

下证 $B \in \Phi_1$.

设 $B = U|B|$ 为 B 的极分解,则 $|B| = U^*B$. 如果$\{\varphi_n\}$为 H 的一组规范正交基,则 $\forall N \in \mathbf{N}^*$ 有

$$\sum_{n=1}^{N}(|B|\varphi_n, \varphi_n) = \sum_{n=1}^{N}(B\varphi_n, U\varphi_n) = f\left(\sum_{n=1}^{N}P_{\varphi_n, U\varphi_n}\right)$$
$$\leqslant \|f\|\left\|\sum_{n=1}^{N}P_{\varphi_n, U\varphi_n}\right\|,$$

下面来估计 $\left\|\sum_{n=1}^{N}P_{\varphi_n, U\varphi_n}\right\|$.

$\forall \varphi \in H$, $\forall N \in \mathbf{N}^*$,

$$\left\|\sum_{n=1}^{N}P_{\varphi_n, U\varphi_n}\varphi\right\|^2 = \left\|\sum_{n=1}^{N}(\varphi, U\varphi_n)\varphi_n\right\|^2 = \sum_{n=1}^{N}|(\varphi, U\varphi_n)|^2$$

$$= \sum_{n=1}^{N} |(U^*\varphi, \varphi_n)|^2 \leqslant \|U^*\varphi\|^2 \leqslant \|\varphi\|^2,$$

所以

$$\Big\| \sum_{n=1}^{N} P_{\varphi_n, U\varphi_n} \Big\| \leqslant 1,$$

于是

$$\mathrm{tr}\,|B| = \sum_{n=1}^{\infty} (|B|\varphi_n, \varphi_n) \leqslant \|f\|.$$

这就是说,$\forall f \in (C(H))^*$,存在 $B \in \Phi_1$ 使得

$$\|B\|_1 \leqslant \|f\|.$$

再来看看 B 与 f 作为线性泛函是怎样作用的,先看一个紧算子如何表示成秩 1 算子的级数. $\forall A \in C(H)$,存在规范正交集 $\{\psi_n\}$,

$$\Big\{ \varphi_n \Big| \varphi_n = \frac{1}{\lambda_n} A\psi_n, \text{其中 } \lambda_n (n=1,2,\cdots) \text{ 为 } A \text{ 的奇异值} \Big\},$$

使得

$$A\varphi = \sum_{n=1}^{\infty} \lambda_n (\varphi, \psi_n) \varphi_n, \quad \forall \varphi \in H,$$

即

$$A = \sum_{n=1}^{\infty} \lambda_n (\cdot, \psi_n) \varphi_n = \sum_{n=1}^{\infty} \lambda_n P_{\varphi_n, \psi_n},$$

所以

$$f(A) = \sum_{n=1}^{\infty} \lambda_n f(P_{\varphi_n, \psi_n}) = \sum_{n=1}^{\infty} \lambda_n (B\varphi_n, \psi_n)$$

$$= \sum_{n=1}^{\infty} (BA\psi_n, \psi_n) = \mathrm{tr} BA.$$

(3) 反之,$\forall B \in \Phi_1$,记

$$f(A) = \mathrm{tr} BA = \mathrm{tr} AB = \sum_{n=1}^{\infty} (BA\varphi_n, \varphi_n), \quad \forall A \in C(H),$$

其中 $\{\varphi_n\}$ 为 H 的规范正交基,则

$$f(P_{\varphi, \psi}) = \mathrm{tr} BP_{\varphi, \psi} = \sum_{n=1}^{\infty} (BP_{\varphi, \psi}\varphi_n, \varphi_n)$$

$$= \sum_{n=1}^{\infty} ((\varphi_n, \psi)\varphi, B^*\varphi_n) = \sum_{n=1}^{\infty} (\varphi_n, \psi)(B\varphi, \varphi_n)$$

$$= \sum_{n=1}^{\infty} ((B\varphi, \varphi_n)\varphi_n, \psi) = (B\varphi, \psi).$$

由表示的唯一性,B 正是 f 按(VI)式所决定的有界算子,所以 $(C(H))^*$ 与 $B(H)$ 一一对应.

下证 $\parallel f \parallel \leqslant \parallel B \parallel_1$.

$\forall A \in C(H)$,

$$|f(A)| = |\,\mathrm{tr}BA\,| = \Big| \sum_{n=1}^{\infty}(BA\varphi_n, \varphi_n) \Big|$$

$$= \Big| \sum_{n=1}^{\infty}(\,|B|\,A\varphi_n, U^*\varphi_n\,| \quad (\text{其中 } B = U|B|)$$

$$\leqslant \Big(\sum_{n=1}^{\infty} \parallel |B|^{\frac{1}{2}}A\varphi_n \parallel^2 \Big)^{\frac{1}{2}} \Big(\sum_{n=1}^{\infty} \parallel |B|^{\frac{1}{2}}U^*\varphi_n \parallel^2 \Big)^{\frac{1}{2}}$$

$$\leqslant (\,\mathrm{tr}\,|B|\,)^{\frac{1}{2}} \Big(\sum_{n=1}^{\infty}(\,|B|\,A\varphi_n, A\varphi_n) \Big)^{\frac{1}{2}}$$

$$\leqslant \parallel B \parallel_1^{\frac{1}{2}} \Big(\sum_{n=1}^{\infty}(\,|B|\,V\,|A|\,\varphi_n, V\,|A|\,\varphi_n) \Big)^{\frac{1}{2}},$$

其中 $A = V|A|$ 为 A 的极分解. 如果将 $\{\varphi_n\}$ 取成 $|A|^2$ 或 $|A|$ 的特征向量列构成的规范正交基, 则

$$|f(A)| \leqslant \parallel B \parallel_1^{\frac{1}{2}} \Big(\sum_{n=1}^{\infty} \lambda_n^2 (\,|B|\,V\varphi_n, V\varphi_n) \Big)^{\frac{1}{2}}$$

$$\leqslant \parallel A \parallel \parallel B \parallel_1 \quad (0 \leqslant \lambda_n \leqslant \parallel A \parallel),$$

从而

$$\parallel f \parallel \leqslant \parallel B \parallel_1.$$

于是 $\parallel f \parallel = \parallel B \parallel_1$, $\Phi_1 = (C(H))^*$.

(4) 再证明 $\Phi_1^* = B(H)$.

$\forall g \in \Phi_1^*$, $\forall \varphi, \psi \in H$, 同样的道理, 因为 $g(P_{\varphi, \psi})$ 为有界二次型, 所以存在唯一的 $B \in B(H)$ 使得

$$(B\varphi, \psi) = g(P_{\varphi, \psi}).$$

$\forall A \in \Phi_1$, 由前一部分的证明, 如果将 $\{\varphi_n\}$ 取成 $|A|^2$ 或 $|A|$ 的特征向量列构成的规范正交基, 则

$$|g(A)| = |\,\mathrm{tr}BA\,| = \Big| \sum_{n=1}^{\infty}(BA\varphi_n, \varphi_n) \Big|$$

$$= \Big| \sum_{n=1}^{\infty}(U\,|A|\,\varphi_n, B^*\varphi_n) \Big| \quad (\text{其中 } A = U|A|)$$

$$\leqslant \sum_{n=1}^{\infty} \parallel U\,|A|\,\varphi_n \parallel \parallel B^*\varphi_n \parallel$$

$$= \parallel B \parallel \sum_{n=1}^{\infty} \parallel U\,|A|\,\varphi_n \parallel$$

$$= \parallel B \parallel \sum_{n=1}^{\infty} \lambda_n = \parallel B \parallel \parallel A \parallel_1,$$

即

$$\|g\| \leqslant \|B\|.$$

$\forall B \in B(H)$，存在唯一的 $g \in \Phi_1^*$ 使得

$$g(P_{\varphi,\psi}) = (B\varphi,\psi), \quad \forall \varphi,\psi \in H,$$

如果 $\|\varphi\| = \|\psi\| = 1$，则

$$\|P_{\varphi,\psi}\| \leqslant 1,$$

于是

$$\|B\| = \sup_{\|\varphi\| = \|\psi\| = 1} |(B\varphi,\psi)| = \sup_{\|\varphi\| = \|\psi\| = 1} |g(P_{\varphi,\psi})|$$

$$\leqslant \|g\|.$$

综上，$\|B\| = \|g\|$. □

习题 5

1. 设 A 为正定有界自伴算子，即 $(A\varphi,\varphi) \geqslant 0(\forall \varphi \in H)$，证明：

$$|(A\varphi,\psi)|^2 \leqslant (A\varphi,\varphi)(A\psi,\psi), \quad \forall \varphi,\psi \in H.$$

2. 若 $A \in B(H)$，$A \geqslant 0$，证明：$(I+A)^{-1}$ 有界.

3. 设 $A \in B(H)$，证明：$I+A^*A$ 存在有界逆.

4. 设 A 是 Hilbert 空间 H 上的一个自伴算子，$\lambda_0 \in \mathbf{R}$，且

$$\varphi_0(\lambda) = \begin{cases} 1, & \lambda \leqslant \lambda_0, \\ 0, & \lambda > \lambda_0. \end{cases}$$

证明：(1) $Q = I - \varphi_0(A)$ 和 $P = \varphi_0(A)$ 都是正交投影算子；

(2) 设 $B \in B(H)$，$B \geqslant 0$ 且 $BA = AB$，则 $0 \leqslant QB \leqslant B$.

5. 设 $A:L^2[0,1] \to L^2[0,1]$ 定义为 $(Ax)(t) = tx(t)$，证明 A 的平方根 B 是非负有界自伴算子，并求出它的非负平方根 B 的谱分解.

6. 已知 $\{P_n\}$ 为单调上升（下降）的子空间 M_n 上的正交投影算子列，试证明：$\underset{n \to \infty}{s\text{-}\lim} P_n$ 是子空间 $\bigcup_{n=1}^{\infty} M_n \left(\bigcap_{n=1}^{\infty} M_n \right)$ 上的投影算子.

7. 设 P 是正交投影算子，$M = \mathrm{Ran}P$，$N = \ker P$，证明：M 闭且 $M \oplus N = H$.

8. 设 P,Q 是正交投影算子，证明下述各条等价：

(1) $P \leqslant Q$；

(2) $\|P\varphi\| \leqslant \|Q\varphi\|$，$\forall \varphi \in H$；

(3) $\mathrm{Ran}P \subseteq \mathrm{Ran}Q$；

(4) $PQ = QP = P$.

9. 设 P 是正交投影算子，$M = \mathrm{Ran}P$，若 $\|P\varphi\| = \|\varphi\|$，证明：$P\varphi = \varphi$.

10. 设 P,Q 为正交投影算子，证明：$P - Q$ 为正交投影算子 $\Leftrightarrow P \geqslant Q$.

11. 设 U 是 Hilbert 空间 H 上的一个酉算子，P 是 H 上的一个投影算子，且

$Q=U^{-1}PU$,证明:Q 是投影算子.

12. 给出一个算子 $A:\mathbf{R}^2\to\mathbf{R}^2$,使得 A 是幂零算子但不是自伴的(于是 A 不是投影算子).

13. 给出 $\mathbf{R}^3\to\mathbf{R}^3$ 的两个投影算子 P_1,P_2,使得 $P_1P_2\neq P_1$ 且 $P_1P_2\neq P_2$.

14. (1) 类比定理 5.1.4,若 $P_1,P_2,\cdots,P_n$ 是 Hilbert 空间 H 上的投影算子,在何种条件下 $P=P_1+P_2+\cdots+P_n$ 也是 H 上的投影算子?

(2) 若已知上述 P 是一个投影算子,证明:
$$\|P_1\varphi\|^2+\|P_2\varphi\|^2+\cdots+\|P_n\varphi\|^2\leqslant\|\varphi\|^2,\quad\forall\varphi\in H.$$

15. 给出一个例子说明两个投影算子的和未必是投影算子.

16. 设 P,Q 分别为 H 到其闭子空间 M,N 的投影算子,且 $PQ=QP$,证明:
$$P+Q-PQ$$
是 H 到 $M+N$ 的投影.

17. 考虑实数 $\lambda_1<\lambda_2<\cdots<\lambda_n$ 和 Hilbert 空间 H 到 H 的 n 个两两正交的子空间上的投影 $P_1,P_2,\cdots,P_n$,假定 $P_1+P_2+\cdots+P_n=I$,证明 $\widetilde{P}_\lambda=\sum_{\lambda_k\leqslant\lambda}P_k$ 定义了一谱族,并列举相对应的算子 $A=\int_{m-0}^M\lambda\mathrm{d}\widetilde{P}_\lambda$ 的某些性质.

18. (1) 若算子 $A:\mathbf{R}^3\to\mathbf{R}^3$ 在一组规范正交基下可以表示为矩阵
$$\begin{bmatrix}0&1&0\\1&0&0\\0&0&1\end{bmatrix},$$
求其相应的谱族,并利用此结果对该算子证明:
$$A=\int_{m-0}^M\lambda\mathrm{d}P_\lambda.$$

(2) n 阶 Hermite 矩阵对应于什么样的谱族?试对这种情形证明:
$$A=\int_{m-0}^M\lambda\mathrm{d}P_\lambda.$$

19. 在推论 5.4.2 中,若算子 A 还是紧的,证明:其中算子 A 的积分表示此时可以表示为无穷级数或有限和形式.

20. 设 $H=l^2$,$\{e_n\}_{n=1}^\infty$ 为规范正交基,其中 $e_n=(0,\cdots,0,1,0,\cdots)$(即第 n 项为 1,其余为 0),$H_n=\{\alpha e_n|\alpha\in\mathbf{C}\}$,$P_n$ 为 H 到 H_n 的投影算子,$n=1,2,\cdots$. 算子 A 如下定义:
$$\mathscr{D}(A)=\left\{\varphi=(\xi_n)\,\Big|\,\sum_{n=1}^\infty|n\xi_n|^2<+\infty\right\},$$
$$A\varphi=(n\xi_n),\quad\forall\varphi\in\mathscr{D}(A),$$
则 $\mathrm{span}\{e_n\}_{n=1}^\infty\subset\mathscr{D}(A)$,所以 A 稠定.

(1) 证明：A 是自伴算子；

(2) 证明：$\sigma(A)=\sigma_p(A)=\mathbf{N}^*$；

(3) 令

$$P_\lambda=\begin{cases}0, & -\infty<\lambda<1, \\ \sum\limits_{j=1}^{[\lambda]}P_j, & 1\leqslant\lambda<+\infty,\end{cases}$$

证明：$\{P_\lambda\}_{\lambda\in\mathbf{R}}$ 是一个谱族；

(4) 证明：$\varphi\in\mathscr{D}(A)\Leftrightarrow\int_{-\infty}^{+\infty}|\lambda|^2\mathrm{d}\|P_\lambda\varphi\|^2<+\infty$；

(5) 证明：对任意 $\varphi\in\mathscr{D}(A)$，$A\varphi=\int_{-\infty}^{+\infty}\lambda\mathrm{d}P_\lambda$.

21. 若算子 $A:l^2\to l^2$ 定义为 $(a_1,a_2,a_3,\cdots)\mapsto(a_1/1,a_2/2,a_3/3,\cdots)$，求其谱族和谱分解.

22. 设线性算子 $A: l^2\to l^2$ 定义为 $A\varphi=\psi=(\eta_1,\eta_2,\cdots)$，其中 $\varphi=(\xi_1,\xi_2,\cdots)$，$\eta_i=\alpha_i\xi_i,i=1,2,\cdots$ 且 $\{\alpha_i\}$ 是有限区间 $[a,b]$ 中的序列，证明：其谱族定义为

$$(P_\lambda\varphi,\psi)=\sum_{\alpha_i\leqslant\lambda}\xi_i\bar{\eta}_i.$$

23. 设 $\{P_j\}_{j=1}^\infty$ 是 Hilbert 空间 H 上的一列正交投影算子，$H_j=\mathrm{Ran}(P_j)$ 且 $P_j\leqslant P_{j+1}$，证明：$\mathrm{s\text{-}}\lim\limits_{j\to\infty}P_j$ 存在且它是 H 到 $\overline{\bigcup_j H_j}$ 的正交投影.

24. (1) 设 $\{P_\lambda\}_{\lambda\in(-\infty,+\infty)}$ 是 H 上的一个谱族，证明：$\mathrm{s\text{-}}\lim\limits_{\lambda\to\lambda_0-0}P_\lambda$ 存在；若记上述极限为 P_{λ_0-0}，证明：$P_{\lambda_0-0}\leqslant P_{\lambda_0}$.

(2) 证明：$\{\lambda\,|\,P_{\lambda-0}\neq P_\lambda\}$ 是一个可数集.

25. 已知 $P,P_n(n=1,2,3,\cdots)$ 都是 Hilbert 空间 H 上的投影算子，证明：P_n 弱收敛于 P 当且仅当 P_n 强收敛于 P.

26. 设 A 是 Hilbert 空间 H 上的一个自伴算子，且 $(-\infty,\gamma)\bigcap\sigma(A)=\varnothing$，证明：$A\geqslant\gamma$.

27. 设 $(\Omega,\mathfrak{I},\mu)$ 是一测度空间，$H=L^2(\Omega,\mu)$，且 $h:\Omega\to\mathbf{R}$ 是一个 $\mathfrak{I}-$ 可测函数. 定义 $\Omega(\lambda)=\{t\in\Omega\,|\,h(t)\leqslant\lambda\}$ 且

$$(P_\lambda f)(t)=\chi_{\Omega(\lambda)}(t)\cdot f(t),\quad\forall\,t\in\Omega,\lambda\in\mathbf{R}.$$

证明：$\{P_\lambda\,|\,\lambda\in\mathbf{R}\}$ 是 Hilbert 空间 H 上的一个谱族.

28. 设 A 是 Hilbert 空间 H 上的自伴算子，若 $A\varphi=\lambda\varphi$，其中 $\lambda\in\mathbf{R},\varphi\in H$，证明：$f(A)\varphi=f(\lambda)\varphi$ 对任意 $f\in C(\mathbf{R})$ 都成立.

29. 设 A 是自伴算子，f 和 g 是 $\mathbf{R}$ 上的实值 Borel 函数，证明：
$$f(g(A))=(f\circ g)(A).$$

30. 设 A 是 Hilbert 空间 H 上的一个无界自伴算子,证明:存在 $\varphi \in \mathscr{D}(A)$ 使得 $\varphi \notin \mathscr{D}(A^2)$.

31. 证明:Hilbert 空间 H 上的自伴算子 P 是投影算子当且仅当
$$\sigma(P) \subset \{0,1\}.$$

32. 证明:对 Hilbert 空间 H 上的自伴算子 A,有
$$\| AR(z,A) \| \leqslant \frac{|z|}{|\mathrm{Im}z|}.$$

33. 设 A 是复 Hilbert 空间 H 的线性子空间 $\mathscr{D}(A)$ 到 H 中的自伴算子,B 是 H 中任何一个与 A 可交换的有界线性算子,若 $\{P_\lambda\}_{\lambda \in \mathbf{R}}$ 是 A 的谱族,证明:
$$BP_\lambda = P_\lambda B.$$

6 酉算子的谱族与谱分解

这一章,我们利用三角矩量思想和二次型表示给出酉算子的谱族与谱分解,并讨论酉算子的谱与谱族的关系;最后讲解自伴算子的 Cayley 变换,从而得到自伴算子谱族与其 Cayley 变换(酉算子)的谱的关系.

6.1 酉算子的谱分解

1) 酉算子的谱族

定理 6.1.1 设 U 为 Hilbert 空间 H 上的一个酉算子,则

(1) 存在 $[0,2\pi]$ 上唯一谱族 $\{P_\lambda\}_{\lambda \in [0,2\pi]}$ 使得

$$U^k = \int_0^{2\pi} e^{ik\lambda} dP_\lambda, \quad k=0,\pm 1,\pm 2,\cdots,$$

积分是函数 $e^{ik\lambda}$ 对 λ 关于谱族 $\{P_\lambda\}_{\lambda \in [0,2\pi]}$ 按算子范数收敛生成的 Riemann-Stieltjes 积分;

(2) U 与其谱族 $\{P_\lambda\}_{\lambda \in [0,2\pi]}$ 可交换;

(3) 一个有界算子 A 与 U 可交换的充要条件是 A 与 U 的谱族 $\{P_\lambda\}_{\lambda \in [0,2\pi]}$ 可交换,即

$$AP_\lambda = P_\lambda A, \quad \forall \lambda \in [0,2\pi].$$

证明 (1) ① $\forall \varphi \in H$,设

$$c_k = c_k(\varphi) = (U^k \varphi, \varphi), \quad k=0,\pm 1,\pm 2,\cdots,$$

则 $\{c_k \mid k=0,\pm 1,\pm 2,\cdots\}$ 为一列满足

$$c_{-k} = (U^{-k}\varphi,\varphi) = (\varphi, U^k\varphi) = \bar{c}_k$$

的正定数,即

$$\Phi_n(\lambda) = \sum_{k=-n}^{n} \left(1 - \frac{|k|}{n}\right) c_k e^{-ik\lambda} \geqslant 0, \quad \forall n \in \mathbf{N}, \forall \lambda \in [0,2\pi].$$

事实上,

$$\Phi_n(\lambda) = \sum_{k=-n}^{n} \left(1 - \frac{|k|}{n}\right) e^{-ik\lambda}(U^k\varphi,\varphi),$$

令

$$T_n = I + e^{-i\lambda}U + e^{-i2\lambda}U^2 + \cdots + e^{-i(n-1)\lambda}U^{n-1},$$

则

$$(T_n\varphi, T_n\varphi) = \sum_{r,s=0}^{n} e^{-i(s-r)\lambda}(U^s\varphi, U^r\varphi)$$

$$= \sum_{r,s=0}^{n} e^{-i(s-r)\lambda}(U^{s-r}\varphi, \varphi)$$

$$= \sum_{k=-(n-1)}^{n-1} (n-|k|)e^{-ik\lambda}(U^k\varphi, \varphi),$$

所以

$$\Phi_n(\lambda) = \frac{1}{n}(T_n\varphi, T_n\varphi) \geqslant 0.$$

② 谱族的构造.

由附录 1 中定理 1,存在唯一的规范化的单调增右连续函数 $\sigma(\lambda;\varphi)$ 使得

$$c_k = \int_0^{2\pi} e^{ik\lambda} d\sigma(\lambda;\varphi), \quad k = 0, \pm 1, \pm 2, \cdots,$$

再由附录 1 中定理 1 的证明,$\sigma(\lambda;\varphi)$ 是 $\Phi_n(\lambda)$ 的变上限积分的某子列的极限,而 $\Phi_n(\lambda)$ 实际上是关于 φ 的二次型,所以其极限 $\sigma(\lambda;\varphi)$ 关于 φ 也是二次型,我们把它记成 $\sigma(\lambda;\varphi,\varphi)$,即 $\sigma(\lambda;\varphi,\varphi)=\sigma(\lambda;\varphi)$. 可以定义 H 上满足极化恒等式的二次型

$$\sigma(\lambda;\varphi,\psi) = \sum_{j=0}^{3} i^j \sigma(\lambda;\varphi+i^j\psi, \varphi+i^j\psi), \quad \forall \varphi, \psi \in H,$$

且关于 λ 是有界变差函数(它是有界单调增函数的线性组合)

$$\int_0^{2\pi} e^{ik\lambda} d\sigma(\lambda;\varphi,\psi) = (U^k\varphi, \psi), \quad k = 0, \pm 1, \pm 2, \cdots.$$

利用单调增函数 $\sigma(\lambda;\varphi)$ 关于每个 φ 的唯一性,对于 $\sigma(\lambda;\varphi,\psi)$ 我们有如下性质:

1° 关于变元 φ 线性,即

$$\sigma(\lambda;\alpha_1\varphi_1+\alpha_2\varphi_2, \psi) = \alpha_1\sigma(\lambda;\varphi_1,\psi) + \alpha_2\sigma(\lambda;\varphi_2,\psi).$$

事实上,

$$\int_0^{2\pi} e^{ik\lambda} d\sigma(\lambda;\alpha_1\varphi_1+\alpha_2\varphi_2, \psi)$$

$$= (U^k(\alpha_1\varphi_1+\alpha_2\varphi_2), \psi)$$

$$= \alpha_1(U^k\varphi_1, \psi) + \alpha_2(U^k\varphi_2, \psi)$$

$$= \int_0^{2\pi} e^{ik\lambda} d(\alpha_1\sigma(\lambda;\varphi_1,\psi) + \alpha_2\sigma(\lambda;\varphi_2,\psi)), \quad k = 0, \pm 1, \pm 2, \cdots,$$

所以由积分表示的唯一性得

$$\sigma(\lambda;\alpha_1\varphi_1+\alpha_2\varphi_2, \psi) = \alpha_1\sigma(\lambda;\varphi_1,\psi) + \alpha_2\sigma(\lambda;\varphi_2,\psi).$$

2° 共轭对称性,即

$$\overline{\sigma(\lambda;\varphi,\psi)} = \sigma(\lambda;\psi,\varphi).$$

事实上,

$$(\psi, U^k \varphi) = (U^{-k}\psi, \varphi) = \int_0^{2\pi} e^{-ik\lambda} d\sigma(\lambda; \psi, \varphi),$$

而

$$(\psi, U^k \varphi) = \overline{(U^k \varphi, \psi)} = \int_0^{2\pi} e^{-ik\lambda} d\overline{\sigma(\lambda; \varphi, \psi)},$$

所以

$$\overline{\sigma(\lambda; \varphi, \psi)} = \sigma(\lambda; \psi, \varphi).$$

3° 由定义可得 $\sigma(\lambda; \varphi, \varphi) \in \mathbf{R}.$

4° 一致有界性.

由 $\sigma(\lambda; \cdot, \cdot)$ 的定义有

$$\sigma(0; \varphi, \varphi) = 0,$$

关于 λ 一致有界,即

$$\sigma(\lambda; \varphi, \varphi) \leqslant \sigma(2\pi; \varphi, \varphi) = (\varphi, \varphi),$$

存在 $M > 0$ 使得

$$|\sigma(\lambda; \varphi, \psi)| \leqslant M \| \varphi \| \| \psi \|.$$

这就是说,$\forall \lambda, \sigma(\lambda; \cdot, \cdot)$ 为一个共轭对称的、有界且关于 λ 一致有界的二次型,于是由二次型表示定理,存在有界自伴算子 P_λ 使得

$$\sigma(\lambda; \varphi, \psi) = (P_\lambda \varphi, \psi), \quad \forall \lambda \in [0, 2\pi], \forall \varphi, \psi \in H.$$

下证 $\{P_\lambda\}_{\lambda \in [0, 2\pi]}$ 是一个谱族.

1° 首先,$\{P_\lambda\}_{\lambda \in [0, 2\pi]}$ 是一个自伴算子族.

2° 证明 $P_\lambda P_\mu = P_\lambda$,若 $\lambda \leqslant \mu$,从而 $P_\lambda^2 = P_\lambda$,$\{P_\lambda\}_{\lambda \in [0, 2\pi]}$ 是一个投影算子族.

由上述证明

$$(U^k \varphi, \psi) = \int_0^{2\pi} e^{ik\lambda} d(P_\lambda \varphi, \psi), \quad k = 0, \pm 1, \pm 2, \cdots,$$

$\forall k \in \mathbf{Z}$,有

$$(U^k \varphi, U^{-r}\psi) = \int_0^{2\pi} e^{ik\lambda} d(P_\lambda \varphi, U^{-r}\psi),$$

所以

$$(U^{k+r}\varphi, \psi) = \int_0^{2\pi} e^{ik\lambda} d(U^r P_\lambda \varphi, \psi)$$

$$= \int_0^{2\pi} e^{ik\lambda} d_\lambda \left(\int_0^{2\pi} e^{ir\mu} d_\mu (P_\mu P_\lambda \varphi, \psi) \right).$$

另一方面,

$$(U^{k+r}\varphi, \psi) = \int_0^{2\pi} e^{i(k+r)\lambda} d(P_\lambda \varphi, \psi)$$

$$= \int_0^{2\pi} e^{ik\lambda} d_\lambda \int_0^\lambda e^{ir\mu} d(P_\mu \varphi, \psi), \quad k = 0, \pm 1, \pm 2, \cdots,$$

由积分表示的唯一性,

$$\int_0^{2\pi} e^{ir\mu} d_\mu(P_\mu P_\lambda \varphi, \psi) = \int_0^\lambda e^{ir\mu} d(P_\mu \varphi, \psi), \quad r = 0, \pm 1, \pm 2, \cdots,$$

再利用积分表示的唯一性得到

$$(P_\mu P_\lambda \varphi, \psi) = (P_\mu \varphi, \psi), \quad \mu \leqslant \lambda, \forall \varphi, \psi \in H,$$

即

$$P_\mu P_\lambda = P_\mu, \quad \mu \leqslant \lambda,$$

从而 $P_\lambda^2 = P_\lambda$，$\{P_\lambda\}_{\lambda \in [0,2\pi]}$ 是一个投影算子族.

由于

$$\sigma(\lambda_1; \varphi) \leqslant \sigma(\lambda_2; \varphi), \quad \lambda_1 \leqslant \lambda_2,$$

所以

$$P_{\lambda_1} \leqslant P_{\lambda_2}, \quad \lambda_1 \leqslant \lambda_2,$$

即 $\{P_\lambda\}_{\lambda \in [0,2\pi]}$ 单调增.

3° 证明 $\{P_\lambda\}_{\lambda \in [0,2\pi]}$ 强右连续而且 $P_0 = 0, P_{2\pi} = I$.

由于 $\sigma(0; \varphi, \psi) = 0,$

$$\sigma(2\pi; \varphi, \psi) = \int_0^{2\pi} d\sigma(\lambda; \varphi, \psi) = (\varphi, \psi), \quad \forall \varphi, \psi \in H,$$

所以

$$P_0 = 0, \quad P_{2\pi} = I.$$

同样，由于 $\sigma(\lambda; \cdot, \cdot)$ 关于 λ 右连续，而

$$\sigma(\lambda; \varphi, \psi) = (P_\lambda \varphi, \psi), \quad \forall \varphi, \psi \in H,$$

从而 $\underset{\mu \to \lambda + 0}{\text{w-} \lim} P_\mu = P_\lambda$. 而当 $\mu \geqslant \lambda$ 时，

$$\begin{aligned}
\|(P_\mu - P_\lambda)\varphi\|^2 &= ((P_\mu - P_\lambda)\varphi, (P_\mu - P_\lambda)\varphi) \\
&= ((P_\mu - P_\lambda)\varphi, \varphi) \\
&= (P_\mu \varphi, \varphi) - (P_\lambda \varphi, \varphi) \to 0, \quad \mu \to \lambda + 0,
\end{aligned}$$

所以 $\{P_\lambda\}_{\lambda \in [0,2\pi]}$ 强右连续. 这样，我们证明了它是一个谱族.

③ U^k 的积分表示.

在前面的证明中，我们得到

$$(U^k \varphi, \psi) = \int_0^{2\pi} e^{ik\lambda} d(P_\lambda \varphi, \psi), \quad k = 0, \pm 1, \pm 2, \cdots,$$

该积分实则为连续函数 $e^{ik\lambda}$ 关于有界变差函数 $\sigma(\lambda; \varphi, \psi) = (P_\lambda \varphi, \psi)$ 的 Riemann-Stieltjes 积分. 换句话说，在弱意义下，Riemann-Stieltjes 积分

$$\int_0^{2\pi} e^{ik\lambda} dP_\lambda \xrightarrow{\text{w}} U^k.$$

由定理 5.2.1，等式按算子范数意义下也对，即

$$U^k = \int_0^{2\pi} e^{ik\lambda} dP_\lambda, \quad k = 0, \pm 1, \pm 2, \cdots.$$

（2）$\forall\,\varphi,\psi\in H,\forall\,\lambda\in[0,2\pi]$,

$$(UP_\lambda\varphi,\psi)=\int_0^{2\pi}\mathrm{e}^{\mathrm{i}\mu}\mathrm{d}_\mu(P_\mu P_\lambda\varphi,\psi),$$

而

$$(P_\lambda U\varphi,\psi)=(U\varphi,P_\lambda\psi)=\int_0^{2\pi}\mathrm{e}^{\mathrm{i}\mu}\mathrm{d}(P_\mu\varphi,P_\lambda\psi)=\int_0^\lambda\mathrm{e}^{\mathrm{i}\mu}\mathrm{d}(P_\mu\varphi,\psi),$$

于是，$\forall\,\lambda\in[0,2\pi]$,

$$(UP_\lambda\varphi,\psi)=(P_\lambda U\varphi,\psi),\quad\forall\,\varphi,\psi\in H,$$

从而

$$UP_\lambda=P_\lambda U.$$

（3）如果 $AU=UA$，则 $AU^k=U^kA,k\in\mathbf{Z}$，所以

$$(AU^k\varphi,\psi)=(U^kA\varphi,\psi),\quad\forall\,\varphi,\psi\in H,$$

即

$$\left(A\int_0^{2\pi}\mathrm{e}^{\mathrm{i}k\lambda}\mathrm{d}P_\lambda\varphi,\psi\right)=\int_0^{2\pi}\mathrm{e}^{\mathrm{i}k\lambda}\mathrm{d}(AP_\lambda\varphi,\psi)$$

$$=(U^kA\varphi,\psi)=\int_0^{2\pi}\mathrm{e}^{\mathrm{i}k\lambda}\mathrm{d}(P_\lambda A\varphi,\psi).$$

由 $(U^kA\varphi,\psi),k=0,\pm1,\pm2,\cdots$ 积分表示的唯一性有

$$(AP_\lambda\varphi,\psi)=(P_\lambda A\varphi,\psi),\quad\forall\,\varphi,\psi\in H,\forall\,\lambda\in[0,2\pi],$$

即

$$AP_\lambda=P_\lambda A,\quad\forall\,\lambda\in[0,2\pi].$$

反之，若 A 和 U 的谱族可交换，由上述证明过程不难得到 A 与 U 可交换.　□

注　定理 6.1.1 证明了酉算子的谱族的存在性，但并没有给出谱族是怎样构造的. 如果结合附录中关于矩量积分表示的证明，我们也可以给出一个谱族构造的方式.

推论 6.1.1　设 U 为 Hilbert 空间 H 上的一个酉算子，$\{P_\lambda\}_{\lambda\in[0,2\pi]}$ 是它的谱族，则存在 $\{n_j\}\subset\mathbf{N}^*$ 使得

$$P_\lambda=\mathrm{s}\text{-}\lim\frac{\mathrm{i}}{2\pi}\sum_{k=-n_j,k\neq0}^{n_j}\frac{1}{k}\left(1-\frac{\lfloor k\rfloor}{n}\right)(\mathrm{e}^{-\mathrm{i}k\lambda}-1)U^k+\frac{\lambda}{2\pi}I,\quad\forall\,\lambda\in[0,2\pi].$$

证明　由定理 6.1.1 的证明，$\forall\,\varphi\in H$,

$$(P_\lambda\varphi,\varphi)=\sigma(\lambda;\varphi),$$

再由附录 1 中定理 1 的证明，存在 $\{n_j\}\subset\mathbf{N}^*$ 使得

$$\sigma(\lambda;\varphi)=\lim_{j\to\infty}\frac{1}{2\pi}\int_0^\lambda\sum_{k=-n_j}^{n_j}\left(1-\frac{\lfloor k\rfloor}{n_j}\right)\mathrm{e}^{-\mathrm{i}k\mu}(U^k\varphi,\varphi)\mathrm{d}\mu$$

$$=\lim_{j\to\infty}\left(\left(\frac{\mathrm{i}}{2\pi}\sum_{k\neq0,k=-n_j}^{n_j}\frac{1}{k}\left(1-\frac{\lfloor k\rfloor}{n_j}\right)(\mathrm{e}^{-\mathrm{i}k\lambda}-1)U^k+\frac{\lambda}{2\pi}I\right)\varphi,\varphi\right),$$

所以结论成立. □

注 这里说"存在$\{n_j\}\subset \mathbf{N}^*$使得",这个"$\{n_j\}$"依赖于 Helly 定理的证明,到底怎么找需根据具体问题.

2) 酉算子的连续函数演算

由定理 5.2.2,我们可以证明如下关于 U 的连续函数演算性质.

定理 6.1.2 设 C 为复平面上的单位圆周,则对于 C 上任意连续函数 f,存在唯一一个 $f(U)\in B(H)$ 使得

$$f(U) = \int_0^{2\pi} f(\mathrm{e}^{\mathrm{i}\lambda})\mathrm{d}P_\lambda,$$

称 $f(U)$ 为 U 关于 f 的算子演算.

U 的算子演算满足如下性质:

(1) $\overline{f(U)} = (f(U))^*$;

(2) 如果 f,g 都是 C 上的连续函数,则

$$(fg)(U) = f(U)g(U) = g(U)f(U),$$

且 $\forall \alpha,\beta\in \mathbf{C}$,

$$(\alpha f+\beta g)(U) = \alpha f(U)+\beta g(U).$$

定理 6.1.2 表明,映射

$$U\to f(U)$$

是一个保 $*$ 的线性同态. 积分关于函数还可以进一步延拓,比如延拓到关于适当的 Baire 函数积分.

推论 6.1.2 设 $p(\mathrm{e}^{\mathrm{i}\lambda}) = \sum_{k=-n}^{n} a_k \mathrm{e}^{\mathrm{i}k\lambda}$ 为 $\mathrm{e}^{\mathrm{i}\lambda}$ 的多项式,$\lambda\in[0,2\pi]$,则

$$p(U) = \sum_{k=-n}^{n} a_k U^k.$$

6.2 酉算子的谱与谱族的关系

1) U 的正则点与谱族的关系

定理 6.2.1 设 $\{P_\lambda \mid 0\leqslant\lambda\leqslant 2\pi\}$ 是酉算子 U 的谱族,则

(1) $\mathrm{e}^{\mathrm{i}\lambda_0}$(其中 $\lambda_0\in(0,2\pi)$)为 U 的正则点的充要条件是存在 $\varepsilon>0$,使得 P_λ 在 $[\lambda_0-\varepsilon,\lambda_0+\varepsilon]$ 上为常算子函数;

(2) 1 为 U 的正则点的充要条件是存在 $\varepsilon>0$,使得 P_λ 在 $[0,\varepsilon],[2\pi-\varepsilon,2\pi]$ 上为常算子函数.

证明 首先,类似于自伴算子,我们可以证明 ξ 为酉算子 U 的正则点的充要条件是存在 $m > 0$ 使得

$$\| (\xi I - U)\varphi \| \geqslant m \| \varphi \|, \quad \forall \varphi \in H,$$

据此我们来证明定理.

（1）（$\Rightarrow$）若 $\mathrm{e}^{\mathrm{i}\lambda_0}$（我们只证明 $\lambda_0 \in (0, 2\pi)$ 的情形）为 U 的正则点,但 $\forall n \in \mathbf{N}^*$,$P_\lambda$ 在 $\left[\lambda_0 - \dfrac{1}{n}, \lambda_0 + \dfrac{1}{n}\right]$ 上都不恒为常算子,则存在 $\mu_1, \mu_2 \in \left[\lambda_0 - \dfrac{1}{n}, \lambda_0 + \dfrac{1}{n}\right]$,且 $\mu_1 < \mu_2$, $P_{\mu_1} < P_{\mu_2}$,所以存在 $\varphi_n \in \mathrm{Ran} P_{\mu_2}$, $\varphi_n \perp \mathrm{Ran} P_{\mu_1}$,

$$
\begin{aligned}
&\| (\mathrm{e}^{-\mathrm{i}k\lambda_0} - U)\varphi_n \|^2 \\
&= \int_0^{2\pi} |\mathrm{e}^{\mathrm{i}\lambda_0} - \mathrm{e}^{\mathrm{i}\lambda}|^2 \mathrm{d}(P_\lambda \varphi_n, \varphi_n) = \int_{\mu_1}^{\mu_2} |\mathrm{e}^{\mathrm{i}\lambda_0} - \mathrm{e}^{\mathrm{i}\lambda}|^2 \mathrm{d}(P_\lambda \varphi_n, \varphi_n) \\
&\leqslant 2\int_{\mu_1}^{\mu_2} \mathrm{d}(P_\lambda \varphi_n, \varphi_n) \leqslant \frac{1}{n}(\| P_{\mu_2}\varphi_n \|^2 - \| P_{\mu_1}\varphi_n \|^2) \\
&= \frac{1}{n} \| \varphi_n \|^2 \to 0,
\end{aligned}
$$

所以 $\mathrm{e}^{\mathrm{i}\lambda_0} \in \sigma(U)$,不可能.

（$\Leftarrow$）若 P_λ 在 $[\lambda_0 - \varepsilon, \lambda_0 + \varepsilon]$ 上为常算子,在 $[0, 2\pi]$ 上定义

$$
f(\mathrm{e}^{\mathrm{i}\lambda}) = \begin{cases} \dfrac{1}{\mathrm{e}^{\mathrm{i}\lambda_0} - \mathrm{e}^{\mathrm{i}\lambda}}, & \lambda \notin [\lambda_0 - \varepsilon, \lambda_0 + \varepsilon], \\ \text{在上述区间端点处连续连接的曲线上的点}, & \lambda \in [\lambda_0 - \varepsilon, \lambda_0 + \varepsilon], \end{cases}
$$

则它在单位圆周上连续,

$$
\begin{aligned}
&f(U)(\mathrm{e}^{\mathrm{i}\lambda_0} I - U) \\
&= (\mathrm{e}^{\mathrm{i}\lambda_0} I - U) f(U) = \int_0^{2\pi} (\mathrm{e}^{\mathrm{i}\lambda_0} - \mathrm{e}^{\mathrm{i}\lambda}) f(\mathrm{e}^{\mathrm{i}\lambda}) \mathrm{d}P_\lambda \\
&= \int_0^{\lambda_0 - \varepsilon} (\mathrm{e}^{\mathrm{i}\lambda_0} - \mathrm{e}^{\mathrm{i}\lambda}) \frac{1}{\mathrm{e}^{\mathrm{i}\lambda_0} - \mathrm{e}^{\mathrm{i}\lambda}} \mathrm{d}P_\lambda + \int_{\lambda_0 + \varepsilon}^{2\pi} (\mathrm{e}^{\mathrm{i}\lambda_0} - \mathrm{e}^{\mathrm{i}\lambda}) \frac{1}{\mathrm{e}^{\mathrm{i}\lambda_0} - \mathrm{e}^{\mathrm{i}\lambda}} \mathrm{d}P_\lambda \\
&= \int_0^{2\pi} \mathrm{d}P_\lambda = I,
\end{aligned}
$$

所以 $\mathrm{e}^{\mathrm{i}\lambda_0} \in \rho(U)$.

（2）证明留作练习. $\qquad\qquad\qquad\qquad\qquad\qquad\qquad\qquad\qquad\qquad\quad\square$

定理表明,积分集中在 U 的谱 $\sigma(U)$,即对于连续函数 f,

$$f(U) = \int_0^{2\pi} f(\mathrm{e}^{\mathrm{i}\lambda}) \mathrm{d}P_\lambda = \int_{\sigma(U)} f(\mathrm{e}^{\mathrm{i}\lambda}) \mathrm{d}P_\lambda.$$

推论 6.2.1 若 $z_0 \in \rho(U)$,则

$$R(z_0, U) = \int_0^{2\pi} \frac{1}{z_0 - \mathrm{e}^{\mathrm{i}\lambda}} \mathrm{d}P_\lambda.$$

2）特征值的刻画

定理 6.2.2 设 $\lambda_0 \in [0, 2\pi]$,则 $P_{\lambda_0} - P_{\lambda_0 - 0}$ 是子空间 $M_{\lambda_0} = \{\varphi \mid U\varphi = \mathrm{e}^{\mathrm{i}\lambda_0}\varphi\}$ 上

正交投影算子且 $e^{i\lambda_0}$ 为特征值的充要条件是 $P_{\lambda_0}-P_{\lambda_0-0}\neq 0$.

证明 首先,由谱族的单调性我们不难证明 $P_{\lambda_0}-P_{\lambda_0-0}$ 确为投影算子(幂等自伴). 设

$$M_{\lambda_0}=\ker(e^{i\lambda_0}I-U),$$

如果 $M_{\lambda_0}\neq\{0\}$,则它是 U 的相应于特征值 $e^{i\lambda_0}$ 的特征子空间. 下面证明

$$P_{\lambda_0}-P_{\lambda_0-0}\neq 0 \quad 且 \quad M_{\lambda_0}=\mathrm{Ran}(P_{\lambda_0}-P_{\lambda_0-0}).$$

(1) $\forall\varphi\in M_{\lambda_0}$,若 $\varphi\neq 0$,这时

$$(e^{i\lambda_0}I-U)\varphi=0.$$

我们先证明

$$(P_\lambda\varphi,\varphi)=\|P_\lambda\varphi\|^2=\begin{cases}\|\varphi\|^2, & \forall\lambda\geqslant\lambda_0,\\ 0, & \forall\lambda<\lambda_0.\end{cases}$$

① 如果存在 $\lambda_1>\lambda_0$ 使得 $\|P_{\lambda_1}\varphi\|^2<\|\varphi\|^2$,则

$$0=\|(e^{i\lambda_0}I-U)\varphi\|^2=\int_0^{2\pi}|e^{i\lambda_0}-e^{i\lambda}|^2\mathrm{d}(P_\lambda\varphi,\varphi)$$

$$\geqslant\int_{\lambda_1}^{2\pi}|e^{i\lambda_0}-e^{i\lambda}|^2\mathrm{d}(P_\lambda\varphi,\varphi)$$

$$=4\int_{\lambda_1}^{2\pi}\sin^2\frac{(\lambda-\lambda_0)}{2}\mathrm{d}(P_\lambda\varphi,\varphi).$$

取 $[a,b]\subset[\lambda_1,2\pi]$ 使得

1° 存在 $\delta>0,\sin^2\dfrac{(\lambda-\lambda_0)}{2}>\delta,\lambda\in[a,b]$;

2° $\|\varphi\|^2=\|P_{2\pi}\varphi\|^2\geqslant\|P_b\varphi\|^2>\|P_a\varphi\|^2\geqslant\|P_{\lambda_1}\varphi\|^2.$

这样,

$$\int_{\lambda_1}^{2\pi}\sin^2\frac{(\lambda-\lambda_0)}{2}\mathrm{d}(P_\lambda\varphi,\varphi)\geqslant\delta\int_a^b\mathrm{d}(P_\lambda\varphi,\varphi)$$

$$=\delta(\|P_b\varphi\|^2-\|P_a\varphi\|^2)>0,$$

不可能! 所以

$$\|P_\lambda\varphi\|^2=\|\varphi\|^2, \quad \forall\lambda\geqslant\lambda_0.$$

② 如果存在 $\lambda_2<\lambda_0$ 使得 $\|P_{\lambda_2}\varphi\|^2>0$,则

$$0=\int_0^{2\pi}|e^{i\lambda_0}-e^{i\lambda}|^2\mathrm{d}(P_\lambda\varphi,\varphi)$$

$$\geqslant\int_0^{\lambda_2}\sin^2\frac{(\lambda-\lambda_0)}{2}\mathrm{d}(P_\lambda\varphi,\varphi).$$

取 $[c,d]\subset[0,\lambda_2]$ 使得

1° 存在 $\delta>0,\sin^2\dfrac{(\lambda-\lambda_0)}{2}>\delta,\lambda\in[c,d]$;

2° $\|P_{\lambda_0}\varphi\|^2\geqslant\|P_{\lambda_2}\varphi\|^2\geqslant\|P_d\varphi\|^2>\|P_c\varphi\|^2\geqslant 0.$

这样，

$$\int_0^{\lambda_2} \sin^2 \frac{(\lambda-\lambda_0)}{2} \mathrm{d}(P_\lambda\varphi,\varphi) \geqslant \delta \int_c^d \mathrm{d}(P_\lambda\varphi,\varphi)$$
$$= \delta(\parallel P_d\varphi\parallel^2 - \parallel P_c\varphi\parallel^2) > 0,$$

不可能! 所以

$$\parallel P_\lambda\varphi\parallel^2 = 0, \quad \forall \lambda < \lambda_0.$$

（2）证明 $M_{\lambda_0} = \mathrm{Ran}(P_{\lambda_0} - P_{\lambda_0-0})$.

$\forall \varphi \in M_{\lambda_0}$，若 $\varphi \neq 0$，由上述证明知 $\parallel P_{\lambda_0}\varphi\parallel^2 = \parallel\varphi\parallel^2$，

$$0 = \lim_{\lambda\to\lambda_0-0} \parallel P_\lambda\varphi\parallel = \parallel P_{\lambda_0-0}\varphi\parallel,$$

所以

$$\parallel (P_{\lambda_0} - P_{\lambda_0-0})\varphi\parallel^2 = \parallel P_{\lambda_0}\varphi\parallel^2 - (P_{\lambda_0}\varphi, P_{\lambda_0-0}\varphi) - (P_{\lambda_0-0}\varphi, P_{\lambda_0}\varphi) + \parallel P_{\lambda_0-0}\varphi\parallel^2$$
$$= \parallel P_{\lambda_0}\varphi\parallel^2 = \parallel\varphi\parallel^2.$$

由定理 6.1.1，$\varphi \in \mathrm{Ran}(P_{\lambda_0} - P_{\lambda_0-0})$，所以 $P_{\lambda_0} \neq P_{\lambda_0-0}$，$M_{\lambda_0} \subset \mathrm{Ran}(P_{\lambda_0} - P_{\lambda_0-0})$.

反之，若 $P_{\lambda_0} \neq P_{\lambda_0-0}$，$\forall \varphi \in \mathrm{Ran}(P_{\lambda_0} - P_{\lambda_0-0})$，$\varphi \neq 0$，

$$P_\lambda\varphi = \begin{cases} P_\lambda(P_{\lambda_0} - P_{\lambda_0-0})\varphi = P_\lambda\varphi - P_\lambda\varphi = 0, & \lambda < \lambda_0, \\ P_\lambda(P_{\lambda_0} - P_{\lambda_0-0})\varphi = (P_{\lambda_0} - P_{\lambda_0-0})\varphi = \varphi, & \lambda \geqslant \lambda_0, \end{cases}$$

所以

$$\parallel P_\lambda\varphi\parallel^2 = \begin{cases} 0, & \lambda < \lambda_0, \\ \parallel\varphi\parallel^2, & \lambda \geqslant \lambda_0. \end{cases}$$

于是

$$\parallel (\mathrm{e}^{\mathrm{i}\lambda_0} I - U)\parallel^2 = \int_0^{2\pi} |\mathrm{e}^{\mathrm{i}\lambda_0} - \mathrm{e}^{\mathrm{i}\lambda}|^2 \mathrm{d}\parallel P_\lambda\varphi\parallel^2 = |\mathrm{e}^{\mathrm{i}\lambda_0} - \mathrm{e}^{\mathrm{i}\lambda_0}|^2 \parallel\varphi\parallel^2 = 0,$$

所以 $\mathrm{e}^{\mathrm{i}\lambda_0} \in \sigma_p(U)$ 且 $\mathrm{Ran}(P_{\lambda_0} - P_{\lambda_0-0}) \subset M_{\lambda_0}$，从而

$$M_{\lambda_0} = \mathrm{Ran}(P_{\lambda_0} - P_{\lambda_0-0}).$$ □

3）谱映射定理

引理 6.2.1（多项式演算情形的谱映射定理） 设

$$p(\mathrm{e}^{\mathrm{i}\lambda}) = \sum_{k=-n}^n a_k \mathrm{e}^{\mathrm{i}k\lambda}, \quad \lambda \in [0, 2\pi]$$

为 $\mathrm{e}^{\mathrm{i}\lambda}$ 的多项式，则 $\sigma(p(U)) = p(\sigma(U))$，即

$$\sigma(p(U)) = \{p(\mathrm{e}^{\mathrm{i}\lambda}) \mid \mathrm{e}^{\mathrm{i}\lambda} \in \sigma(U)\}.$$

证明 （一）设 $\lambda_0 \in [0, 2\pi]$，$\mathrm{e}^{\mathrm{i}\lambda_0} \in \sigma(U)$，先证明 $p(\mathrm{e}^{\mathrm{i}\lambda_0}) \in \sigma(p(U))$.

这时，

$$p(\mathrm{e}^{\mathrm{i}\lambda_0}) - p(\mathrm{e}^{\mathrm{i}\lambda}) = \sum_{k=1}^n a_k(\mathrm{e}^{\mathrm{i}k\lambda_0} - \mathrm{e}^{\mathrm{i}k\lambda}) + \sum_{k=-n}^{-1} a_k(\mathrm{e}^{\mathrm{i}k\lambda_0} - \mathrm{e}^{\mathrm{i}k\lambda})$$

$$= (e^{i\lambda_0} - e^{i\lambda})Q_1(e^{i\lambda}) + (e^{-i\lambda_0} - e^{-i\lambda})Q_2(e^{-i\lambda}),$$

其中 Q_1,Q_2 分别为 $e^{i\lambda}$ 和 $e^{-i\lambda}$ 的多项式,所以

$$p(e^{i\lambda_0})I - p(U) = (e^{i\lambda_0}I - U)Q_1(U) + (e^{-i\lambda_0}I - U^{-1})Q_2(U^{-1})$$
$$= (e^{i\lambda_0}I - U)(Q_1(U) - e^{-i\lambda_0}U^{-1}Q_2(U^{-1}))$$
$$\equiv (e^{i\lambda_0}I - U)Q(U).$$

如果 $p(e^{i\lambda_0}) \in \rho(p(U))$,则

$$I = (e^{i\lambda_0}I - U)Q(U)(p(e^{i\lambda_0})I - p(U))^{-1}$$
$$= (p(e^{i\lambda_0})I - p(U))^{-1}Q(U)(e^{i\lambda_0}I - U),$$

从而 $e^{i\lambda_0} \in \rho(U)$,且

$$(e^{i\lambda_0}I - U)^{-1} = (p(e^{i\lambda_0})I - p(U))^{-1}Q(U),$$

不可能! 所以

$$\sigma(p(U)) \supset p(\sigma(U)).$$

(二)再证明 $\sigma(p(U)) \subset p(\sigma(U))$.

设 $z_0 \in \sigma(p(U))$,要证明存在 $e^{i\lambda_0} \in \sigma(U)$ 使得

$$z_0 = p(e^{i\lambda_0}).$$

否则,

$$z_0 - p(e^{i\lambda}) \neq 0, \quad \forall e^{i\lambda} \in \sigma(U),$$

因而

$$A(e^{i\lambda}) \equiv e^{in\lambda}z_0 - e^{in\lambda}p(e^{i\lambda}) \neq 0, \quad \forall e^{i\lambda} \in \sigma(U).$$

对于 $e^{i\lambda}$ 的多项式 $A(e^{i\lambda})$ 进行因式分解:

$$A(e^{i\lambda}) = a(e^{i\lambda} - z_1)(e^{i\lambda} - z_2)\cdots(e^{i\lambda} - z_{2n}),$$

则 $z_k \notin \sigma(U), k = 1, 2, \cdots, 2n$,于是算子 $A(U) = a(U - z_1 I)(U - z_2 I)\cdots(U - z_{2n} I)$ 可逆,从而 $z_0 I - p(U) = U^{-n}A(U)$ 可逆,即 $z_0 \in \rho(p(U))$,矛盾! 所以

$$\sigma(p(U)) \subset p(\sigma(U)). \qquad \Box$$

定理 6.2.3(连续函数演算情形的谱映射定理) 设 f 为复平面上单位圆周 C 上连续函数,U 为 H 上酉算子,则 $\sigma(f(U)) = f(\sigma(U))$.

证明 (1) 先证明 $f(\sigma(U)) \subset \sigma(f(U))$.

设 $e^{i\lambda_0} \in \sigma(U)$,若 $f(e^{i\lambda_0}) \in \rho(f(U))$,则 $(f(e^{i\lambda_0})I - f(U))^{-1} \in B(H)$. 取多项式 p,使得

$$\|f - p\|_\infty < \frac{1}{3\|(f(e^{i\lambda_0})I - f(U))^{-1}\|},$$

其中 $\|\cdot\|_\infty$ 为连续函数在 C 上最大模,于是

$$\|f(e^{i\lambda_0})I - f(U) - (p(e^{i\lambda_0})I - p(U))\| \leq \|f(e^{i\lambda_0})I - p(e^{i\lambda_0})I\| + \|f(U) - p(U)\|$$
$$\leq 2\|f - p\|_\infty$$
$$\leq \frac{2}{3\|(f(e^{i\lambda_0})I - f(U))^{-1}\|}.$$

而

$$p(e^{i\lambda_0})I - p(U)$$
$$= (p(e^{i\lambda_0})I - p(U) - (f(e^{i\lambda_0})I - f(U))) + (f(e^{i\lambda_0})I - f(U))$$
$$= (f(e^{i\lambda_0})I - f(U))[I + (f(e^{i\lambda_0})I - f(U))^{-1}(p(e^{i\lambda_0})I - p(U) - (f(e^{i\lambda_0})I - f(U)))],$$

所以

$$\| (f(e^{i\lambda_0})I - f(U))^{-1}(p(e^{i\lambda_0})I - p(U) - (f(e^{i\lambda_0})I - f(U))) \|$$
$$\leqslant \| (f(e^{i\lambda_0})I - f(U))^{-1} \| \| p(e^{i\lambda_0})I - p(U) - (f(e^{i\lambda_0})I - f(U)) \|$$
$$\leqslant \frac{2}{3} < 1,$$

所以,由 von Neumann 定理,

$$I + (f(e^{i\lambda_0})I - f(U))^{-1}(p(e^{i\lambda_0})I - p(U) - (f(e^{i\lambda_0})I - f(U)))$$

存在有界逆,于是 $(p(e^{i\lambda_0})I - p(U))^{-1} \in B(H)$,即 $p(e^{i\lambda_0}) \in \rho(p(U))$,此与多项式演算情形的谱映射定理矛盾!

(2) 再证明 $f(\sigma(U)) \supset \sigma(f(U))$.

取 $z_0 \in \sigma(f(U))$,要证存在 $e^{i\lambda_0} \in \sigma(U)$,使得 $f(e^{i\lambda_0}) = z_0$. 否则 $\forall e^{i\lambda} \in \sigma(U)$,有 $z_0 - f(e^{i\lambda}) \neq 0$. 这时,如果进一步

$$z_0 - f(e^{i\lambda}) \neq 0, \quad \forall \lambda \in [0, 2\pi],$$

令

$$g(e^{i\lambda}) = \frac{1}{z_0 - f(e^{i\lambda})},$$

则 g 在单位圆周上连续,

$$(z_0 I - f(U))g(U) = g(U)(z_0 I - f(U))$$
$$= \int_0^{2\pi} (z_0 - f(e^{i\lambda})) \frac{1}{z_0 - f(e^{i\lambda})} dP_\lambda = I,$$

所以 z_0 为 $f(U)$ 的正则点,不可能.

如果存在 $\lambda_0 \in [0, 2\pi], z_0 = e^{i\lambda_0} \in \rho(U)$,则由定理 6.2.1,存在 $\varepsilon > 0$,使得 P_λ 在 $[\lambda_0 - \varepsilon, \lambda_0 + \varepsilon]$ 上为常算子函数. 在 $[0, 2\pi]$ 上定义

$$g(e^{i\lambda}) = \begin{cases} \dfrac{1}{z_0 - f(e^{i\lambda})}, & \lambda \notin [\lambda_0 - \varepsilon, \lambda_0 + \varepsilon], \\ 在上述区间端点处连续连接的曲线上的点, & \lambda \in [\lambda_0 - \varepsilon, \lambda_0 + \varepsilon], \end{cases}$$

同样有

$$(z_0 I - f(U))g(U) = g(U)(z_0 I - f(U))$$
$$= \left(\int_0^{\lambda_0 - \varepsilon} + \int_{\lambda_0 + \varepsilon}^{2\pi} \right)(z_0 - f(e^{i\lambda})) \frac{1}{z_0 - f(e^{i\lambda})} dP_\lambda = I,$$

也得到 z_0 为 $f(U)$ 的正则点,这也不可能.

总之,必存在 $e^{i\lambda_0} \in \sigma(U)$,使得 $f(e^{i\lambda_0}) = z_0$,即 $f(\sigma(U)) \supset \sigma(f(U))$. □

6.3 Cayley 变换

1）引论

设 A 为有界自伴算子,如果 $\{P_\lambda | \lambda \in \mathbf{R}\}$ 为 A 的谱族,则对任意 $f \in C(\mathbf{R})$,因为 A 是有界的,所以 f 关于 A 的谱族的积分集中在 $[m-0, M]$ 上,即

$$f(A) = \int_{m-0}^{M} f(\lambda) \mathrm{d}P_\lambda.$$

若 $f(\lambda) = \dfrac{\lambda - \mathrm{i}}{\lambda + \mathrm{i}}$,则 $f \in C(\mathbf{R})$,$f : \mathbf{R} \to$ 单位圆周,$f : \infty \to 1$,且 $|f(\lambda)| \equiv 1$,

$$\| f(A)\varphi \|^2 = \int_{m-0}^{M} |f(\lambda)|^2 \mathrm{d}\| P_\lambda \varphi \|^2 = \int_{m-0}^{M} \mathrm{d}\| P_\lambda \varphi \|^2 = \| \varphi \|^2,$$

所以 $f(A)$ 为酉算子,记为 $U.$ 由谱映射定理,

$$\sigma(U) = \sigma(f(A)) = f(\sigma(A))$$

为一单位圆周上不含 1 的闭集(因为 $\| A \| < +\infty$).

f 具有反函数

$$g(\mu) = \mathrm{i}\frac{1+\mu}{1-\mu}, \tag{I}$$

且 $\lambda = g(f(\lambda))$,但函数 g 在单位圆周上除 1 以外连续,在 1 这一点不连续.

我们前面给出的算子演算是函数关于谱族的积分演算,若我们知道 $U = f(A)$ 的谱族 $\{Q_\mu | \mu \in [0, 2\pi]\}$,要想通过 g 关于谱族 $\{Q_\mu | \mu \in [0, 2\pi]\}$ 积分演算回到 A 本身,就会涉及无界函数的广义积分问题.对于有界自伴算子 A 而言,这不是问题,因为既然 $\sigma(U) = \sigma(f(A)) = f(\sigma(A))$ 为一单位圆周上不含 1 的闭集,谱积分实质上是集中在相应算子谱集上的,我们就可以适当改变 g 在 1 附近的定义使之成为整个单位圆周上的连续函数.

具体来讲,在（I）式中,虽然 $g(\mu) = \mathrm{i}\dfrac{1+\mu}{1-\mu}$ 在 $\mu = 1$ 这点不连续,但我们可将 $g(\mu)$ 理解为满足

$$\widetilde{g}(\mu) = \begin{cases} \mathrm{i}\dfrac{1+\mu}{1-\mu}, & \mu \in \sigma(U), \\ 0, & \mu = 1, \end{cases}$$

的函数 $\widetilde{g}$,这时,$\sigma(U)$ 和 $\{1\}$ $(1 \notin \sigma(U))$ 为单位圆周上两个不交的闭集,而单位圆周为正规空间,所以 $\widetilde{g}$ 可以延拓为单位圆周上连续函数 $\widetilde{g}$.这样,若将积分理解为 $\sigma(U)$ 上的积分,则

$$g(U) = \widetilde{g}(U) = \int_0^{2\pi} \widetilde{g}(\mu) \mathrm{d}Q_\mu$$

$$= \int_{\sigma(U)} g(\mu) \mathrm{d}Q_\mu = \int_0^{2\pi} \mathrm{i}\, \frac{1+\mathrm{e}^{\mathrm{i}\mu}}{1-\mathrm{e}^{\mathrm{i}\mu}} \mathrm{d}Q_\mu,$$

所以

$$A = \int_0^{2\pi} \mathrm{i}\, \frac{1+\mathrm{e}^{\mathrm{i}\mu}}{1-\mathrm{e}^{\mathrm{i}\mu}} \mathrm{d}Q_\mu.$$

这样使得 g 关于谱积分演算不仅收敛意义确切（按算子范数收敛），而且 g 关于 U 的谱族 $\{Q_\mu \mid 0 \leqslant \mu \leqslant 2\pi\}$ 的积分

$$g(f(A)) = g(U) = \mathrm{i} \int_0^{2\pi} \frac{1+\mathrm{e}^{\mathrm{i}\mu}}{1-\mathrm{e}^{\mathrm{i}\mu}} \mathrm{d}Q_\mu = A.$$

又因为

$$\mathrm{i}\, \frac{1+\mathrm{e}^{\mathrm{i}\mu}}{1-\mathrm{e}^{\mathrm{i}\mu}} = \mathrm{i}\, \frac{\mathrm{e}^{-\mathrm{i}\frac{\mu}{2}}+\mathrm{e}^{\mathrm{i}\frac{\mu}{2}}}{\mathrm{e}^{-\mathrm{i}\frac{\mu}{2}}-\mathrm{e}^{\mathrm{i}\frac{\mu}{2}}} = \frac{\dfrac{\mathrm{e}^{\mathrm{i}\frac{\mu}{2}}+\mathrm{e}^{-\mathrm{i}\frac{\mu}{2}}}{2}}{-\dfrac{\mathrm{e}^{\mathrm{i}\frac{\mu}{2}}-\mathrm{e}^{-\mathrm{i}\frac{\mu}{2}}}{2\mathrm{i}}} = -\frac{\cos\dfrac{\mu}{2}}{\sin\dfrac{\mu}{2}} = -\cot\frac{\mu}{2},$$

所以

$$A = \int_0^{2\pi} \left(-\cot\frac{\mu}{2}\right) \mathrm{d}Q_\mu = \int_{-\infty}^{+\infty} \lambda \mathrm{d}Q_{2\mathrm{arccot}(-\lambda)} = \int_{-\infty}^{+\infty} \lambda \mathrm{d}P_\lambda,$$

其中 $P_\lambda = Q_{2\mathrm{arccot}(-\lambda)}$. 本质上来说，这个积分是这样的：

$$A = \int_{\sigma(U)} \left(-\cot\frac{\mu}{2}\right) \mathrm{d}Q_\mu = \int_{\sigma(A)} \lambda \mathrm{d}Q_{2\mathrm{arccot}(-\lambda)} = \int_{m-0}^{M} \lambda \mathrm{d}P_\lambda = \int_{-\infty}^{+\infty} \lambda \mathrm{d}P_\lambda.$$

我们通过 U 的谱族得到了 A 的谱族 $\{P_\lambda \mid \lambda \in \mathbf{R}\}$，并得到 A 的谱分解，对于有界自伴算子 A 来说，这个过程是严密的且完全可行.

但是，如果 A 是无界的自伴算子，在上述过程中将无法改变 g 的定义让它在单位圆周上连续再作谱积分. 此时通过 U 的谱族得到 A 的谱积分不仅涉及无界函数积分，还涉及定义域，若要把上述思想推广过来，每一步都要小心!

Cayley 变换的思想：先按上述函数 f 与 g 之间的关系作类比，给出自伴算子 A 的一个所谓 Cayley 变换 U，即

$$U = (A-\mathrm{i}I)(A+\mathrm{i}I)^{-1}.$$

也就是说，虽然不能用谱积分给出 A 与酉算子 U 之间的变换关系，但它们之间的变换关系可以直接通过函数 f 与 g 之间的关系作类比得到. 有了这样的变换关系，我们再设法通过 U 的谱族严格给出 A 的谱分解.

2) Cayley 变换定理

定理 6.3.1 设 A 为自伴算子，则 $A \pm \mathrm{i}I$ 存在有界逆，且

$$U = (A-\mathrm{i}I)(A+\mathrm{i}I)^{-1}$$

为酉算子，称为 A 的 Cayley 变换.

证明 因为

$$\mathscr{D}(U)=\mathscr{D}((A+iI)^{-1})=H,$$

而 $i\in\rho(A)$，所以

$$\mathrm{Ran}(U)=\mathrm{Ran}(A-iI)=H,$$

即 U 为 H 上的满射. 又

$$\mathrm{Ran}(A+iI)=\mathscr{D}((A+iI)^{-1})=H,$$

于是，对任意 $\psi\in H$，存在 $\varphi\in\mathscr{D}(A)$，使得

$$\psi=(A+iI)\varphi,$$

从而

$$\|U\psi\|=\|(A-iI)\varphi\|=\sqrt{\|A\varphi\|^2+\|\varphi\|^2}$$
$$=\|(A+iI)\varphi\|=\|\psi\|,$$

即 U 为酉算子. □

注 （1）自伴算子 A 的 Cayley 变换 $A\mapsto(A-iI)(A+iI)^{-1}$ 可以理解为类比于函数 $\lambda\mapsto\dfrac{\lambda-i}{\lambda+i}$ 得到的；

（2）如果把 i 改为 $z=a+bi(b\neq0)$，可以得到类似的变换.

3）Cayley 变换的逆变换

类比于函数 $\mu\mapsto g(\mu)=i\dfrac{1+\mu}{1-\mu}$，可得到 Cayley 变换 U 的逆变换.

定理 6.3.2 设 U 为自伴算子 A 的 Cayley 变换，则 $I-U:H\to\mathscr{D}(A)$ 既单且满，且 $A=i(I+U)(I-U)^{-1}$，称之为 Cayley 变换的逆变换.

证明 （1）证明 $I-U$ 满.

$\forall\varphi\in\mathscr{D}(A)$，设

$$\psi=(A+iI)\varphi,$$

则

$$U\psi=(A-iI)\varphi.$$

上面两式相减，得 $\psi-U\psi=2i\varphi$，从而

$$\varphi=(I-U)\frac{\psi}{2i}\in\mathrm{Ran}(I-U).$$

（2）证明 $I-U$ 为单射.

若 $(I-U)\psi=0$，因为 $\mathrm{Ran}(A+iI)=H$，所以存在 $\varphi\in\mathscr{D}(A)$，使得

$$\psi=(A+iI)\varphi,$$

于是

$$0=(I-U)\psi=(A+iI)\varphi-(A-iI)\varphi=2i\varphi, \tag{Ⅱ}$$

所以 $\varphi=0$，即 $\psi=0$，所以 $I-U$ 为单射.

(3) 再证 $A=\mathrm{i}(I+U)(I-U)^{-1}$.

首先,由第(1)步有

$$\mathscr{D}(\mathrm{i}(I+U)(I-U)^{-1})=\mathscr{D}((I-U)^{-1})=\mathrm{Ran}(I-U)=\mathscr{D}(A),$$

且 $\forall \varphi \in \mathscr{D}(A)$,由第(1)步可知

$$\varphi=(I-U)\frac{\psi}{2\mathrm{i}},$$

其中 $\psi=(A+\mathrm{i}I)\varphi$,于是

$$\mathrm{i}(I+U)(I-U)^{-1}\varphi=\mathrm{i}(I+U)\frac{\psi}{2\mathrm{i}}=\frac{1}{2}(\psi+U\psi)$$

$$=\frac{1}{2}[(A+\mathrm{i}I)+(A-\mathrm{i}I)]\varphi$$

$$=A\varphi.$$
□

推论 6.3.1　设 U 为自伴算子 A 的 Cayley 变换,则 1 不是 U 的特征值(因为 $(I-U)^{-1}$ 存在),且 $1\in\rho(U)$ 当且仅当 A 有界.

证明　($\Leftarrow$)若 A 有界,则 $\sigma(A)$ 有界,而 $U=f(A)$,其中 $f(\lambda)=\frac{\lambda-\mathrm{i}}{\lambda+\mathrm{i}}$,故 $\sigma(U)$ 为单位圆周上不含 1 的闭集,所以由谱映射定理,$1\in\rho(U)$.

($\Rightarrow$)若 $1\in\rho(U)$,则 $(I-U)^{-1}\in B(H)$,而

$$A=\mathrm{i}(I+U)(I-U)^{-1},$$

故 $A\in B(H)$.
□

定理 6.3.3　设 U 为自伴算子 A 的 Cayley 变换,$B\in B(H)$,则 $BU=UB$ 当且仅当 $BA=AB$.

证明　($\Rightarrow$)$BA=AB$,即对任意 $\varphi\in\mathscr{D}(A)$,$B\varphi\in\mathscr{D}(A)$ 且 $BA\varphi=AB\varphi$. 对任意 $\varphi\in\mathscr{D}(A)=\mathrm{Ran}(I-U)$,存在 $\psi\in H$,使得

$$\varphi=(I-U)\psi,$$

所以

$$B\varphi=B(I-U)\psi=(I-U)B\psi\in\mathrm{Ran}(I-U)=\mathscr{D}(A),$$

且

$$BA\varphi=B\mathrm{i}(I+U)(I-U)^{-1}\varphi=\mathrm{i}B(I+U)\psi$$

$$=\mathrm{i}(I+U)B\psi=\mathrm{i}(I+U)(I-U)^{-1}B\varphi$$

$$=AB\varphi.$$

($\Leftarrow$)对任意 $\varphi\in H$,有

$$BU\varphi=B(A-\mathrm{i}I)(A+\mathrm{i}I)^{-1}\varphi=(A-\mathrm{i}I)B(A+\mathrm{i}I)^{-1}\varphi,$$

又因为

$$(A+\mathrm{i}I)B(A+\mathrm{i}I)^{-1}\varphi=B(A+\mathrm{i}I)(A+\mathrm{i}I)^{-1}\varphi=B\varphi,$$

所以

$$B(A+\mathrm{i}I)^{-1}\varphi=(A+\mathrm{i}I)^{-1}B\varphi,$$

于是

$$BU\varphi=(A-\mathrm{i}I)(A+\mathrm{i}I)^{-1}B\varphi=UB\varphi,$$

即

$$BU=UB. \qquad\qquad \Box$$

推论 6.3.2 若 U 为自伴算子 A 的 Cayley 变换，$\{Q_\mu\}_{\mu\in[0,2\pi]}$ 为 U 的谱族，则

$$Q_\mu A=AQ_\mu, \quad \forall \mu\in[0,2\pi].$$

4) 由自伴算子 A 的 Cayley 变换 U 的谱族给出 A 的谱分解

这个方案的严格数学推导可以用 Riesz-Lorch 方法，将空间按 U 的谱族进行约化分解，使得 A 限制在约化子空间上为有界自伴算子，再作谱分解. 而这里我们用弱积分方法来推导.

定理 6.3.4 设自伴算子 A 的 Cayley 变换为酉算子 U，U 的谱族为 $\{Q_\mu\mid\mu\in[0,2\pi]\}$，令

$$\{P_\lambda\mid P_\lambda=Q_{-2\mathrm{arccot}\lambda},\lambda\in\mathbf{R}\},$$

则 $\{P_\lambda\mid P_\lambda=Q_{-2\mathrm{arccot}\lambda},\lambda\in\mathbf{R}\}$ 为 A 的谱族，即

$$\mathscr{D}(A)=\left\{\varphi\,\Big|\int_{-\infty}^{+\infty}\lambda^2\mathrm{d}(P_\lambda\varphi,\varphi)<+\infty\right\},$$

$$A\varphi=\int_{-\infty}^{+\infty}\lambda\mathrm{d}P_\lambda\varphi, \quad \forall\varphi\in\mathscr{D}(A).$$

证明 令

$$\lambda=-\cot\frac{\mu}{2}, \quad P_\lambda=Q_{-2\mathrm{arccot}\lambda}, \quad \forall\mu\in[0,2\pi],$$

则 $\{P_\lambda\mid\lambda\in\mathbf{R}\}$（s-$\lim\limits_{\lambda\to-\infty}P_\lambda=Q_0=0$, s-$\lim\limits_{\lambda\to+\infty}P_\lambda=Q_{2\pi}=I$）确为谱族. 记

$$\mathscr{D}(B)=\left\{\varphi\,\Big|\int_{-\infty}^{+\infty}\lambda^2\mathrm{d}(P_\lambda\varphi,\varphi)<+\infty\right\},$$

$$B\varphi=\int_{-\infty}^{+\infty}\lambda\mathrm{d}P_\lambda\varphi, \quad \forall\varphi\in\mathscr{D}(B),$$

下面我们证明 $A=B$.

(1) 先证明 $A\subset B$.

① 证明 $\mathscr{D}(A)\subset\mathscr{D}(B)$.

$\forall\varphi\in\mathscr{D}(A)$，设

$$\psi=(A+\mathrm{i}I)\varphi,$$

则由定理 6.3.2 的证明可知

$$\varphi=\frac{1}{2\mathrm{i}}(I-U)\psi.$$

于是，$\forall\mu\in[0,2\pi]$，有

$$Q_\mu \varphi = \frac{1}{2i}(I-U)Q_\mu \psi = \frac{1}{2i}\int_0^{2\pi}(1-e^{i\tau})d_\tau(Q_\tau Q_\mu \psi)$$

$$= \frac{1}{2i}\int_0^\mu (1-e^{i\tau})dQ_\tau \psi,$$

且

$$(Q_\mu \varphi, \varphi) = \frac{1}{4}((I-U)Q_\mu \psi, (I-U)\psi)$$

$$= \frac{1}{4}((I-U)^*(I-U)Q_\mu \psi, \psi)$$

$$= \frac{1}{4}((2I-U-U^*)Q_\mu \psi, \psi)$$

$$= \frac{1}{4}\int_0^{2\pi}(2-e^{i\tau}-e^{-i\tau})d_\tau(Q_\tau Q_\mu \psi, \psi)$$

$$= \int_0^\mu \sin^2 \frac{\tau}{2}d(Q_\tau \psi, \psi). \tag{Ⅲ}$$

另一方面,再由定理 6.3.2 的证明可知

$$A\varphi = \frac{1}{2}(I+U)\psi = \frac{1}{2}\int_0^{2\pi}(1+e^{i\mu})dQ_\mu \psi,$$

所以

$$\|A\varphi\|^2 = \frac{1}{4}((I+U)\psi, (I+U)\psi) = \frac{1}{4}((2I+U+U^*)\psi, \psi)$$

$$= \int_0^{2\pi}\cos^2 \frac{\mu}{2}d(Q_\mu \psi, \psi).$$

于是,利用(Ⅲ)式,将上式由关于$(Q_\mu \psi, \psi)$的积分换成关于$(Q_\mu \varphi, \varphi)$的积分得到

$$+\infty > \|A\varphi\|^2 = \int_0^{2\pi}\cot^2 \frac{\mu}{2}\sin^2 \frac{\mu}{2}d(Q_\mu \psi, \psi)$$

$$= \int_0^{2\pi}\cot^2 \frac{\mu}{2}d(Q_\mu \varphi, \varphi)$$

$$= \int_{-\infty}^{+\infty}\lambda^2 d(P_\lambda \varphi, \varphi),$$

所以 $\varphi \in \mathscr{D}(B)$,即 $\mathscr{D}(A) \subset \mathscr{D}(B)$.

② 证明 $B\big|_{\mathscr{D}(A)} = A$.

因为①中积分在弱意义下成立,即 $\forall \varphi \in \mathscr{D}(A), \varphi' \in H$,

$$(A\varphi, \varphi') = -\int_0^{2\pi}\cot \frac{\mu}{2}d(Q_\mu \varphi, \varphi') = \int_{-\infty}^{+\infty}\lambda d(P_\lambda \varphi, \varphi') = (B\varphi, \varphi'),$$

所以

$$A\varphi = \int_{-\infty}^{+\infty}\lambda dP_\lambda \varphi = B\varphi.$$

(2) 再证明 $B \subset A$,只要证明 $\mathscr{D}(B) \subset \mathscr{D}(A)$.

$\forall \varphi \in \mathscr{D}(B)$,有

$$\int_{-\infty}^{+\infty} \lambda^2 \mathrm{d}(P_\lambda \varphi, \varphi) = \int_0^{2\pi} \cot^2 \frac{\mu}{2} \mathrm{d}(Q_\mu \varphi, \varphi) < +\infty,$$

所以 $\int_0^{2\pi} \cot \frac{\mu}{2} \mathrm{d}Q_\mu \varphi$ 有意义,我们来证明 $\varphi \in \mathscr{D}(A)$.

这时,既然 $\int_0^{2\pi} \cot \frac{\mu}{2} \mathrm{d}Q_\mu \varphi$ 有意义,那么积分

$$-\int_0^{2\pi} \mathrm{e}^{-\mathrm{i}\frac{\mu}{2}} \frac{1}{\sin \frac{\mu}{2}} \mathrm{d}Q_\mu \varphi$$

就有意义,记之为 ψ,则 $\forall \varphi' \in H$,有

$$-\int_0^{2\pi} \mathrm{e}^{-\mathrm{i}\frac{\mu}{2}} \frac{1}{\sin \frac{\mu}{2}} \mathrm{d}(Q_\mu \varphi, \varphi') = (\psi, \varphi').$$

设 $\psi' \in H$ 使得

$$\varphi' = -\frac{1}{2}\mathrm{i}(I - U^*)\psi',$$

有

$$\left(\frac{1}{2\mathrm{i}}(I - U)\psi, \psi'\right) = (\psi, \varphi') = -\frac{1}{2\mathrm{i}}\int_0^{2\pi} \frac{\mathrm{e}^{-\mathrm{i}\frac{\mu}{2}}}{\sin \frac{\mu}{2}} \mathrm{d}(Q_\mu \varphi, (I - U^*)\psi')$$

$$= -\frac{1}{2\mathrm{i}}\int_0^{2\pi} \frac{\mathrm{e}^{-\mathrm{i}\frac{\mu}{2}}}{\sin \frac{\mu}{2}} (1 - \mathrm{e}^{\mathrm{i}\mu}) \mathrm{d}(Q_\mu \varphi, \psi')$$

$$= \int_0^{2\pi} \mathrm{d}(Q_\mu \varphi, \psi') = (\varphi, \psi'),$$

由 ψ' 的任意性,有

$$\varphi = \frac{1}{2\mathrm{i}}(I - U)\psi,$$

则由定理 6.3.2,$\varphi \in \mathscr{D}(A)$. □

习题 6

1. 在 l^2 中定义单边右移算子 A:

$$A(a_1, a_2, \cdots) = (0, a_1, a_2, \cdots).$$

(1) 证明:A 为等距算子但不是酉算子;

(2) 讨论其谱集;

(3) 给出其共轭算子形式,并讨论其谱集.

2. 在 $l^2(\mathbf{Z})$ 中定义双边平移算子 W:

$$W(\cdots,a_{-2},a_{-1},a_0,a_1,a_2,\cdots)=(\cdots,a_{-3},a_{-2},a_{-1},a_0,a_1,\cdots),$$

证明 W 为酉算子,讨论其谱集并给出共轭算子形式.

3. 设 A 为 Hilbert 空间中的一个自伴算子,证明:

(1) $\forall t \in \mathbf{R}, U(t)=\mathrm{e}^{\mathrm{i}tA}$ 为酉算子;

(2) $U(t)U(s)=U(t+s),U^*(t)=U(-t)$;

(3) 算子值函数 $U(t)$ 可微且 $U'(t)=\mathrm{i}AU(t)=\mathrm{i}U(t)A$.

4. 已知 U 为 Hilbert 空间中的一个酉算子,且满足 $\ker(U-I)=0$,试证明:算子 $A=\mathrm{i}(U+I)(U-I)^{-1}, D(A)=\mathrm{Ran}(U-I)$ 自伴.

5. 已知 U 为酉算子,其两个特征值 $\lambda_1 \neq \lambda_2$,试证明:相应的特征向量 φ_1 与 φ_2 正交.

6. 定义算子 $U:L^2(\mathbf{R}) \to L^2(\mathbf{R}), U\varphi(t)=\varphi(t+c), c \in \mathbf{R}$,证明:$U$ 为酉算子.

7. 设 H 为 Hilbert 空间,$A:H \to H$ 为部分等距映射,证明下述命题互相等价:

(1) A 为酉算子;

(2) A 为满射;

(3) A 的值域在 H 中稠密.

8. 设 H 为 Hilbert 空间,$A:H \to H$ 为有界线性算子,证明:A 为酉算子当且仅当 A 将 H 中每一规范正交基映射到规范正交基.

9. 设 H 为 Hilbert 空间,X 为 H 上所有酉算子之集,证明:X 按照 $B(H)$ 中乘法构成一个群,且为 $B(H)$ 中闭集.

10. 设 A 为 Hilbert 空间上闭对称算子,U 为其 Cayley 变换,证明:

(1) U 为 $\mathrm{Ran}(A+\mathrm{i}I)$ 到 $\mathrm{Ran}(A-\mathrm{i}I)$ 的等距映射;

(2) A 自伴当且仅当 U 为酉算子;

(3) φ 为 U 的循环向量(即 $\mathrm{span}\{U^k\varphi \mid k=0,1,2,\cdots\}$ 在 H 中稠)当且仅当 φ 为 $(A+\mathrm{i}I)^{-1}$ 的循环向量;

(4) $U\psi=\psi$ 无解.

附　录

附录 1　三角矩量问题

1）矩量问题

设

$$\mathscr{A}=\{u_\alpha\}_{\alpha\in\Lambda}$$

为 $[a,b]$ 上一族函数,

$$\mathscr{B}=\{C_\alpha\,|\,C_\alpha\in\mathbf{C}\}_{\alpha\in\Lambda}$$

为相应的一族复数,矩量问题就是讨论在怎样的条件下,$[a,b]$ 上存在有界单调增右连续函数 $\sigma(t)$,使得

$$\int_{[a,b]}u_\alpha(t)\mathrm{d}\sigma(t)=C_\alpha,\quad\forall\,\alpha\in\Lambda.$$

2）三角矩量问题

作为上述问题的一个特例,对于复三角函数列

$$\{\mathrm{e}^{\mathrm{i}kt}\,|\,t\in[0,2\pi],k=0,\pm1,\pm2,\cdots\}$$

以及一列复数

$$\{c_k\,|\,k=0,\pm1,\pm2,\cdots\},$$

在怎样条件下,存在一个单调增右连续函数 $\sigma(t)$,使得

$$\int_0^{2\pi}\mathrm{e}^{\mathrm{i}kt}\mathrm{d}\sigma(t)=c_k,\qquad k=0,\pm1,\pm2,\cdots$$

呢?

定理 1　设 $\{c_k\,|\,k=0,\pm1,\pm2,\cdots\}$ 满足 $\bar{c}_k=c_{-k}$.

（1）如果存在一个单调增右连续函数 $\sigma(t)$,使得

$$\int_0^{2\pi}\mathrm{e}^{\mathrm{i}kt}\mathrm{d}\sigma(t)=c_k,\qquad k=0,\pm1,\pm2,\cdots,$$

则复数列

$$\{c_k\,|\,k=0,\pm1,\pm2,\cdots\}$$

必满足:对任意的非负复系数三角多项式

$$\varphi_n(t) = \sum_{k=-n}^{n} \xi_k \mathrm{e}^{ikt} \geqslant 0, \quad \forall\, t \in [0, 2\pi], n \in \mathbf{N},$$

有

$$\sum_{k=-n}^{n} \xi_k c_k \geqslant 0.$$

(2) 如果 $\forall\, u \in \mathbf{R}, \forall\, n \in \mathbf{N},$

$$\sum_{k=-n}^{n} \left(1 - \frac{|k|}{n}\right) \mathrm{e}^{-iku} c_k \geqslant 0,$$

则存在一个单调增右连续函数 $\sigma(t)$，使得

$$\int_0^{2\pi} \mathrm{e}^{ikt} \mathrm{d}\sigma(t) = c_k, \quad k = 0, \pm 1, \pm 2, \cdots.$$

证明 （1）是显然的.

（2）令

$$\psi_n(u) = \sum_{k=-n}^{n} \left(1 - \frac{|k|}{n}\right) c_k \mathrm{e}^{-iku}, \quad n = 1, 2, \cdots,$$

由假设, $\psi_n(u) \geqslant 0, n = 1, 2, \cdots.$ 令

$$\sigma_n(t) = \frac{1}{2\pi} \int_0^t \psi_n(u) \mathrm{d}u,$$

则 $\sigma_n(t)$ 关于 A 单调增, 且

$$\sigma_n(0) = 0, \quad \sigma_n(2\pi) = c_0, \quad n = 1, 2, \cdots,$$
$$0 \leqslant \sigma_n(t) \leqslant c_0,$$

即 $\{\sigma_n\}$ 是一列一致有界的单调增函数. 由 Helly 定理, 存在 $\{\sigma_n\}$ 的一个子列 $\{\sigma_{n_j}\}$ 及单调增右连续函数 σ, 使得在 σ 的每个连续点 A 处有

$$\lim_{j \to \infty} \sigma_{n_j}(t) = \sigma(t),$$

由 Helly 第二定理,

$$\int_0^{2\pi} \mathrm{e}^{ikt} \mathrm{d}\sigma(t) = \lim_{j \to \infty} \int_0^{2\pi} \mathrm{e}^{ikt} \mathrm{d}\sigma_{n_j}(t) = \lim_{j \to \infty} \frac{1}{2\pi} \int_0^{2\pi} \mathrm{e}^{ikt} \psi_{n_j}(t) \mathrm{d}t$$

$$= \lim_{j \to \infty} \left(1 - \frac{|k|}{n_j}\right) c_k = c_k, \quad k = 0, \pm 1, \pm 2, \cdots. \qquad \square$$

注 积分 $\int_0^{2\pi}$ 指的是 $\int_{[0,2\pi) \cup \{2\pi\}}$.

定理 2 在定理 1 中, 单调增右连续函数 σ 在相差任意常数意义下是唯一的. 即如果单调增右连续函数 $\sigma_l (l = 1, 2)$, 有

$$\int_0^{2\pi} \mathrm{e}^{ikt} \mathrm{d}\sigma_l(t) = c_k, \quad k = 0, \pm 1, \pm 2, \cdots; l = 1, 2,$$

则存在实数 C 使得

$$\sigma_1(t) - \sigma_2(t) \equiv C, \quad t \in [0, 2\pi].$$

在定理 1 中，如果我们规定 $\sigma(0)=0$，则定理 1 中满足这个条件的 σ 是唯一的，σ 称为规范化函数.

证明 记

$$\omega(t)=\sigma_1(t)-\sigma_2(t),$$

则 ω 是有界变差函数，且

$$\int_0^{2\pi} e^{ikt} d\omega = 0, \quad k=0,\pm 1,\pm 2,\cdots,$$

$$0 = \int_0^{2\pi} e^{ikt} d\omega = e^{ikt}\omega(t) \Big|_0^{2\pi} - ik\int_0^{2\pi} e^{ikt}\omega(t)dt = -ik\int_0^{2\pi} e^{ikt}\omega(t)dt,$$

所以

$$\int_0^{2\pi} e^{ikt}\omega(t)dt = 0, \quad k=\pm 1,\pm 2,\cdots.$$

令 $C=\dfrac{1}{2\pi}\displaystyle\int_0^{2\pi}\omega(t)dt$，则

$$\int_0^{2\pi} e^{ikt}(\omega(t)-C)dt = 0, \quad k=0,\pm 1,\pm 2,\cdots,$$

由函数 Fourier 系数的唯一性，在 ω 的连续点 A 处有

$$\omega(t)=C. \qquad\qquad \square$$

附录 2   半平面上一类解析函数的表示

1）单位圆内非负实部的解析函数的表示

定理 1 设 $f(\zeta)$ 是单位圆 $|\zeta|<1$ 内的解析函数，则存在 $\beta_0\in\mathbf{R}$ 及 $[0,2\pi]$ 上单调增右连续函数 σ，使得

$$f(\zeta) = i\beta_0 + \int_0^{2\pi} \frac{e^{it}+\zeta}{e^{it}-\zeta} d\sigma(t) \qquad\qquad （\text{I}）$$

的充要条件是

$$\mathrm{Re}f(\zeta)>0, \quad \forall\, |\zeta|<1.$$

注 从矩量问题角度看，就是要找单调增右连续函数 σ 使得

$$\text{函数 } u_\zeta(t) \xrightarrow{\sigma} \text{数 } c_\zeta=f(\zeta)-i\beta_0,$$

其中 $\beta_0=\mathrm{Im}f(0)$，$u_\zeta(t)=\dfrac{e^{it}+\zeta}{e^{it}-\zeta}$.

证明 （$\Rightarrow$）若（I）式成立，则

$$\mathrm{Re}f(\zeta) = \mathrm{Re}\int_0^{2\pi} \frac{e^{it}+\zeta}{e^{it}-\zeta}d\sigma(t)$$

$$= \int_0^{2\pi} \frac{1-r^2}{1-2r\cos(t-\varphi)+r^2} \mathrm{d}\sigma(t) > 0,$$

其中 $r=|\zeta|<1, \varphi=\arg\zeta$.

（$\Leftarrow$）设 $f(\zeta)$ 单位圆 $|\zeta|<1$ 内解析且有非负实部.

(1) f 的 Poisson 积分表示.

设 γ_R 为以 $R<1$ 为半径的逆时针方向的圆周，ζ 为圆内一点，$\zeta^*=R^2/\bar{\zeta}$，则 ζ^* 在圆外. 由 Cauchy 围道积分，

$$f(\zeta) = \frac{1}{2\pi\mathrm{i}} \int_{\gamma_R} \frac{f(z)}{z-\zeta} \mathrm{d}z, \quad 0 = \frac{1}{2\pi\mathrm{i}} \int_{\gamma_R} \frac{f(z)}{z-\zeta^*} \mathrm{d}z,$$

所以

$$f(\zeta) = \frac{1}{2\pi\mathrm{i}} \int_{\gamma_R} f(z) \left(\frac{1}{z-\zeta} - \frac{1}{z-\zeta^*} \right) \mathrm{d}z$$

$$= \int_0^{2\pi} f(R\mathrm{e}^{\mathrm{i}t}) \frac{R^2-r^2}{R^2+r^2-2Rr\cos(\varphi-t)} \mathrm{d}t, \quad z=R\mathrm{e}^{\mathrm{i}t}, \zeta=r\mathrm{e}^{\mathrm{i}\varphi}.$$

(2) 将 $f(\zeta)$ 表示成关于函数实部在圆周上的积分.

① f 的实部和虚部的级数形式.

设

$$\sum_{n=0}^{\infty} a_n z^n = f(z) = f(r,\theta) = u(r,\theta) + \mathrm{i}v(r,\theta),$$

其中 $a_n=\alpha_n+\mathrm{i}\beta_n, z=r\mathrm{e}^{\mathrm{i}\theta}, r<1$，则

$$f(z) = \sum_{n=0}^{\infty} (\alpha_n+\mathrm{i}\beta_n) r^n \mathrm{e}^{\mathrm{i}n\theta},$$

所以

$$u(r,\theta) = \alpha_0 + \sum_{n=1}^{\infty} (\alpha_n\cos n\theta - \beta_n\sin n\theta) r^n,$$

$$v(r,\theta) = \beta_0 + \sum_{n=1}^{\infty} (\beta_n\cos n\theta + \alpha_n\sin n\theta) r^n.$$

② 分式函数 $\dfrac{z+\zeta}{z-\zeta}$ 的实部和虚部.

如果 $z=R\mathrm{e}^{\mathrm{i}t}, \zeta=r\mathrm{e}^{\mathrm{i}\varphi}, r<R<1$，则

$$\frac{z+\zeta}{z-\zeta} = -1 + \frac{2R\mathrm{e}^{\mathrm{i}t}}{R\mathrm{e}^{\mathrm{i}t}-\zeta} = -1 + 2\sum_{n=0}^{\infty} \frac{\zeta^n}{R^n} \mathrm{e}^{-\mathrm{i}nt}$$

$$= 1 + 2\sum_{n=1}^{\infty} \left(\frac{r}{R}\right)^n \mathrm{e}^{-\mathrm{i}n(t-\varphi)}$$

$$= 1 + 2\sum_{n=1}^{\infty} \left(\frac{r}{R}\right)^n \cos n(\varphi-t) + 2\mathrm{i}\sum_{n=1}^{\infty} \left(\frac{r}{R}\right)^n \sin n(\varphi-t),$$

所以

$$\frac{R^2 - r^2}{R^2 + r^2 - 2Rr\cos(\varphi - t)} = \mathrm{Re}\,\frac{R\mathrm{e}^{it} + \zeta}{R\mathrm{e}^{it} - \zeta} = 1 + 2\sum_{n=1}^{\infty} \left(\frac{r}{R}\right)^n \cos n(\varphi - t),$$

$$\frac{2Rr\sin(\varphi - t)}{R^2 + r^2 - 2Rr\cos(\varphi - t)} = \mathrm{Im}\,\frac{R\mathrm{e}^{it} + \zeta}{R\mathrm{e}^{it} - \zeta} = 2\sum_{n=1}^{\infty} \left(\frac{r}{R}\right)^n \sin n(\varphi - t).$$

③ f 的表达式.

由①,有

$$u(R, t) = \alpha_0 + \sum_{n=1}^{\infty} (\alpha_n \cos nt - \beta_n \sin nt)R^n,$$

$$v(R, t) = \beta_0 + \sum_{n=1}^{\infty} (\beta_n \cos nt + \alpha_n \sin nt)R^n,$$

所以

$$\alpha_0 = \frac{1}{2\pi}\int_0^{2\pi} u(R, t)\mathrm{d}t,$$

$$\alpha_n = \frac{1}{\pi R^n}\int_0^{2\pi} u(R, t)\cos nt\,\mathrm{d}t,$$

$$-\beta_n = \frac{1}{\pi R^n}\int_0^{2\pi} u(R, t)\sin nt\,\mathrm{d}t,$$

其中 $n = 1, 2, \cdots$. 而由①可知 α_n, β_n 其实与 R 无关,所以将上述三式代入 $u(r, \varphi)$ 和 $v(r, \varphi)$ 的表达式并利用②的结果得到

$$u(r, \varphi) = \frac{1}{2\pi}\int_0^{2\pi} u(R, t)\mathrm{d}t + \sum_{n=1}^{\infty} \frac{1}{\pi}\int_0^{2\pi} u(R, t)\left(\frac{r}{R}\right)^n \cos n(\varphi - t)\mathrm{d}t$$

$$= \frac{1}{2\pi}\int_0^{2\pi} u(R, t)\,\frac{R^2 - r^2}{R^2 + r^2 - 2Rr\cos(\varphi - t)}\mathrm{d}t$$

$$= \frac{1}{2\pi}\int_0^{2\pi} u(R, t)\,\mathrm{Re}\,\frac{R\mathrm{e}^{it} + \zeta}{R\mathrm{e}^{it} - \zeta}\mathrm{d}t, \quad \zeta = r\mathrm{e}^{i\varphi}.$$

同样,

$$v(r, \varphi) = \beta_0 + \frac{1}{2\pi}\int_0^{2\pi} u(R, t)\,\frac{2Rr\sin(\varphi - t)}{R^2 + r^2 - 2Rr\cos(\varphi - t)}\mathrm{d}t$$

$$= \beta_0 + \frac{1}{2\pi}\int_0^{2\pi} u(R, t)\,\mathrm{Im}\,\frac{R\mathrm{e}^{it} + \zeta}{R\mathrm{e}^{it} - \zeta}\mathrm{d}t,$$

所以

$$f(\zeta) = \mathrm{i}\beta_0 + \frac{1}{2\pi}\int_0^{2\pi} u(R, t)\,\frac{R\mathrm{e}^{it} + \zeta}{R\mathrm{e}^{it} - \zeta}\mathrm{d}t$$

$$= \mathrm{i}\beta_0 + \frac{1}{2\pi}\int_0^{2\pi} \mathrm{Re}f(z)\,\frac{z + \zeta}{z - \zeta}\mathrm{d}t, \quad z = R\mathrm{e}^{it}, \beta_0 = \mathrm{Im}f(0).$$

这时

$$\mathrm{Re}f(0) = \frac{1}{2\pi}\int_0^{2\pi} u(R, t)\mathrm{d}t.$$

记

$$\sigma_R(t) = \frac{1}{2\pi}\int_0^t u(R,s)\mathrm{d}s,$$

则有

$$f(\zeta) = \mathrm{i}\beta_0 + \int_0^{2\pi} \frac{R\mathrm{e}^{it} + \zeta}{R\mathrm{e}^{it} - \zeta}\mathrm{d}\sigma_R(t),$$

由假设,$u \geqslant 0$,所以 $\sigma_R(t)$ 是单调增函数,且

$$0 \leqslant \sigma_R(t) \leqslant \sigma_R(2\pi) = \mathrm{Re}f(0),$$

于是由 Helly 定理,存在子列$\{R_j\}$ 及单调增右连续函数 σ 使得 $\{R_j\}$ 单调增并收敛于 1. 在函数 σ 的任意连续点 A 处有

$$\lim_{j\to\infty}\sigma_{R_j}(t) = \sigma(t),$$

由 Helly 第二定理,

$$f(\zeta) = \mathrm{i}\beta_0 + \int_0^{2\pi} \frac{\mathrm{e}^{it} + \zeta}{\mathrm{e}^{it} - \zeta}\mathrm{d}\sigma(t), \quad \forall\ |\zeta| < 1. \qquad \square$$

定理 2 在定理 1 中,满足

$$f(\zeta) = \mathrm{i}\beta_0 + \int_0^{2\pi} \frac{\mathrm{e}^{it} + \zeta}{\mathrm{e}^{it} - \zeta}\mathrm{d}\sigma(t), \quad \forall\ |\zeta| < 1$$

的规范化单调增右连续函数 $\sigma(t)$ 是唯一的.

证明 设函数 $f(\zeta)$ 展开成如下形式的 Maclaurin 级数:

$$f(\zeta) = c + 2c_{-1}\zeta + \frac{5}{2}c_{-2}\zeta^2 + \cdots,$$

$c_0 = \dfrac{c + \bar{c}}{2}$,则利用积分表示,系数满足

$$c_0 = \int_0^{2\pi}\mathrm{d}\sigma(t), \quad c_{-k} = \int_0^{2\pi}\mathrm{e}^{-ikt}\mathrm{d}\sigma(t), \quad k = 1,2,\cdots,$$

再令 $c_k = \bar{c}_{-k}, k = 1,2,\cdots$,则 $\sigma(t)$ 必为三角矩量问题表示的规范化单调增右连续函数,而这样的函数是唯一的. $\qquad \square$

2)半平面上具有非负虚部的解析函数表示 ——Nevanlinna 定理

定理 3 设 φ 为开的上半平面上的解析函数,则存在 $\mu \geqslant 0, \alpha \in \mathbf{R}$ 以及 $\mathbf{R}$ 上有界单调增右连续函数 $\sigma(t)$,使得

$$\varphi(z) = \alpha + \mu z + \int_{-\infty}^{+\infty} \frac{1 + tz}{t - z}\mathrm{d}\sigma(t), \quad \mathrm{Im}z > 0$$

的充要条件是 φ 在上半平面有非负虚部,即

$$\mathrm{Im}\varphi(z) \geqslant 0, \quad \mathrm{Im}z > 0.$$

在可以相差任意常数条件下,σ 是唯一的. 如果规定 $\lim\limits_{t\to-\infty}\sigma(t) = 0$,称其为规范化条件,且满足规范化条件的 σ 是唯一的.

证明 设

$$z = \mathrm{i}\,\frac{1+\zeta}{1-\zeta} \quad 或 \quad \zeta = \frac{z-\mathrm{i}}{z+\mathrm{i}},$$

在此变换下,z 平面的上半平面变到 ζ 平面的单位圆内部. 再令

$$f(\zeta) = -\mathrm{i}\varphi(z) = -\mathrm{i}\varphi\Big(\mathrm{i}\,\frac{1+\zeta}{1-\zeta}\Big),$$

由于 φ 在 z 平面的上半平面解析,所以 f 在 ζ 平面的单位圆内解析,如果 φ 在 z 平面的上半平面虚部非负,则 f 在 ζ 平面的单位圆内实部非负. 于是,由定理 1,存在 $\beta \in \mathbf{R}$ 及唯一的 $[0, 2\pi]$ 上规范化单调增右连续函数 ρ 使得

$$\begin{aligned}
f(\zeta) &= \mathrm{i}\beta + \int_0^{2\pi} \frac{\mathrm{e}^{\mathrm{i}s}+\zeta}{\mathrm{e}^{\mathrm{i}s}-\zeta}\mathrm{d}\rho(s) \\
&= \mathrm{i}\beta + \int_0^{2\pi-0} \frac{\mathrm{e}^{\mathrm{i}s}+\zeta}{\mathrm{e}^{\mathrm{i}s}-\zeta}\mathrm{d}\rho(s) + \frac{1+\zeta}{1-\zeta}(\rho(2\pi)-\rho(2\pi-0)) \\
&= \mathrm{i}\beta + \mu\,\frac{1+\zeta}{1-\zeta} + \int_0^{2\pi-0} \frac{\mathrm{e}^{\mathrm{i}s}+\zeta}{\mathrm{e}^{\mathrm{i}s}-\zeta}\mathrm{d}\rho(s),
\end{aligned}$$

其中 $\mu = \rho(2\pi) - \rho(2\pi-0) \geqslant 0$,所以

$$\begin{aligned}
\varphi(z) &= -\beta + \mu\mathrm{i}\,\frac{1+\zeta}{1-\zeta} + \mathrm{i}\int_0^{2\pi-0} \frac{\mathrm{e}^{\mathrm{i}s}+\zeta}{\mathrm{e}^{\mathrm{i}s}-\zeta}\mathrm{d}\rho(s) \\
&= -\beta + \mu z + \mathrm{i}\int_0^{2\pi-0} \frac{\mathrm{e}^{\mathrm{i}s}+\zeta}{\mathrm{e}^{\mathrm{i}s}-\zeta}\mathrm{d}\rho(s) \\
&= \alpha + \mu z + \int_0^{2\pi-0} \frac{z\cot\frac{s}{2}-1}{\cot\frac{s}{2}+z}\mathrm{d}\rho(s), \quad \beta = -\alpha \\
&= \alpha + \mu z + \int_{-\infty}^{+\infty} \frac{1+tz}{t-z}\mathrm{d}\sigma(t), \quad t = -\cot\frac{s}{2}, \rho(s) = \sigma(t).
\end{aligned}$$

反之,如果 $\varphi(z)$ 有上述表示,它显然在上半平面解析,直接计算可得它在上半平面有非负虚部. □

3）特例情形下的 Nevanlinna 定理

定理 4 设 φ 为开的上半平面上的解析函数,则存在唯一的 $\mathbf{R}$ 上有界规范化单调增右连续函数 $\omega(t)$,使得

$$\varphi(z) = \int_{-\infty}^{+\infty} \frac{\mathrm{d}\omega(t)}{t-z}, \quad \mathrm{Im}\,z > 0$$

的充要条件是 φ 在开的上半平面有非负虚部,即

$$\mathrm{Im}\,\varphi(z) \geqslant 0, \quad \mathrm{Im}\,z > 0,$$

且

$$\sup_{y>0} |y\varphi(\mathrm{i}y)| < +\infty.$$

证明 （⇒）显然.

（⇐）由定理 3，φ 有如下表示：

$$\varphi(z) = \alpha + \mu z + \int_{-\infty}^{+\infty} \frac{1+tz}{t-z} d\sigma(t), \quad \text{Im} z > 0,$$

其中 $\mu \geqslant 0, \alpha \in \mathbf{R}$，所以

$$y\varphi(iy) = \alpha y + i\mu y^2 + \int_{-\infty}^{+\infty} \frac{y(1+ity)}{t-iy} d\sigma(t).$$

由假设，存在 M 使得

$$\left| \alpha y + i\mu y^2 + \int_{-\infty}^{+\infty} \frac{y(1+ity)}{t-iy} d\sigma(t) \right| \leqslant M, \quad \forall\, y > 0,$$

所以得到如下两个关于实部和虚部的不等式：

$$\left| \alpha y + \int_{-\infty}^{+\infty} \frac{y(1-y^2)t}{t^2+y^2} d\sigma(t) \right| \leqslant M, \quad \forall\, y > 0, \tag{Ⅱ}$$

$$\left| \mu y^2 + y^2 \int_{-\infty}^{+\infty} \frac{1+t^2}{t^2+y^2} d\sigma(t) \right| \leqslant M, \quad \forall\, y > 0. \tag{Ⅲ}$$

由（Ⅲ）式得到 $\mu = 0$ 且

$$\int_{-\infty}^{+\infty} \frac{y^2}{t^2+y^2} (1+t^2) d\sigma(t) \leqslant M, \quad \forall\, y > 0,$$

所以，$\forall\, N > 0$，

$$\int_{-N}^{N} \frac{y^2}{t^2+y^2} (1+t^2) d\sigma(t) \leqslant M, \quad \forall\, y > 0,$$

令 $y \to +\infty$，有

$$\int_{-N}^{N} (1+t^2) d\sigma(t) \leqslant M,$$

从而

$$\int_{-\infty}^{+\infty} (1+t^2) d\sigma(t) \leqslant M.$$

令 $\omega(t) = \int_{-\infty}^{t} (1+s^2) d\sigma(s)$，则

$$\omega(t) \to 0, \quad t \to -\infty,$$

即 ω 是规范的. 由 $\sigma(t)$ 的右连续性得到 $\omega(t)$ 右连续.

再由（Ⅱ）式并利用控制收敛定理得到

$$\alpha = \lim_{y \to +\infty} \int_{-\infty}^{+\infty} \frac{(y^2-1)t}{t^2+y^2} d\sigma(t) = \int_{-\infty}^{+\infty} t d\sigma(t),$$

于是

$$\varphi(z) = \int_{-\infty}^{+\infty} t d\sigma(t) + \int_{-\infty}^{+\infty} \frac{1+tz}{t-z} d\sigma(t) = \int_{-\infty}^{+\infty} \frac{d\omega(t)}{t-z}, \quad \text{Im} z > 0.$$

ω 的唯一性由 σ 的唯一性得到. 这时，利用定理 3 可得

$$\sigma(t) = \int_{-\infty}^{t} \frac{\mathrm{d}\omega(s)}{1+s^2}.$$ □

附录 3 Bochner 定理

给定一族指数函数 $\{\mathrm{e}^{-\mathrm{i}st}\}_{t\in\mathbf{R}}$ 及一个函数(看作一族数)$\{F(t)\,|\,t\in\mathbf{R}\}$,找一个单调增右连续函数 ω 使得

$$\mathrm{e}^{\mathrm{i}st} \xrightarrow{\;\omega\;} F(t), \quad t\in\mathbf{R},$$

即 $F(t) = \displaystyle\int_{-\infty}^{+\infty} \mathrm{e}^{-\mathrm{i}st}\,\mathrm{d}\omega(s)$,则 F 应该满足怎样的条件?

定义 1 $\mathbf{R}$ 上函数 F 称为正定的,若 $\forall\, n\in\mathbf{N}^*$,$\forall\, t_1,\cdots,t_n\in\mathbf{R}$,$\rho_1,\cdots,\rho_n\in\mathbf{C}$,有

$$\sum_{\alpha,\beta=1}^{n} F(t_\alpha - t_\beta)\rho_\alpha\overline{\rho}_\beta \geqslant 0.$$

引理 1 如果 F 是 $\mathbf{R}$ 上正定函数,则

(1) $\overline{F(t)} = F(-t)$,$\forall\, t\in\mathbf{R}$;

(2) $|F(t)| \leqslant F(0)$,$\forall\, t\in\mathbf{R}$.

证明 在定义 1 中,取 $t_1=0, t_2=t, t_3=\cdots=t_n=0$. 若取 $\rho_1=1, \rho_2=\mathrm{i}, \rho_3=\cdots=\rho_n=0$,则有

$$2F(0) + \mathrm{i}(F(t) - F(-t)) \geqslant 0;$$

再取 $\rho_1=\mathrm{i}, \rho_2=1, \rho_3=\cdots=\rho_n=0$,则得到

$$2F(0) - \mathrm{i}(F(t) - F(-t)) \geqslant 0.$$

两个不等式相加得到 $F(0)\geqslant 0$.

再令

$$F(t) = a(t) + \mathrm{i}b(t),$$

在上述两个不等式中,左式的虚部都应该是 0,所以 $a(t)=a(-t)$.

最后,在定义 1 中,取 $t_1=0, t_2=t, t_3=\cdots=t_n=0, \rho_1=1, \rho_2=1, \rho_3=\cdots=\rho_n=0$,得到

$$2F(0) + F(t) + F(-t) \geqslant 0,$$

左式的虚部也是 0,所以 $b(t)=-b(-t)$. 于是

$$F(-t) = a(-t) + \mathrm{i}b(-t) = a(t) - \mathrm{i}b(t) = \overline{F(t)},$$
$$|F(t)| \leqslant F(0).$$ □

定理 1(Bochner) 设 F 为 $\mathbf{R}$ 上连续函数,则存在唯一有界单调增右连续规范函数 ω,使得

$$F(t) = \int_{-\infty}^{+\infty} \mathrm{e}^{-\mathrm{i}st}\,\mathrm{d}\omega(s)$$

的充要条件是 F 正定.

证明 (⇒) 若 F 有上述表示,则

$$\sum_{\alpha,\beta=1}^{n} F(t_\alpha - t_\beta)\rho_\alpha\bar{\rho}_\beta = \int_{-\infty}^{+\infty} \left| \sum_{k=1}^{n} \rho_k e^{-ist_k} \right|^2 d\omega(s) \geqslant 0,$$

所以 F 正定.

(⇐) 由引理 1,若 F 正定,则 F 有界,作 Laplace 变换

$$\Phi(z) = \int_0^{+\infty} e^{itz} F(t)dt, \quad \text{Im}z > 0,$$

则 Φ 在开的上半平面解析,且

(1) $|y\Phi(iy)| \leqslant \int_0^{+\infty} y e^{-ty} |F(t)| \, dt \leqslant F(0)\int_0^{+\infty} y e^{-ty} dt = F(0), y > 0;$

(2) $\text{Re}\Phi(z) \geqslant 0, \forall z = x + iy, y > 0.$

事实上,

$$\frac{\Phi(z) + \overline{\Phi(z)}}{2y}$$

$$= \int_0^{+\infty} e^{izv} e^{-i\bar{z}v} dv \int_0^{+\infty} e^{iuz} F(u)du + \int_0^{+\infty} e^{-i\bar{z}v} e^{izv} dv \int_0^{+\infty} e^{-iu\bar{z}} F(-u)du$$

$$= \int_0^{+\infty}\int_0^{+\infty} e^{i(u+v)z} e^{-i\bar{z}v} F(u)dudv + \int_0^{+\infty}\int_0^{+\infty} e^{-i\bar{z}(u+v)} e^{izv} F(-u)dudv$$

$$= \int_0^{+\infty} d\beta \int_\beta^{+\infty} e^{i\alpha z} e^{-i\beta\bar{z}} F(\alpha-\beta)d\alpha + \int_0^{+\infty} d\alpha \int_\alpha^{+\infty} e^{i\alpha z} e^{-i\beta\bar{z}} F(\alpha-\beta)d\beta$$

$$= \int_0^{+\infty}\int_0^{+\infty} F(\alpha-\beta) e^{ix(\alpha-\beta)} e^{-y(\alpha+\beta)} d\alpha d\beta$$

$$= \lim_{A\to+\infty} \int_0^A\int_0^A F(\alpha-\beta) e^{ix(\alpha-\beta)} e^{-y(\alpha+\beta)} d\alpha d\beta$$

$$= \lim_{A\to+\infty} \lim_{n\to+\infty} \frac{A}{n^2} \sum_{r,s=1}^{n} F\left(\frac{r-s}{n}A\right) e^{ix\left(\frac{r-s}{n}A\right)} e^{-y\left(\frac{r+s}{n}A\right)} \geqslant 0, \quad F \text{ 正定},$$

于是 $\text{Im}(i\Phi) = \text{Re}\Phi \geqslant 0$,从而由附录 2 中定理 4,存在唯一规范的单调增右连续函数 ω 使得,

$$i\Phi(z) = \int_{-\infty}^{+\infty} \frac{d\omega(s)}{s-z}, \quad \text{Im}z > 0$$

即

$$\Phi(z) = i\int_{-\infty}^{+\infty} \frac{d\omega(s)}{z-s}, \quad \text{Im}z > 0.$$

另一方面,$\text{Im}z > 0$ 时

$$\frac{i}{z-s} = \int_0^{+\infty} e^{i(z-s)t} dt,$$

所以

$$\Phi(z) = \int_0^{+\infty} e^{itz} F(t)dt = \int_{-\infty}^{+\infty} d\omega(s)\int_0^{+\infty} e^{i(z-s)t} dt$$

$$= \int_0^{+\infty} e^{itz} dt \int_{-\infty}^{+\infty} e^{-ist} d\omega(s),$$

于是,由 Fourier 变换的唯一性可得

$$F(t) = \int_{-\infty}^{+\infty} e^{-ist} d\omega(s), \quad t > 0.$$

由于 F 正定, $\overline{F(t)} = F(-t)$,所以上式对于 $t \in \mathbf{R}$ 都成立. □

附录 4 函数的正则化

定义 1 设 $\Omega \subset \mathbf{R}^n$ 为一个开集, φ 为定义在 Ω 上的函数,称

$$\mathrm{supp}\varphi = \overline{\{x \in \Omega \mid f(x) \neq 0\}}$$

为函数 φ 的支柱.

记

$$C_0^{\infty}(\Omega) = \{\varphi \in C^{\infty}(\Omega) \mid \mathrm{supp}\varphi \text{ 为紧集}\},$$

设

$$\beta(x) = \begin{cases} e^{\frac{1}{|x|^2-1}}, & |x| < 1, \\ 0, & |x| \geqslant 1, \end{cases}$$

则 $\beta \in C_0^{\infty}(\Omega)$,

$$\mathrm{supp}\beta = \{x \mid |x| \leqslant 1\}.$$

适当选择 C 使得 $\int_{\mathbf{R}^n} \alpha(x) dx = 1$,其中 $\alpha(x) = C\beta(x)$. $\forall \varepsilon > 0$,定义

$$\alpha_{\varepsilon}(x) = \varepsilon^{-n} \alpha\left(\frac{x}{\varepsilon}\right),$$

则 $\alpha_{\varepsilon} \in C_0^{\infty}(\mathbf{R}^n)$ 且

$$\mathrm{supp}\alpha_{\varepsilon} = \{x \mid |x| \leqslant \varepsilon\}.$$

定义 2 设 φ 为 $\mathbf{R}^n$ 上局部可积函数,即对于 $\mathbf{R}^n$ 的每个紧子集 K, φ 在 K 上可积,称函数

$$\varphi_{\varepsilon}(x) = \int_{\mathbf{R}^n} \varphi(x-y)\alpha_{\varepsilon}(y) dy = \int_{\mathbf{R}^n} \varphi(y)\alpha_{\varepsilon}(x-y) dy \qquad (\mathrm{I})$$

为 φ 与 α_{ε} 的卷积,记为 $\varphi * \alpha_{\varepsilon}$ 或 $\alpha_{\varepsilon} * \varphi$.

定理 1 设 φ 为 $\mathbf{R}^n$ 上局部可积函数,则

(1) 卷积 $\varphi_{\varepsilon} \in C^{\infty}(\mathbf{R}^n)$;

(2) 若 φ 有紧支柱 K,则 $\mathrm{supp}\varphi_{\varepsilon} \subset K_{\varepsilon}$,其中

$$K_{\varepsilon} = \{x \mid |x-y| \leqslant \varepsilon, y \in K\};$$

(3) 若 φ 连续,则在 $\mathbf{R}^n$ 的每个紧子集上, $\varphi_{\varepsilon} \rightrightarrows \varphi, \varepsilon \to 0$;

(4) 若 $\varphi \in L^2(\mathbf{R}^n)$,则按 L^2 范数有 $\varphi_{\varepsilon} \to \varphi, \varepsilon \to 0$.

证明 （1）由卷积定义，φ_ε 的表达式（Ⅰ）中的积分是在有界区域上进行的，只要按导数定义并用 Lebesgue 控制收敛定理就可在积分号下求导，即求导与积分可以交换顺序，所以 $\varphi_\varepsilon \in C^\infty(\mathbf{R}^n)$.

（2）由定义

$$K_\varepsilon = \{x \mid |x-y| \leqslant \varepsilon, y \in K\},$$

$\forall x \in \mathbf{R}^n$，若 $d(x,K) > 0$，即 $x \notin K_\varepsilon$，有

$$\alpha_\varepsilon(x-y) = 0, \quad \forall y \in K,$$

由（Ⅰ）式的第二个积分，$\varphi_\varepsilon(x) = 0$，所以 $\operatorname{supp}\varphi_\varepsilon \subset K_\varepsilon$.

（3）设 L 是 $\mathbf{R}^n$ 的任意紧子集，若 φ 是连续函数，则它在 L 上一致连续，所以 $\forall \sigma > 0, \exists \delta > 0, \forall x \in L, \forall |y| < \delta$，有

$$|\varphi(x-y) - \varphi(x)| < \sigma,$$

于是，当 $\varepsilon < \delta$ 时，$\forall x \in L$，

$$|\varphi_\varepsilon(x) - \varphi(x)| \leqslant \int_{\mathbf{R}^n} |\varphi(x-y) - \varphi(x)| \alpha_\varepsilon(y)\mathrm{d}y < \sigma,$$

即在 L 上，$\varphi_\varepsilon \rightrightarrows \varphi, \varepsilon \to 0$.

（4）设 $\varphi \in L^2(\mathbf{R}^n)$，由鲁津定理，在 $L^2(\mathbf{R}^n)$ 内，φ 可用有紧支柱的连续函数逼近，即 $\forall \sigma > 0$，存在连续的有紧支柱的函数 ψ 使得

$$\|\varphi - \psi\| \leqslant \frac{\sigma}{3}. \tag{Ⅱ}$$

另一方面，由卷积的定义和 Minkowski 的积分形式（见附注）可得

$$\|\varphi_\varepsilon\| = \left(\int_{\mathbf{R}^n} |\varphi_\varepsilon(x)|^2 \mathrm{d}x\right)^{\frac{1}{2}} = \left(\int_{\mathbf{R}^n} \left|\int_{\mathbf{R}^n} \varphi(x-y)\alpha_\varepsilon(y)\mathrm{d}y\right|^2 \mathrm{d}x\right)^{\frac{1}{2}}$$

$$\leqslant \int_{\mathbf{R}^n} \left(\int_{\mathbf{R}^n} |\varphi(x-y)\alpha_\varepsilon(y)|^2 \mathrm{d}x\right)^{\frac{1}{2}} \mathrm{d}y$$

$$= \int_{\mathbf{R}^n} \alpha_\varepsilon(y) \left(\int_{\mathbf{R}^n} |\varphi(x-y)|^2 \mathrm{d}x\right)^{\frac{1}{2}} \mathrm{d}y = \|\varphi\|,$$

即 $\varphi_\varepsilon \in L^2(\mathbf{R}^n)$. 同样 $\psi_\varepsilon \in L^2(\mathbf{R}^n)$，所以由（Ⅱ）式得

$$\|\varphi_\varepsilon - \psi_\varepsilon\| \leqslant \frac{\sigma}{3}.$$

于是

$$\|\varphi_\varepsilon - \varphi\| \leqslant \|\varphi_\varepsilon - \psi_\varepsilon\| + \|\psi_\varepsilon - \psi\| + \|\varphi - \psi\| \leqslant \sigma,$$

即 $\varphi_\varepsilon \to \varphi, \varepsilon \to 0$. □

对于 α_ε，取 $\varepsilon = \dfrac{1}{j}$，称

$$\alpha_j(x) = j^n \alpha(jx), \quad j = 1, 2, \cdots$$

为正则化序列（或磨光函数列、软化函数列）.

附注 先假设 $\varphi \in L^2(\mathbf{R}^n)$ 且 φ 为连续函数，这时，$\forall M > 0$，$\forall x \in \mathbf{R}^n$，$\varphi(x - y)\alpha_\varepsilon(y)$ 关于 $|y| \leqslant M$ 黎曼(Riemann)可积. 对于闭球域 $|y| \leqslant M$ 进行分割，分割的范数为 $\|T\|$，作 Riemann 和

$$\sum_{k=1}^{n} \varphi(x - y_k)\alpha_\varepsilon(y_k)\Delta\sigma_k,$$

而该和式中每一项关于 x 在 $\mathbf{R}^n$ 上平方可积，故利用关于 L^2 范数的 Minkowski 不等式，有

$$\left(\int_{\mathbf{R}^n} \left| \sum_{k=1}^{n} \varphi(x - y_k)\alpha_\varepsilon(y_k)\Delta\sigma_k \right|^2 \mathrm{d}x\right)^{\frac{1}{2}} \leqslant \sum_{k=1}^{n} \left(\int_{\mathbf{R}^n} |\varphi(x - y_k)\alpha_\varepsilon(y_k)|^2 \mathrm{d}x\right)^{\frac{1}{2}} \Delta\sigma_k,$$

再令 $\|T\| \to 0$，并利用 Fatou 引理得

$$\left(\int_{\mathbf{R}^n} \left| \int_{|y| \leqslant M} \varphi(x - y)\alpha_\varepsilon(y)\mathrm{d}y \right|^2 \mathrm{d}x\right)^{\frac{1}{2}} \leqslant \int_{|y| \leqslant M} \left(\int_{\mathbf{R}^n} |\varphi(x - y)\alpha_\varepsilon(y)|^2 \mathrm{d}x\right)^{\frac{1}{2}} \mathrm{d}y,$$

令 $M \to \infty$，并再利用 Fatou 引理得到

$$\left(\int_{\mathbf{R}^n} \left| \int_{\mathbf{R}^n} \varphi(x - y)\alpha_\varepsilon(y)\mathrm{d}y \right|^2 \mathrm{d}x\right)^{\frac{1}{2}} \leqslant \int_{\mathbf{R}^n} \left(\int_{\mathbf{R}^n} |\varphi(x - y)\alpha_\varepsilon(y)|^2 \mathrm{d}x\right)^{\frac{1}{2}} \mathrm{d}y,$$

即不等式关于 $\varphi \in L^2(\mathbf{R}^n) \bigcap C(\mathbf{R}^n)$ 成立.

对于一般的 $\varphi \in L^2(\mathbf{R}^n)$，可以利用连续函数进行逼近得到相应的不等式，请读者自行补上.

推论1 $C_0^\infty(\mathbf{R}^n)$ 在 $L^2(\mathbf{R}^n)$ 中稠.

注 这一节内容参考巴罗斯·尼托所著《广义函数引论》一书(欧阳光中、朱学炎译，上海科技出版社，1981).

参考文献

[1] Akhiezer N I, Glazman I M. Theory of linear operators in Hilbert space. New York：Dover Publications, 1993.

[2] Dieudonné J. History of Functional Analysis. Amsterdam, New York, Oxford：North-Holland Publishing Company, 1981.

[3] Dirac P A M. 量子力学原理. 4 版. 北京：科学出版社, 2008.

[4] Dunford N, Schwartz J T. Linear Operators：I, II. New York & London：Interscience Publishers, 1963.

[5] Goldberg S. Unbounded Linear Operators, Theory and Applications. New York：McGraw-Hill Inc, 1996.

[6] Helmberg G. Introduction to Spectral Theory in Hilbert Space. Amsterdam, New York, Oxford：North-Holland Publishing Company, 1969.

[7] 黄振友, 杨建新, 华踏红, 等. 泛函分析. 北京：科学出版社, 2003.

[8] 江泽坚, 孙善利. 泛函分析. 2 版. 北京：高等教育出版社, 2005.

[9] 江泽坚. 量子力学的数学基础. 手稿.

[10] 金国海. 具亏指数(1,1)的下半有界对称算子的 von Neumann 问题. 南京理工大学硕士学位论文, 2004.

[11] Kato T. Perturbation Theory for Linear Operators. Berlin：Springer, 1984.

[12] Kline M. 古今数学思想：Ⅲ, Ⅳ. 申又振, 冷生明, 张理京, 译. 上海：上海科技出版社, 1981.

[13] Krein M. The theory of self-adjoint extensions of somi-bcunded Hermitian transformations and its applications：I. Rec Math [Mat Sbornik], 1947, 20(62)：431-495.

[14] Kreyszig E. Introductory Functional Analysis with Applications. New York：John Wiley & Sons, 1989.

[15] 刘景麟. 常微分算子谱论. 北京：科学出版社, 2009.

[16] 刘景麟. Hilbert 空间算子谱论讲义. 手稿.

[17] 刘景麟. 泛函分析讲义. 手稿.

[18] 刘景麟. 对称算子自伴延拓的 Calkin 描述. 内蒙古大学学报：自然科学

版,1988,19(4).

［19］刘景麟. 实变函数. 呼和浩特：内蒙古大学出版社,2013.

［20］Lorch E R. Spectral Theory. Oxford：Oxford University Press,1962.

［21］Neumann J von. Allgemeine Eigenwerttheorie Hermitescher Funktion-aloperatoren. Mathematische Annalen,1930,102(1)：49－131.

［22］Riesz F,Sz-Nagy B. 泛函分析讲义：第二卷. 梁文骐,译. 北京：科学出版社,1963.

［23］Reed M,Simon B. Methods of Modern Mathematical Physics：I. New York：Academic Press,1972.

［24］Reed M,Simon B. Methods of Modern Mathematical Physics：II. New York：Academic Press,1975.

［25］Schatten R. Norm Ideals of Completely Continuous Operators. Berlin：Springer,1960.

［26］Schmüdgen K. Unbounded Self-adjoint Operators on Hilbert Space. Berlin：Springer,2012.

［27］Simon B. Operator Theory：A Comprehensive Course in Analysis：Part 4. Providence：American Mathematical Society,2015.

［28］孙炯,王忠. 线性算子的谱分析. 北京：科学出版社,2005.

［29］王声望,郑维行. 实变函数与泛函分析概要：第二册. 4 版. 北京：高等教育出版社,2010.

［30］Weidmann J. Linear Operators in Hilbert Spaces. Berlin：Springer,1980.

［31］夏道行,吴卓人,严绍宗,等. 实变函数论与泛函分析：下册. 2 版. 北京：高等教育出版社,1985.

［32］Zeidler E. Applied Functional Analysis：Applications to Mathematical Physics//AMS 108,109. Berlin：Springer,1995.

［33］张恭庆,林源渠. 泛函分析讲义：上册. 北京：北京大学出版社,1990.